电机故障诊断及修理

第2版

主编　才家刚

副主编　饶木金　王志刚　邓荣辉

机 械 工 业 出 版 社

本书以图文并茂的形式，详细地介绍了常用中小型三相交流异步电动机、单相交流异步电动机和直流电机的常见故障、原因分析判定、修理技术及常用数据，以及修理后的检查和试验方法，直观地展现了复杂的技术问题和操作工艺，内容均来自于国内有丰富经验的电机制造和修理企业，因而具有很强的可操作性。

本书可供电机使用和维修人员及相关技术人员、电机生产企业售前和售后服务人员使用，也可作为职校、技校相关专业师生及电机设计和制造部门工程技术人员的参考资料。

图书在版编目（CIP）数据

电机故障诊断及修理/才家刚主编. —2版. —北京：机械工业出版社，2022.5（2025.1重印）

ISBN 978-7-111-70330-3

Ⅰ.①电… Ⅱ.①才… Ⅲ.①电机-故障诊断②电机-维修 Ⅳ.①TM307

中国版本图书馆CIP数据核字（2022）第042769号

机械工业出版社（北京市百万庄大街22号 邮政编码100037）
策划编辑：刘星宁 责任编辑：刘星宁 朱 林
责任校对：张 征 张 薇 封面设计：马精明
责任印制：常天培
北京机工印刷厂有限公司印刷
2025年1月第2版第4次印刷
184mm×260mm · 19印张 · 2插页 · 468千字
标准书号：ISBN 978-7-111-70330-3
定价：79.00元

电话服务 网络服务
客服电话：010-88361066 机 工 官 网：www.cmpbook.com
010-88379833 机 工 官 博：weibo.com/cmp1952
010-68326294 金 书 网：www.golden-book.com
封底无防伪标均为盗版 机工教育服务网：www.cmpedu.com

本书第1版出版后，得到了广大读者的一致好评，同时也经常接到读者的来电，询问日常出现的一些新问题产生的原因和处理方法，在和读者共同讨论和处理问题的同时，也在很大程度上提高了作者的水平，并为这次再版积累了新的素材。另外，在近几年中，电机生产工艺水平和原材料性能都有了一定的提高。为了适应这些要求，并做到内容更加精炼、结构更加合理、实用性更强、更便于读者学习，决定编写第2版。

和第1版相比，第2版将有关轴承的内容调整到第1章“通用基础知识”中，并增加了一些轴承常见故障诊断与处理技术的内容，另外还增加了部分常用的电机性能参数术语和定义；对第1章中的1.2节~1.7节进行了大幅精简和调整，包括将大部分电机检测用仪器仪表的内容调整到第11章中，删除了1.7节“电机拆装常用工具设备”中的大部分常识性内容；增加了部分电机故障诊断和处理案例；删除了附录中部分表格，但增加了最新国家标准规定的电机能效分级考核标准。

在第2版编写过程中，国内电机生产和维修行业很多富有实践经验的工程师、专业技术人员和现场维修人员给予了大力支持和帮助，在此一并表示衷心的感谢。

第2版由才家刚任主编；国能信控互联技术（河北）有限公司饶木金、河南凌通电机有限公司王志刚、重庆铠正机电有限公司邓荣辉任副主编；广西恒达电机科技有限公司凤发、深圳市复兴伟业技术有限公司刘汪勇、上海异步电机科技有限公司周长江和赵福财任编委；上海异步电机科技有限公司马晓光和颜怀青负责编务工作。参加编写工作的还有齐永红、王爱军、施兰英、王爱红、齐志刚、才家彬、周瑞香、陆民凤。

由于作者的技术水平和实践经验有限，书中难免有不妥之处，恳请广大读者批评指正。

作　者

目录

通用基础知识

1.1 电动机分类

简单地讲，将电能转化为机械能并产生机械运动的机械叫电动机。

电动机分类方法有很多，从运行方式来分，有旋转电动机（含连续旋转、断续旋转和步进旋转三大类）、直线电动机、平面电动机等；从所用电源来分，有交流电动机（含单相和三相、同步和异步、工频和中频等多种分类）和直流电动机两大类；另外，还可从电压高低、结构形式、安装方式、冷却方式、工作制、体积或功率大小、用途、适用环境等多方面进行分类。下面简要地介绍几种主要的分类。

1.1.1 按尺寸大小或电压高低分类

按外形尺寸［含机座号（或中心高，单位为 mm）和铁心外径］大小分为大、中、小、微共 4 类；按所用电源额定电压的高低，分为高压和低压两大类。具体分类方法见表 1-1。

表 1-1 按尺寸大小或电压高低分类

分类项目	分类方法			
大小	大型	中型	小型	微型
	机座号 >630 或铁心外径 >990mm	机座号≥355 ~630 或铁心外径≤990mm	机座号≥63 ~315	机座号 <63
电压	高压		低压	
	额定电压≥1kV 或 1.14kV		额定电压 <1kV 或 1.14kV	

1.1.2 按使用时的安装方式分类

电动机的安装方式是指它在机械系统中与构架或其他部件的联结方式。用特定的代码表示，常用的代码形式有两种，一种是 IM Bx；另一种是 IM Vy。其中 IM 是国际通用的安装方式代码（分别取“国际”和“安装方式”两个词的英文单词 International 和 Mounting type 的首字母 I 和 M）；B 表示卧式，即电机轴线水平；V 表示立式，即电机轴线竖直；x 和 y 各是 1 ~2 个阿拉伯数字，表示联结部位和方向。常用的几种安装方式见表 1-2 和表 1-3（摘自 GB/T 997—2008），表中字母 D 代表伸端，对于两端都有轴伸的，代表主轴伸端或较粗的一端。图 1-1 给出了 5 种最常用的安装方式。

表 1-2　常用卧式安装方式图示和代码

代号	图示	说明	代号	图示	说明
B3	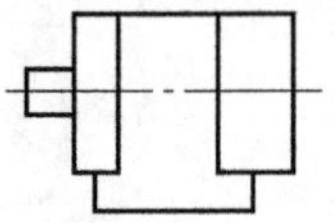	用底脚安装在基础构件上	B7	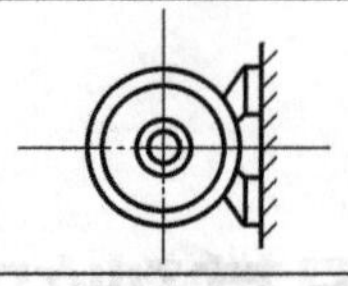	用底脚安装在墙上。从D端看，底脚在右边
B35	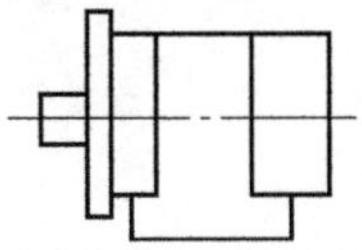	借底脚安装在基础构件上，并附用凸缘端盖安装配套设备	B8	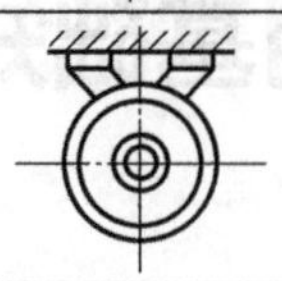	用底脚安装在天花板上
B34	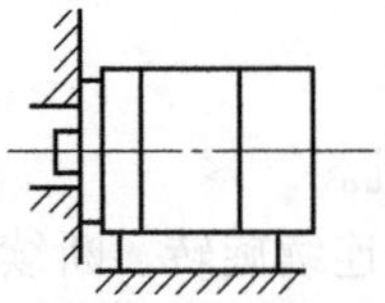	借底脚安装在基础构件上，并附用凸缘平面安装配套设备	B9	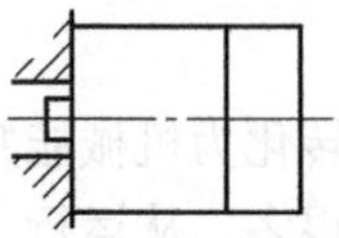	D端无端盖，借D端的机座端面安装
B5	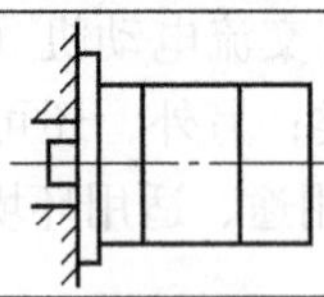	用凸缘端盖安装	B15	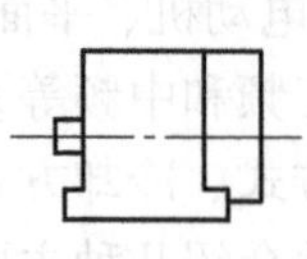	D端无端盖，用底脚主安装，D端机座端面辅安装
B6	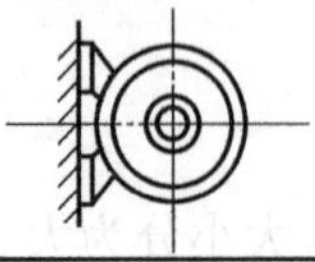	用底脚安装在墙上。从D端看，底脚在左边	B20	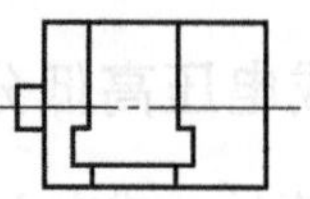	有抬高的底脚，并用底脚安装在基础构件上

表 1-3　常用立式安装方式图示和代码

代号	图示	说明	代号	图示	说明
V1	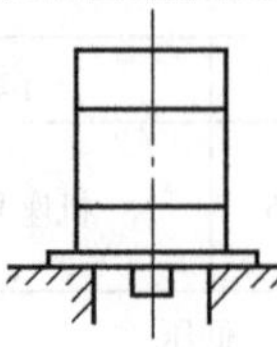	用凸缘端盖安装，D端朝下	V5	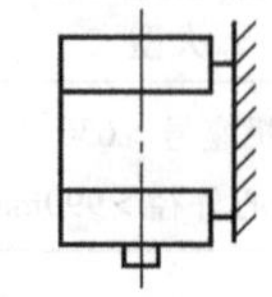	用底脚安装在墙上，D端朝下
V15	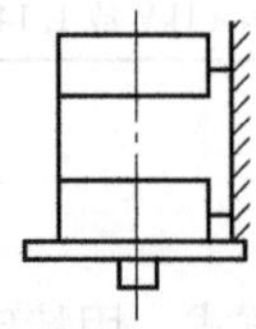	用底脚安装在墙上，并用凸缘作辅安装，D端朝下	V6	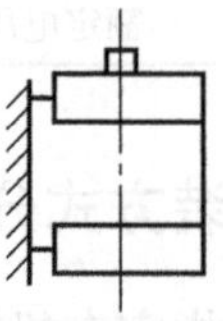	用底脚安装在墙上，D端朝上
V3	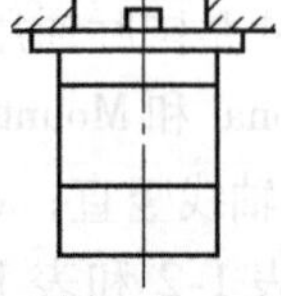	用凸缘端盖安装，D端朝上	V8	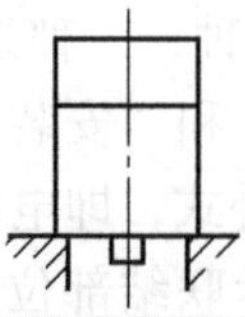	D端无端盖，借D端的机座端面安装，D端朝下
V36	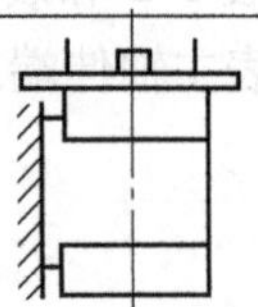	用底脚安装在墙上，并用凸缘作辅安装，D端朝上	V9	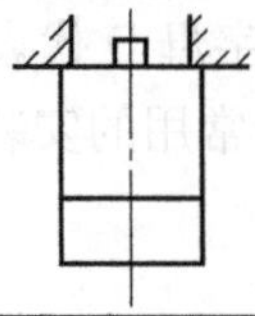	D端无端盖，借D端的机座端面安装，D端朝上

（续）

代号	图示	说明	代号	图示	说明
V10		机座上有凸缘，并用其安装，D 端朝下	V16		机座上有凸缘，并用其安装，D 端朝上

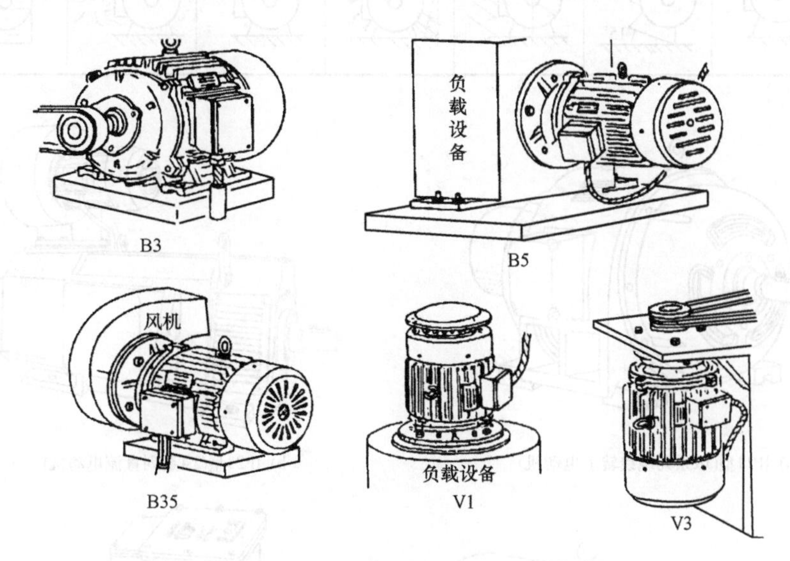

图 1-1 常用安装方式示意图

1.1.3 按外壳防护能力分类

根据外壳防护其内部电器元件和运行元件避免外部物质（含人体）进入或触及的能力，对于防固体分 0 ~6 共 7 个等级，对于防液体分 0 ~8 共 9 个等级，两种防护组合分若干个等级。用“IP”（国际通用防护等级代码，是英语 Ingress Protection 的两个首字母）加 1 个表征防固体能力和 1 个表征防水能力的数字表示。表 1-4 和表 1-5 给出了简单表述的内容，例如 IP54 是可防止尘土进入同时可防止溅水进入的电机。图 1-2 是部分示例。

表 1-4 第一位数字－防固体能力——不能进入的固体尺寸 （单位：mm）

数字	0	1	2	3	4	5	6
可防护物体的最小尺寸	无专门防护	φ50	φ12	φ2.5	φ1.0	尘	严密防尘

表 1-5 第二位数字 – 防水能力——不能进入体内水的状态

数字	0	1	2	3	4	5	6	7	8
可防进入水的状态	无专门防护	滴水	15°滴水	60°方向内的淋水	任何方向的溅水	一定压力的喷水	海浪或强喷水	一定压力的浸水	长期潜水

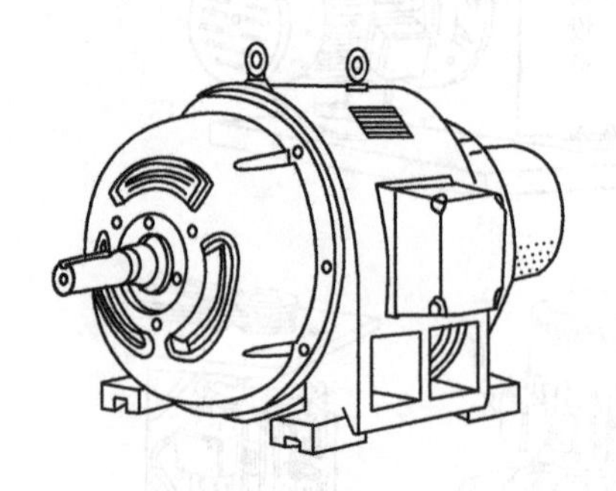

a) IP11型(JR系列绕线转子电动机)

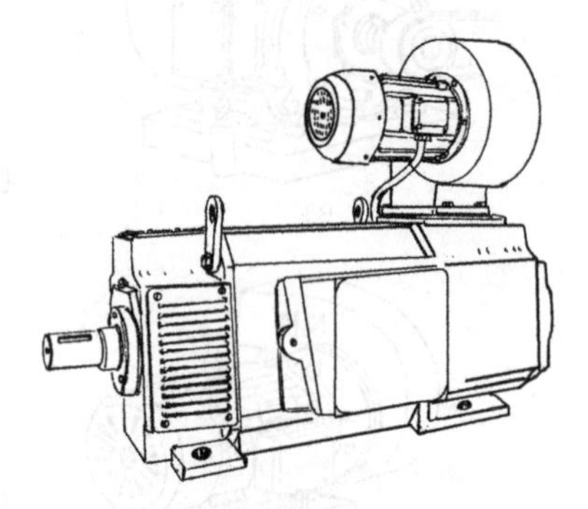

b) IP23型(Z4系列直流电动机)

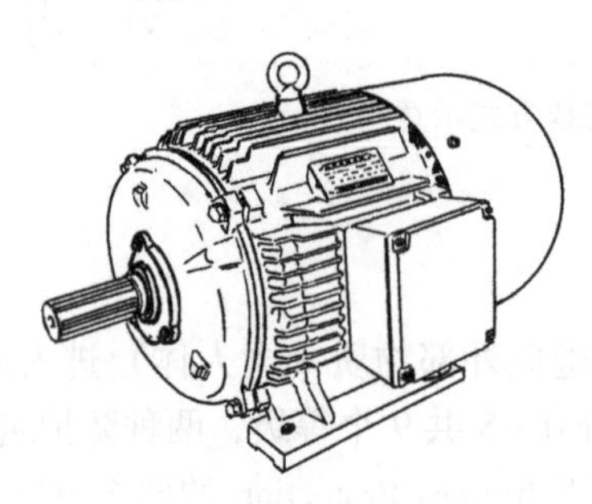

c) IP54型(Y2系列电动机)

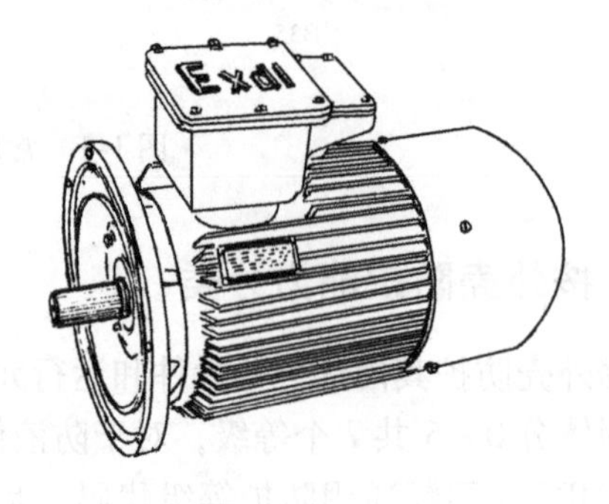

d) IP55型(YB系列电动机)

图 1-2 按外壳防护能力分类示例

1.1.4 按冷却方式分类

根据冷却器、冷却介质及其运行方式等分若干种。用“IC”（国际通用冷却方式代码，是英文 International Cooling 的两个首字母）加一些表征冷却介质及其运行方式、散热器件等信息的字母或数字表示。表 1-6 给出了几种常用类型的冷却方式电机示例、示意图和简写（省去了代表用空气作为冷却介质的字母“A”）代码，其中“外风扇”代表由转轴自带、安装在机壳外部的风扇；“内风扇”代表由转轴自带、安装在机壳内部的风扇（含铸铝转子端环上的扇叶）；“自扇风”则是风扇由转子（或转轴）带动风扇运转产生用于冷却的风。

表 1-6 几种常用类型的冷却方式电机示例、示意图和简写代码

电机类型	外形示例	冷却系统示意图	冷却方式描述	冷却代码
Y2 系列三相异步电动机			内、外风扇自扇风式，外壳散热	IC411
Z2 系列直流电动机			内风扇自扇风式，冷却介质由一端吸入，从另一端排出	IC01
YVF 系列变频调速电动机			内风扇，外装恒速风机冷却式，外壳散热	IC416
轧钢辊道用电动机			内风扇，靠机壳表面冷却式（通过辐射散热）	IC410
电动自行车用电动机			内风扇，靠运行时的相对运动的自然风冷却式	IC418
YKK 系列电动机			外装空气冷却器冷却式	IC611
Z4 系列直流电动机			外吹风强制冷却式	IC06
YSL 系列水冷电动机			靠机壳流动水冷却式，冷却用水通过管道进入和排出	IC3W7

1.1.5 按电机工作制分类

电机的工作制实际上就是电机在运行时，起动、加负载运行、空转或停转、制动等工作过程的时间安排，就像我们工作人员每一周、每一天的生活和工作时间安排一样。

电机的工作制分 10 种，分别用 S1 ~ S10 共 10 个代码来表示，其中前 8 种使用较多，分类内容见表 1-7，图 1-3 给出的是这 8 种工作制输入功率与时间的关系图，图中横轴（时间轴）上方的部分为吸收电功率（电动机状态），下方的部分为输出电功率（发电机状态）。

表 1-7 电机工作制分类及各工作制的内容

代码	名称	电机运行状态简介
S1	连续工作制	保持在恒定负载下运行至热稳定状态
S2	短时工作制	在恒定负载下按给定的加载时间运行，电机在该时间内不足以达到热稳定，随之停机和断能，停机时间足以使电机完全冷却
S3	断续周期工作制	按一系列相同的工作周期运行，每一周期包括一段恒定负载运行时间和一段停机并断能时间
S4	包括起动的断续周期工作制	按一系列相同的工作周期运行，每一周期包括一段对温升有显著影响的起动时间、一段恒定负载运行时间和一段停机并断能时间
S5	包括起动和电制动的周期工作制	按一系列相同的工作周期运行，每一周期包括一段起动时间、一段恒定负载运行时间、一段电制动时间和一段停机并断能时间
S6	连续周期工作制	按一系列相同的工作周期运行，每一周期包括一段恒定负载运行时间和一段空载运行时间，无停机和断能时间
S7	包括电制动的连续周期工作制	按一系列相同的工作周期运行，每一周期包括一段起动时间、一段恒定负载运行时间和一段电制动时间，无停机和断能时间
S8	包括变速变负载的连续周期工作制	按一系列相同的工作周期运行，每一周期包括一段按预定转速运行的恒定负载时间和一段或几段按其他转速运行的其他恒定负载时间，无停机和断能时间

1.1.6 按使用环境分类

1. 普通电机对使用环境的要求

1）使用地点的海拔不超过 1000m。

2）使用地点的环境（电机周边，含室内和箱内）温度最高不超过 40℃；最低不低于 -15℃，但输出功率 < 600W、带换向器、使用滑动轴承和以水为冷却介质的电机，规定为 0℃。

3）使用地点的最湿月月平均最高空气相对湿度不超过 90%，同时该月月平均最低温度不应超过 25℃。

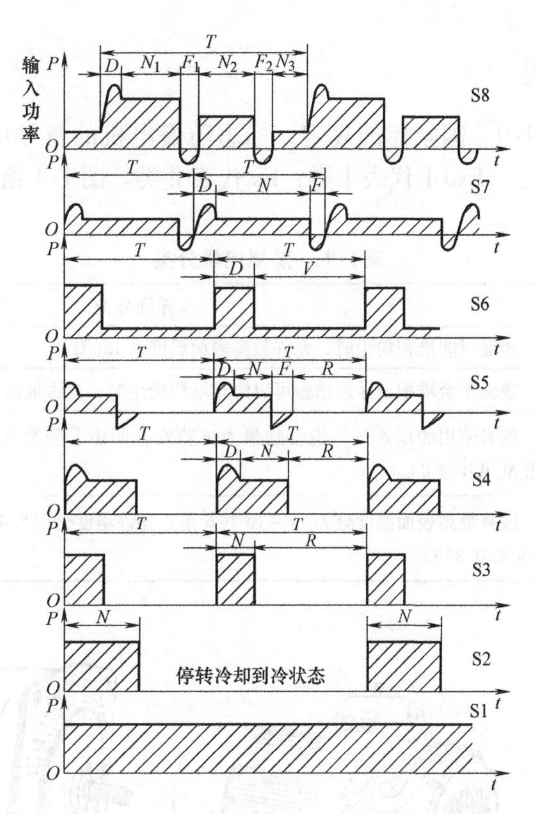

图 1-3 S1 ~ S8 工作制输入功率与时间关系图解

D—起动 *N*—运行 *R*—停转 *V*—空转 *F*—电制动

2. 可适应的特殊使用环境代码

按可适应的特殊使用环境，可分为高原（海拔超过 1000m）型、船（海）上型、户（屋）外型、化学防腐型、热带使用型、湿热带使用型、干热带使用型等多种，分别在电机型号的最后一部分内容中以字母的形式给出，各类型的字母代码见表 1-8。

表 1-8 电机适用特殊环境代码

适用特殊环境	高原	船（海）上	户（屋）外	化学防腐	热带	湿热带	干热带
代码	G	H	W	F	T	TH	TA

1.1.7 按转子的结构形式分类

三相异步电动机的转子有笼型转子和绕线转子两大类。

1. 笼型转子

根据使用的导条材料不同，又可分为铸铝转子和铜条转子两种。近几年在高效电机领域又出现了铸铜转子。笼型转子的槽数一般会少于（个别会多于）定子的槽数，并且不一定是 3 的整数倍，也没有相数之分；但绕线转子的绕组相数一定要与定子绕组的相数相同。

2. 绕线转子

其绕组用事先绕制的线圈组成，线圈的结构与定子绕组没有本质的区别，其相数与定子完全相同。

1.1.8 防爆电机分类

防爆电机分类见表1-9。国家标准规定，标志防爆电机的符号应以阳文（文字凸出平面）的形式铸造在部件上，ExdⅠ代表Ⅰ类，Ex代表Ⅱ类。图1-4给出了两种类型防爆电机的外形示例。

表1-9 防爆电机分类

大类	使用场合	详细分类
Ⅰ类	煤矿	表面可能堆积粉尘时，允许最高表面温度为150℃
		表面不会堆积或采取措施可以防止堆积粉尘时，允许最高表面温度为450℃
Ⅱ类	存在易燃易爆气体和粉尘的工厂和其他类似场合	按其使用的爆炸气体混合物最大试验安全间隙，分为A、B、C三个级别。可以写成ⅡA、ⅡB或ⅡC
		按其最高表面温度分为T1～T6共6组，允许温度分别为450℃、300℃、200℃、135℃、100℃和85℃

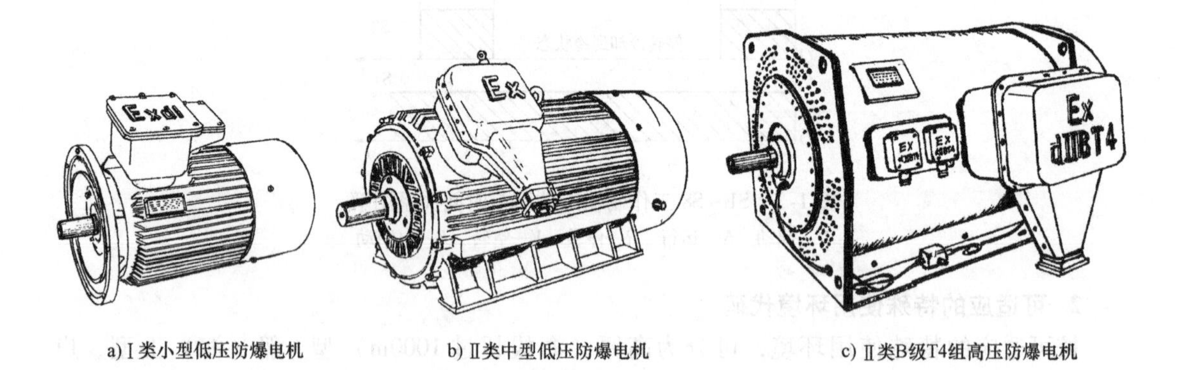

a) Ⅰ类小型低压防爆电机　　b) Ⅱ类中型低压防爆电机　　c) Ⅱ类B级T4组高压防爆电机

图1-4 防爆电机特征符号标注示例

1.2 电机及电机故障常用术语和定义

电机及电机故障常用术语和定义见表1-10。

表1-10 电机及电机故障常用术语和定义

序号	名称	内　容
1	额定值	通常由制造厂对电机在规定运行条件下所指定的一个量值
2	定额	一组额定值和运行条件
3	额定输出	定额中的输出值
4	负载	在给定时刻，通过电路或机械装置施加于电机的全部电量或机械量的数值
5	空载（运行）	电机处于零功率输出的旋转状态（其他均为正常运行条件）
6	满载；满载值	电机额定运行时的负载；电机满载运行时的量值

（续）

序号	名称	内　　容
7	停机和断能	电机处于既无运动，又无电能或机械能输入时的状态
8	工作制、工作制类型和负载持续率	电机所承受的一系列负载状况的说明，包括起动、电制动、空载、停机和断能及其持续时间和先后顺序等 工作制可分为连续、短时、周期性或非周期性几种类型。周期性工作制包括一种或多种规定了持续时间的恒定负载；非周期性工作制中的负载和转速通常在允许的范围内变化 工作周期中的负载（包括起动和电制动在内）持续时间与整个周期时间之比，以百分数表示
9	堵转（起动）转矩	电动机在额定频率、额定电压和转子在所有角度位置堵住时，在其转轴上所产生的转矩最小测得值
10	堵转（起动）电流	电动机在额定频率、额定电压和转子在所有角度位置堵住时，从供电电路输入的最大稳态电流有效值
11	最小转矩（仅用于交流电动机，全称为起动过程中的最小转矩）	电动机在额定频率和额定电压下，在零转速与对应于最大转矩时的转速之间所产生的稳态异步转矩的最小值。本定义不适用于转矩随转速增加而连续下降的异步电动机 注：在某些特定的转速下，除了稳态异步转矩外，还会产生与转子功角成函数关系的谐波同步转矩。在这些转速下，对应于某些转子功角的加速转矩可能为负值。经验和计算表明，这是一种不稳定的运行状态，谐波同步转矩不会妨碍电动机的加速，可从本定义中排除
12	最大转矩（仅用于交流电动机）	电动机在额定频率和额定电压下，所产生的无转速突降的稳态异步转矩最大值。本定义不适用于转矩随转速增加而连续下降的异步电动机
13	冷却	一种热量传递过程。电机中因损耗而形成的热量被传递给初级冷却介质，该介质可以连续地被更换或在冷却器中被次级冷却介质所冷却
14	冷却介质	传递热量的气体或液体介质
15	初级冷却介质	温度低于电机某部件的气体或液体介质。它与电机的该部件相接触，并将其放出的热量带走
16	次级冷却介质	温度低于初级冷却介质的气体或液体介质。它通过冷却器或电机的外表面将初级冷却介质放出的热量带走
17	直接冷却（内冷）绕组	一种绕组，其冷却介质流经位于主绝缘内部作为绕组组成部分的空心导体、导管、风道，与被冷却部分直接接触，不管其取向如何
18	间接冷却绕组	除直接冷却绕组以外的其他任何绕组
19	实际冷状态	电机每一部件的温度与冷却介质的温度之差≤2K 时的状态
20	热稳定状态	电机的发热部件的温升在 0.5h 内的变化不超过 1K 的状态
21	实际平衡的电压系统	在多相电压系统中，如电压的负序分量不超过正序分量的 1%（长期运行）或 1.5%（不超过几 min 的短时运行），且电压的零序分量不超过正序分量的 1%，即称为实际平衡的电压系统
22	三相电流（电压、电阻）不平衡度	三个实测电流（或电压、电阻）中最大或最小的一个数值与三相平均值之差占三相平均值的百分数（取绝对值较大的作为判定结果）

（续）

序号	名称	内　　容
23	匝间短路	一相绕组（一个线圈内或相邻线圈之间）中不同线匝之间因绝缘不良而产生的短路，习惯简称为“匝间”
24	相间短路	三相绕组中，两相绕组之间因绝缘不良而产生的短路，习惯简称为“相间”
25	对地短路	绕组及其他带电部分（例如引出线、接线装置等）与机壳、铁心等金属部件之间，因绝缘不良而发生的短路，统称为“对地短路”，习惯简称为“对地”
26	转子断条	转子断条是转子导条（对笼型异步电动机）中间断裂的现象，简称为“断条”或“断笼”。这种现象有的是电机出厂前就存在的，有的则是在电机出厂时是细条（局部没有充满转子槽截面），在电机加载运行时，因细条部位过热，最终烧断该笼条而形成断条
27	缺相（断相）	此项仅对三相绕组。一般指有一相或两相因电源设备（含变压器、供电线路开关元件、线路连接点等部件）故障未通电的现象，较常发生的是缺（断）一相 有时也会出现因电动机接线装置接线部位松动未连接、引出线断开、内部绕组断开等故障，造成缺少一相电源或一相绕组断电的情况，实际上也应属于“缺相”的范畴
28	机械噪声和电磁噪声	对于电机通电运行而言，其发出的所有声音都属于“噪声” 电动机通电运行时发出的噪声由两大类组成，一类是机械噪声，主要是轴承运转和风扇通风产生的，有时会因局部摩擦（例如定转子之间相擦）产生；另一类是电磁噪声，是由于电磁力的作用使某些部件（例如硅钢片）产生较高频率的振动而发出的 在断电后会立即消失的那一部分噪声是电磁噪声，还存在的噪声即是机械噪声。这是区分两类噪声最简单、最直接的方法
29	不同心和不同轴	不同心是指两个圆的圆心不重合。这两个圆一般应在一个平面内或在两个相互平行的平面内，严格地讲应称为“同心度”不符合要求 不同轴是指两个圆柱的中心线（称为轴线）不重合。一般指两侧面线相互平行的圆柱，此时两个轴线也是平行的；在不严格的情况下，也可指两侧面线不平行的圆柱，此时两个轴线也是不平行的。严格地讲应为“同轴度”不符合要求 注：本书在故障诊断和分析中没有严格区分不同心（同心度）和不同轴（同轴度）这两个概念，原因是为了适应行业内人们的日常习惯

1.3　电机检测用电量类仪器仪表及测量电路

1.3.1　万用表

1. 分类和主要功能

万用表是电机修理工作中最常用的仪表之一，有传统的指针式和现代的数字式两大类。虽然后者在很多方面优于前者，例如准确度可达到1级以上（指针式万用表测量直流电时为2.5级，测量交流电压时为5.0级），除可测量电压、直流电流和电阻之外，很多类型还可测量温度、电容量、频率、晶体管的性能参数，以及判定三相电源的相序等，但在某些需要观察连续变化过程的场合，指针式万用表的作用还是不可替代的。

虽然万用表的品种极多（图 1-5 给出了几种示例），但其功能和使用方法却大体相同。常用万用表都具有以下 4 项主要功能：

1）测量导体的直流电阻。一般最小分度为 0.2Ω，最大量程（可读值）在 5MΩ 以内。

2）测量交流电压。一般最大量程为500V，有的可达到1500V 或2000V 等。

3）测量直流电压。量程同交流电压。

4）测量直流电流。一般最大量程在 2.5A 以下。

a) 指针式万用表　　b) 数字式万用表

图 1-5　几种常见的万用表外形示例

2. 使用万用表的通用注意事项

1）应根据被测量的类型（例如是电压还是电阻）来选择表的功能键或旋钮位置。

2）根据被测量的大小来选择量程。选择原则是使被测量在使用量程的 25% ~95% 之间（指针式万用表测量电阻除外，下同），最好在 75% ~95% 之间，其目的是保证测量的准确度。如果事先无法知道被测量的大小，则应先选择较大的量程，待实际测量后再根据情况改变为合适的量程。但要注意，改换量程时要事先脱离测量状态，即不可在测量当中转换量程旋钮或按键，否则将有可能烧坏转换元件和电路。

3）在测量之前，要看指针是否在零位线上，若不在，则应通过旋转调整螺钉将其调整到零位线上。

4）要检查表笔和引接线的绝缘情况，如发现有破损情况，应进行加强绝缘处理或更换新品，其目的是防止触电事故的发生。

5）要检查表笔和插座等连接部位的接触情况，如发现有接触不良现象，应事先进行处理，其目的是防止因接触不良、电阻较大而造成测量数值的不稳定和出现较大误差。

6）测量较高的交流电压时，应戴手套，穿绝缘鞋，并注意防止对地或相间短路。

3. 指针式万用表的结构和元件用途

常见的指针式万用表主要结构如图 1-6a 所示。其部件名称和功能如下：

（1）插孔

一般有“+”“-”（或“*”，有的表用符号“COM”表示，称为“公共端”）两个。测量电阻时，“+”端与表内的电池负极相接；“-”端与表内的电池正极相接。其他插孔有专用的高电压、大电流插孔，以及测量晶体管性能数据的专用插孔等。

（2）表笔

一般为红、黑两种颜色各一只。红色的与“+”端口相接；黑色的与“-”（或“*”“COM”）端口相接。使用时应特别注意避免插接松动造成接触不良和绝缘破损而造成触电事故。

（3）刻度盘

指针式万用表的刻度盘具有多条刻度线，如图1-6b所示。最上面的一条是电阻刻度线，其零位在右边；从上数第2条为直流（DC）电压和电流及交流（AC）电压刻度线，其零位均在左边，应注意所标注的数字有多种，应按选用的量程选择其中的一种，选择的原则是便于尽快地得出实际数值，例如测量220V左右的交流电压时，量程确定为250V，则所得读数则为实际测量值，选择其他的数据则需要换算。电阻与电压电流刻度线之间的黑色宽线条实际为一个镜面，其用途是在读表时帮助确定视线的准确方向，即当在镜子里看不到指针的影子时视线的方向最正确，此时看到的指针指示值也就最准确。

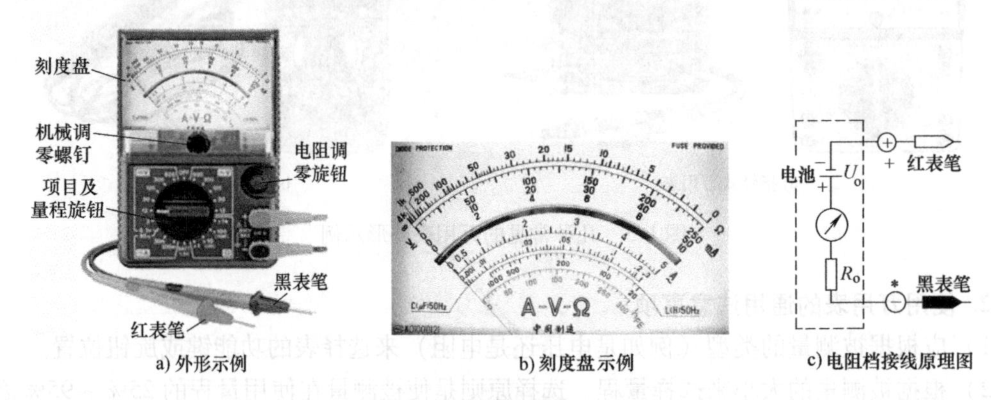

a) 外形示例　b) 刻度盘示例　c) 电阻档接线原理图

图1-6 常见的指针式万用表

（4）机械调零螺钉

用于将指针调整到零位（刻度线最左边的0刻度线位置）。调整时，仪表应按规定位置放置，一般为水平状态。

（5）项目及量程旋钮

首先是用于确定测量项目，其次是选择被确定项目中的量程。拨动时，应注意确认到位（可通过手感和发出的声响来确定）。

（6）电阻调零旋钮

在选定测量电阻并设定好量程之后，用于将指针调整到电阻的零位（电阻刻度线最右边的0刻度线位置）。

4. 指针式万用表的使用方法

下面以图1-7a所示的指针式万用表为例，介绍它的4个主要功能的使用方法（使用前的检查工作见前面“2. 使用万用表的通用注意事项”中相关内容）。

（1）测量电阻

先选择好电阻档的适当量程。和测量其他电量不同的做法有：除在使用之前要对指针进行调零外，在选择好电阻档的适当量程后，还要对指针进行“电阻调零”，并且每次设置量程之后都要进行一次，而且必须要达到要求后才能进行测量，否则将造成较大的误差。

电阻调零的方法是：将两表笔短路，此时指针将很快摆到0Ω附近，若正好在0Ω线上，则可进行测量，否则要通过旋动电阻调零旋钮使其指到0Ω线上，如图1-7a所示。调整要迅速，时间过长将耗费较多的表内电池能量。若指针始终在0Ω线的左侧（有数字的一侧），则说明表内的电池电压已较低，不能满足要求，要更换新电池后再进行上述调整。

调整好零位后进行测量。应注意表笔和电阻引线要接触良好。如图1-7b所示，读数为46Ω，量程倍数为×100，则所测电阻值为 $100\times46\Omega=4600\Omega=4.6\text{k}\Omega$。

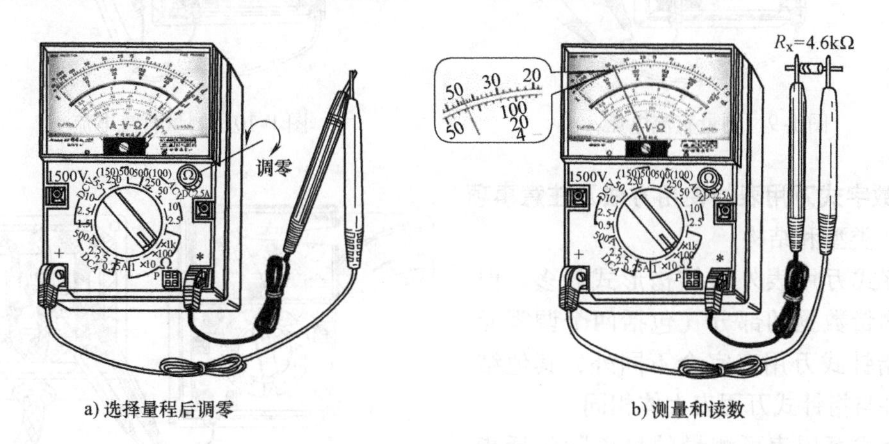

图1-7　测量电阻

在测量时，表笔与被测电阻的接触一定要良好，以减小接触电阻对测量值的影响。当被测电阻值较大时（指1kΩ以上），两只手不要如图1-8所示的那样同时接触被测电阻的两极（两条引出线）。这是因为，正常情况下，人的两只手之间的电阻在几十到几百kΩ之间，当两只手同时接触被测电阻的两端时，等于在被测电阻的两端并联了一个电阻，所以将会使得到的测量值小于被测电阻的实际值，被测电阻值越大，误差越大。

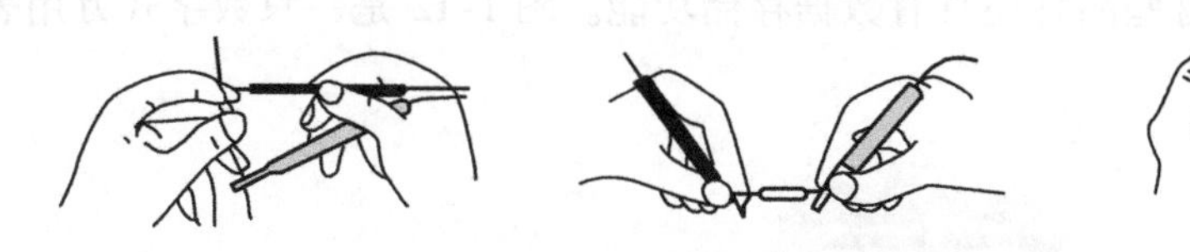

图1-8　测量电阻时的错误手法

（2）测量直流电压

用仪表测量直流电压时，要与被测元件并联；黑表笔与被测元件和电源的负极端相连的一端相接，红表笔与被测元件与电源的正极端相连的一端相接。这样指针才会向有读数的方向（向右）摆动，否则指针将反转，如图1-9所示。

（3）测量直流电流

要将仪表串联在被测电路中，所以在测量之前要将被测电路断开并接入仪表，黑表笔与直流电源的负极端相接，红表笔与直流电源的正极端相接，如图1-10所示。

（4）测量交流电压

测量接线方式与测量直流电压的相同，只是不必考虑接线的极性问题，如图1-11所示。

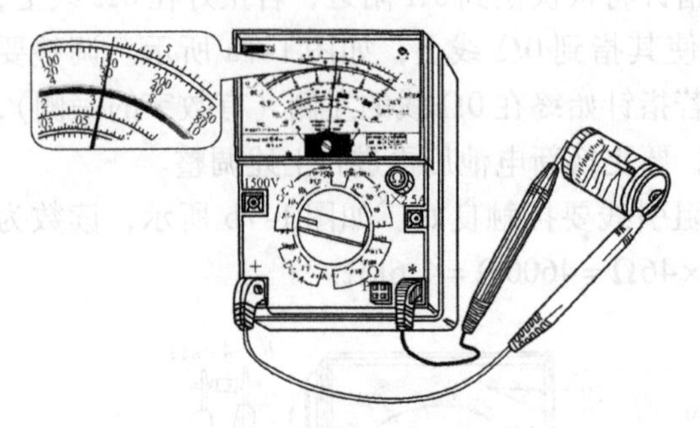

图 1-9 测量直流电压

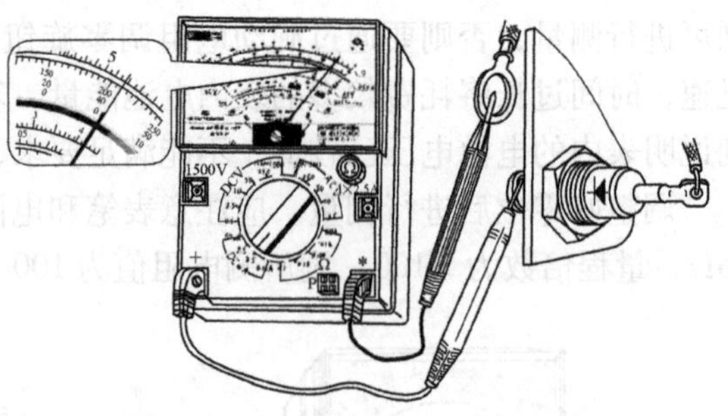

图 1-10 测量直流电流

5. 数字式万用表的使用方法及注意事项

（1）类型和结构

数字式万用表外形结构形式较多，但除显示测量数据的部分（包括两个调零元件）与指针式万用表完全不同外，其他结构及元件与指针式万用表大体相同。

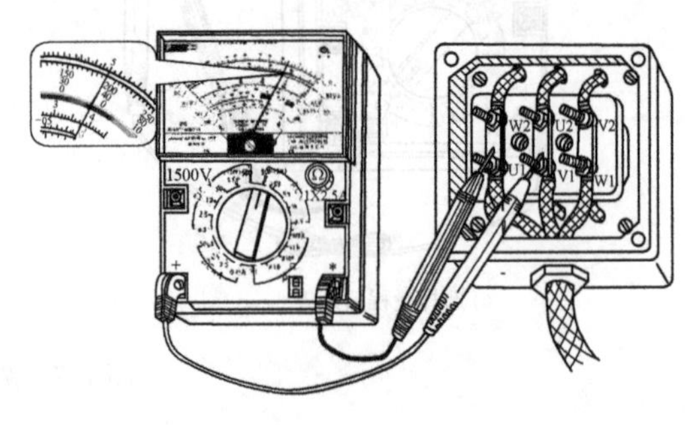

图 1-11 测量交流电压

数字式万用表可测量的量值除包括指针式万用表的 4 种之外，很多品种还具有测量温度、小容量电容、交流电的频率、三相电源的相序、小容量的电感等多种以前要靠专用仪器仪表才能测量的物理量。所以功能旋钮（有的品种附加一定的功能选择按键）往往较多，插孔也较多。另外，一般会设置电源开关、数据保持键（在测量过程中按下该键后，显示屏中的数据将保持为按键瞬时的数值，便于读取和记录。再次按动该键，即可解除数据保持状态）。有些品种还具有数据存储功能。图 1-12 是一只数字式万用表的外形及各部分名称图。

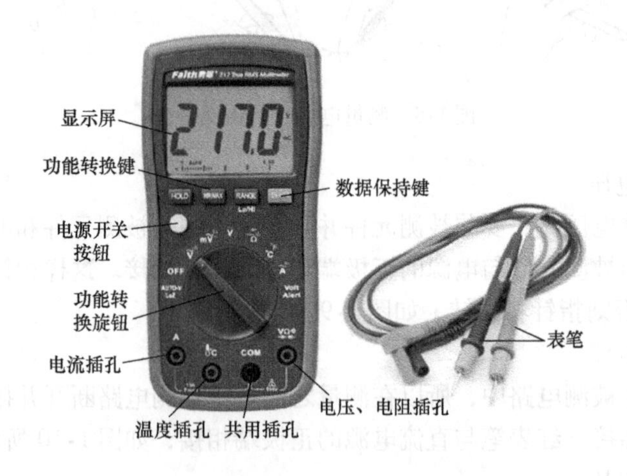

图 1-12 常用数字式万用表外形及各部分名称

（2）使用方法和注意事项

1）对于测量电阻、交流电压、直流电压和电流4项基本功能，数字式万用表的使用方法和注意事项与指针式万用表基本相同。因为数字式万用表的功能比指针式万用表的功能多，所以在使用中更应注意使用前对所用项目的选择问题，以避免因设定位置错误对仪表造成损害。

2）当所测量的电量数值超出仪表设定的范围时，将不能显示测量值，而是显示OR、OVER、OL、1等符号。这一点与指针式万用表不同。

3）当测量直流电压和电流，表笔与线路连接的正、负极不正确时，将在所显示的测量值前面出现一个“-”号（负号），例如“-3.2V”，应特别注意。

4）测量电容器的电容数值时，应事先对电容器进行充分放电。

5）普通数字式万用表不能测量变频器输出电压和电流（特别是电压），也不适宜测量频率很低的电流和电压（例如绕线转子电动机的转子电流）。

6）不使用于观察测量较快变化过程中的数据，因为数字式万用表的显示值是一段时间（一般为1s）的平均值。

7）绝对禁止在通电测量的过程中改变量程或更换测量项目。

8）绝对不允许测量超过量程范围的高电压。

9）数字式万用表的红表笔接表内电池的正极，黑表笔接表内电池的负极。这一点和指针式万用表相反，在测量二极管和晶体管时应注意。

10）绝大部分数字式万用表都需要注意防止水及其他液体（特别是具有腐蚀性的液体）进入。一旦进入，应立即拆下电池，用吹热风（温度应控制在60℃以内）或其他有效的方式对其进行烘干处理。

11）因为数字式万用表所有测量项目都需要在仪表中安装电池，当该电池的电压较低时，将影响仪表的测量准确度，严重时将无法进行测量，所以应随时注意检查电池的使用情况，避免影响测量工作。另外，在不进行测量时，应将电源开关置于关断（off）的位置，较长时间不用时，应将电池全部取出。

1.3.2 钳形表

1. 类型及用途

钳形表原称钳形电流表，因为早期的这种仪表的主要功能是用于测量交流电流，也是电工日常工作中最常用的测量仪表之一。特别是自该表增加了万用表能够测量的所有功能后，其用途变得更加广泛，成为比“万用表”更加“万用”的仪表。

与万用表一样，按测量原理和显示数值的方式，可分为指针式和数字式两大类，其中数字式的优缺点同数字式万用表。

图1-13为几种低压钳形表的外形示例，其中第一种是最老式的品种，测量量只有交流电流和交流电压两种，体积大，比较沉重，现已很少见到；第二种可以将电流钳部分与仪表分离，此时仪表部分即是一只普通的万用表，在只使用万用表功能时方便携带和使用；最后两种则是用于测量较大导线截面（电流也较大）的特型表；另外，还有测量泄漏电流的专用钳形电流表等。

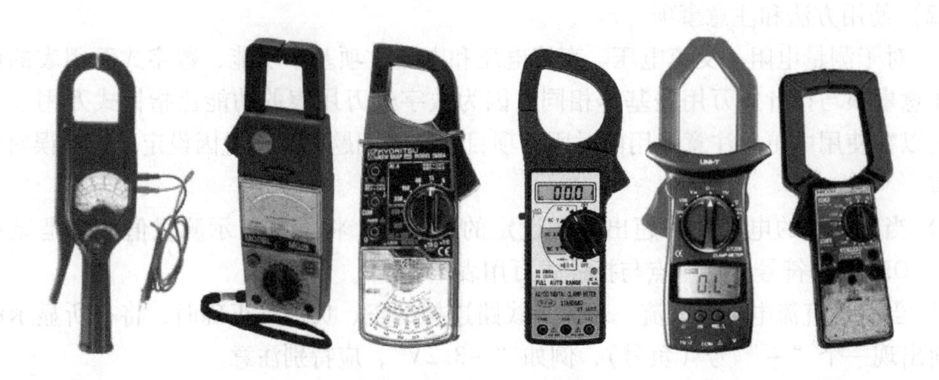

图 1-13 低压钳形表示例

2. 结构和工作原理

不同类型的钳形表其结构可能有所不同，但其测量交流电流的部分基本相同，都是由可开启的钳形铁心（能开启的部分称为动铁心，其余称为静铁心）、动铁心开启扳手（钳口扳机）、交流电流表（整流系指针式钳形表或数字式钳形表）、电流量程选择旋钮（或按钮）、绕在静铁心上的二次绕组（通过电流量程选择机构与电流表相连）等 4 大部分组成。其余则与其功能相关（同万用表）。图 1-14a 为数字式钳形表的外形结构示例。

了解钳形表测量交流电流的元件组成之后，其测量交流电流的原理就很容易理解了。它相当于一个由一只电流互感器和一只交流电流表组成的交流电流测量系统，其电流互感器的铁心可以打开，将要测量的线路导线作为电流互感器的一次绕组，置于铁心中后再闭合形成一个完整的闭合铁心磁路，与绕在铁心上的二次绕组相连的电流表显示经电流互感器变换的电流值，经过量程换算后得出实际测量线路的电流值。图 1-14b 给出了数字式钳形表测量交流电流的原理电路。

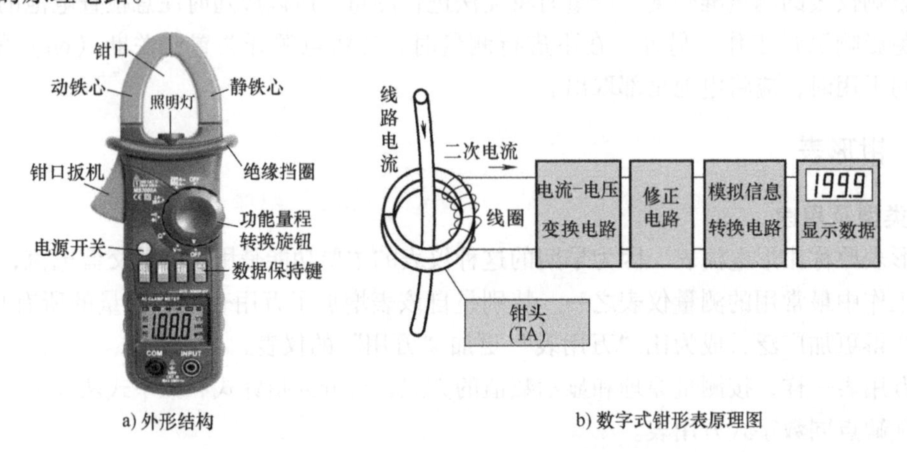

a) 外形结构　　b) 数字式钳形表原理图

图 1-14 数字式钳形表的结构和测量交流电流的原理

3. 测量交流电流的方法和注意事项

1）进行外观检查，要求各部件完好无损；钳把操作灵活；钳口铁心无生锈、无油污和杂物（可用溶剂洗净），可动部分开合自如，接触紧密（以减少漏磁通，提高测量精度）；铁心绝缘护套应完好；指针应能自由摆动；档位变换应灵活，手感应明显。将表平放，指针应指在零位，否则应调至零位。

2）测量档位选择同万用表。

3）测量时，测试人员应戴手套（怕手湿、出汗，起一定的绝缘作用），平端仪表（对指针式仪表刻度盘处于水平放置时最能保证其准确度。数字式仪表可不考虑此要求），手不可超过绝缘挡圈。压下钳口扳机，张开钳口，将被测通电导线置于钳口中央后闭合钳口，如图 1-15 所示。

4）待显示数据稳定后读数。若现场观看或记录数据不方便，可按下数据保持键（键名符号为 H、DH、HOLD 或 DATA 等）后退出，将表拿到合适的地方后观看或记录。再次测量时，按动数据保持键，原显示数据则消失。有些仪表还具有数据存储功能，键名符号为 MEM、MEM RCEL 等。

5）测量过程中，不能带负载更换档位。换档时，须先将导线退出钳口，换档后再钳入。

6）不能测量裸导线或高压线。

7）测量时，注意保持与带电体的安全距离，并注意不要造成相间或相对地短路。

8）用完后，将转换开关置于电流最高档或断开（off）档，以免下次使用时，不慎损坏仪表。应妥善保存（放入表套，存放于干燥、无尘、无腐蚀性气体及无振动的地方）。

4. 测量较小电流的方法

如果选用最低量程档位而指针偏转角度仍很小，或测量 5A 以下的小电流时，为提高测量精度，在条件允许的情况下，可通过增加一次线路的匝数的方法来增大读数，即将被测导线在铁心上绕几匝，再进行测量，此时实际电流应是仪表读数除以放入钳口中的导线圈数 N（即导线中的电流值 I_1 = 电流表读数/N，匝数 N 按钳口内通过的导线匝数计算）。例如图 1-16所显示的实例，电源线只穿过钳形表铁心一次时，仪表显示值为 0.5A；导线通过铁心孔的次数 $N=5$ 次时，显示值则为 2.5A，即电路实际电流 $I_1=2.5\text{A}/5=0.5\text{A}$。其原理同电流互感器中讲述的内容。

图 1-15　低压钳形电流表的用法

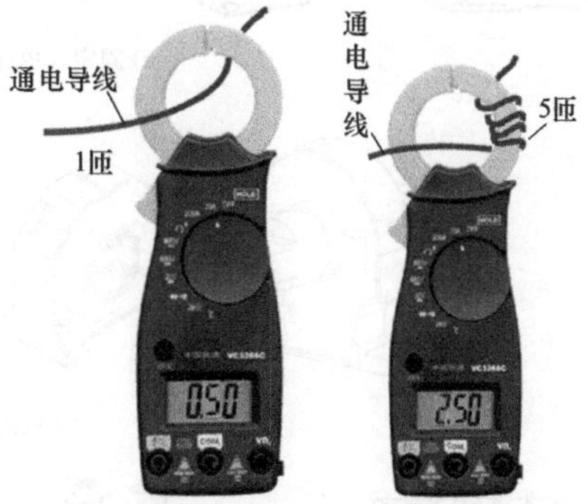

通电导线　1匝　通电导线　5匝

图 1-16　测量较小电流的用法

5. 测量电路对地泄漏电流的方法

不论是单相还是三相电流，将相线和中性线全部置于钳口中，如图 1-17 所示。在电路通电的情况下，若仪表有电流指示，则指示值即为电路的对地泄漏电流。一般情况下，该电流值较小，所以此时一般应将量程设置在仪表较小或最小电流档位上。

对于三相电源电路，由于导线的总截面积较大，所以往往需要具有较大钳口的钳形表，有些钳形表则专用于测量泄漏电流或设置一个专用测量泄漏电流的档位，使用起来会更专业和方便。

此功能可用于检查电动机对地绝缘泄漏的情况。测量时被测电动机应接好地线并施加额定电压空转或加负载运行。

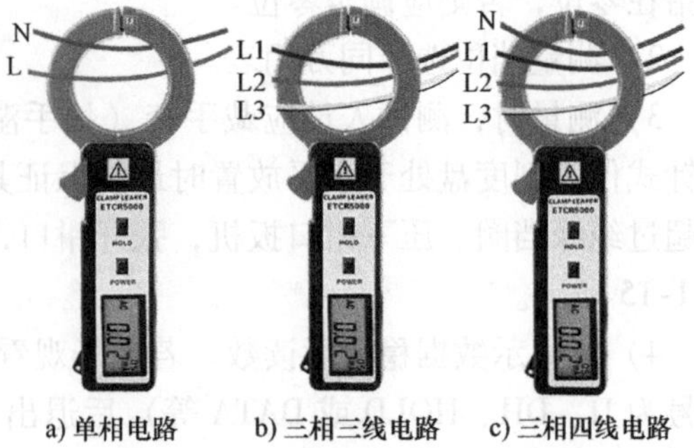

a) 单相电路　b) 三相三线电路　c) 三相四线电路

图 1-17　用钳形表测量电路对地泄漏电流

1.3.3　交流电流表、电流互感器和测量电路

1. 交流电流表

在修理单位，一般使用固定在配电盘或试验台上的仪表进行相关测量。交流电可选用电磁系、电动系和整流系指针式或数字式电流表。

固定使用的交流电流表俗称为“板式表”，简称为“板表”。对于较大量程的交流电流表，需要按其表盘上标出的比数（例如100/5）选配电流互感器，这样才能直接读取其指示的电流值。

电机修理行业所用电流表的准确度应尽可能高于 0.5 级。

2. 电流互感器

电流互感器用于扩大交流电流表的量程，分高压和低压、单比数和多比数、固定式和便携式、传统的电磁式和新型的霍尔式等多种类型；其准确度（电流比误差）有 0.2 级、0.5 级、1.0 级、1.5 级等，一般配电测量使用 0.5 级或 1.0 级。图 1-18 为几种外形示例。电流

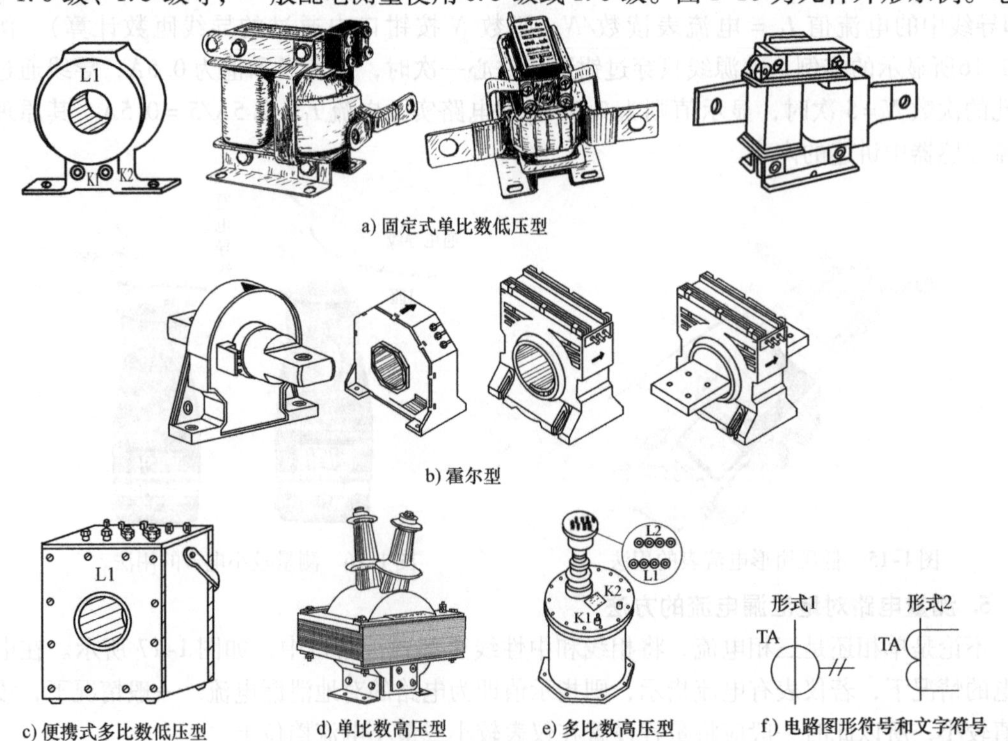

a) 固定式单比数低压型

b) 霍尔型

c) 便携式多比数低压型　d) 单比数高压型　e) 多比数高压型　f) 电路图形符号和文字符号

图 1-18　电流互感器

互感器的文字符号为“TA”（以前曾用“CT”）。

常用的电流互感器一次电流有10A、25A、50A、100A、200A、400A、500A等，均为5的整数倍，二次电流则统一为5A。选用时，一次电流应不小于被测量电路的最大电流，并最好不大于被测量电路的最大电流的1.2倍。另外，测量变频器供电的电机电流时，应采用适应变频电源的宽频电流互感器。

3. 交流电流测量电路

（1）用电流表直接测量

磁电系和电动系指针式交流电流表可直接测量的电流达到几十到上百安培，很多数字式电流表也可达到几十安培（一般通过其内部的电流互感器或电阻分流器与外电路连接）。测量接线时，将电流表直接串联在被测电路中即可。

（2）通过电流互感器测量

1）电流互感器的一次绕组串联在被测量的电路中，其标有L1的端子应与电源端相接，另一端子与负载（电机）端相接。对于穿心式，穿过的导线实际上就是该电流互感器的一次绕组，二次绕组与电流表相接，如图1-19a所示。

2）所用电流互感器的比数（例如100/5）应与所连接的电流表表盘上所标出的比数相一致（例如也是100/5），这样才能做到直接读取表指示的读数。

3）电流互感器的铁心和二次绕组的K2端必须可靠接地，如图1-19b所示。

4）对于三相电路，若要求用三块电流表同时测量三相电流值，则可使用两个电流互感器或三个电流互感器与三块电流表连接，实际接线示意图如图1-19c和图1-19d所示。

5）对于直接满压起动的交流异步电动机，电动机通电起动时的电流很大，为了保护电流表，可用一个开关和电流表并联相接，在电动机起动前将开关闭合，这就是所谓的“封表”，也叫“封互感器二次”（由于以前电流互感器的文字符号为“CT”，所以也被称为“封CT”），起动完成后，将开关打开，即可读取电流表指示数值，如图1-19e所示。

6）在通电使用中，电流互感器的二次电路绝对不允许开路，否则有可能造成互感器的匝间击穿短路或使使用人员触电。为此，电流互感器的二次电路中不允许安装熔断器。

4. 多比数电流互感器的接线方法

对穿心式互感器，电源线应由标有L1的一端穿入，穿过后去接负载。电源线穿过互感器中心孔几次，即为几匝，如图1-20所示。多比数附带穿心互感器的接线实例如图1-21所示。

1.3.4 交流电压表、电压互感器和测量电路

1. 交流电压表

和交流电流表一样，测量交流电的电压表也分为电磁系、电动系和整流系指针式交流电压表或数字式交流电压表，另外还分固定式（板表）和便携式两大类。电机修理行业所用电压表的准确度应尽可能高于0.5级。

2. 电压互感器

一般电压表可直接测量的电压为600V及以下，个别的可达到1000V。若要测量更高的电压，则需要通过电压互感器进行降压后再用普通电压表进行测量。电压互感器的文字符号为“TV”（以前曾用“PT”）。

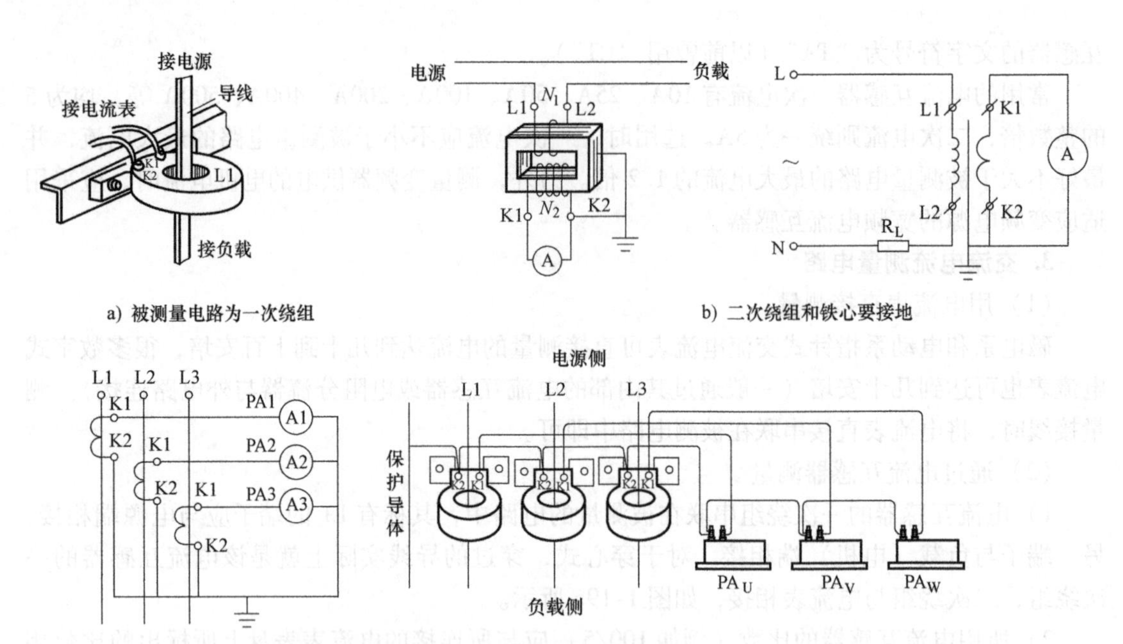

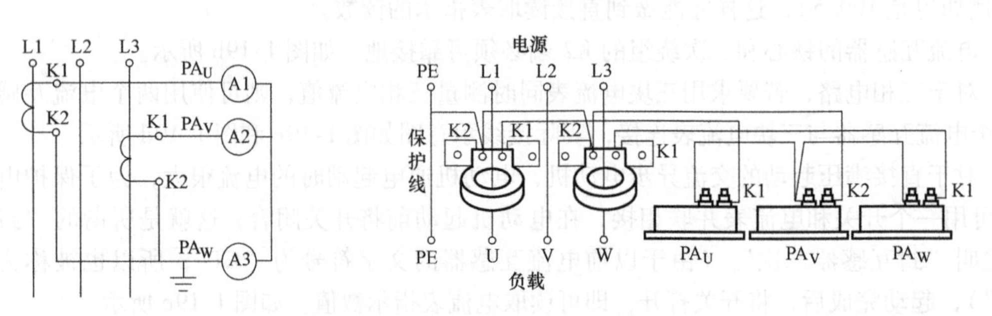

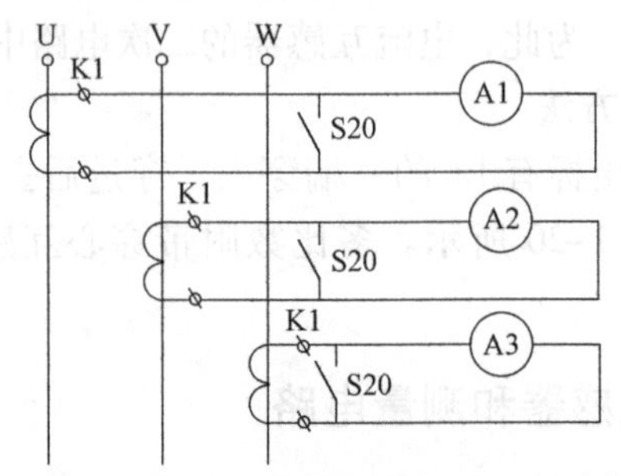

图 1-19　电流互感器测量接线图

电压互感器的二次额定电压一般为 100V 或 $100/\sqrt{3}$V，其一次额定电压用于高压测量的有 1kV、2kV、3kV、6kV、10kV、15kV 等若干个级别；用于低压测量的有 220V、380V、440V、500V、600V 等几个级别。图 1-22 给出了几种电压互感器的外形示例。

另外，应注意，测量变频器供电的电机电压时，应采用适应变频电源的宽频电压互感器。用普通电磁式电压互感器将产生较大的测量误差。

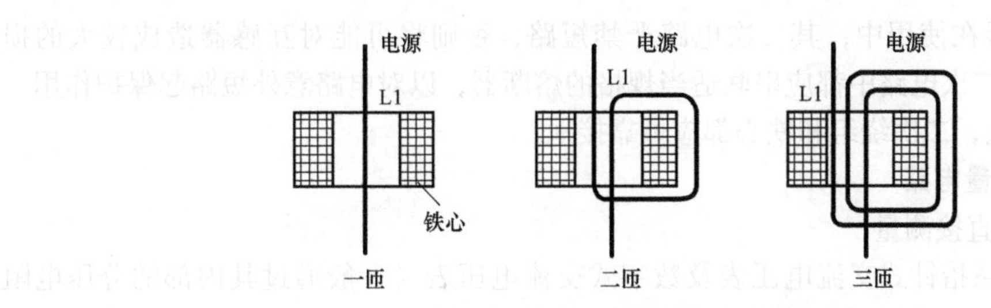

图 1-20 电流互感器穿心匝数示例

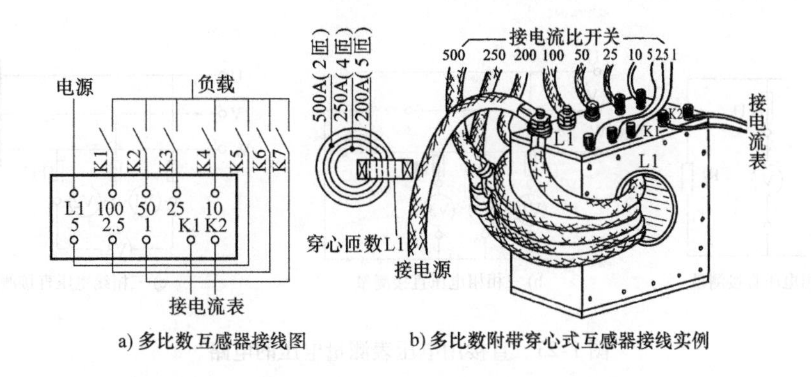

a) 多比数互感器接线图 b) 多比数附带穿心式互感器接线实例

图 1-21 多比数附带电流互感器穿心匝数示例

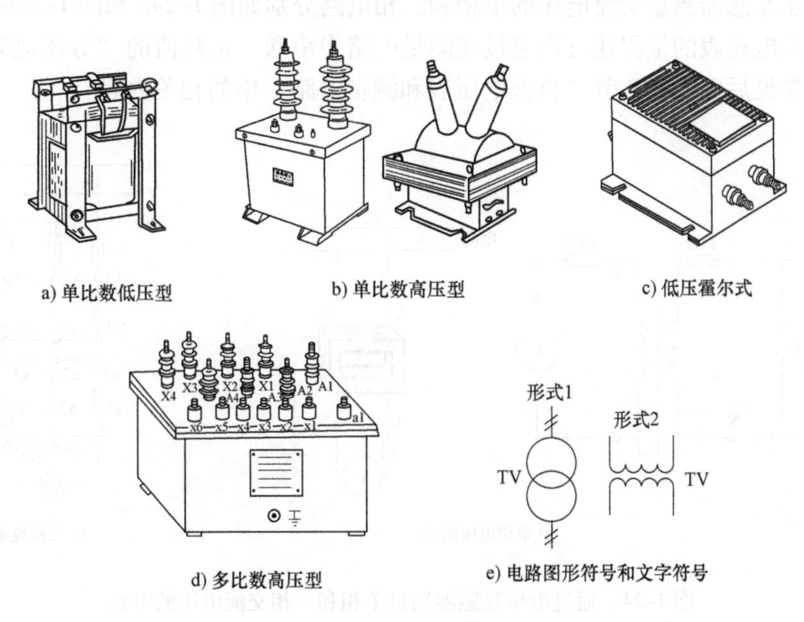

a) 单比数低压型 b) 单比数高压型 c) 低压霍尔式

d) 多比数高压型 e) 电路图形符号和文字符号

图 1-22 电压互感器

3. 电压测量电路和电压互感器的使用注意事项

1）电压表应并联在被测电路的两端。

2）电压互感器一次绕组接线端分别用 A 和 X 标志，使用时并联在被测电路的两端；二次的两端分别用 a 和 x 标志，与电压表两个端子相接。

3）电压互感器在使用中，其二次电路严禁短路，否则将可能对互感器造成较大的损坏。因此，其一、二次电路中都应串联适当规格的熔断器，以对电路意外短路起保护作用。

4）为保证安全，二次绕组和铁心都应可靠接地。

4. 交流电压测量电路

（1）用电压表直接测量

磁电系和电动系指针式交流电压表及数字式交流电压表（一般通过其内部的分压电阻与外电路连接）可直接测量的电压达到几百到上千伏特。测量接线时，将电压表直接并联在被测电路两端即可，如图1-23所示。

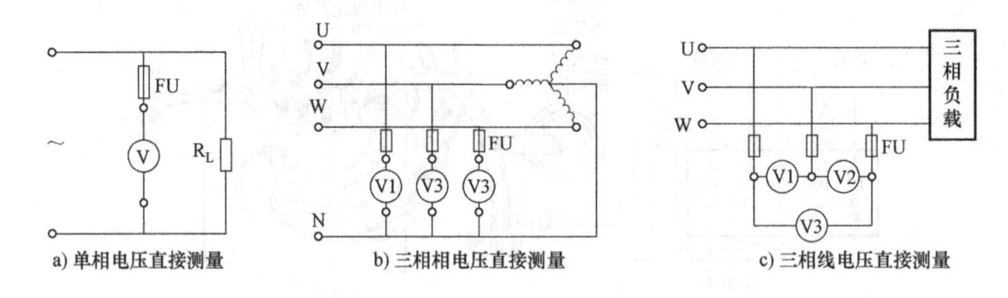

a) 单相电压直接测量　b) 三相相电压直接测量　c) 三相线电压直接测量

图1-23　直接用电压表测量电压的电路

（2）通过电压互感器测量电压的电路

通过电压互感器测量交流电压的单相和三相电路分别如图1-24a和图1-24b所示。实际应用中，扩大电压表的量程还可以通过在测量电路中串联一定数值的“分压电阻”来实现，具体做法请参见后面1.3.9节“直流电压表和测量电路”中的相关内容。

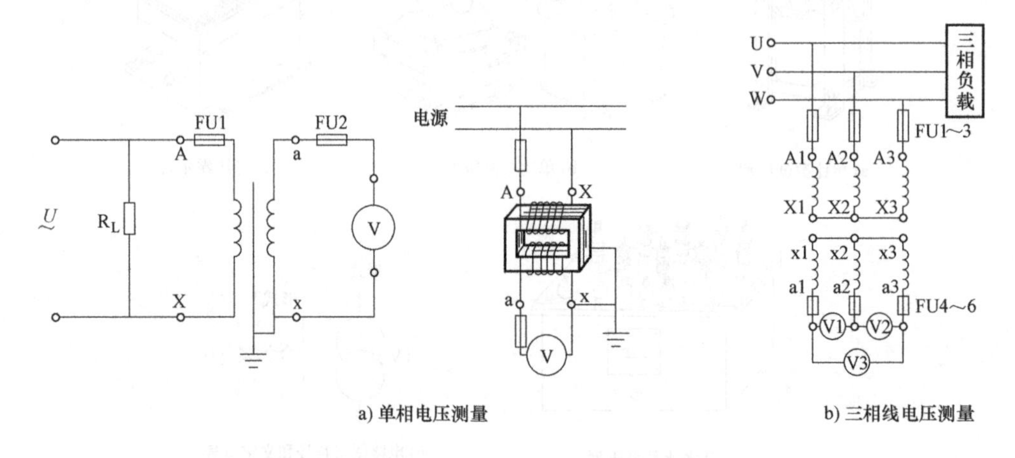

a) 单相电压测量　b) 三相线电压测量

图1-24　通过电压互感器测量单相和三相交流电压的电路

（3）用三相转换开关和一只电压表测量三相电压

在三相电压平衡的供电系统中，三相电压可通过一个三相电压转换开关接一只电压表来测量，需要时，通过转换开关的切换来观察每一相电压的具体情况。该转换开关有专用的产品，传统的产品型号为LW12-16/9.6911.2（用于三个相电压转换）和LW12-16/9.6912.2（用于三个线电压转换）；现在一般都选用LW5（例如LW5-15YH2/2型）或LW8型万能转换开关，如图1-25a所示，其与电源及电压表的接线如图1-25b所示。

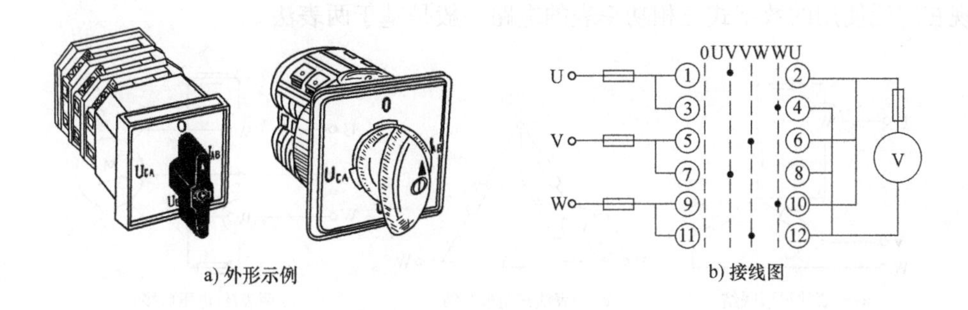

图1-25 LW型三相电压转换开关

1.3.5 交流功率表和功率测量电路

1. 交流功率表

在日常对电机电功率的测量中，除非另有说明，所测的功率一律指有功功率。可使用电动系指针式功率表或数字式功率表。

2. 交流功率表的接线方法和注意事项

（1）单相功率测量电路

在低压电路中直接和通过电流互感器的单相功率测量电路如图1-26所示。在高压电路

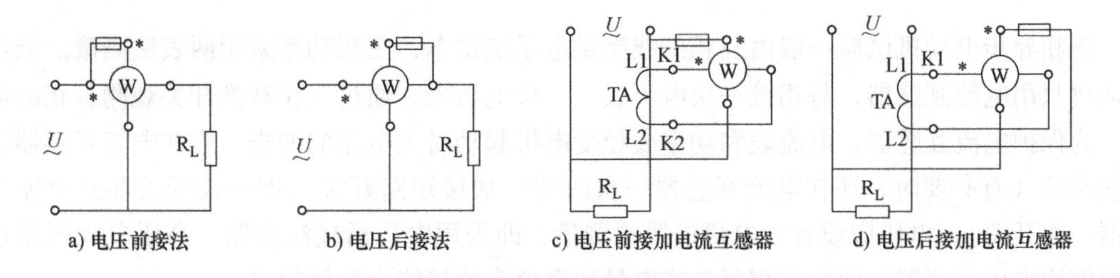

图1-26 低压单相功率测量电路

中，还需要连接电压互感器，此时的功率测量电路如图1-27所示。应注意功率表电流和电压带“＊”的接线端子所接的位置。电机试验测量常采用电压后接法电路。

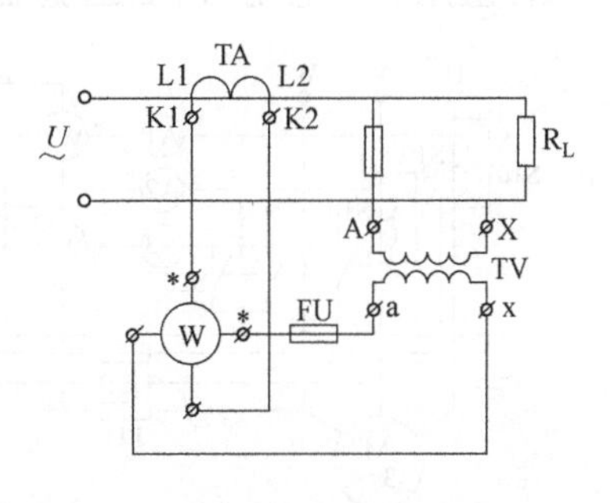

图1-27 加电流互感器和电压互感器电压后接单相功率测量电路

（2）三相功率测量电路

用于电动机试验的三相功率测量电路有三种类型，即一表法、两表法和三表法，如图1-28所示。较常用的是两表法，它适用于各种接法和对称与不对称的三相负载电路。三相功率为两个功率表显示值的代数和（有互感器时，应计算相应倍数）；一表法用于

三相负载完全对称的电路或设备条件有限的粗略测量，此时三相功率为功率表显示值的3倍。接线时应注意功率表电流和电压带“＊”的接线端钮所接位置。

现在广泛使用的数字式三相功率表的电路一般是基于两表法。

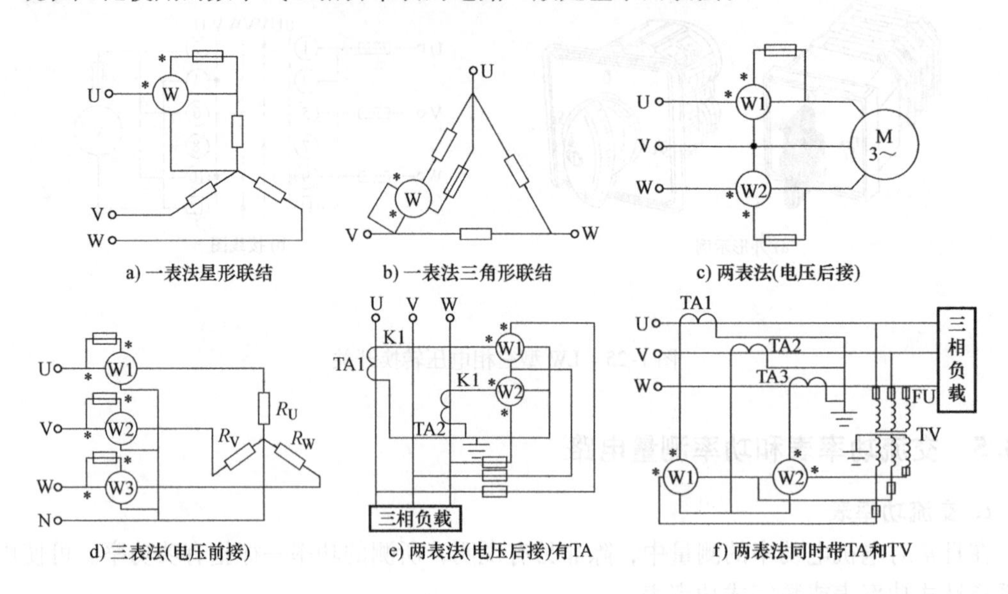

a) 一表法星形联结　b) 一表法三角形联结　c) 两表法(电压后接)

d) 三表法(电压前接)　e) 两表法(电压后接)有TA　f) 两表法同时带TA和TV

图1-28　三相功率测量电路

1.3.6　三相电流、电压及功率综合测量电路

三相异步电动机试验一般由三相三线制供电系统供电，三相功率采用两表法测量。低压电动机只用电流互感器，每相接一块电流表、一块电压表，通过三相转换开关观测各相的电压。为保护电流互感器、电流表和功率表免受电机起动时大电流的冲击，应在电流互感器二次输出端（有必要时，还在电流互感器一次两端）加接短路开关（即封表开关和封电流互感器一次开关）；电压应设置在电机进线端测量，即采用电压后接法电路。高压电动机则还需要使用电压互感器。使用三相复合式电量数字仪表的接线会简便很多。

高、低压电机试验三相电流、电压及功率综合测量电路分别如图1-29a和图1-29b所示。实际应用时，电流和电压互感器一般为多比数的接线。

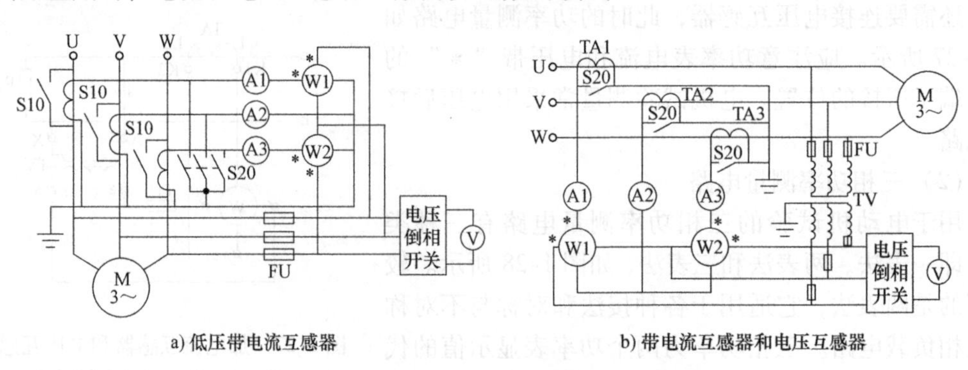

a) 低压带电流互感器　b) 带电流互感器和电压互感器

图1-29　三相电流、电压、功率综合测量电路

现在很多单位都采用一种可同时测量三相电压、电流和功率（功率实际上是通过电流和电压及两者的相位差角计算得到的）的复合式数字表来完成三相电量的测量。此类仪表一般都具有与计算机通信的接口，可实现测量采集控制和数据传递，从而实现测量和数据处理的自动化。另外，此类仪表还可具备测量电源频率、电路功率因数、电源质量等多种功能。图1-30是一台国产的此类仪表外形和接线图。

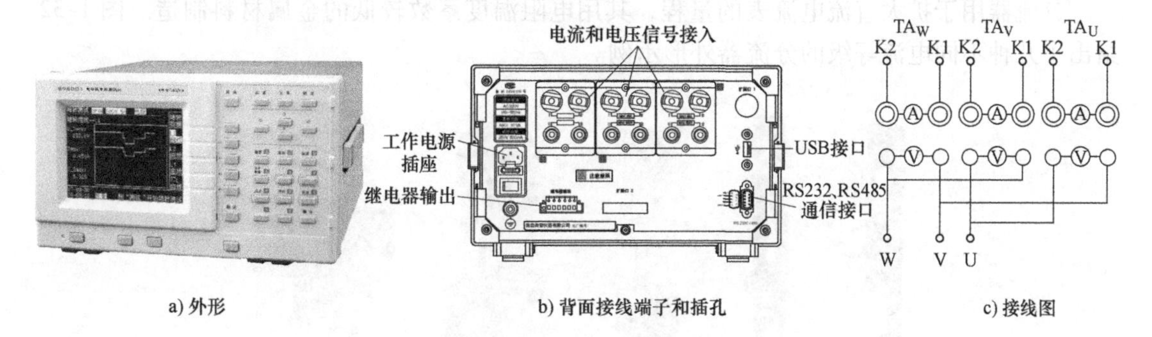

a) 外形　　b) 背面接线端子和插孔　　c) 接线图

图1-30　国产8960C1型复合式数字三相电量表

1.3.7　变频器输入、输出电压和电流的测量问题

由于变频器的输入、输出电压和电流（特别是电压）不是正弦波（图1-31给出的是一种较典型的波形），所以使用普通交流仪表不能准确地测量出它的有效值（尤其是变频器的输出电压），特别是普通数字仪表，在测量输出电压时，就连“基本准确”的读数都不能得到。

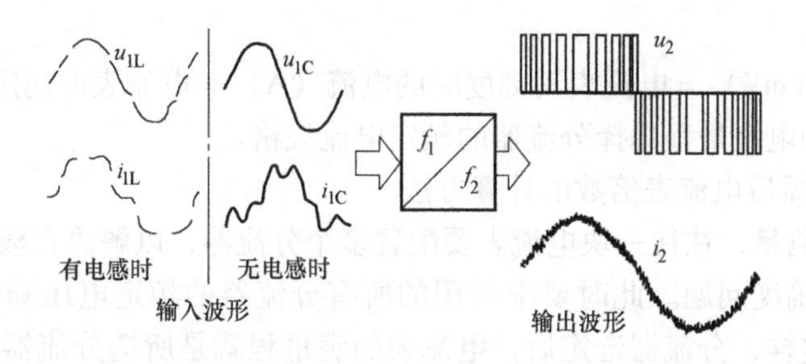

图1-31　用变频电源给三相异步电动机供电时的电压与电流典型波形

要得到准确的数值，应使用可适应频率范围为零到几千甚至几万赫兹的专用数字表。这种仪表比较昂贵。如不能达到上述条件，可根据情况，选用常规的电磁系（表盘刻度不均匀，20%量程以下不容易读数）或整流系指针式仪表（表盘刻度均匀。指针式万用表的表头即为整流系仪表）。但应注意的是，仪表显示值将达不到其标定的准确度（误差），一般情况下，至少降低1~2个等级。

1.3.8　直流电流表、分流器和测量电路

1. 直流电流表

测量直流电流的仪表有磁电系或其他可读出平均值的电磁系、电动系指针式仪表和数字

式仪表。对于磁电系直流电流表，通过改变连接方式，也可用于测量直流电压，在其表盘上标出 V-A 符号，称为电流电压两用表。直流电机试验常用多量程的便携式直流电流表。对于较大范围的测量，则需要配置专用的分流器。

2. 分流器

(1) 用途及其分类

分流器用于扩大直流电流表的量程，其用电阻温度系数较低的金属材料制造。图 1-32 给出了几种不同电流等级的分流器外形示例。

图 1-32　分流器示例

分流器按其可通过的额定电流和由此在其两个电位端子之间产生的电压降（称为“额定压降”）分类，额定电流有很多种，而常用的额定压降则有 75mV 和 45mV 两种。

(2) 选用方法

1) 按所用电流表（或电流电压两用表）表盘上所标出的 mV 数选择分流器的额定压降规格。若所用电流表无此值，则用下式计算表的电压量限（额定电压降），然后再选择分流器的额定压降规格。

表的电压量限（mV）＝电流表满刻度时的电流（A）×电流表的内阻（Ω）×1000

2) 按欲扩大的电流量程选择分流器的额定电流规格。

(3) 使用分流器后电流表倍数的计算方法

对于电机试验测量，往往一块电流表要配置多个分流器，以解决在较大测量范围内都能保证要求的测量准确度问题。此时要求所用的所有分流器的额定电压降都与所配电流表一致，例如 75mV。这样，分流器选定后，电流表的满量程就是所选分流器的额定电流值，电流表的倍数（即其表盘刻度每格电流数）即为分流器的额定电流除以表盘刻度总格数。

(4) 自配分流电阻的阻值计算

一只已知量程为 I_A（单位为 A）的电流表，想将其扩大 K 倍到 I_K（单位为 A），需要并联一个阻值为多大的分流电阻 R_{FL}（单位为 Ω）？要解决这一问题，只要知道所用电流表的电阻值 R_{AB}（单位为 Ω）就能很容易做到。

设量程扩大倍数 $K=I_K/I_A$，利用部分电路欧姆定律和并联电路中电压、电流与电阻之间的关系，可推导出如下计算公式：

$$R_{FL} = \frac{I_A R_{AB}}{I_K - I_A} = \frac{R_{AB}}{K_A - 1} \tag{1-1}$$

例如，某直流电流表的现有量程为 1A，电阻值为 0.018Ω，要将其量程扩大到 10A，需要并联一个阻值为多大的分流电阻？

解：按式（1-1）所涉及的量值代号，已知量为 $I_A=1A$；$I_K=10A$；$K_A=10A/1A=10$ 倍；$R_{AB}=0.018\Omega$。求 $R_{FL}=?$

利用式（1-1）可得

$$R_{FL}=\frac{I_A R_{AB}}{I_K-I_A}=\frac{1\times 0.018}{10-1}\Omega=0.002\Omega \text{ 或 } R_{FL}=\frac{R_{AB}}{K_A-1}=\frac{0.018\Omega}{10-1}=0.002\Omega$$

答：需要并联一个阻值为 0.002Ω 的分流电阻。

3. 直流电流测量电路

（1）直接测量

当直流电流表自身的量程能满足被测量最大值的要求时，可直接将电流表串联在被测电路中，电流表的正极端与断开的电路和电源正极相连的一端相接，负极端与断开的电路和电源负极相连的一端相接，如图 1-33a 所示。

（2）通过分流器测量

选用与电流表相配套的分流器。通过分流器的两个电流端将其串联在被测电路中，电位端接电流表，其端子与被测电路极性的连接关系同直接测量，如图 1-33b 和图 1-33c 所示，则电流表的量程就扩大到了分流器上标定的电流值。

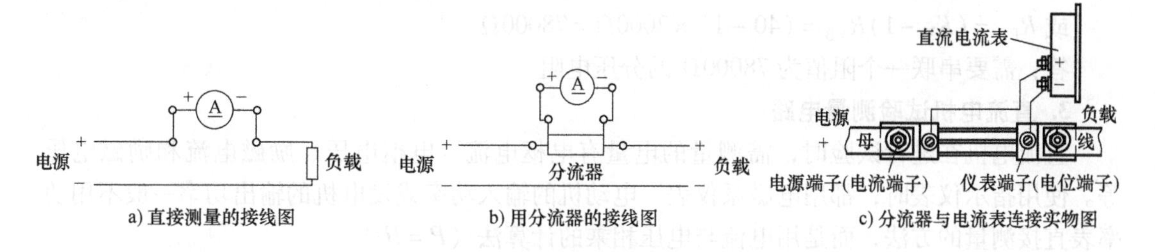

图 1-33　分流器示例和接线图

1.3.9　直流电压表和测量电路

1. 直流电压表和测量电路

电机试验对直流电压表的类型、准确度、量程选择等要求与直流电流表基本相同。

使用时，直流电压表的两个接线端与被测电路并联，其正极端与被测电路通向电路电源正极的一端相连，负极端与被测电路通向电路电源负极的一端相连。直流电压表的最大量程一般在几百伏以下，最高的可达到近千伏。当需要扩大量程时，可串联分压电阻。测量直流电压的接线原理如图 1-34 所示。

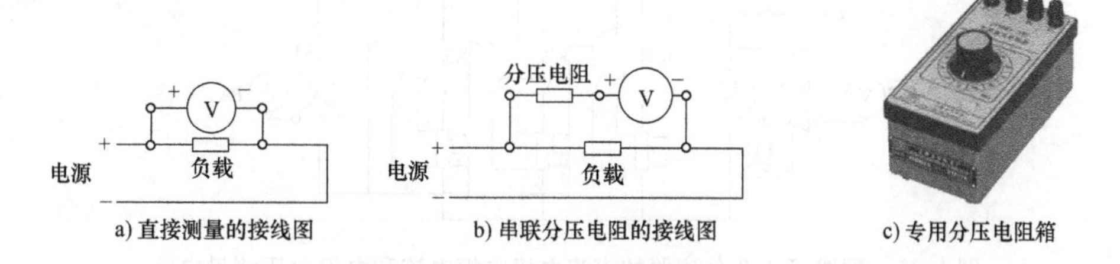

图 1-34　直流电压测量接线图

2. 自配分压电阻的阻值计算

一只已知量程为 U_V（单位为 V）的电压表，想将其扩大 K_V 倍到 U_K（单位为 V），需要串联一个阻值为多大的分压电阻 R_{FY}（单位为 Ω）？要解决这一问题，只要知道所用电压表的电阻值 R_{VB}（单位为 Ω）就能很容易做到。

设量程扩大倍数 $K_V = U_K/U_V$，利用部分电路欧姆定律和串联电路中电压、电流与电阻之间的关系，可推导出如下计算公式：

$$R_{FY} = \left(\frac{U_K}{U_V} - 1\right) R_{VB} = (K_V - 1) R_{VB} \tag{1-2}$$

例如，某直流电压表的现有量程为 10V，电阻值为 2000Ω。要将其量程扩大到 400V，需要串联一个阻值为多大的分压电阻？

解：按式（1-2）所涉及的量值代号，已知量为 $U_V = 10V$；$U_K = 400V$；$K_V = 400V/10V = 40$ 倍；$R_{VB} = 2000\Omega$。求 $R_{FY} = ?$

利用式（1-2）可得

$$R_{FY} = \left(\frac{U_K}{U_V} - 1\right) R_{VB} = \left(\frac{400}{10} - 1\right) \times 2000\Omega = 78000\Omega$$

或 $R_{FY} = (K_V - 1) R_{VB} = (40 - 1) \times 2000\Omega = 78000\Omega$

答：需要串联一个阻值为 78000Ω 的分压电阻。

3. 直流电机试验测量电路

直流电机在进行试验时，需测量的电量有电枢电流、电枢电压、励磁电流和励磁电压等。使用指示仪表时，都用电磁系仪表。电动机的输入功率或发电机的输出功率一般不用功率表直接测量的方法，而是用电流与电压相乘的计算法（$P = IU$）。

现在越来越多地使用可同时测量显示直流电机电枢电压、电流和功率以及励磁电压和电流的复合式数字表。接线简单，使用也很方便，并能和计算机连接，实现控制和采集处理试验数据的自动化。

直流电机电枢电流一般都较大，而电磁系仪表自身的通电能力较小，所以必须使用分流器来扩大量程。当被试电机容量范围较大时，还要配备多个不同额定电流的分流器。图 1-35为一套配置了 3 个分流器的电枢电流、电枢电压测量电路，其中电压 U 对电动机为外加输入电压，对发电机为电枢输出电压；K1、K2、K3 分别控制三个分流器 FL1、FL2、FL3 的电流和电位接线的通断（控制电位接线的触点可用直流开关的辅触点）；为了适应电机正、反转试验的要求，电流和电压表前设置了可倒向的开关 S1 和 S2（双向钮子开关或其他转换开关）。

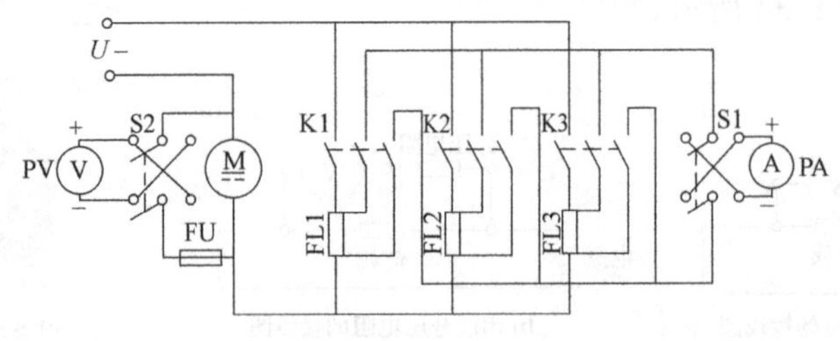

图 1-35 配置了 3 个分流器的直流电机电枢电流和电枢电压测量电路

1.4 电机用滚动轴承常识

1.4.1 电机用滚动轴承分类

轴承按照摩擦方式可分为两大类，一类是滚动轴承；另一类是滑动轴承。在一般的工业电机中前者应用较广泛，是本书要介绍的内容。

滚动轴承的种类虽然繁多，但都已成为“标准件”，具有统一的编号形式，使用时按样本选用即可。

轴承的大小是按其公称外径尺寸大小来确定的。具体规定见表1-11。

表1-11 按轴承的尺寸大小分类

类型	微型	小型	中小型	中大型	大型	特大型
公称外径尺寸范围/mm	≤26	28～55	60～115	120～190	200～430	≥440

1.4.2 滚动轴承的基本结构、组成部件及各部位的名称

1. 常用系列部件及各部位的名称

常用的单列向心深沟球轴承、单列圆柱滚子轴承、圆锥滚子轴承、单列向心推力球轴承的部件及各部位的名称如图1-36所示。

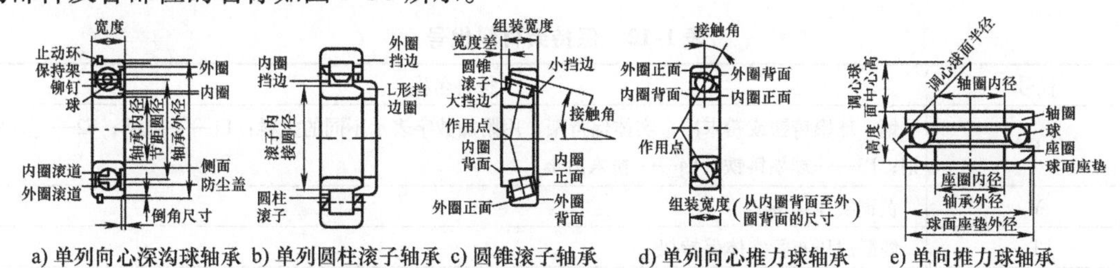

a) 单列向心深沟球轴承 b) 单列圆柱滚子轴承 c) 圆锥滚子轴承 d) 单列向心推力球轴承 e) 单向推力球轴承

图1-36 几种常用类型轴承各部件和部位的名称

2. 密封装置

很多小型球轴承有各种密封装置，用于封住内部的油脂和防止外面的粉尘进入（所以也称为“防尘盖”），并分单边或双边两种，在我国标准GB/T 272—2017《滚动轴承 代号方法》以及JB/T 2974—2004《滚动轴承 代号方法的补充规定》中规定：用字母和数字标注在规格型号后面，单边的称为Z型，双边的称为2Z型，常用的有“-Z”（轴承一面带防尘盖，例如6210-Z）、“-2Z”（轴承两面带防尘盖，例如6210-2Z）、“-RZ”（轴承一面带非接触式骨架橡胶密封圈，例如6210-RZ）、“-2RZ”（轴承两面带非接触式骨架橡胶密封圈，例如6210-2RZ）；“-RS”（轴承一面带接触式骨架橡胶密封圈，例如6210-RS）、“-2RS”（轴承两面带接触式骨架橡胶密封圈，例如6210-2RS）等符号，如图1-37所示。

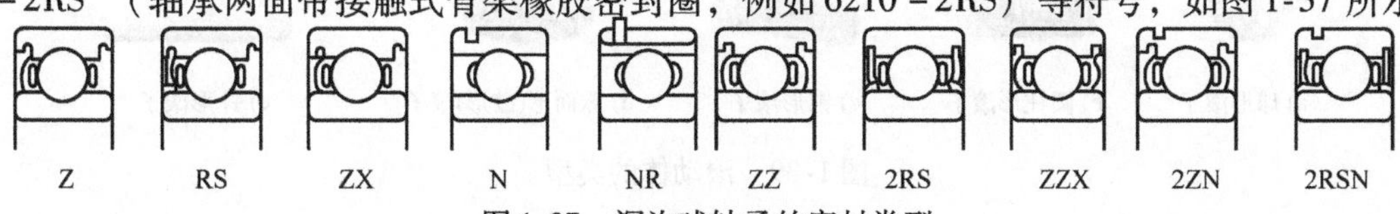

图1-37 深沟球轴承的密封类型

3. 保持架

保持架在轴承中是用于分隔引导滚动体的运行的元件。它可以防止由滚动体之间的金属直接接触带来的摩擦和发热；同时为润滑提供了空间；对于分离式轴承在安装和拆卸的过程中也起到了固定滚动体的作用。

保持架有用于球轴承的波浪式和柱式及圆锥轴承的花篮式、筐式等多种形式，波浪式的材质一般用钢材冲压制成，花篮式的材质则有实体黄铜、工程塑料、钢或球墨铸铁、钢板冲压、铜板冲压等多种。其形状如图 1-38 所示，保持架所用材料的字母和数字代号见表 1-12。

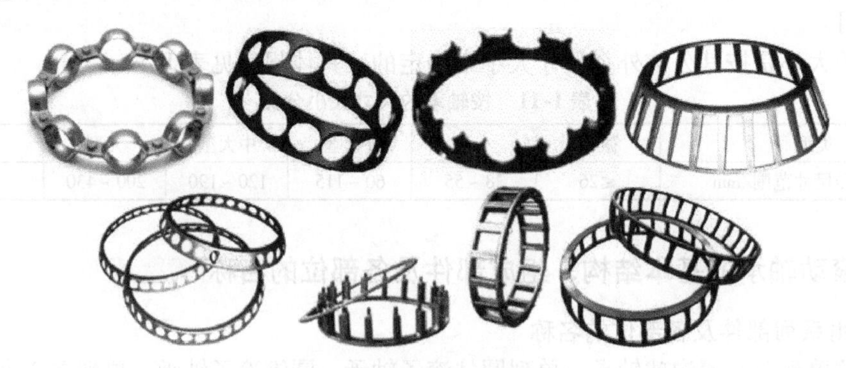

图 1-38 滚动轴承的保持架

表 1-12 保持架材料代号

代号	材料名称
F	钢、球墨铸铁或粉末冶金实体保持架，用附加数字表示不同的材料：F1——碳钢；F2——石墨钢；F3——球墨铸铁；F4——粉末冶金
M	黄铜实体保持架
T	酚醛层压布管实体保持架
TH	玻璃纤维增强酚醛树脂保持架（筐式）
N	工程塑料模铸保持架，用附加数字表示不同的材料：TN1——尼龙；TN2——聚砜；TN3——聚酰亚胺；TN4——聚碳酸酯；TN5——聚甲醛
J	钢板冲压保持架，材料有变化时附加数字区别
Y	铜板冲压保持架，材料有变化时附加数字区别
V	满装滚动体（无保持架）

4. 滚动体

滚动体按其形状分类，有球形、圆柱形（含短圆柱形、长圆柱形）、锥形（实际为圆台形）、球面形（鼓形）和针形等几种，如图 1-39 所示。

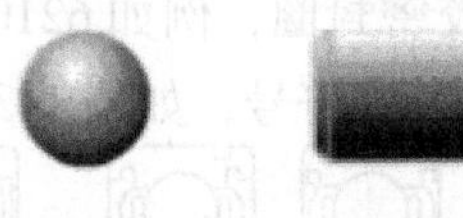

a) 球形滚子

b) 圆柱形滚子

c) 锥形滚子

d) 球面形(鼓形)滚子

e) 针形滚子

图 1-39 滚动体的类型

1.4.3 电机用滚动轴承的技术参数

1. 滚动轴承代号的3个部分名称及包含的内容

国家标准GB/T 272—2017《滚动轴承 代号方法》规定了滚动轴承代号的编制方法。其中规定了滚动轴承代号由前置代号、基本代号和后置代号共3个部分组成，其排列见表1-13。由于第1部分（前置代号）对于识别整套轴承意义不大，所以下面仅介绍第2和第3部分所包含的常用内容。

表1-13 滚动轴承代号的构成

<table>
<tr><td>顺序</td><td>1</td><td colspan="5">2</td><td colspan="8">3</td></tr>
<tr><td rowspan="3">内容</td><td>前置代号</td><td colspan="5">基本代号</td><td colspan="8">后置代号</td></tr>
<tr><td rowspan="2">成套轴承分部件</td><td rowspan="2">结构类型</td><td colspan="2">尺寸系列</td><td rowspan="2">内径</td><td rowspan="2">接触角</td><td>1</td><td>2</td><td>3</td><td>4</td><td>5</td><td>6</td><td>7</td><td>8</td></tr>
<tr><td>宽/高度系列</td><td>直径系列</td><td>内部结构</td><td>密封与防尘套圈变形</td><td>保持架及其材料</td><td>轴承材料</td><td>公差等级</td><td>游隙</td><td>配置</td><td>其他</td></tr>
</table>

2. 滚动轴承基本代号和所包含的内容

（1）结构类型代号

基本代号中的结构类型代号用数字或字母符号表示，各自所代表的内容见表1-14，对应示例见图1-40。

表1-14 滚动轴承基本代号中轴承类型所用符号

代号	轴承类型	图例	代号	轴承类型	图例
0	双列角接触球轴承	图1-40a	7	角接触球轴承	图1-40h
1	调心球轴承	图1-40b	8	推力圆柱滚子轴承	图1-40i
2	调心滚子和调心推力滚子轴承	图1-40c	N	圆柱滚子轴承（双列或多列用NN表示）	图1-40j
3	圆锥滚子轴承	图1-40d	NU	单列短圆柱轴承（内圈无挡圈）	图1-40k
4	双列深沟球轴承	图1-40e	NJ	单列短圆柱轴承（内圈有一边挡圈）	图1-40l
5	推力球轴承	图1-40f	QJ	四点接触球轴承	图1-40m
6	深沟球轴承	图1-40g	RNA	向心滚针轴承	图1-40n

注：表中代号后或前加字母或数字，表示该类轴承中的不同结构。

（2）尺寸系列代号

基本代号中的尺寸系列代号用两位数字表示，前一位是轴承的宽度（对向心轴承）或高度（对推力轴承）系列代号，后一位是轴承的直径（外径）系列代号，例如“58”表示该轴承是宽度系列为5、直径系列为8的向心轴承。

在和结构类型代号合写成组合代号（轴承系列代号）时，前一位是0的，可省略。

宽度、高度、直径（外径）的实际尺寸数值，可根据其代号从相关表中查得。

（3）内径系列代号

基本代号中的内径系列代号用数字表示，根据尺寸大小的不同，表示方法也有所不同，详见表1-15，其中d为轴承内径，单位为mm。

图1-40　常用和特殊用途滚动轴承外形和局部剖面图

表1-15　滚动轴承内径系列代号

公称内径/mm		内径系列代号	示例
0.6~10（非整数）		用公称内径毫米数直接表示，在其与尺寸系列代号之间用“/”分开	深沟球轴承618/2.5 d=2.5mm
1~9（整数）		用公称内径毫米数直接表示，对深沟球轴承及角接触球轴承7、8、9直径系列，内径系列与尺寸系列代号之间用“/”分开	深沟球轴承62 5，618/5 d=5mm
10~17	10	00	深沟球轴承62 00，d=10mm 深沟球轴承619 02，d=15mm
	12	01	
	15	02	
	17	03	
20~480（22、28、32除外）		公称内径毫米数除以5的商数，如商数为个位数，需在商数左边加“0”	推力球轴承591 20d=100mm 深沟球轴承632 08d=40mm
≥500以及22、28、32		用公称内径毫米数直接表示，在其与尺寸系列代号之间用“/”分开	深沟球轴承62/22d=22mm 调心滚子轴承230/500d=500mm

注：为了明确，表中轴承内径系列代号的数字加了下划线（例如2.5），实际使用时不带此下划线。

（4）向心滚动轴承常用尺寸系列

向心滚动轴承常用尺寸系列如图1-41所示。

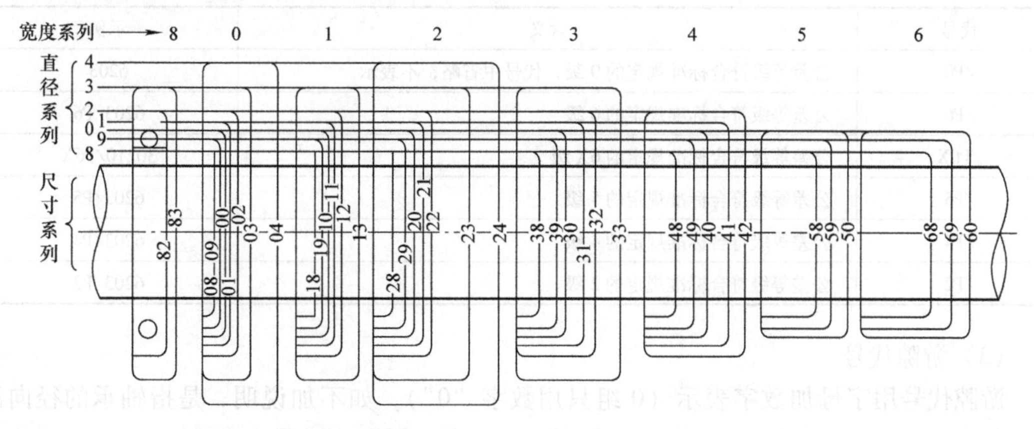

图1-41　向心滚动轴承常用尺寸系列示意图（圆锥滚子轴承除外）

3. 滚动轴承后置代号及其含义

滚动轴承后置代号用于表示轴承的内部结构及密封、防尘与外部形状变化和保持架结构、材料改变、轴承零部件材料改变、公差等级、游隙等方面的内容，用字母或数字加字母符号表示。现将与常用轴承有关的密封、防尘与外部形状变化及公差等级、游隙等方面的内容介绍如下。

（1）密封、防尘与外部形状变化代号

密封、防尘与外部形状变化代号用字母或数字加字母表示，常用的见表1-16。

表1-16　密封、防尘与外部形状变化代号及所包含的内容

代号	含　义	示例
-RS	轴承一面带骨架式橡胶密封圈（接触式）	6210-RS
-2RS	轴承两面带骨架式橡胶密封圈（接触式）	6210-2RS
-RZ	轴承一面带骨架式橡胶密封圈（非接触式）	6210-RZ
-2RZ	轴承两面带骨架式橡胶密封圈（非接触式）	6210-2RZ
-Z	轴承一面带防尘盖	6210-Z
-2Z	轴承两面带防尘盖	6210-2Z
-RSZ	轴承一面带骨架式橡胶密封圈（接触式）、一面带防尘盖	6210-RSZ
-RZZ	轴承一面带骨架式橡胶密封圈（非接触式）、一面带防尘盖	6210-RZZ
N	轴承外圈有止动槽	6210N
NR	轴承外圈有止动槽，并带止动环	6210NR

（2）公差等级代号

公差等级代号用字母或数字加字母表示，见表1-17。较常用的为0级（普通级）、6级、6X级、5级、4级和2级。其中0级尺寸公差范围最大，称为普通级，用于普通用途的机械（例如一般用途的电动机）；之后按这一前后顺序，尺寸公差范围依次减小，或者说精度等级依次提高。公差范围的具体数值详见相关资料。

表 1-17 公差等级代号

代号	含义	示例
/P0	公差等级符合标准规定的 0 级，代号中省略，不表示	6203
/P6	公差等级符合标准规定的 6 级	6203/P6
/P6X	公差等级符合标准规定的 6X 级	30210/P6X
/P5	公差等级符合标准规定的 5 级	6203/P5
/P4	公差等级符合标准规定的 4 级	6203/P4
/P2	公差等级符合标准规定的 2 级	6203/P2

（3）游隙代号

游隙代号用字母加数字表示（0 组只用数字“0”），如不加说明，是指轴承的径向游隙，见表 1-18。

本书附录 1 给出了国家相关标准中规定的深沟球轴承的径向游隙标准值。常用圆柱滚子轴承的径向游隙具体数值详见相关资料。

表 1-18 游隙代号

代号	含义	示例
—	游隙符合标准规定的 0 组	6210
/C1	游隙符合标准规定的 1 组	NN3006K/C1
/C2	游隙符合标准规定的 2 组	6210/C2
/C3	游隙符合标准规定的 3 组	6210/C3
/C4	游隙符合标准规定的 4 组	NN3006K/C4
/C5	游隙符合标准规定的 5 组	NNU4920K/C5
/C9	游隙不同于现行标准规定	6205 - 2RS/C9

4. 常用滚动轴承代号速记图

为了便于记忆，将前面讲述的滚动轴承代号内容中与常用滚动轴承有关的内容绘制和编制成“关系图”，如图 1-42 所示。

5. 国内外主要轴承生产厂电机常用滚动轴承型号对比及 Y 系列电机用轴承的规格

我国和国外主要轴承生产厂电机常用滚动轴承型号对比（内径 10mm 及以上）、Y（IP44）系列三相异步电动机现用和曾用轴承牌号、Y2（IP54）系列三相异步电动机现用和曾用轴承牌号，分别见附录 2、附录 3 和附录 4。

1.4.4 滚动轴承的润滑和注意事项

1. 润滑脂的分类

润滑脂是由润滑油（基础油）、稠化剂（增稠剂）或皂基、添加剂（有些品种不含添加剂）在高温下混合而成的。

润滑脂的分类方法有多种，但一般是按其组成原料中的稠化剂成分来分，称为“××基脂”，例如“钠基脂”“锂基脂”等。其常用类型和各自适应的工作温度范围见表 1-19。另外，按其所适应的最高和最低温度，还可分为普通润滑脂、高温润滑脂和低温润滑脂三

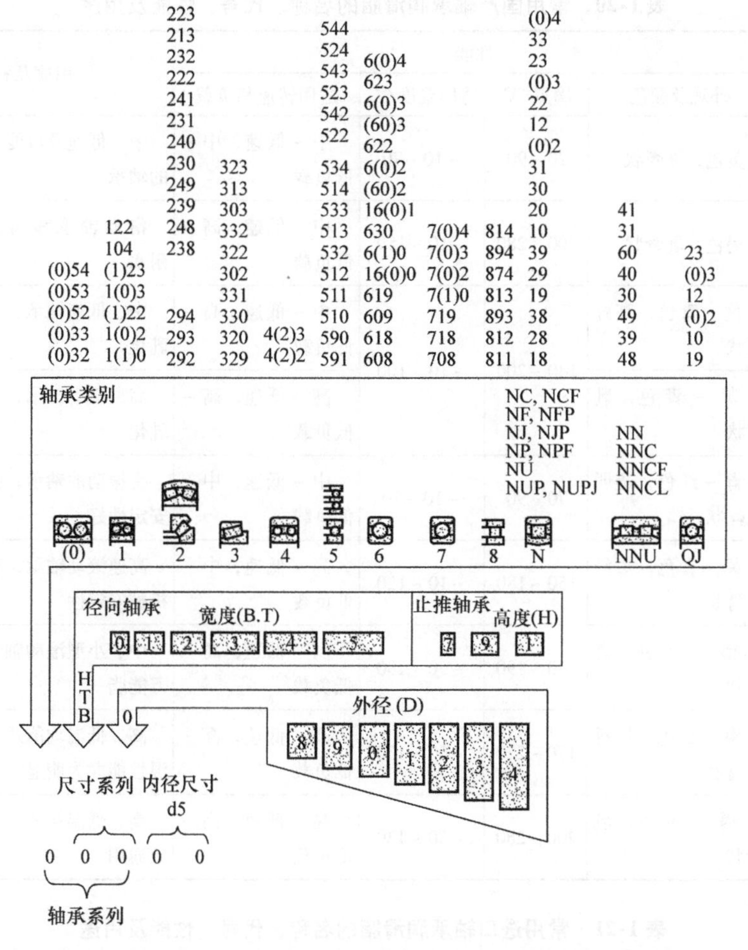

图 1-42 常用滚动轴承代号中类型和尺寸系列内容速记“关系图”

类；按其所适应的最高转速，还可分为普通润滑脂、高转速润滑脂两类。

表 1-19 常用润滑脂的类型及其适应的工作温度范围

序号	种类	适应工作温度范围/℃	序号	种类	适应工作温度范围/℃
1	锂基脂	-30~110	7	铝基复合脂	-30~110
2	锂基复合脂	-20~140	8	硼基复合脂	-20~130
3	钠基脂	-30~80	9	聚脲基脂	-30~140
4	钠基复合脂	-20~140	10	钙-铅基脂	-10~90
5	钙基脂	-10~60	11	钙-钠基脂	-10~120
6	钙基复合脂	-20~130	12	二硫化钼润滑脂①	—

① 二硫化钼润滑脂是一种将 1 号二硫化钼固体润滑剂加入到润滑脂中制成的润滑产品（二硫化钼占 3%~5%）。它可以改善原有润滑脂的某些性能，例如可减少摩擦、提高抗耐热能力等。

常用国产和进口轴承润滑脂的名称、代号、性能及用途见表 1-20 和表 1-21。

表 1-20 常用国产轴承润滑脂的名称、代号、性能及用途

名称及代号	性能				用途及相关说明
	外观及颜色	滴点/℃	适用温度/℃	适用转速和负载	
钙基（Ca）ZG—1～4	黄色，乳膏状	70～90	-10～70	中-低速，中-低负载	中、低速及可能遇到水或潮湿部位的轴承
复合钙基 ZFG—1～4	褐色，乳膏状	200～280	-10～150	中-低速，高-低负载	滑动轴承和滚动轴承，耐高温，耐水
钠基（Na）长纤维	黄-青色，亮纤维状	140～200	-10～100	中-低速，高-低负载	中、低速轴承，不得含水分，以防乳化
钠基（Na）短纤维	黄-青色，乳膏状			高-低速，高-低负载	高温滚动轴承，不得含水分，以防乳化
铝基（Al）	青-红色，透明拉丝状	70～90	-10～80	中-低速，中-低负载	受振动的轴承，挤压性好，滴点下安定性好
钙-钠基（Ca-Na）	黄-青色，短纤维膏状	150～180	-10～120	高-低速，中-低负载	高速滚动轴承，有一定的抗水性和机械安定性
锂基（Li）—石油	褐-红色，乳膏状	170～190	-30～130	高-低速，高-低负载	中、小型滚动轴承，耐低温，高速万能脂
锂基（Li）—合成油	褐-红色，短纤维膏状	170～220	-50～130	高-低速，高-低负载	高、低温均能适应的滚动轴承，低温性能尤为明显
复合锂基	褐-黄色，乳膏状	200～280	-30～130	高-低速，高-低负载	高、低温均能适应的滚动轴承，多效通用

表 1-21 常用进口轴承润滑脂的名称、代号、性能及用途

名称及代号	生产国	性能				相关说明
		外观及颜色	滴点/℃	适用温度/℃	适用转速和负荷	
美孚保力来 POLYREX EM	美国	蓝	288	-20～110	用于苛刻条件（振动、潮湿）的高负载	聚脲基
美孚保力来 POLYREX EP1		绿	180	-20～110		
SKF LGMT 2	瑞典	红棕	180	-30～120	中-低负载，低噪声	锂基
SKF LGEP 2		淡棕	180	-20～110	中-低速，高负载	
SKF LJHP 2/18		蓝	180	-20～110		
壳牌爱万利 EP 1	英国	绿	180	-12～110	中-低速，高负载	锂皂基
加德士 Caltex Polyurea HD	美国	深绿	180	-20～160		聚脲基
加德士 Caltex Multifak AFB		浅棕	180	-40～120	中-高速	锂皂基

2. 润滑脂的主要性能指标

润滑脂的性能指标有色别（外观）、黏度（或称为稠度、锥入度，锥入度曾用名为“针入度”）、耐热性能（滴点、蒸发量、高温锥入度、钢网分油、漏失量）、耐水性能、机械安定性、耐压性能、氧化安定性、机械杂质、防蚀防锈性、分油、寿命、硬化、水分等多项，其中主要质量指标有滴点、锥入度、机械杂质、机械安定性、氧化安定性、防蚀防锈性等。

下面着重介绍其中的黏度和滴点。

（1）黏度

黏度是一种测量流体不同层之间摩擦力大小的度量。

润滑脂中所含有的基础油的黏度就是指基础油不同层之间的摩擦力大小。这是一个选择润滑脂重要的指标。运动黏度通常用厘斯（cSt）表示，单位为 m^2/s。基础油的黏度是一个随温度变化而变化的值。一般地，随着温度的升高，基础油的黏度将变小。在计量时，一般都用40℃作为一个温度基准。因此一般润滑油和润滑脂都会提供40℃时的基础油黏度值。

（2）黏度指数

润滑脂的黏度随着温度变化而变化的大小程度用黏度指数表示。有的润滑脂厂商给出了黏度指数的指标，有的则给出了两个温度值（40℃和100℃）时的基础油黏度，用以标识基础油黏度随温度的变化。

（3）锥入度

对于润滑脂而言，其黏度通常用锥入度试验进行计量。润滑脂的黏度在很大程度上取决于使用增稠剂的种类和浓度。锥入度的单位是mm/10。

（4）NLGI 黏度代码

根据润滑脂不同的锥入度，将润滑脂的黏度进行编码，称为 NLGI 黏度代码，具体内容见相关资料。

我们经常提及的电机中最常用的2号脂和3号脂，指的就是所用润滑脂的 NLGI 数值为2或3。2号脂的锥入度大于3号脂，也就是说2号润滑脂比3号润滑脂“软”，或者叫“稀”。

（5）滴点

滴点是在规定条件下达到一定流动性的最低温度，通常用摄氏度（℃）表示。对润滑脂而言，就是对润滑脂进行加热，润滑脂将随着温度上升而变得越来越软，待润滑脂在容器中滴第一滴或者柱状触及试管底部时的温度，就是润滑脂由半固态变为液态的温度，称为该润滑脂的滴点。它标志着润滑脂保持半固态的能力。滴点温度并不是润滑脂可以工作的最高温度。润滑脂工作的最高温度最终还要看基础油黏度等其他指标。把滴点作为润滑脂最高温度的衡量方法实不可取。

也有经验之谈，认为润滑脂滴点温度降低3～5℃即可认为是润滑脂的最高工作温度。这个经验之谈的结论有一定依据，但是依然要校核此温度下的基础油黏度方可定论。

3. 润滑脂的滴点、锥入度和机械杂质简易检测方法

（1）皂基的鉴别

把润滑脂涂抹在铜片上，然后放入热水中，如果润滑脂和水不起作用，水不变色，说明是钙基脂、锂基脂或钡基脂；若润滑脂很快溶于水，变成牛奶状半透明的乳白色溶液，则是钠基脂；润滑脂虽然能溶于水，但溶解速度很缓慢，说明是钙钠基脂。

（2）纤维网络结构破坏性的鉴别

把涂有润滑脂的铜片放入装有水的试管中并不断转动，若没有油质分离出来，则表明润滑脂的组织结构正常，如果有油珠浮上水面，则说明该润滑脂的纤维网络结构已被破坏，失去了附着性，不能继续使用。究其原因主要是保管不善、经受振动、存放过久等。

(3) 机械杂质的检查

用手指取少量润滑脂进行捻压，通过感觉判断有无杂质；把润滑脂涂在透明的玻璃板上，涂层厚度约为0.5mm，在光亮处观察有无机械杂质。

4. 不同润滑脂的兼容性

原则上讲，不同成分的润滑脂是不允许混用的。这一点在对轴承第一次注脂时很容易做到。但在机械运行过程中，补充或更换润滑脂时，则往往会因为一时找不到原用品种或其他客观和主观原因而使用另一品种的润滑脂，造成不同组分混用的结果。

不同成分润滑脂混用后，有时没有出现异常，有时则会出现润滑脂稀释或板结、变色等现象，降低润滑作用，最终损坏轴承的严重后果。之所以出现上述不同的结果，涉及不同成分的润滑脂之间的兼容性问题。混用后作用正常的，说明两者是兼容的，否则是不兼容的。

表1-22和表1-23分别给出了常用润滑脂基础油和增调剂是否兼容的情况，供使用时参考。表中“+”为兼容，“×”为不兼容，“?”为需要测试后根据反映情况决定。对表中所列不兼容的品种应格外加以注意。

表1-22 常用润滑脂基础油兼容情况

基础油	矿物油/PAO	酯	聚乙二醇	聚硅酮（甲烷基）	聚硅酮（苯基）	聚苯醚	PFPE
矿物油/PAO	+	+	×	×	+	?	×
酯	+	+	+	×	+	?	×
聚乙二醇	×	+	+	×	×	×	×
聚硅酮（甲烷基）	×	×	×	+	+	×	×
聚硅酮（苯基）	+	+	×	+	+	+	×
聚苯醚	?	?	×	×	+	+	×
PFPE	×	×	×	×	×	×	+

表1-23 常用润滑脂增调剂兼容情况

增稠剂	锂基	钙基	钠基	锂复合基	钙复合基	钠复合基	钡复合基	铝复合基	黏土基	聚脲基	磺酸钙复合基
锂基	+	?	×	+	×	?	?	×	?	?	+
钙基	?	+	?	+	×	?	?	×	?	?	+
钠基	×	?	+	?	?	+	+	×	?	?	×
锂复合基	+	+	?	+	+	?	?	+	×	×	+
钙复合基	×	×	?	+	+	?	×	?	?	+	+
钠复合基	?	?	+	?	?	+	+	×	×	?	?
钡复合基	?	?	+	?	×	+	+	+	?	?	?
铝复合基	×	×	×	+	?	×	+	+	×	?	×
粘土基	?	?	?	×	?	×	?	×	+	?	×
聚脲基	?	?	?	×	+	?	?	?	?	+	+
磺酸钙复合基	+	+	×	+	+	?	?	×	×	+	+

1.5 滚动轴承的拆装方法

1.5.1 滚动轴承拆卸方法和注意事项

在电机保养和修理过程中，拆卸轴承是较常做的一项工作。根据所具有的设备条件以及是否还需要继续使用没有损坏的轴承，具体操作方法如下。

1. 用拉拔器拆卸

拆卸轴承最常用的方法是使用拉拔器（俗称“拉马”或“拔子”）拉拔，常用的拉拔器如图1-43所示。

安装拉拔器时，轴伸中心孔内应事先涂一些润滑脂，可减少对该孔的磨损；若拆下的轴承还要使用，则钩子应钩在轴承内环上，可减少对轴承的损坏程度，配用图1-43f所示的专用轴承卡盘可保证这一点。使用时，拉拔器要稳住，用力要均匀。当使用很大的力还不能拉动时，则不要再强行用力，以免造成拉拔器出现螺杆异扣、断爪等损坏情况。此时可用喷灯或气焊火焰对要拔下的部件外部进行加热，使其膨胀，再用拉拔器往外拉就会容易得多。

用拉拔器拆卸滚动轴承的操作见图1-44。

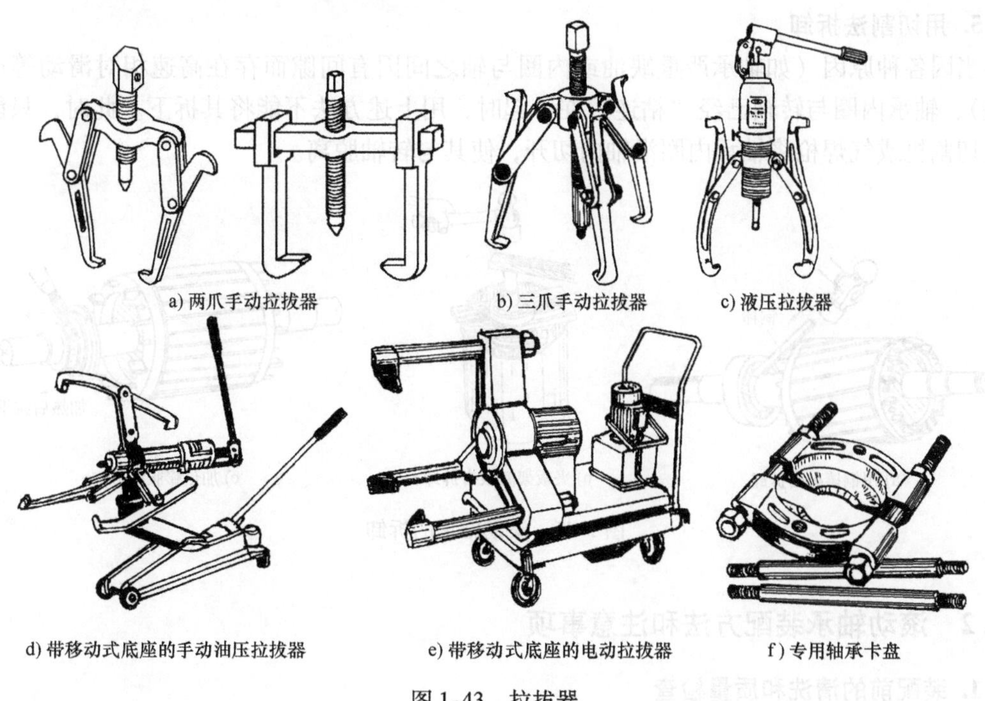

a) 两爪手动拉拔器　b) 三爪手动拉拔器　c) 液压拉拔器

d) 带移动式底座的手动油压拉拔器　e) 带移动式底座的电动拉拔器　f) 专用轴承卡盘

图1-43　拉拔器

2. 用铜棒敲击拆卸

用紫铜棒抵在轴承内环处，用锤子击打铜棒。抵在轴承内环上的点应在其圆周上布置4个以上，如图1-45a所示。

3. 夹板架起敲击拆卸

将转子放入一个深度合适的桶中或支架下，将要拆下的轴承用两块结实的木板夹住并托

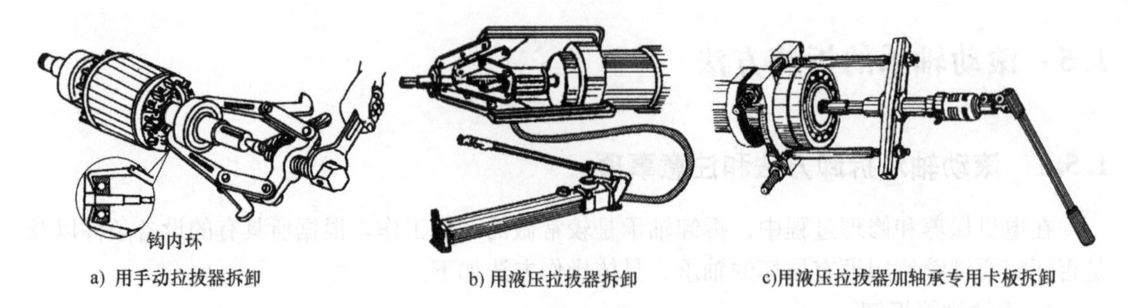

a) 用手动拉拔器拆卸　b) 用液压拉拔器拆卸　c)用液压拉拔器加轴承专用卡板拆卸

图1-44 用拉拔器拆卸滚动轴承

起。为避免转子突然掉下时墩伤下端轴头，应在下面放一块木板或厚纸板、胶皮等。用木板垫在上端轴端，用锤子击打至轴承拆下，如图1-45b所示。在轴承已松动后，应用手扶住转子，防止偏倒造成磕伤。

4. 加热膨胀后拆卸

当轴承已损坏，用上述方法又难以拆下时，可先打掉轴承滚子支架，去掉外圈，再用气焊或喷灯加热轴承内圈，加热到一定程度后，借助轴承内盖则可轻松地将其拆下，如图1-45c所示。

5. 用切割法拆卸

当因各种原因（如轴承严重缺油或内圈与轴之间因有间隙而存在高速相对滑动等产生高温），轴承内圈与转轴已经“粘连”在一起时，用上述方法不能将其拆下。此时，只能使用电切割机或气焊枪将轴承内圈沿轴向切开，使其与转轴脱离。

a) 用铜棒敲击拆卸　b) 夹板架起敲击拆卸　c) 加热膨胀后拆卸

图1-45 滚动轴承的拆卸

1.5.2 滚动轴承装配方法和注意事项

1. 装配前的清洗和质量检查

（1）清洗滚动轴承和加润滑脂

为了防锈，开启式轴承在出厂之前要涂一层防锈油，这种油脂有的可和将要加入的润滑脂相容，所以可直接使用。否则，在装配前应进行严格的清洗，对拆下的旧轴承，若还可使用，也应进行彻底清洗。

清洗轴承的清洗溶剂，有溶剂汽油（常用的有120号、160号和200号）、三氯乙烯专用清洗剂（工业用，加入0.1%～0.2%稳定剂，如二乙胺、三乙胺、吡啶、四氢呋喃等）

等。整个过程中应注意做好防火和防毒工作，为了防止溶剂对皮肤的损伤，应戴胶皮或塑料手套操作。其步骤如图 1-46 所示。

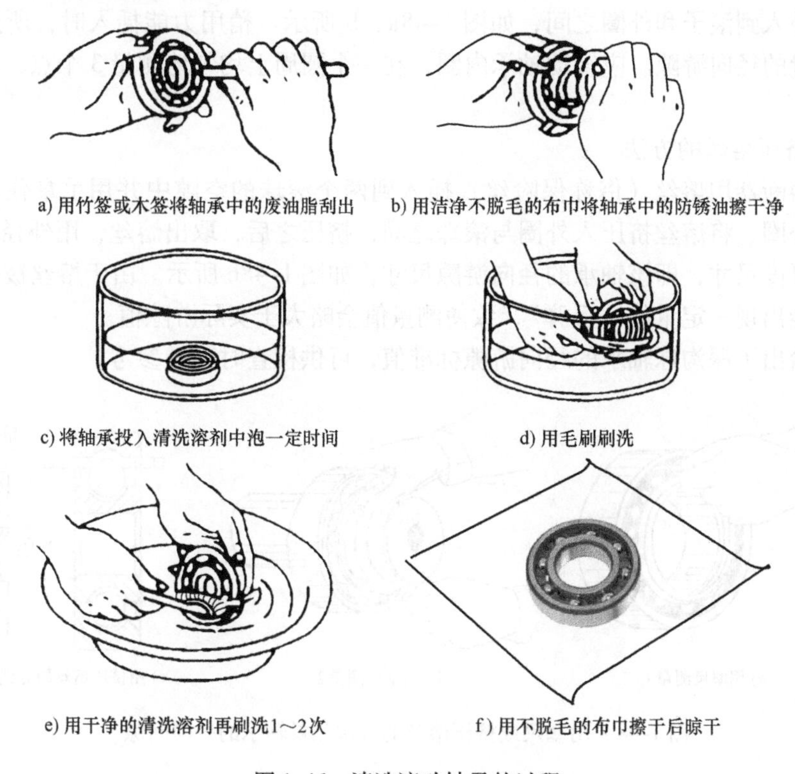

a) 用竹签或木签将轴承中的废油脂刮出　b) 用洁净不脱毛的布巾将轴承中的防锈油擦干净

c) 将轴承投入清洗溶剂中泡一定时间　d) 用毛刷刷洗

e) 用干净的清洗溶剂再刷洗1～2次　f) 用不脱毛的布巾擦干后晾干

图 1-46　清洗滚动轴承的过程

（2）通过感官进行简单质量检查

轴承在装配之前，可通过感官进行简单检查。首先要检查其生产日期，计算已存放的时间，该时间应在规定的期限之内（例如两年），超过规定期限的不应使用或经过必要的处理后方可使用，然后逐个地进行外观检查，不应有破损、锈蚀等现象，对内外圈组合为一体的轴承（例如深沟向心球轴承，俗称“死套轴承”），还应检查其运转的灵活性，如图 1-47a 所示。有必要时还应进行径向游隙大小的检查。在组装现场，可用手感法简单地检查轴承游隙是否合适。手握轴承前后晃动，不应有较大的撞击声，如图 1-47b 所示；或用两手如图 1-47c所示托起轴承，上、下、左、右晃动，不应有明显的撞击声。

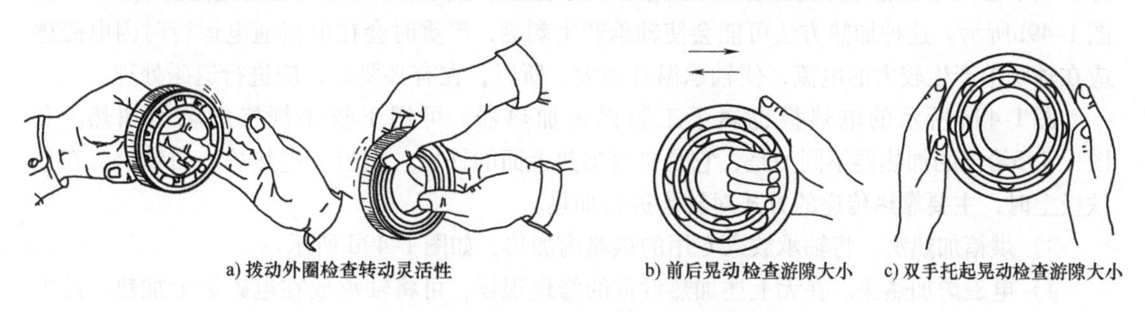

a) 拨动外圈检查转动灵活性　b) 前后晃动检查游隙大小　c) 双手托起晃动检查游隙大小

图 1-47　装配滚动轴承前的检查

2. 径向游隙的简易测量方法

（1）用塞尺测量的方法

用塞尺插入到滚子和外圈之间，如图 1-48a、b 所示。稍用力能插入时，所用塞尺的厚度即为该位置的径向游隙。应转动轴承内圈，在一个圆周上均匀地测量 3 个点，取平均值作为测量结果。

（2）用挤压熔丝的方法

将一段熔断器用熔丝（俗称保险丝）插入到两个滚珠的空隙中并用手拿住，固定轴承内圈，转动外圈，将熔丝挤压入外圈与滚珠之间，挤压之后，取出熔丝，用外径千分尺测量挤压部分的厚度尺寸，即该轴承的径向游隙尺寸，如图 1-48c 所示。由于熔丝被挤压部位在退出后有可能出现一定量的“反弹”，致使测量值会略大于实际游隙值。

附录 1 给出了深沟球轴承的径向游隙标准值，可供检查时判定参考。

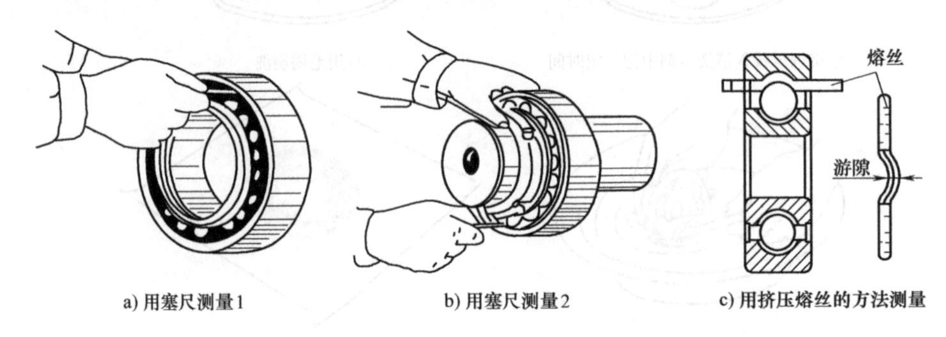

a) 用塞尺测量1　　b) 用塞尺测量2　　c) 用挤压熔丝的方法测量

图 1-48　用塞尺或挤压熔丝的方法测量轴承的径向间隙

3. 装配方法和注意事项

（1）热装配法

通过对轴承加热，使其内圈内径膨胀变大后，套到转轴的轴承档处。冷却后内圈缩小，从而与轴形成紧密的配合。轴承加热温度应控制在 80～100℃之内，加热时间视轴承的大小而定，常用的加热方法有如下 4 种。

1）油煮加热法。将轴承放在变压器油中的网架上，如图 1-49a 所示。加热变压器油，到预定时间后捞出，用干净不脱毛的布巾将其油迹和附着物擦干净后，尽快套到轴上。

2）工频涡流加热法。将轴承套在工频加热器的动铁心上后，接通加热器的工频交流电源。轴承会因电磁感应而在内、外圈中产生涡流（电流），从而产生热量使其膨胀，如图 1-49b所示。这种加热方法可能会使轴承产生剩磁，严重时会在电机通电运行时因电磁感应在轴承中产生较大的电流，使轴承温升增大。所以，在有必要时，应进行退磁处理。

图 1-49c 所示的电热板也属于工频涡流加热器，可用于较小规格的轴承加热。和图 1-49b给出的加热器不同的是，它是自身加热上面的铁板，相当于电热炉。当轴承放在该铁板上时，主要靠热传递的方式对轴承进行加热。

3）烘箱加热法。将轴承放入专用的烘箱内加热，如图 1-49d 所示。

4）电磁炉加热法。在无上述加热设备的修理现场，可将轴承放在电磁炉上加热，此方法比较适用于较小的轴承。所用电磁炉可使用专业厂生产的产品，也可使用家庭做饭使用的普通电磁炉。应将轴承放在一块铁板上（或电磁炉平底锅等，将轴承直接放在电磁炉上可能不会加热，此时电磁炉屏幕可能显示“E1”——无加热器件）。在操作中应注意控制好温度，例如选择最低温度一档 C1，如图 1-49e 所示。

加热适当时间后，尽快将其套在轴上轴承档的预定位置。操作时要戴干净的手套，防止烫伤或脱手后砸脚，如图 1-49f 所示。

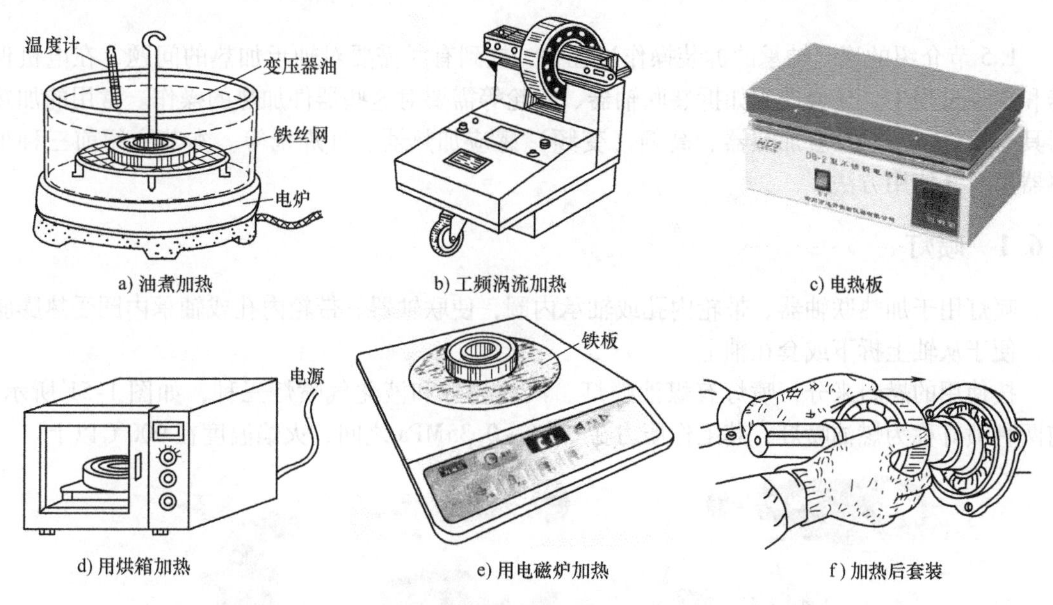

图 1-49 滚动轴承的热装配法

（2）冷装配法

所用轴承保持常温状态，用在轴承内圈端面施加压力的方法将其套到转轴轴承档部位的工艺称为冷装工艺。

装配前，在轴的轴承档部位添加一些润滑油，会对顺利装配有所帮助，如图 1-50a 所示。

使用油压机进行装配时，应设置位置传感器或开关、过压力传感器等装置，以确保压装到位，并且到位后压力就会撤销，以防止再加更大的压力使轴承或轴损伤。图 1-50b 所示为使用立式油压机进行操作，轴承上面放置的是一个专用的金属套筒。

用一个内径合适的专用金属套筒抵在轴承内圈上，用榔头击打套筒顶部，将轴承推到预定位置，敲击时应注意力的方向要始终保持与电机轴线重合，如图 1-50c 所示。

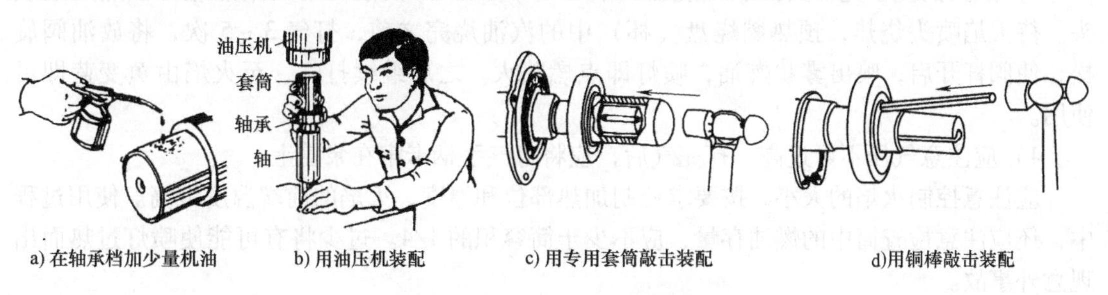

图 1-50 滚动轴承的冷装配法

在无上述条件时，可用铜棒抵在轴承内圈上，用榔头击打，如图1-50d所示。要在圆周方向以180°的角度，一上一下，一左一右地循环敲打，用力不要过猛。

1.6 加热器具和使用方法

1.5节介绍的滚动轴承的拆装操作过程中，提到有时需要对轴承加热的问题，在电机保养和修理过程中，还会遇到如拆装联轴器、带轮等需要对这些器件加热的操作。常用的加热器具有喷灯、工频感应加热器、高频（变频）感应加热器、气焊枪等。本节介绍前三种加热器具及其使用方法。

1.6.1 喷灯

喷灯用于加热联轴器、带轮内孔或轴承内圈，使联轴器、带轮内孔或轴承内圈受热膨胀后，便于从轴上拆下或套在轴上。

按使用的燃料来分，喷灯有煤油喷灯、汽油喷灯和液化气喷灯三种，如图1-51所示。前两种喷灯称为燃油喷灯，其工作压力在0.25～0.35MPa之间，火焰温度在900℃以上。

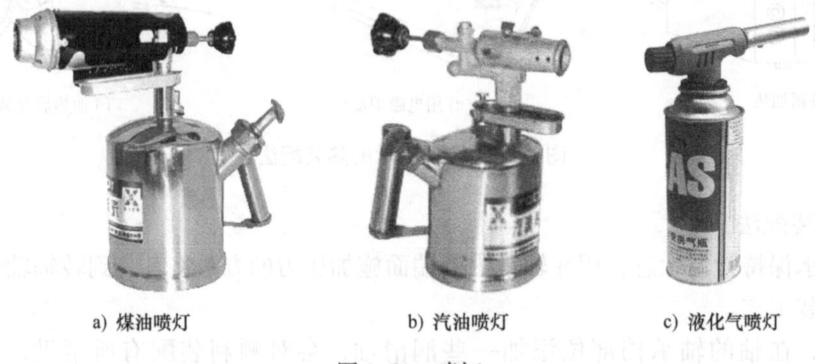

a) 煤油喷灯　b) 汽油喷灯　c) 液化气喷灯

图1-51　喷灯

煤油喷灯和汽油喷灯的使用方法如下：

1）使用环境中应无易燃易爆物品（含固体、气体和粉尘），要防止燃料外漏引起火灾。

2）加入的燃油应不超过筒容积的3/4为宜（不可使用煤油和汽油混合的燃油!），即保留一部分空间储存压缩空气，以维持必要的空气压力。

3）点火前应事先在其预热燃烧盘（杯）中倒入少许汽油，用火柴点燃，预热火焰喷头。待火焰喷头烧热，预热燃烧盘（杯）中的汽油烧完之前，打气3～5次，将放油阀旋松，使阀杆开启，喷出雾状燃油，喷灯即点燃喷火。之后继续打气，至火焰由黄变蓝即可使用。

4）应注意气压不可过高，打完气后，应将打气手柄卡牢在泵盖上。

应注意控制火焰的大小，按要求控制加热部位和温度，火焰的前端温度最高。使用过程中，还应注意检查筒中的燃油存量，应不少于筒容积的1/4。过少将有可能使喷灯过热而出现意外事故。

5）如需熄灭喷灯，则应先关闭放油调节阀，待火焰完全熄灭后，再慢慢地旋松加油口螺栓，放出筒体中的压缩空气。旋松调节开关，完全冷却后再旋松孔盖。

1.6.2 工频感应加热器

工频感应加热器是交流工频电源涡流加热器的简称，图1-52给出了一种国产和两种进口的工频感应加热器外形。它由一个边可打开的口字形铁心和一个套在铁心上与交流电源（电源频率为50Hz或60Hz左右的工频）接通的励磁线圈组成。线圈通电后，在铁心中产生交变的磁场。套在活动铁心臂上的轴承等部件的金属圈将在该磁场的感应下产生感应电流，并在其内部循环流动，即所谓的“涡流”。该电流在轴承等金属圈中产生热量，进行加热，使其膨胀。

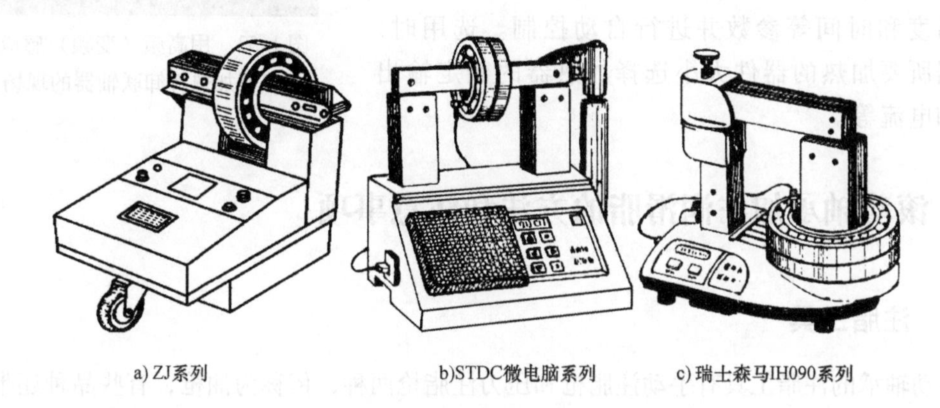

a) ZJ系列　　b)STDC微电脑系列　　c) 瑞士森马IH090系列

图1-52　工频感应加热器

这种加热器有不同容量的规格，可根据轴承的大小来选择。加热温度的控制，可使用其自带的测温装置，若没有，则可用热电偶或点温计等直接测量，或经过实际测量后，统计达到要求的时间，再用时间来控制，这样会方便一些，但应根据不同的环境温度，给出不同的加热时间。

表1-24是ZJ系列工频感应加热器的技术参数，供参考选用。

表1-24　ZJ系列工频感加热器技术参数

型号	额定功率/kW	可加热的轴承尺寸/mm		
		内径	最大外径	最大宽度
ZJ20X—1	1.5	30~85	280	100
ZJ20X—2	3	90~160	350	150
ZJ20X—3	4	105~250	400	180
ZJ20X—4	5.5	110~360	450	200
ZJ20X—5	7.5	115~400	500	220

1.6.3 高频（变频）感应加热器

由于使用时间较长发生了锈蚀以及用热装法安装的联轴器、带轮、齿轮等部件，用上述拉拔器等工具可能无法拆下，此时可利用高频（变频）感应加热器对其快速加热，使其膨胀后，通过人力或使用一些工具（包括拉拔器、撬杠等）将其拆下。图1-53是拆卸联轴器的现场，其中缠绕在联轴器上的几圈导线即为加热器的输出导线。因为导线和加热器件紧密接触，所以容易烫伤其外层绝缘，可在其外包裹一层石棉布等隔热材料加以保护。

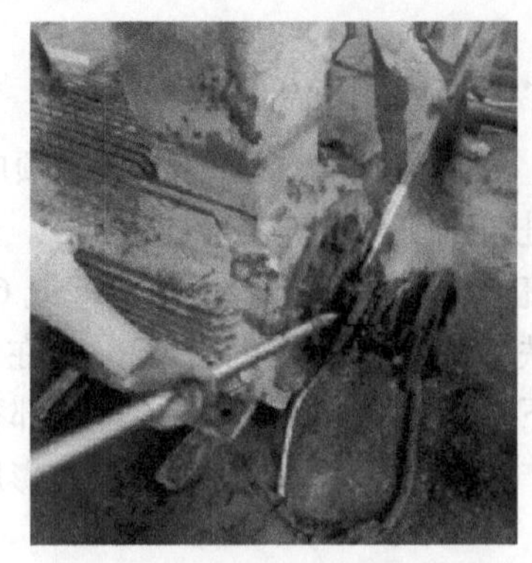

图1-53 用高频（变频）感应加热器加热拆卸联轴器的现场

目前市场上有多种高频（变频）感应加热器，有的还配置计算机系统，可以设置输出频率、电压、加热温度和时间等参数并进行自动控制。选用时，应根据所要加热的器件大小选择加热器的额定输出功率和电流等。

1.7 滚动轴承加注润滑脂的方法和注意事项

1.7.1 注脂工具

滚动轴承的注脂工具有手动注脂枪和压力注脂枪两种，俗称为油枪，有些品种还带有计量装置，较大的修理单位则可能使用专用的注脂机（罐或桶），如图1-54所示。

在没有上述专用设备的场合，可用干净无毛刺的竹板、木板或铜板等。应禁止使用带棱角的钢制工具。

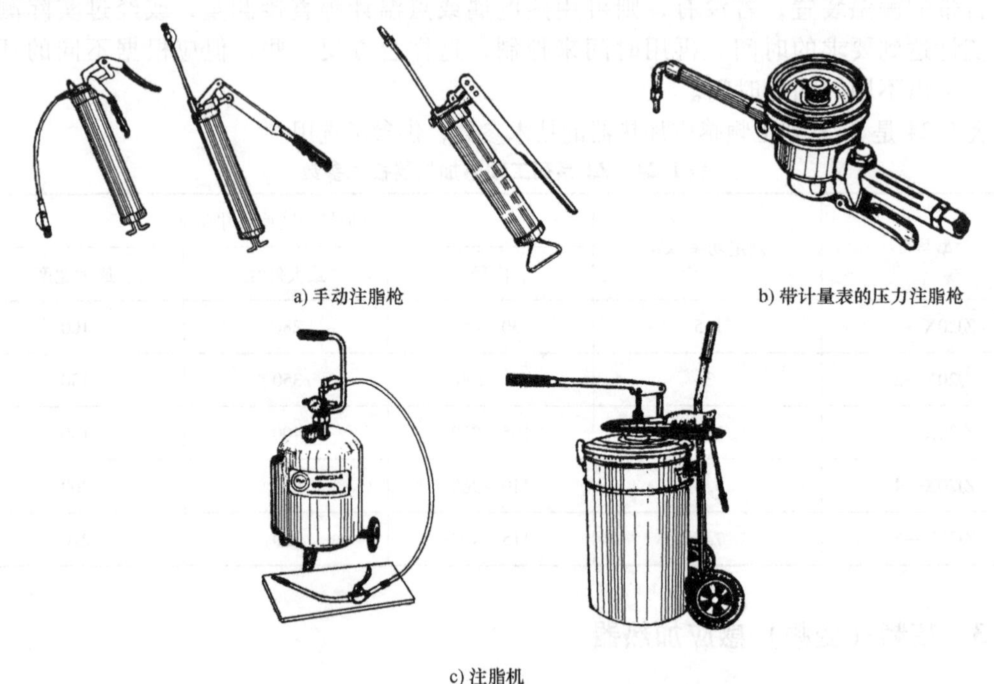

a) 手动注脂枪 b) 带计量表的压力注脂枪

c) 注脂机

图1-54 滚动轴承注脂工具

1.7.2　润滑脂的类型、性能和选用原则

根据电机使用环境和运转状态的不同，可用于电机滚动轴承的润滑脂有多种组分和牌号，应注意根据实际情况进行选择，例如在较低温度或较高温度环境中的电机则需要耐低温或耐高温的专用润滑脂；转速较高的电机选用高速润滑脂等；普通用途的电机可使用电机专用润滑脂。应注意，在轴承运行时温度不高的情况下，不要随意选用耐高温的专用润滑脂，因其黏度要比普通的大，会使轴承温度升高。应使用专用容器保持润滑脂的清洁。

常用国产和进口润滑脂的名称、代号、性能及用途见表1-20和表1-21。

1.7.3　滚动轴承的注脂量

比较合适的润滑脂注入量应视轴承室空腔容积（将两个轴承盖与轴承安装完毕后，其所包容的内部空间中空气占有的部分）大小和所用轴承转速（对于交流电动机，也可用极数代替转速）来简略地计算，见表1-25。

表1-25　根据电机的工作转速确定轴承润滑脂注入量

电机转速/（r/min）	<1500	1500~3000	>3000
润滑脂注入量（与轴承室空腔比例）	2/3	1/2	1/3

加注润滑脂时，场地要干净清洁，所用工具应用汽油清洗干净。润滑脂注完后，应尽快装配好其他部件，要防止进入轴承中的润滑脂夹带灰尘杂物，特别是砂粒和铁屑等。

1.8　滚动轴承常见故障及原因分析

在电机中，轴承是最容易发生故障的部件。所以，更换轴承是电机修理工作中占比例最大的一项任务。本节讲述电机中所用滚动轴承常见故障和产生故障的原因分析，其中包括一些实用的处理方法。

1.8.1　轴承温度的限值和测量方法

所谓轴承过热，对于电机用滚动轴承，是指其温度超过了95℃。

轴承温度的测量方法在GB/T 755—2019第8.9项中给出了规定。简单地讲，有两种测量方法，一个是在电机壳体外面，用温度计测量靠近轴承外圈位置的温度；另一个是，事先在电机内部靠近轴承室（到轴承外圈的距离不大于10mm处）的部位，埋置温度传感器，其引出线接配套的数字温度表来显示温度值。

1.8.2　轴承过热的常见原因

当轴承出现故障时，其反应主要有过热、异常噪声和振动3方面。

现对轴承过热的常见原因分析如下：

1）轴承质量较差或在运行前的运输及搬运过程中造成了损伤。图1-55a所示的NU型柱轴承内外环滚道中的轴向中间一条最深的压痕，就是在运输路途中道路颠簸，转子上下跳动带动轴承滚子冲击轴承外环滚道而造成的。这种损伤，在电机运行时可听到轴承中发出的

有节奏的“刚刚”声。

2）轴承与转轴或轴承室的同轴度不符合要求，如图 1-55b 所示。

3）本应可轴向活动的一端轴承外环被轴承盖压死，如图 1-55c 所示。当运行转轴因温度上升而伸长时，带动轴承内环离开原轴向位置，从而挤压滚珠研磨侧滚道，产生较多的热量。

4）轴承与转轴或轴承室配合过紧，使轴承内环或外环挤压变形，径向游隙变小，滚动困难，产生较多的热量，如图 1-55d 所示。

5）轴承与转轴或轴承室配合过松，使轴承内环在转轴上、外环在轴承室内快速滑动，内环滑动是绝对不允许的，外环有很缓慢的滑动在很多情况下是无害的，如图 1-55e 所示。这种摩擦将产生大量的热量，会造成温度急剧上升，严重时会在很短的时间内使轴承损坏，并进而产生定转子相擦、绕组过电流烧毁等重大事故。

6）环境中的粉尘通过轴承盖与转轴之间的间隙进入到轴承中，大幅度地降低油脂的润滑功能，增加摩擦阻力，产生较多的热量，如图 1-55f 所示。通常需要保持工作环境的空气清洁度，要彻底解决此问题，可在轴承盖与转轴之间增强密封，如在轴承盖内孔车槽后镶嵌橡胶或毛毡密封圈。

7）因各种原因造成的转子过热，转子的热量传到轴承中，使轴承中的润滑脂温度达到其滴点而变成液态流失，轴承失去润滑而产生较高的热量，如图 1-55g 所示。

8）润滑脂过多、过少或变质。对附带挡油盘的轴承室结构（见图 1-56），若不及时补充油脂，就会逐渐出现润滑脂减少的现象。

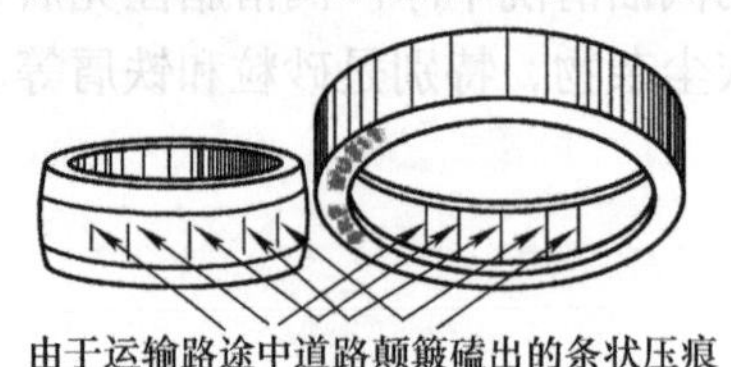

a) 内外环滚道磕伤

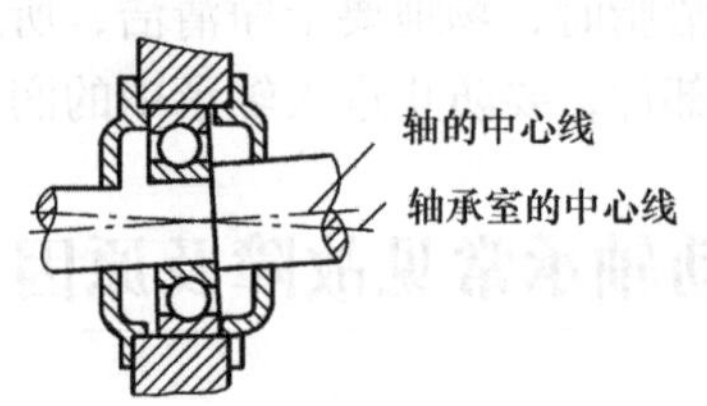

b) 轴承与轴承室的同轴度不符合要求

正常安装状态

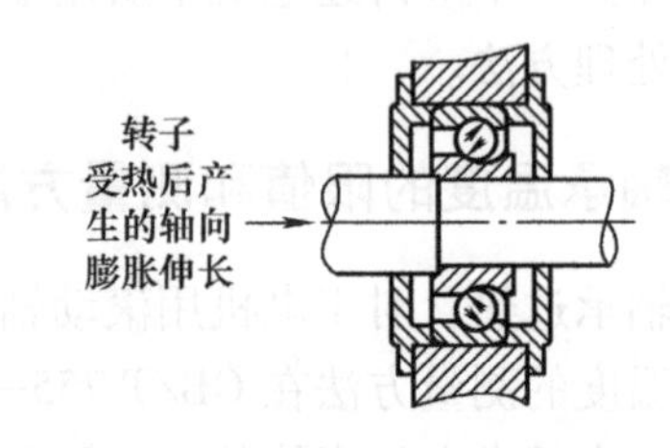

因轴承外圈被压死的轴承转动阻力增大

c) 活动的一端轴承外环被轴承盖压死造成的轴承运转困难

d) 轴承与转轴或轴承室配合过紧

e) 因轴承与轴承室配合过松或轴承室硬度小造成轴承室磨损

图 1-55 轴承温度较高的原因

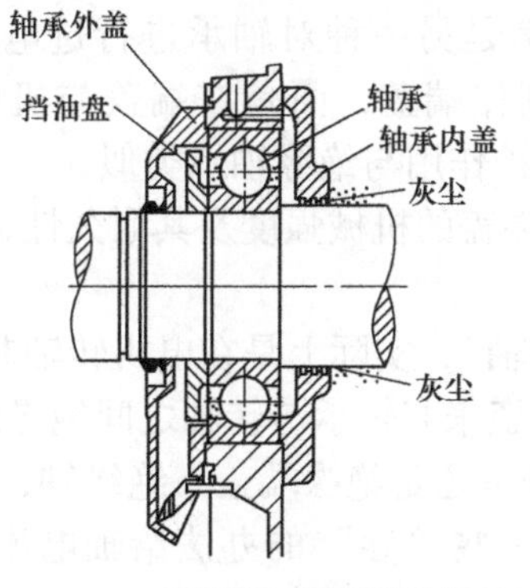

f）粉尘进入到轴承中

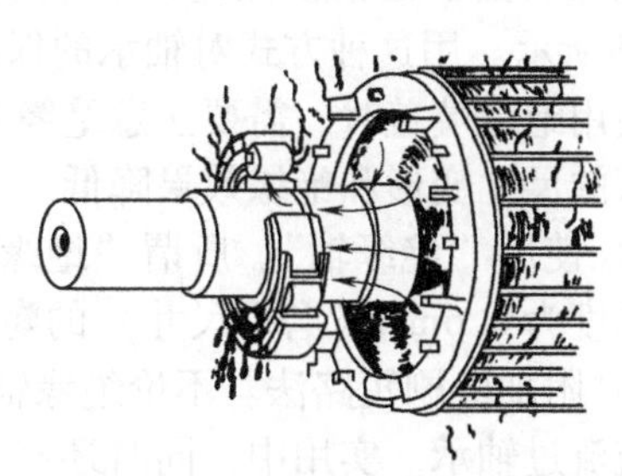

g）转子的热量传到轴承中，使润滑脂液态流失

图 1-55 轴承温度较高的原因（续）

9）在低温下使用耐高温的润滑脂，会因其黏度较大而产生相对较多的热量。

10）轴电流过大对轴承滚道和滚动体（滚珠或滚柱等）造成损伤（见图 1-57 给出的示例），从而出现滚动不畅，摩擦力增大，温度升高。相对地讲，对于使用变频电源供电的电动机，特别是其中容量较大的，此种损伤现象可能会更严重。

减小或者杜绝轴电流的方法有：

1）使用绝缘轴承。使用绝缘轴承是比较有效的方法之一。如图 1-58 所示，从左到右依次是，只有外圈绝缘的滚珠轴承、内外圈都绝缘的滚珠轴承、聚合物滚珠轴承、陶瓷滚珠轴承，最右边的是安装了一套只有外圈绝缘的滚珠轴承的电动机实例。

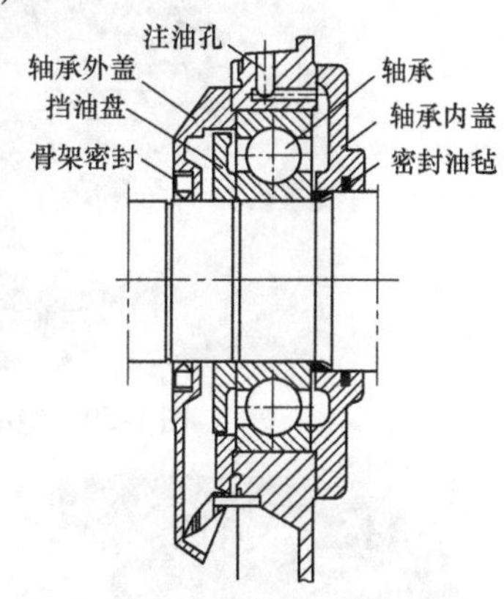

图 1-56 带有挡油盘的轴承室结构和增加密封油毡的位置图

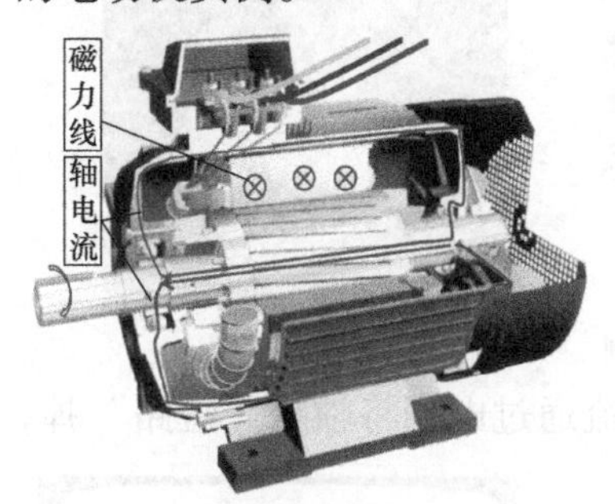

a）轴电流的路径

b）轴电流对轴承造成的损伤

图 1-57 轴电流的路径和对轴承造成的损伤

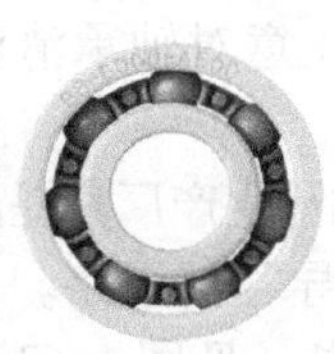

图 1-58 绝缘轴承及其使用实例

2）使用绝缘端盖。使用绝缘端盖是另一种对轴承进行过电流的绝缘保护的方法。通常，绝缘端盖不是指使用绝缘材料制作端盖，而是在端盖与机座连接部分做好绝缘，如图1-59所示。用这种方式对轴承的保护作用与绝缘轴承类似。

使用绝缘端盖时，需要注意绝缘端盖的机械强度及其耐久性，避免由于绝缘端盖的老化而带来的尺寸变形和绝缘效果降低。

3）使用“绝缘轴”。所谓“绝缘轴”，实际上是在电机转轴非负载端轴承档位置烧结上一层厚度为0.6mm（磨后尺寸）的陶瓷来起轴承与转轴之间绝缘的作用，如图1-60所示。

4）附加电刷短路法。不论绝缘轴承还是绝缘端盖、绝缘轴，都是用“堵”的办法来防止电流流过轴承。实用中，同时还有一些“导”的办法给轴电流以出路。附加电刷短路的方法就是其中之一。图1-61是附加电刷短路的应用实例。

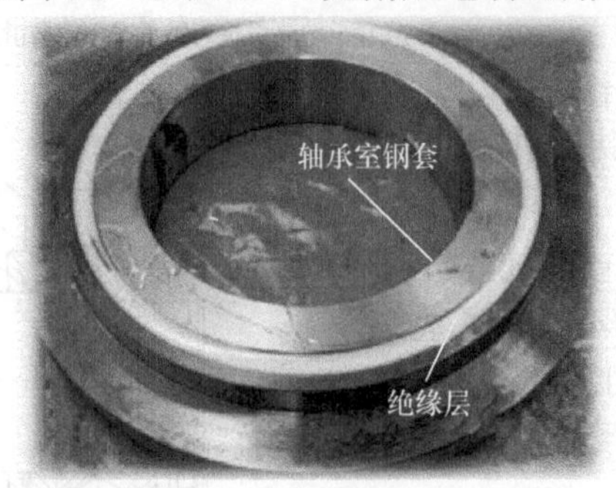

图1-59 绝缘端盖

图1-60 烧结上一层陶瓷的电机转轴

图1-61 附加电刷短路的应用实例

该方法是在电机转轴和轴承室之间加装一组电刷，使电流通过电刷将轴承“短路”掉，从而避免轴承的电蚀问题。

通过实践，此方法确实可以有效地保护轴承，并具有成本低廉的特点。但是，附加电刷的使用增加了后续维护的工作量，同时电刷的接触可靠性是其能否真正发挥“短路”作用的前提。电刷的更换维护需要持续进行。另外，电刷摩擦下来的粉末如果进入轴承，会对轴承造成损伤，所以要特别注意对轴承清洁度的维护，可通过增加轴承密封来解决。

5）使用导电润滑脂。早在十几年前，就有轴承生产厂家提出寻找可以导电的润滑脂填充到轴承中，这也是“导”的思路。目前，也确实能找到一些具备一定导电性的润滑脂（见图1-62）。

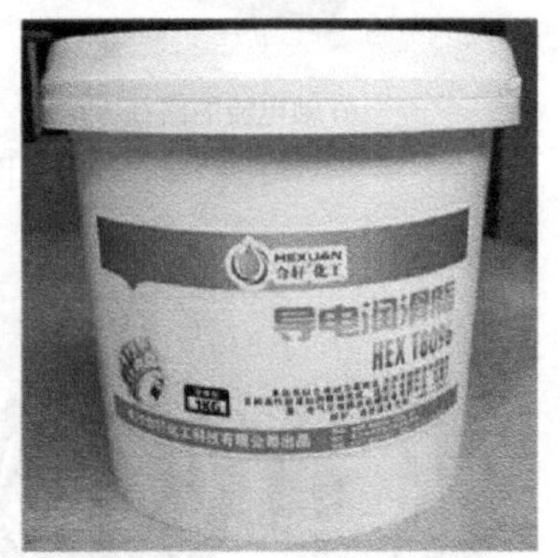

图1-62 一种导电润滑脂

这些润滑脂在轴承静态测试下表现出良好的导电性。然而，轴承内部的运转接触是一个动态过程，轴承滚动体和滚道接触点的变化而引起的“拉弧”过程仍然无法避免，导致滚动体和滚道之间的接触电阻不稳定。因此，使得这些“导电润滑脂”的导电性也不稳定。目前在一些小型电机中曾有过导电润滑脂的应用，但就其效果而言，尚有待商榷。

1.8.3　轴承振动和噪声大的常见原因

电动机的噪声和振动往往是同时发生的，因为声音是由物体的振动而产生的。但不一定振动大就会噪声大，因为振动和噪声的频率对两者的影响程度有所不同。

日常，是用使用人员的感官（包括借用一些简单的工具，如图 1-63 所示的听棒和图 1-64所示的电子机械噪声听诊器）来确定轴承的振动和噪声是否异常。图 1-65 就是监听轴承声音的现场。需要准确的振动和噪声数据时，则需要用专用的精密仪器进行测量，所使用的仪器设备及测量方法请见后面的第 11 章。

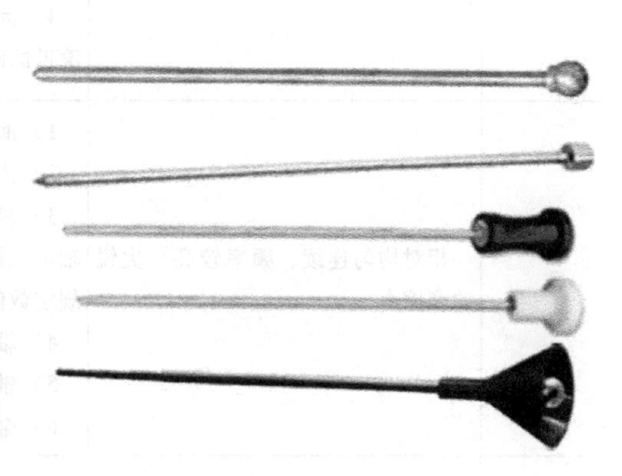

图 1-63　听棒

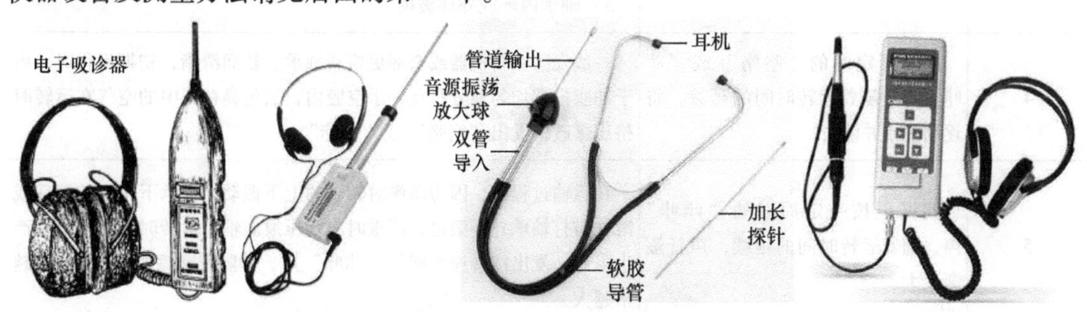

图 1-64　电子机械噪声听诊器

a) 用电子听诊器监听轴承的运转声

b) 用杆状物品监听轴承的运转声

图 1-65　监听轴承运行声音

轴承噪声大是指其数值超过了规定的标准，异常噪声是指某些间断的或连续的不正常响声，例如“嗡嗡”声、“咔咔”声等，此时测量数值不一定超过规定的标准值，但却让人感觉很不舒服，有时还可能进一步扩大并造成设备的损坏（例如部件之间或进入异物相摩擦造成的异常噪声等）。轴承噪声大或有异常噪声的现象和原因分析见表 1-26。

轴承振动大是指其振动数值超过了规定的标准，其现象和原因见表 1-27。

表 1-26 轴承噪声大或有异常噪声的现象和原因

序号	现象	原因分析
1	相对均匀连续、声音不算高的摩擦声	1）润滑脂因使用时间过长而减少，降低润滑作用 2）注入的润滑脂与原有的润滑脂不相容，使润滑效果降低 3）非金属密封装置与轴承内环或外环相摩擦 4）因安装或相关尺寸问题，造成轴承内外圈轴向错位，使滚珠在滚道的两侧滚动，增大了摩擦阻力
2	相对均匀连续、频率较高、尖锐的摩擦声	1）润滑脂中进入灰尘，特别是沙砾和金属颗粒 2）内环或外环滚道磨损后变得粗糙 3）轴承径向间隙小。原因有：①所选用的轴承径向间隙小；②转轴轴承档直径大于规定数值，使轴承内圈被撑大；③轴承室直径小于规定数值，使轴承外圈被挤小 4）轴承内环与转轴配合松动，造成内环和转轴相互摩擦 5）轴承外环与轴承室配合松动，造成外环转动，摩擦轴承室 6）金属密封装置与轴承内环或外环相摩擦
3	间断的尖锐摩擦声	1）个别滚珠或滚柱破损 2）保持架破损 3）轴承内环或外环破损
4	间断不定时的“咯咯”或“咔咔”声，随着运转时间的延续，将逐渐变小并消失	一般发生在新机器或全部更换新轴承、新润滑脂，初期运行时。由于油脂没有均匀地分布在轴承空腔内，被包裹在其中的空气在运转时挤压爆破，发出“咯咯”或“咔咔”声
5	间断但按一定周期的“咔咔”声，随着运转时间的延续，声音逐渐变大	在运输过程中，因为颠簸时转子的上下振动，轴承下半部的滚珠或滚柱敲打轴承外环滚道，严重时出现压痕。轴承运转时，在压痕处产生阻碍，发出按转速周期的“咔咔”声，并随着摩擦加重，声音将越来越大
6	间断的“嗡嗡”声，频率较低	1）轴承内外环同轴度较差 2）因轴承室径向尺寸较小或圆度较差，使轴承外环被挤压变形 3）轴承室与轴承同轴度较差。常见的原因有：①零部件加工造成的同轴度较差；②用冷压法装配轴承时用力不均匀，使轴承偏斜，造成同轴度较差

表 1-27 轴承振动大的现象和原因

序号	现象	原因
1	轴向振动较大	1）轴承与轴承室的同轴度较差 2）因轴承室径向尺寸较小或圆度较差，使轴承外环被挤压变形 3）轴承室与轴承同轴度较差 4）两个带轮轴向不对中

（续）

序号	现象	原因
2	径向振动较大（常见水平方向比竖直方向大）	1）两个联轴器同轴度较差 2）设备与台架连接不符合要求，其中包括：①安装螺钉松动；②底脚垫片未压实；③安装基础构架变形，常见钢板（或角铁或槽钢等）焊接的构架会因时效不足而变形 3）两个带轮不平行 4）轴承外圈与轴承室磨损 5）转子不平衡量较大 6）联轴器不平衡量较大 7）轴承损坏，包括个别滚珠（或滚柱）破损和轴承内环或外环破损

1.9　铝绕组导线的焊接方法

1.9.1　概述

铝线和铝线的焊接比铜线和铜线的焊接难度大、工艺复杂。这是因为铝在空气中极易氧化，生成的氧化铝膜电阻大、熔点高（约为2050℃），不易从融熔铝液中浮起，易形成夹渣。焊接前除去导线表面氧化膜，并防止焊接过程中再氧化，是保证焊接质量的关键。焊接时，应避免导线、焊料及焊剂有水分，以防止气孔产生。

铝的导热系数和比热均较大，凝固时收缩率也较大，因此，焊接铝时采用氩弧焊，热源集中。应避免焊接热量过大和时间过长，否则会使铝的晶粒严重长大，并使晶粒边界的低熔共晶物熔化，氧化而变质，接头发脆，这种现象称为“过烧”。因此，避免接头过热是获得优质焊接头的重要保证之一。

铝绕组的引出线不宜采用铝线，铝的弹性系数小，用机械连接易受机械力的作用而产生永久变形；铝的热膨胀系数大，用机械连接易受热应力的作用而产生松动，使接触电阻增大；铝的电极电位低，在潮湿环境中易产生腐蚀，所以在铝线软绕组中，一般不采用。

1）线圈绕制时，在引出线端焊上相应线径的铜线。铜线可加长，放入槽中，接线与铜绕组相同。

2）采用铜-铝过渡接头。

3）铝引出线直接焊接铜电缆。

在硬绕组中，由于导线截面较大，一般均采用铜-铝过渡接头，引出铜电缆。在铝绕组中，不仅要解决铝与铝的焊接，还要解决铝与铜的焊接。

铝与铜的焊接困难更大，铝与铜之间电位差大，容易产生电化学腐蚀。本节简要介绍几种铝线焊接工艺。

1.9.2　钎焊

铝线与铝线焊接所有的钎焊方法与铜线与铜线焊接相似，但所用的焊料与焊剂不同，工艺操作也较为复杂。钎焊铝线要解决的主要问题是改善焊头的抗腐蚀性能。

1）采用机械刮擦法或超声波法等清除氧化铝膜，不用焊剂，以避免残留焊剂对焊头的腐蚀。

2）采用无腐蚀性的焊剂，例如松香焊剂，以及其他中性焊剂。

3）选用与铝电极电位相近的焊料，以减缓电化学腐蚀速度。

4）接头焊接后，应进行良好的封闭，防止潮湿及有害气体的影响。

1. 钎焊铝－铝和铝－铜的焊料

铝－铜导体钎焊的焊料选择，主要考虑对铝的可钎焊性。锌、镉与铝电位值接近，所以一般用锌基焊料。铝中可溶解大量锌，锌焊料可以在铝锌临界处形成固定层。铝锌合金层的电位比锌低，比铝高，可以改善抗腐蚀性。但是，锌液对铝的润湿性很差，易聚集成球状，同时，锌的纯度对焊接头的抗腐蚀性影响很大，略有不纯就会严重恶化。

在铝基焊料中加入镉，共晶熔点低（266℃），它的流动性和抗腐蚀性好，但镉量越高，毒性越大，所以应用较少。

在锌基焊料中加入少量铅，能改善锌的润湿性，细化焊料晶粒。含铅量一般控制在0.5%～5%范围内。这种含铅的锌基焊料可以不用无机盐类焊剂而钎焊铝－铝和铝－铜，但其抗腐蚀性能比纯锌差，焊接后应对焊接部位采用密封措施。

在锌基焊料中加入锡，可降低焊料的熔点。含锡91%的锡锌焊料，其熔点只有200℃左右。焊接头机械强度较低、抗腐蚀性能较差，一般用于铝件搪锡。随着含锌量的提高，相应提高了焊接头的机械强度和抗腐蚀性。

在锌基焊料中加入铝、银，可改善焊料的润湿性、增强焊接头的机械强度和延伸率、耐腐蚀性和导电性能，但相应会提高焊料的熔点。

现将常用的几种铝钎焊焊料的成分和性能列于表1-28中。

表1-28 常用的几种铝钎焊焊料的成分和性能

<table>
<tr><th rowspan="2">焊接种类</th><th colspan="6">成分（%）</th><th rowspan="2">熔点/℃</th><th rowspan="2">耐腐蚀性</th><th rowspan="2">焊剂种类</th><th rowspan="2">用途</th></tr>
<tr><th>Zn</th><th>Sn</th><th>Pb</th><th>Cd</th><th>Cu</th><th>Al</th></tr>
<tr><td rowspan="2">低温焊料</td><td>9</td><td>91</td><td>—</td><td>—</td><td>—</td><td>—</td><td>203</td><td rowspan="2">差</td><td rowspan="2">无机盐溶液</td><td rowspan="2">搪锡</td></tr>
<tr><td>20</td><td>80</td><td>—</td><td>—</td><td>—</td><td>—</td><td>270</td></tr>
<tr><td rowspan="2">中温焊料</td><td>70</td><td>30</td><td>—</td><td>—</td><td>—</td><td>—</td><td>200～375</td><td rowspan="2">差</td><td rowspan="2">无机盐溶液</td><td rowspan="2">接头钎焊</td></tr>
<tr><td>90</td><td>—</td><td>—</td><td>10</td><td>—</td><td>—</td><td>265～400</td></tr>
<tr><td rowspan="4">高温焊料</td><td>95</td><td>—</td><td>—</td><td>—</td><td>—</td><td>5</td><td>382</td><td rowspan="2">优</td><td rowspan="2">无机盐溶液</td><td rowspan="2">接头钎焊</td></tr>
<tr><td>100</td><td>—</td><td>—</td><td>—</td><td>—</td><td>—</td><td>419</td></tr>
<tr><td>97</td><td>—</td><td>3</td><td>—</td><td>—</td><td>—</td><td>420～460</td><td rowspan="2">良</td><td>有机焊剂</td><td rowspan="2">接头钎焊</td></tr>
<tr><td>92</td><td>—</td><td>—</td><td>—</td><td>3.23</td><td>48</td><td>380～450</td><td>无机盐溶液</td></tr>
</table>

2. 钎焊铝－铝和铝－铜的焊剂

氧化铝膜清理困难，在钎焊铝线时常采用无机盐焊剂。无机盐焊剂由卤族元素的盐类组成，普遍含有氯和氟离子。

钠、钾、锂都属于碱金属，对大部分其他金属都是活性的。因此，在钎焊过程中，有改善系统润湿性的作用。常用无机盐类焊剂见表1-29。

表 1-29 常用无机盐类焊剂

序号	成分（%）							熔点/℃	用途
	NaF	KF	ZnCl	NaCl	KCl	LiCl	NH_4Cl		
1	2	—	88	—	—	—	10	200~220	低温钎焊
2	—	—	65	10	—	—	25	200~230	搪锡
3	5	—	95	—	—	—	—	390	中温钎焊
4	—	8~12	8~15	—	余量	25~35	—	420	高温钎焊
5	5	—	37	6	31	16	5	470	高温钎焊
6	8	—	—	28	50	14	—	—	气焊

经验证明，单独使用氯化铝或氯化氨进行铝－铝和铝－铜钎焊，效果较好，但氯化铝极易吸潮，使用时，易使焊料飞溅，需注意安全。同时，还应考虑无机盐类残留焊剂及其反应物都会对铝线和焊接头产生严重的腐蚀作用。焊接后必须彻底清洗，对于难以清洗的焊接头，不要采用这类焊剂。

钎焊铝－铝及铝－铜的有机焊剂（又称中性焊剂），常由松香酸、三羟乙基铵、氟硼酸镉等有机酸类组成。

有些单位采用松香酒精溶液作焊剂，以锌基焊料钎焊铝－铝及铝－铜取得了经验。松香酒精溶液能微弱溶解氧化铝，能机械去膜，使涂有松香酒精溶液的铝－铜焊接头快速浸入高温焊料液中时，急剧反应膨胀，形成爆炸力，使氧化铝膜与铝分离，改善了系统的润湿性。

3. 氧化铝膜的清理

清除方法有两种：一种是机械方法，用刮头工具（图 1-66 给出了两种电动刮漆机）刮擦，刮除后，应立即用松香酒精溶液封闭；另一种方法是用酸性溶液清洗。用第二种方法时，清洗后，运用效果较好的净化剂对线头进行净化。线头从净化剂取出后，必须立即用清水冲洗掉附在线头上的反应物，擦干水后随即钎焊。

a) 电动台式

b) 刀头

c) 手持式

图 1-66 电动刮漆机

4. 浸渍钎焊操作及注意事项

线头清理干净后，浸入焊剂溶液中，摇晃 10~30s，见线头呈白色，取出后，随即放入熔融焊料液内，直到没有气泡溢出，即可取出。将焊好的接头放入碱溶液（2%~5% NaOH 水溶液）内，中和残留的酸性焊剂，然后用温水冲洗干净，待干燥后封涂绝缘漆，以防受潮腐蚀。

钎焊铝－铜时，应先将铜线头搪锡，然后按上述方法进行焊接。

采用酸性焊剂清洗麻烦，而且难以清洗干净，在截面积不大于 $10mm^2$ 的铝绕组中，常采用松香酒精焊剂和锌基焊料进行钎焊，其工艺如下：

将线头清理干净后，绞接6～8圈，圈间留有缝隙，浸入松香酒精焊剂中，取出后，迅速浸入锌铅焊料液内1～2s即可，然后焊接头用绝缘漆封闭。

为保证钎焊质量，需注意以下几点：

1）要保证焊料和焊剂的纯度和配比。实用的锌必须是化学分析纯（锌达99.98%），铅为化学纯，呈颗粒状。熔化时，先熔化锌（97%），后加入铅（3%），以免铅被过多氧化，整个过程都应防止杂质污染。焊剂配方中，松香和酒精比例不能小于1，酒精应用无水酒精。

2）焊料盛于特制的刚玉坩埚内（不能用铜锅或铁锅）。温度应控制在（440±20）℃内。温度过高，铝线会发生局部融熔，将改变焊料成分，影响钎焊质量；温度过低，会产生假焊。

1.9.3　氩弧焊

氩弧焊用于焊接各种形状和截面的铝导线。焊接时，多采用交流电源，并附加高频电源引燃电弧，以降低起弧电压。焊缝较大时，可用铝丝作焊料。图1-67给出了两种氩弧焊机示例。

图1-67　氩弧焊机

氩弧焊的主要焊接参数是钨极直径相应的电流强度和氩气流量等。表1-30为中型铝线电机焊接规范（供参考）。

表1-30　中型铝线电机焊接规范

焊接头形式	导线截面积/mm^2	焊接电流/A	氩气流量/（dm^3/min）	钍钨极直径/mm
线圈引出头封焊	4～10	60～80	4～9	1.5
相间对接	7～32	60～80	4～9	1.5
并联环与相组T形接	—	70～100	4～9	1.5～2.0

焊接电流是保证焊缝质量的关键。应根据导体截面积大小和所用的焊接头形式加以控

制，防止电流过大，使钨极烧损过度，造成焊缝夹渣。氩气流量应调节适当，若过大，电弧不稳定或发生偏吹，易使钨极呈不均匀状大块熔化，造成飞溅和夹渣。另外，送入氩气时不允许出现涡流现象，以免空气卷入保护区内；若氩气流量过小，则起不到保护作用，同时不易引弧。

焊料应在电弧下进行必要的预热后再送入电弧弧心内熔化，以避免出现焊料熔化不良的现象；同时在焊接过程中，焊料不能离开氩气保护层，以免在高温下氧化，影响焊接质量。对于较小的接线头，在焊接后，待铝液凝固后再进行一次电弧回火，以借助外层氧化膜的表面张力获得光亮而圆滑的焊接头。

氩弧焊的弧柱中心为等离子体，弧温高，弧光及紫外线强度远超过一般的电弧焊，容易产生臭氧（O_3）、氮氧化合物和金属粉尘等有害物质。因此，必须要有妥善的保护措施，如局部通风、戴防护口罩和眼镜、穿专用工作服等。

1.9.4 铜铝过渡接头

铝线与铜线连接时，可利用铜铝过渡接头。这种接头可根据要连接的铜线和铝线的线径购买成品或预制。图1-68给出了成品式样和尺寸标注图。

在铝绕组中应用铜铝过渡接头能获得较好的焊接质量。常用的预制方法为电容储能焊，也可用冷压焊、摩擦焊和闪光焊等方法，见表1-31。

表1-31 铝－铝、铝－铜焊接方法比较及应用

焊接方法	性能与特点	应用范围	注意事项
松香酒精焊剂高温钎焊	设备及操作简单，无腐蚀作用，焊接后的接头不用清洗	小型电机铝－铝及铝－铜导线的焊接，以及其他的铝－铜焊接	对铝接头的清理要严格
气焊（乙炔焊）	用中性火焰，火焰的温度可调节，必须用焊剂	适用于中小型电机铝线熔焊，或作针焊热源，用于小型电机连接线和引出线的焊接	需要熟练并具有焊工操作证的人员操作。焊接后要认真清理残留焊剂
氩弧焊	在氩气的保护下，可不使用焊剂而获得好的焊接质量	适用于中大型电机扁线焊接，主要用于熔焊铝线	臭氧浓度较大，需要加强场地通风换气和屏蔽，注意做好防护
瓶模电阻焊	热量比较集中，焊接头焊接质量好，不用焊剂，较易实现自动化	适用于空间窄小的电机绕组焊接。可用 ϕ0.74～2.0mm 铝绞线接头焊接	瓶模尺寸规格化，供应困难，一般需要自制
电阻对焊	没有火焰，不用焊剂，焊接速度快。只能进行铝－铝焊接	可用于扁线和 ϕ2.6mm 及以上圆线对焊。适用于线圈绕制断线焊接	绕组接线空间过小时，不宜使用
超声波搪锡钎焊	利用超声波除去氧化铝膜，只用松香酒精溶液作焊剂，焊接后的接头不用清洗	可用于直流电机的换向极绕组及其他铝－铝和铝－铜焊接	对多股绞线接头，清除氧化膜的工作比较困难

（续）

焊接方法	性能与特点	应用范围	注意事项
电容储能焊	焊接速度快、质量好。可对接铝－铝和铝－铜，也能搭接铝铜薄板材	适用于 ϕ4mm 及以下的铝－铝和铝－铜焊接，预制铜铝过渡接头或直接在绕组上焊接铜引出线	由于电容器体积大、价格高，不宜制作大功率设备。对线径小的铝、铜导线对接，规范严格，需要专人管理和使用
冷压焊	不加热，无焊料和焊剂，可以对接或搭接，焊接头强度不低于基本金属，铝－铝和铝－铜均可用	对接 ϕ0.8mm 及以上圆线或扁线，可以加工预制接头，也可以搭接绕组引出线	对接的压钳精度不够，需要挤压 2～4 次，需要搭接模具
闪光焊	焊接时，熔融金属喷射，导线接头内的铜铝合金层厚度控制在 0.01～0.02mm 以下时，可保证质量要求	适用于预制铜铝过渡接头，用于中大型电机绕组的焊接	电网电压波动会影响焊接质量，应采取电源稳压措施
摩擦焊	铜铝采用低温摩擦焊，转速低，设备简单。铜铝接头在共晶温度以下焊成，无中间合金层，能冷锻，不用热源，不用其他的填充金属	适用于预制铜铝过渡接头，用于中大型电机绕组的焊接	只能焊接圆导线，对于扁导线，需将其线头锻打成圆形截面后进行焊接
高频熔焊	用高频电流加热使铝熔化。加热速度快，无火焰，不用焊剂	适用于中小型电机扁线焊接，也可用于各种截面的绞线，是一种比较先进的焊接方法	设备相对复杂，造价高

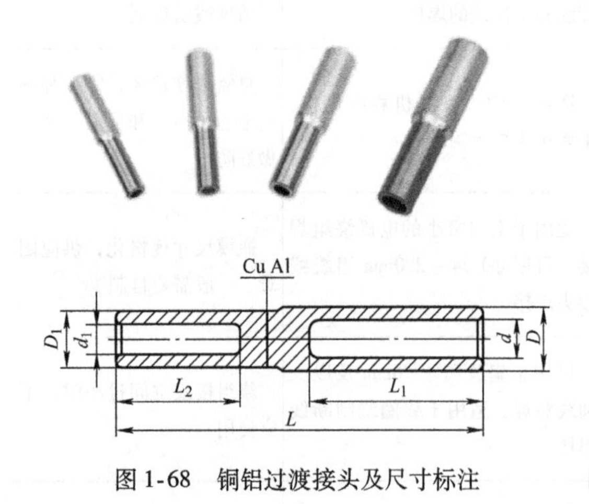

图 1-68 铜铝过渡接头及尺寸标注

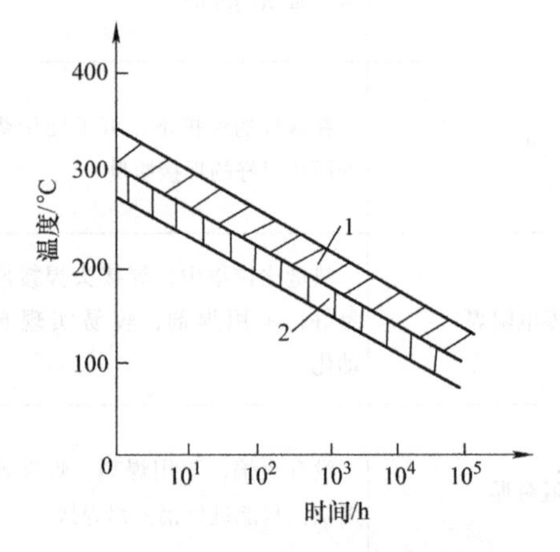

图 1-69 闪光焊与冷压焊接头从韧性到脆性的变化
1—闪光焊变化区 2—冷压焊变化区

在使用铜铝过渡接头时，必须要注意温度的影响，将闪光焊的冷压焊接的接头做冲击试验后，发现冷压焊的接头较闪光焊的接头更快地发脆，如图 1-69 所示。在 200℃时，闪光焊接头经1000~2000h老化后发脆，但冷压后接头只有6~7年就发脆了。出现这种情况，原因是冷压焊接头在制作时只加压不加热，所以含有高度密集的位错、杂质与空腔。这种晶格缺陷增加了铝、铜原子的相互扩散并形成了铝铜合金层；另一方面，闪光焊接头是既加热又加压制成的，焊接时的高温亦有助于消除过渡的位错。所以，理论和实践都说明，闪光焊接头经过较长时间才脆变。

电容储能焊和摩擦焊的结合机理与闪光焊相似。任何铜铝过渡接头如果不加热，也不排除杂质或铜铝合金层，就会出现像冷压焊接头那样的情况。预制的铜铝过渡接头长期使用的工作温度不应超过125℃，以防止铜、铝原子相互扩散和形成铜铝合金而可能发生脆性。

同理，为了保证过渡接头的寿命，在与铝绕组引出线焊接时，必须采取有效的措施，以使铜铝过渡接头的焊缝区的短时间温度不至于过高（一般不宜超过250℃）。因此，必须注意以下两点：

1）过渡接头截面积不同，焊缝区域的温度影响也会不同，截面积越大，加热时间越长，需要特别加强降温措施。宜采用加热时间短、焊接速度快、热量集中、热影响区域小的焊接方法。例如，焊接大截面的过渡接头时，应尽量采用氩弧焊，而不用普通气焊。同时用石棉缠绕过渡接头焊缝区的外侧，加水不断冷却。

2）施焊处距过渡接头焊缝区越近，则温度越高。若新焊缝与过渡接头焊缝区太近，则焊接时必然会使铜铝过渡接头结合面温度超过250℃，出现脆性铜铝合金层。因此，铜铝过渡接头应根据具体情况，选用合适的长度。

第2章 三相异步电动机的结构和拆装工艺

对故障电机的拆装是进行电机修理的必要过程，该过程看似简单，但若对要拆装的电机结构不太了解，或者选用的工具不当、操作时没有按正确的工艺过程进行，则很可能对电机的某些部件造成损伤，严重时可能完全损坏。

本章的名称为“三相异步电动机的结构和拆装工艺”，但其中的大部分内容也适用于其他类型的电机，其他类型电机的特殊结构及拆装方法将在以后的相关章节中介绍。

2.1 笼型转子异步电动机的结构

组成一台电机的部件，在很多资料中分成定子和转子两大部分，其中定子包括在电机运行时各种固定不动的部件，转子则包括电机在运行时转动的各种部件。

为了更详细理解电机的结构和明确组成电机各部件的功能，本书将电机结构进一步细分为7大部分：①定子，含定子铁心、定子绕组等；②机壳，含机座、端盖、外风扇罩等；③转子，含转子铁心、转子绕组、转轴等；④风扇；⑤接线盒、接线板等接线部件；⑥轴承及相关配件；⑦铭牌和相关标志。

图2-1为机座号为71~160、IP54、IM B3、顶出线型Y2系列电动机的结构图。图2-2是一台座号为180~280、IP54、IM B3、顶出线型Y2系列电动机的结构图。图2-3是无轴承盖的电动机结构及部件拆解图，其端盖轴承室为半通孔，该电机防护等级为IP44，安装方式为IM B3。图2-4是具有内、外轴承盖的电动机结构和部件拆解图，其端盖轴承室为全通孔，该电机防护等级为IP54，安装方式为IM B3。

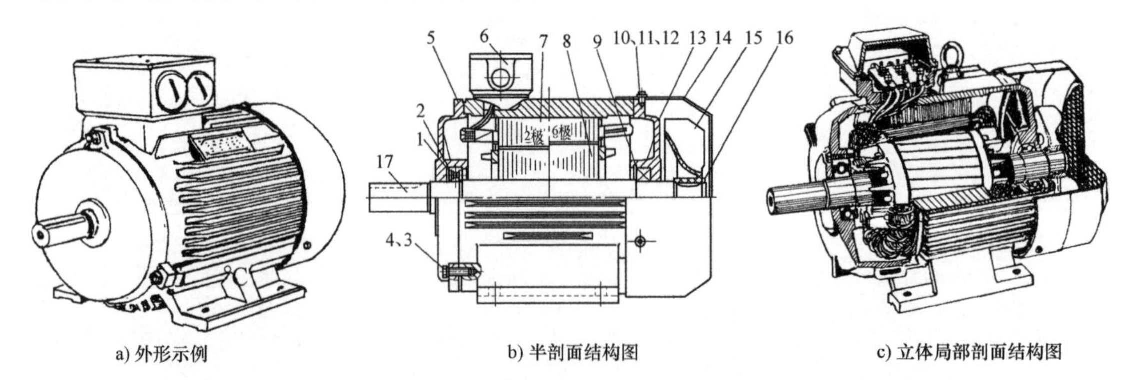

a) 外形示例　　b) 半剖面结构图　　c) 立体局部剖面结构图

图2-1 Y2系列（IP54、IM B3）机座号71~160顶出线型电动机结构图

1—轴承　2—波形弹簧片　3—螺栓　4、11—平垫圈　5—前端盖　6—接线盒　7—定子　8—转子　9—内挡圈　10—螺钉　12—弹簧垫圈　13—后端盖　14—风扇罩　15—风扇　16—外挡圈　17—轴

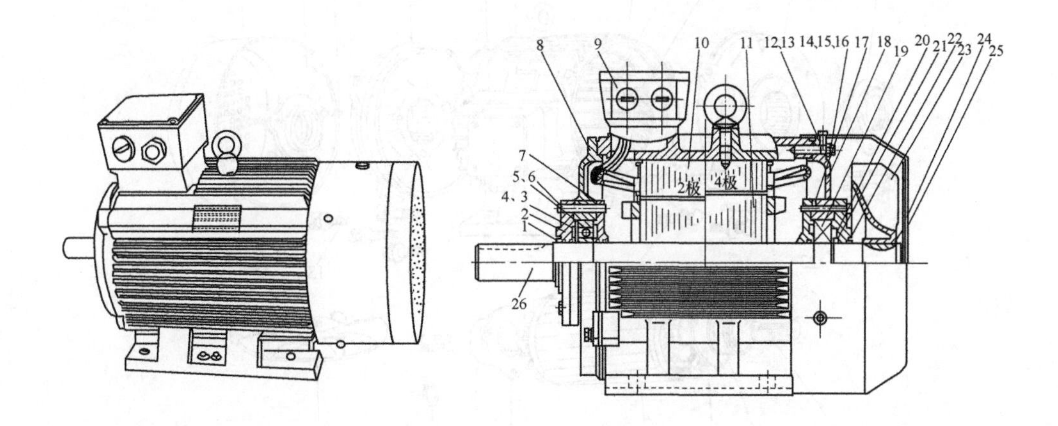

图2-2　Y2系列（IP54、IM B3）180～280机座号顶出线电动机结构图
1、22—密封圈　2、21—轴承外盖　3、19—轴承　4—润滑脂　5—波形弹簧片
6、12、14—螺栓　7、17—轴承内盖　8、18—端盖　9—接线盒　10—定子
11—转子　13、15、16、20—垫圈　23—风扇　24—挡圈　25—风扇罩　26—轴

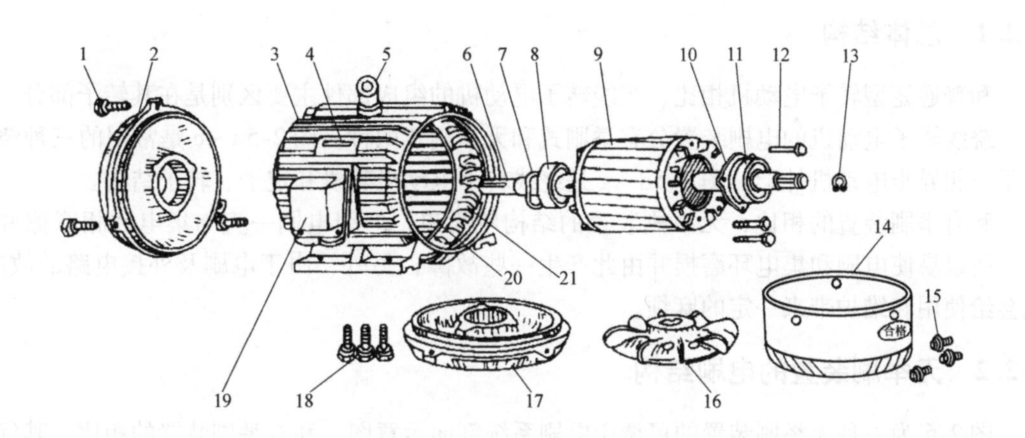

图2-3　无轴承盖的IP44、IM B3型电动机结构及拆解图
1、18—端盖螺栓　2—前端盖　3—机座　4—铭牌　5—吊环　6—轴　7—波形弹簧片　8、11—轴承　9—转子
10—内小盖（轴承内盖）　12—轴承盖螺栓　13—外风扇卡圈　14—风扇罩　15—风扇罩螺钉　16—外风扇
17—后端盖　19—接线盒　20—定子铁心　21—定子绕组

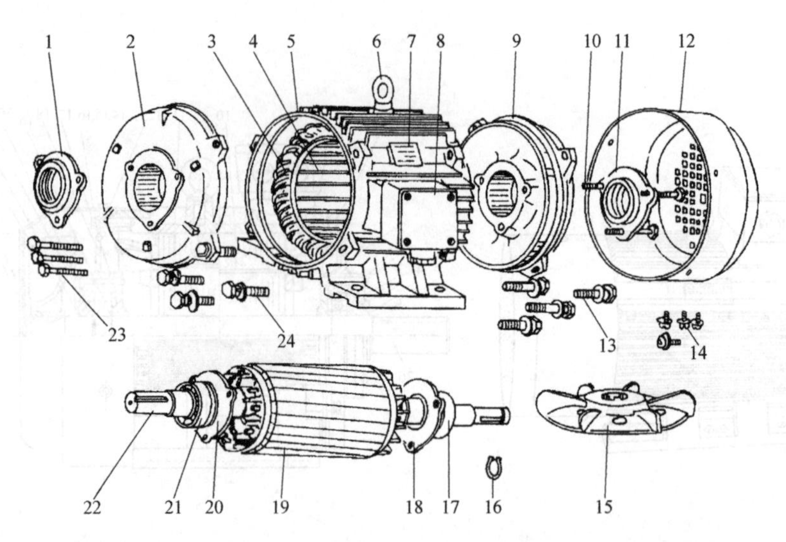

图2-4 具有内、外轴承盖的IP54、IM B3型电动机结构及拆解图
1、11—轴承外盖 2、9—端盖 3—定子绕线 4—定子铁心 5—机座 6—吊环 7—铭牌
8—接线盒 10、23—轴承盖螺栓 12—风扇罩 13、24—端盖螺栓 14—风扇罩螺钉 15—外风扇
16—外风扇卡圈 17、21—轴承 18、20—轴承内盖 19—转子铁心和笼型绕组 22—轴

2.2 绕线转子三相异步电动机的结构

2.2.1 总体结构

和普通笼型转子电动机相比，绕线转子电动机的组成部件主要区别是在其转子部分。

绕线转子电动机的电刷装置分有举刷式和无举刷式两种。图2-5a ~ c是常用的三种绕线转子三相异步电动机外形，图2-5d ~ g是绕线转子电动机整机和定子、转子结构。

和有举刷装置的相比，无举刷装置的结构较简单，但因电刷一直与集电环相摩擦并通电，所以易使电刷和集电环磨损并由此产生一些故障；另外，由于电刷及外接电路的故障，也会给使用和维护带来一定的麻烦。

2.2.2 无举刷装置的电刷结构

图2-6为一种无举刷装置的可调压电刷系统剖面示意图。和有举刷装置的相比，其优点是：①结构较简单，成本低；②故障较少，维护方便。缺点是：①因电刷一直与集电环相摩擦并通电，所以易使电刷和集电环磨损并由此产生一些故障，更换电刷的频次较高使运行成本增加；②磨出的电刷粉末若进入到绕组中，会降低绕组的绝缘水平；③集电环、电刷、外接电路会产生一定的电功率损耗；④电刷及外接电路出现故障时，将影响正常运行。

2.2.3 举刷和短路装置结构

举刷和短路装置的装配结构如图2-7a所示。其所用的集电环和短路环有两种，一种是如2-7b所示的采用弹簧触点的结构；另一种是如图2-7c和图2-7d所示的采用刀形触点的

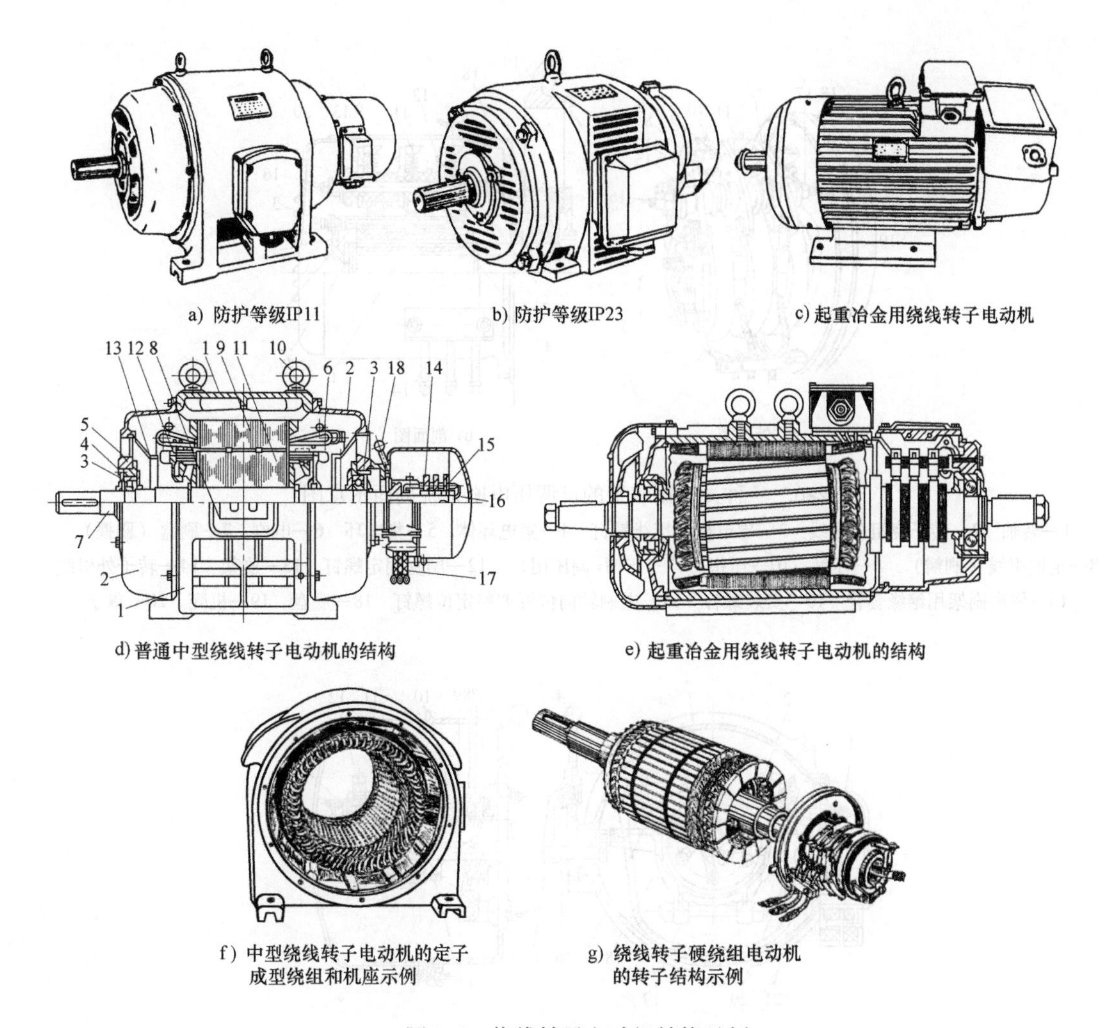

a) 防护等级IP11　b) 防护等级IP23　c) 起重冶金用绕线转子电动机

d) 普通中型绕线转子电动机的结构　e) 起重冶金用绕线转子电动机的结构

f) 中型绕线转子电动机的定子成型绕组和机座示例　g) 绕线转子硬绕组电动机的转子结构示例

图2-5　绕线转子电动机结构示例

1—机座　2—端盖　3—轴承　4—轴承外盖　5—轴承内盖　6—定子绕组　7—轴　8—接线盒　9—定子铁心　10—吊环　11—转子铁心　12—转子绕组　13—挡风罩　14—电刷　15—集电环　16—转子引线　17—引出线　18—举刷手柄

结构。

2.2.4　电刷及电刷系统

电刷装置是指包括电刷、刷盒（或称为刷握）、压指及压簧、刷架等组成的系统。

三相绕线转子电动机转轴后端轴伸上有3个金属集电环，分别与转子三相绕组相接。因此也就有3组电刷与其相配合，从而与外接起动电阻相连。根据转子电流的大小，1组电刷可由2～4个电刷组成，它们由电刷架（一般用镀锌铁板制作）连接成并联关系。

图2-8是几种常用的电刷。

图2-9是常见的4种刷盒及压簧装置，它们各有各的优点，中小型电机常用第1种。

图2-9a为可调压簧式电刷装置。它的优点是，可通过人工调节压板4的上下位置，来改变压簧对电刷的压力，从而补偿电刷磨短而造成的压力下降。此结构相对简单。

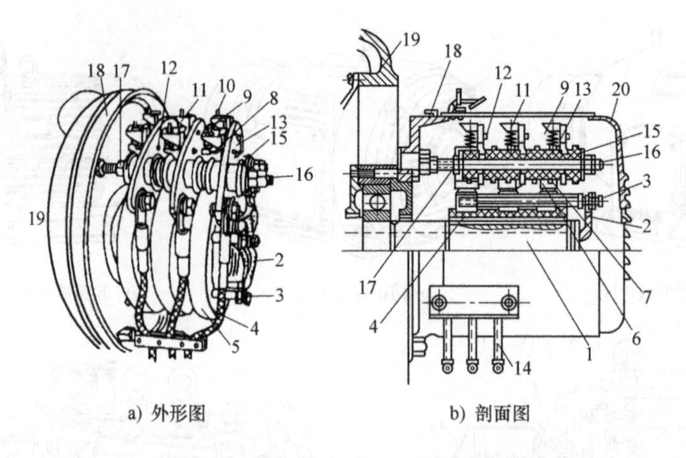

a) 外形图　　b) 剖面图

图 2-6　一种无举刷装置的可调压电刷系统剖面示意图

1—转轴　2—转子绕组引出线　3—导电杆和接线螺钉　4—集电环体　5—集电环　6—电刷　7—刷盒（刷握）　8—电刷引线（刷辫）　9—压簧　10—压指　11—压帽(调压用)　12—刷盒固定螺钉　13—刷架　14—转子外引线　15—隔离刷架用绝缘套管　16—安装螺杆　17—电刷轴向位置调整定位螺钉　18—底盘　19—机壳　20—罩子

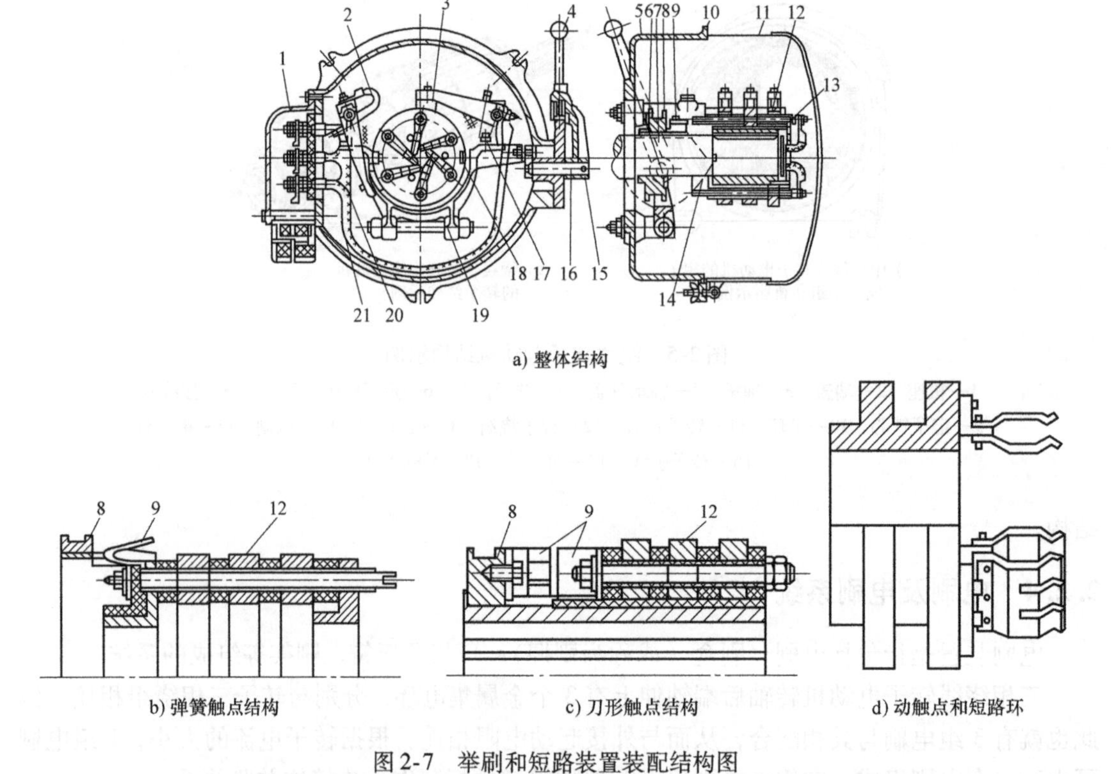

a) 整体结构

b) 弹簧触点结构　　c) 刀形触点结构　　d) 动触点和短路环

图 2-7　举刷和短路装置装配结构图

1—出线盒　2—电缆　3—电刷盒　4—手柄　5—集电环座　6—导键　7—刷杆　8—短路环座　9—触点　10—细毛毡　11—罩　12—集电环　13—键　14—触片　15—固定销　16—轴　17、18—滚子　19—夹叉　20、21—电缆

图 2-9b 为恒压弹簧式。在电刷磨损过程中，电刷上所承受的压力基本保持不变。

图2-9c为涡形弹簧式，又称为盘形弹簧式。当电刷磨损，所受压力有所变化时，它可以自动进行调整。

图2-9d为杠杆拉簧式，左图为正面图，右图为侧面图。由于卡板8（即为杠杆）与两个弹簧3和9的共同作用，使电刷在正常磨损范围内，所受压力基本保持在要求的范围内。

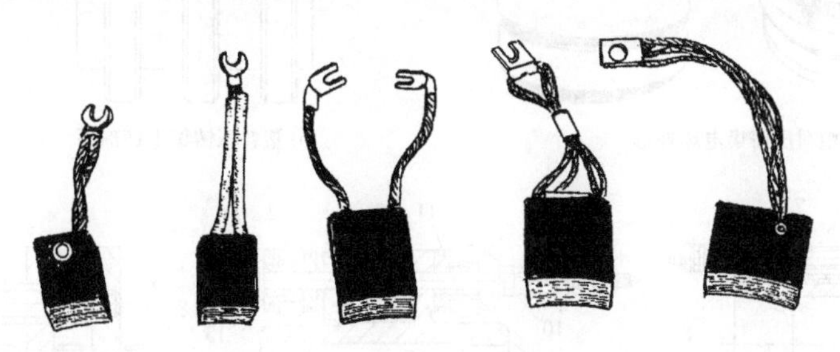

图2-8　几种常用电刷

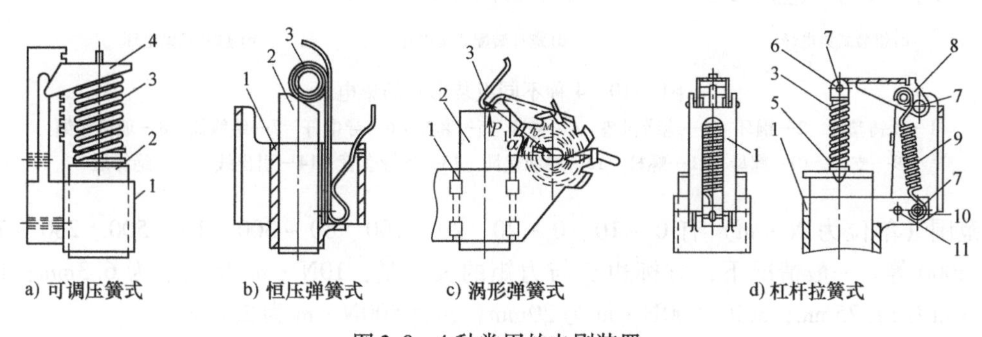

图2-9　4种常用的电刷装置

1—刷盒　2—电刷　3—压簧　4—压板　5—绝缘子　6—铰链
7—小轴　8—卡板　9—压力弹簧　10—管　11—铆钉

2.2.5　集电环

绕线转子电动机的集电环有塑料压铸式、组装式、螺杆装配式和热套式4种类型，如图2-10所示。对于中小型电动机，用得最多的是塑料压铸式。

2.3　电机拆装常用工具设备

用于拆装电机的工具设备，较常用的有各种扳手、钳子、螺钉旋具、榔头、拉拔器、压力机、喷灯等工具，以及搬运、起吊设备等，另外，在需要对某些部件进行维修加工时，还可能要用到手电钻、台钻、台钳、铆枪、焊机（其气焊和电弧焊机）等小型加工设备，甚至可能要用到车床、铣床、镗床、磨床、油压机、摇臂钻等较大型的设备。

本节仅介绍力矩扳手的类型和使用方法。

在对螺栓或螺母有紧固扭力要求的场合，需要使用可显示扭力的力矩扳手，图2-11给出了部分传统的和数显的产品外形。购买时，应根据需要的力矩范围，选择力矩扳手的最大测量力矩数值，根据被测量所处位置及附近机械部件的结构状况，选择手柄的长度。常用的

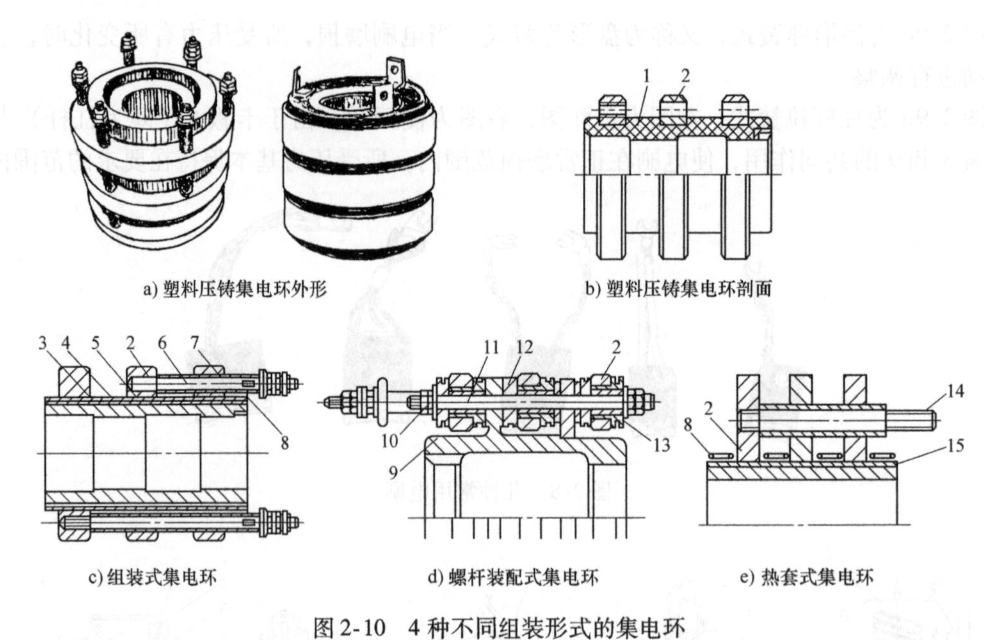

a) 塑料压铸集电环外形　b) 塑料压铸集电环剖面

c) 组装式集电环　d) 螺杆装配式集电环　e) 热套式集电环

图 2-10　4 种不同组装形式的集电环

1—压铸塑料　2—铜环　3—绝缘衬垫　4—衬套　5—套筒　6—导电杆　7—绝缘筒　8—玻璃丝绳　9—支架　10—螺母　11—螺杆　12—绝缘垫圈　13—绝缘套管　14—引出线　15—绝缘层

力矩范围（单位为 N · m）有 0 ~ 10、0 ~ 20、20 ~ 100、80 ~ 300、10 ~ 500、280 ~ 760、750 ~2000 等。一般情况下，方榫边长与力矩的关系是：10N · m 及以下为 6. 3mm；10 ~ 300N · m为 11. 75mm；300 ~500N · m 为 20mm；超过 500N · m 为 25mm。

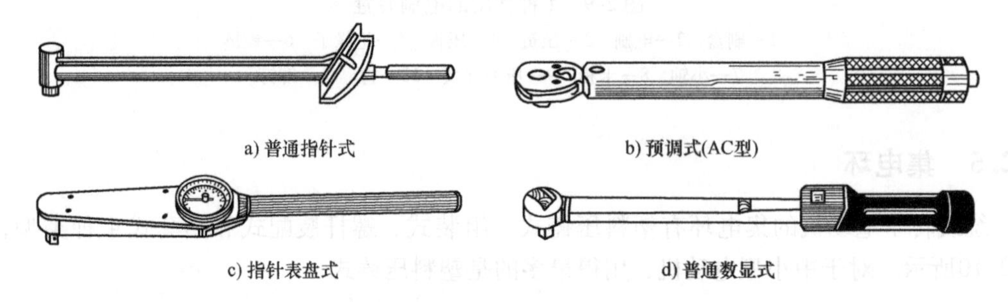

a) 普通指针式　b) 预调式(AC型)

c) 指针表盘式　d) 普通数显式

图 2-11　力矩扳手

力矩扳手的使用方法和注意事项如下：

1）力矩扳手一般要通过其头端的方榫与螺钉套管联接后旋动螺钉。选用螺钉套管规格应在扳手所适用的范围以内。

2）使用时，螺钉的轴线应与扳手的手柄轴线相互垂直。为防止螺钉套管与螺钉或扳手的方榫脱离，旋动时可用一只手抚按在扳手的头端，另一只手扳动手柄，如图 2-12 所示。

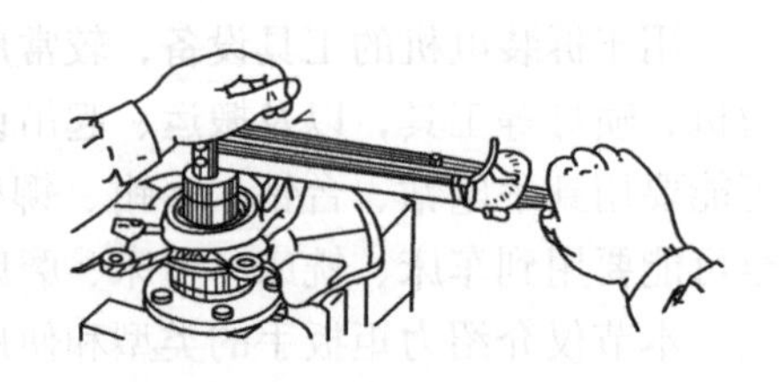

图 2-12　力矩扳手的操作方法

3）严禁超过力矩扳手的测量范围使用，否则会损坏其测量系统。

4）尽可能不用其作为普通扳手使用，以延长其使用寿命。

2.4　普通电机拆解方法

2.4.1　拆解时应注意的事项

1）所用工具应合适，特别是螺钉扳手、螺钉旋具等。不合适的工具有可能严重损坏联接件。如螺母等，给拆装工作造成较大困难，同时会对工具造成损坏。

2）拆卸轴承盖及端盖的安装螺栓时，应先逐一松开少许，并且采用对角轮流进行的方式进行拆卸。这样做的目的是防止因一处螺栓全部拆下后，由于部件的应力等因素造成部件局部变形甚至开裂。装配时，应对角并逐步将各螺栓上紧，如图2-13a所示。

3）若某个螺钉因生锈而不易拧动时，可先在螺纹处点上一些机油或煤油，待一段时间后再用扳手旋动它。严禁强行旋拧，否则会使螺母拧圆或将螺栓拧断，给拆解造成更大的困难。对已变成圆角的螺母，可采用图2-13b所示的方法，也可采用如图2-13c所示的管钳和万能扳手旋拧。

4）在转子未抽出的情况下拆除端盖时，应注意防止端盖掉下时砸伤轴伸。对较大较重的端盖，应用吊具吊住。

5）有必要时，应在拆解前对原有配合位置做一些标记，对比较复杂的部位，可在拆前进行拍照，以利于将来组装时恢复原状。

6）对拆下的部件要妥善保护，对特殊部件应更加注意（一旦丢失则可能造成整机无法修复）。要特别注意防止各配合面（如止口部位）受到金属或其他硬物磕碰。

7）对较复杂的结构，应详细记录拆卸的过程，对部件进行编号并分类放置。最好用画图或拍照摄像的方法进行记录。

8）要保持场地的清洁。

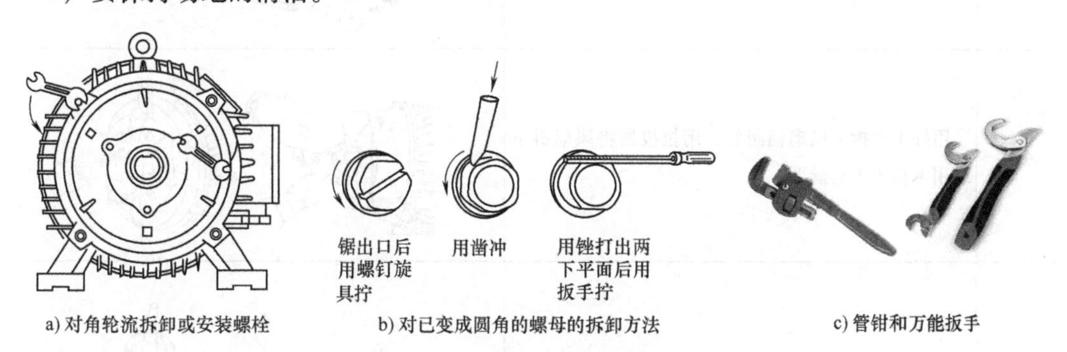

a) 对角轮流拆卸或安装螺栓　　b) 对已变成圆角的螺母的拆卸方法　　c) 管钳和万能扳手

图2-13　拆解电机时应注意的事项和解决难拆螺钉的方法

2.4.2　无前轴承盖的较小普通异步电动机的拆解方法

机座号为132及以下的普通Y系列电动机和机座号为160及以下的普通Y2、Y3、YE系列电动机，一般不使用前轴承盖；对于后轴承，Y系列电动机采用一个内轴承盖，Y2、

Y3、YE 系列则采用一只内卡圈。这是由于这些电动机均采用双封闭（或称全封闭）轴承，并且端盖轴承室不是全通的，即有一个可在轴向挡轴承的端面，如图 2-14 所示。表 2-1 是上述类型异步电动机拆解过程及示意图，图中带圆圈的数字（例如①）表示工作顺序，对于一张图中出现的重复数字，表示这些工作可先可后或可采用其中任意一个。

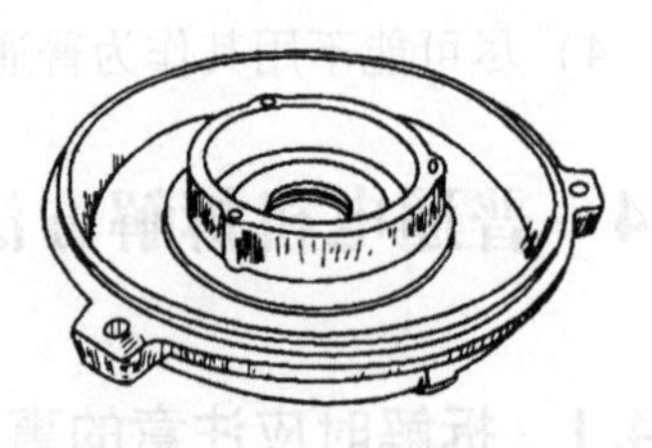

图 2-14　无前轴承盖普通电动机的端盖

表 2-1　无前轴承盖电动机的拆解过程

顺序	操作过程和注意事项	操作示意图
1	拆下风扇罩、后端盖螺钉。用木榔头敲击轴伸端面，将转子退出	①②③
2	一手抓住端盖外缘，一手托住转子，将其从定子中拉出	④
3	拆下前端盖螺钉，用木棒抵在端盖边缘或内面，敲击使其与机座脱离	⑤⑥⑥(或)
4	用外卡钳拆下风扇挡圈后，用拉拔器将风扇拆下或用木板等工具撬下	⑦⑧
5	先拆下轴承盖螺钉，用木榔头敲击拆下后端盖（Y 系列），或用内卡钳拆下轴承挡圈后，拆下后端盖（Y2 系列）	⑩(Y, JO2等系列) ⑨ ⑪ Y2系列

2.4.3　有前后轴承盖的普通异步电动机的拆解方法

机座号在160及以上的Y系列电动机和180及以上的Y2、Y3、YE等系列交流异步电动机，大部分采用不封闭即开启式轴承，并且轴承室是一个通孔（端盖形状见图2-15），所以一般都需设置前、后、内、外共4个轴承盖，如图2-2和图2-4所示。

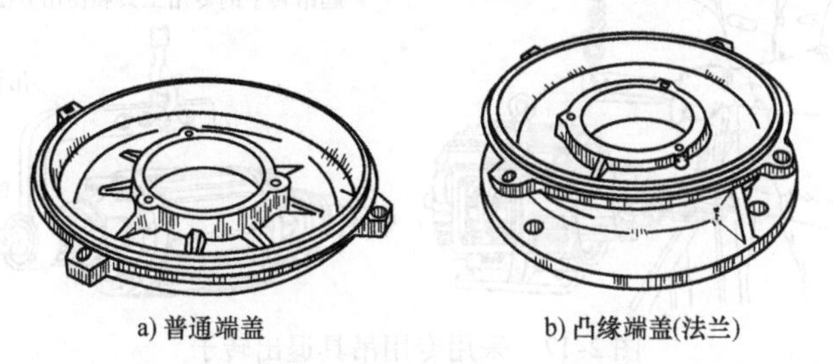

图2-15　轴承室为通孔的端盖

这些档次的电动机与2.4.2节所述的不同点在于：只要你想拆出转子，则第一步必须是先拆下前端盖的轴承盖安装螺栓，如图2-16a中①。

在拆端盖时，可先用铜棒等顶在端盖安装耳子处，用锤击打，使端盖退出一定的距离后，再插入角铁用力将其撬下，如图2-16b所示。应注意防止端盖掉下砸伤电动机轴伸。

对于较大的电动机，在端盖上设置2~3个拆卸用顶丝孔（或称退拔孔），如图2-16c所示。在拆下轴承盖安装螺栓（外圈的3个螺栓，见图中标志）和端盖安装螺栓后，将合适的螺栓旋入端盖拆卸用顶丝孔中，轮流旋紧这几个螺栓，至端盖退出机座为止。应注意防止端盖完全退出时掉下砸伤轴，可用纸、废毛毯等将轴伸包裹上。可用吊具将端盖吊住后慢慢地退出。

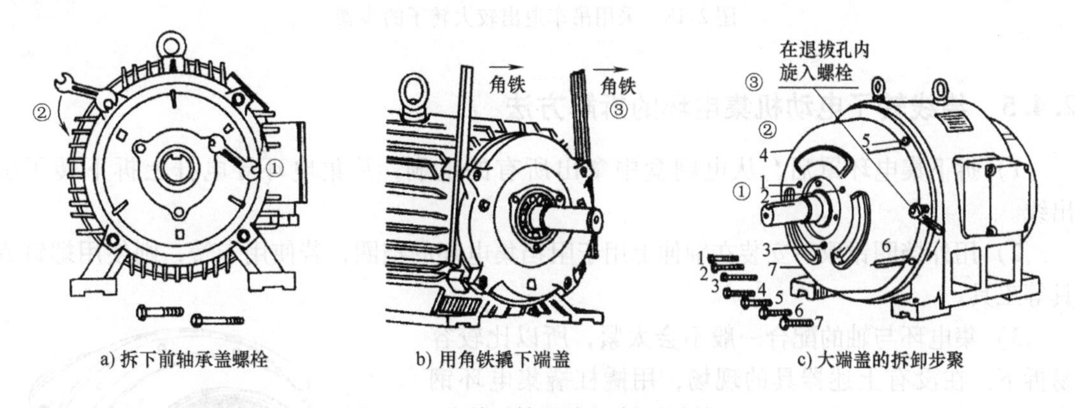

图2-16　有前后轴承盖电动机的拆解

图2-17是借用一种专用吊具退出转子的实况操作图。

2.4.4　较大电动机的拆解过程

较大电动机需借助吊具拆出转子。图2-18是借用吊车退出转子的步骤示意图。

1）拆下前后轴承盖和端盖的安装螺钉，用人力辅助推出转子少许后，套上起吊用的绳索。

图 2-17 采用专用吊具退出转子

2）用吊车退出整个转子。

3）用木头等将轴伸端垫起。操作时，应注意采取适当的措施，防止对定子绕组端部的划伤或磕伤。为此，要求转子在退出定子内膛的过程中，尽可能保持水平方向移动，并在绕组端部覆盖胶皮、棉布等进行防护。

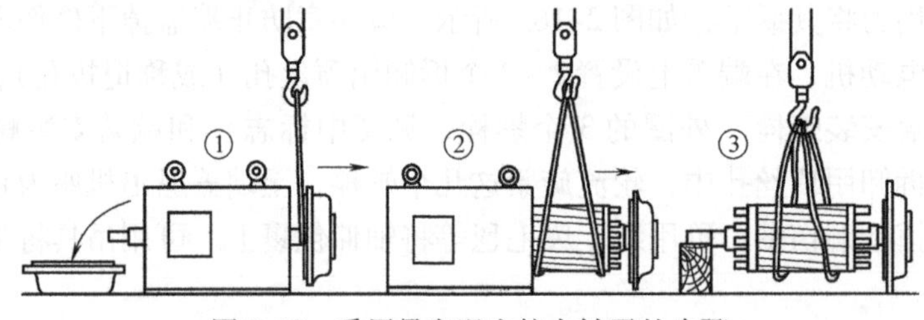

图 2-18 采用吊车退出较大转子的步骤

2.4.5 绕线转子电动机集电环的拆解方法

1）拆下集电环罩后，从电刷盒中拿出所有的电刷，从集电环导电杆上拆下转子引出线。

2）用外挡圈钳取下安装在轴伸上用于阻挡集电环的挡圈，若使用卡簧，则使用螺钉旋具等工具。

3）集电环与轴的配合一般不会太紧，所以比较容易拆下。在没有上述器具的现场，用撬杠撬集电环钢套的内端面，一般可将其拆下。

用上述方法拆不下时，则使用拉拔器。在转轴端面放一个长度略小于轴端直径的方钢（可使用轴伸键），事先在方钢中心钻一个浅坑。将拉拔器的螺杆顶端顶在方钢中心浅坑中，拉爪钩住最里面的集电环内端面。旋动拉拔器的螺杆，将集电环拉出，如图 2-19 所示。

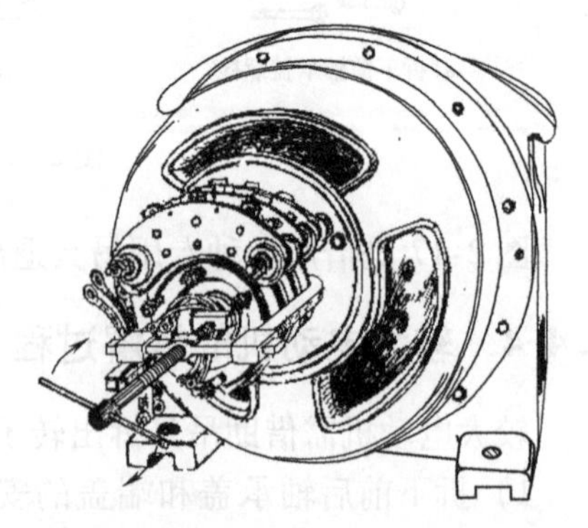
图 2-19 用拉拔器拆卸集电环的方法

2.5　普通三相异步电动机的装配方法

装配过程往往是拆解过程的逆过程。其中应注意，有些紧固件（螺栓、螺母、螺钉等）需要达到规定范围的力矩，这时需要使用如图 2-11 所示的力矩扳手。

2.5.1　较小容量的电动机的装配过程

对较小容量的三相异步电动机（Y 系列机座号 132 及以下，Y2、Y3、YE 系列机座号 160 及以下），由于采用双密封轴承，没有轴承盖或只有一个后端内轴承盖，所以组装相对较简单；对于使用开启式轴承的情况，有前后内外轴承盖的电动机，与上述较小容量电动机相比，只是多出了往轴承中添加润滑脂和安装轴承盖的工作。其过程请参见表 2-2。每张分图中的序号为建议的安装顺序号，其中具有相同序号的则不分先后。

表 2-2　普通三相异步电动机的装配过程

顺序	操作过程和注意事项	操作示意图
1	在轴承内盖凹槽内加上适量的润滑脂	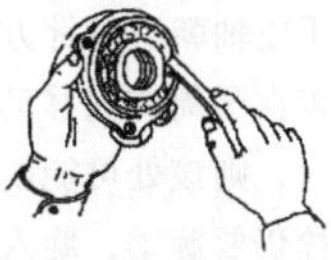
2	放入前后轴承内盖或轴承挡圈后，用热套或冷压的方法将轴承安装到位	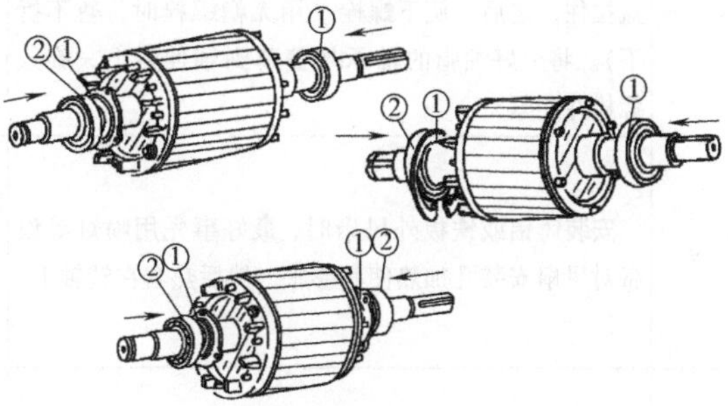
3	对开启式轴承，向轴承滚道内加注规定牌号的润滑脂，加入量应适当	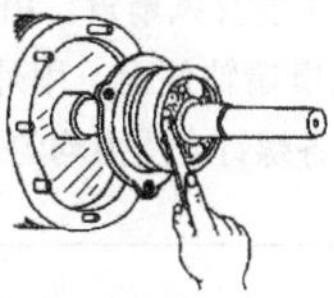
4	将后端盖安装到位后，用卡钳装上轴承内挡圈	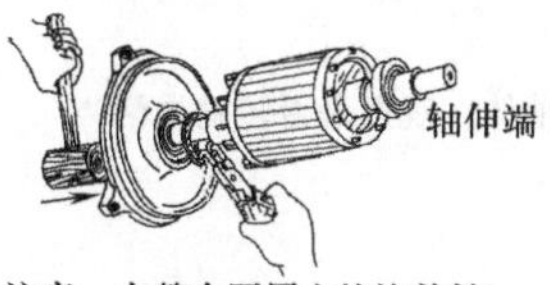 注意：在整个圆周上轮换着敲!
5	联接后端盖和轴承内盖	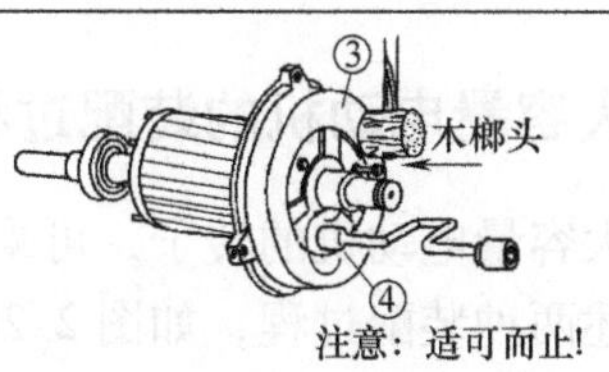 注意：适可而止!

（续）

顺序	操作过程和注意事项	操作示意图
6	用手工穿转子或专用吊具将转子穿入到定子内膛中，注意不要磕伤或划伤定子绕组端部	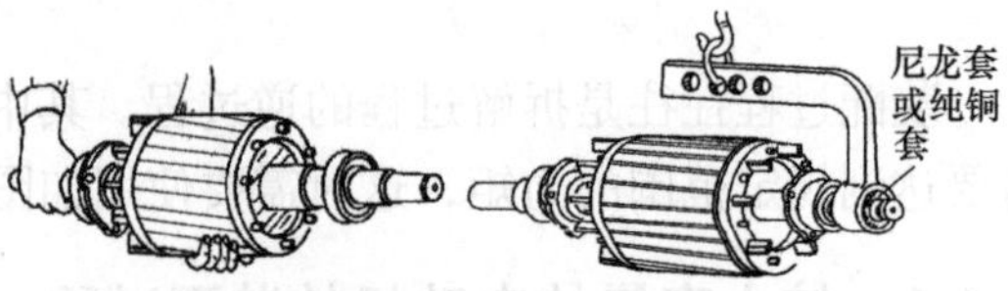 尼龙套或纯铜套
7	轴承室内有波形或碟形片状弹簧的，应注意事先放好。将端盖放正后，先用木榔头轻轻敲击，使其与轴承及机座止口产生一定的配合。将端盖调整到一定位置后，将螺栓旋入机座安装螺孔中。用木榔头沿圆周方向对角轮换着敲击端盖，使其进入机座止口。对角地轮流着将所有安装螺栓旋紧	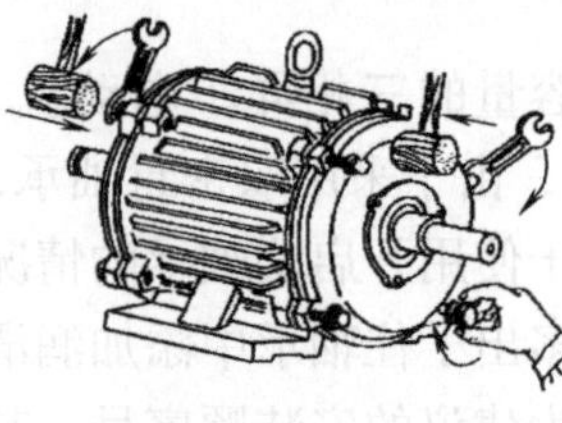
8	用一根轴承盖安装用螺栓（用一根较长的无帽螺栓会更好）旋入一个安装孔中。一只手扶住螺栓并缓慢地按顺时针方向旋转，手感螺栓应能抵到轴承内盖；另一只手使轴朝逆时针方向缓慢转动，用转轴带动轴承内盖在圆周方向移动。当旋动螺栓的手感觉受到阻碍时，则该处可能就是内盖的螺孔。停止轴转动，螺栓仍要旋动，旋入了内盖螺孔，将内盖拉住，之后，旋下螺栓（用无帽螺栓时，暂不拆下）。将上好油脂的轴承外盖装到轴伸台上，旋入螺栓并旋紧	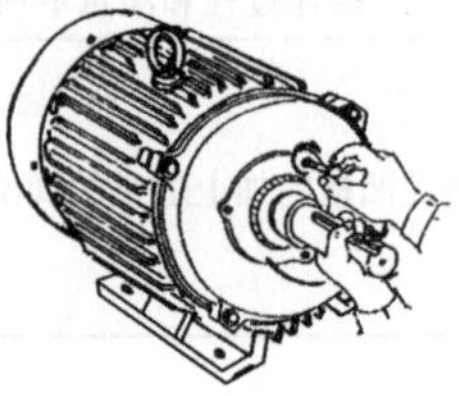
9	安装铸铝或铁板外风扇时，最好事先用喷灯等设备对风扇安装孔加热使其膨胀，然后热套在转轴上	
10	安装塑料外风扇及风扇罩。用木榔头将风扇敲打装于电动机风扇端轴伸上，用外挡圈将风扇卡住。安装风扇罩，各螺钉应受力均匀	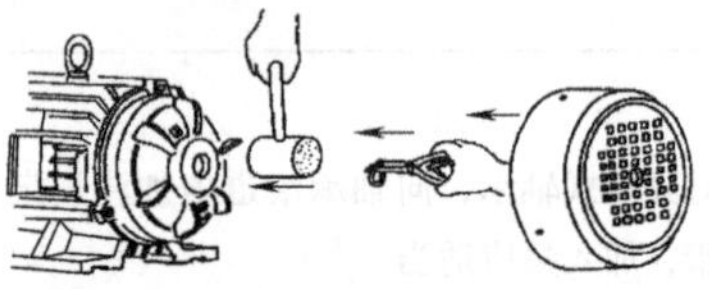
11	盘动轴伸，观察是否转动灵活	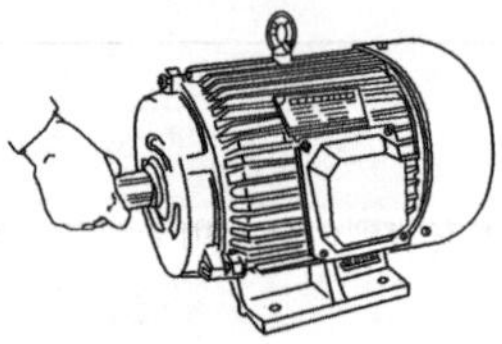

2.5.2　大容量电动机的装配过程

对较大容量电动机的转子，可采用用绳索起吊的装配方法将其装入机座中。根据具体情况，有下述两种装配过程，如图2-20所示。

1）用绳索将转子吊起，并基本做到水平。当吊起到轴线与定子轴线相对的位置时，平移转子将其一端伸入到定子内膛中直到不能伸入为止。若此时转子轴伸已由另一端探出，则将尼龙绳分开，由转子伸出机座的两端吊起转子少许，保持转子在定子内膛中为悬空状态，再次平移转子，使其达到预定的轴向位置后放下。

2）在按上述方法，第一次转子轴伸不能由另一端探出时，在第一次吊装之后，先将转子后端用物品垫起到转子保持水平，然后用一根机械强度合适的钢质套管（与轴伸接触的内套应用紫铜或尼龙材料镶嵌，或磨光，以防止对轴伸表面的损伤）套在轴伸上，使其加长伸出机座之外，再用上述方法将转子移到预定的轴向位置后放下。

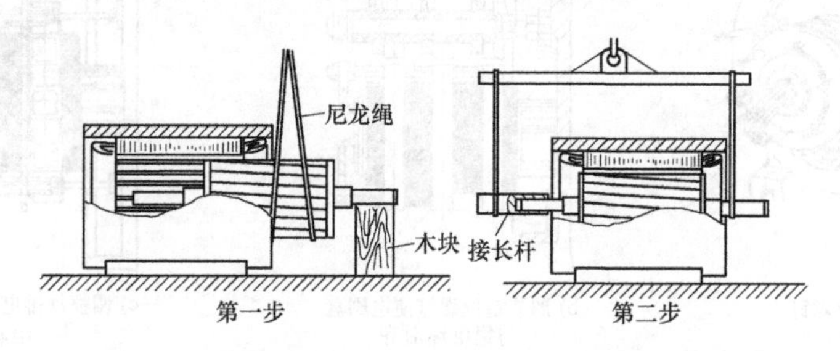

图2-20 用加长轴伸吊装较大转子装入机座的方法

2.5.3 绕线转子电动机集电环的安装过程

安装绕线转子电动机集电环时，最好使用将集电环内套加热膨胀后热套的方法，如图2-21a所示；若用敲击的“冷装法”，则应注意敲击集电环钢套外端面时，应采用木榔头或紫铜头的榔头，或通过木板等敲击，如图2-21b所示。安装后，集电环在轴上不应有任何方向的松动。

a) 用工频加热器加热集电环

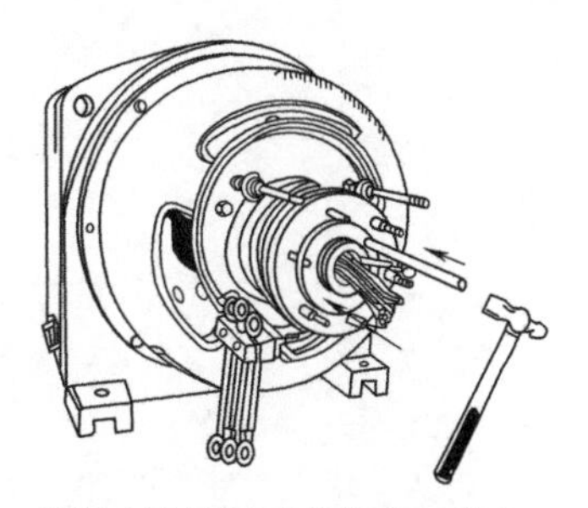

b) 敲击集电环内套将其安装在轴上

图2-21 安装集电环

2.5.4 绕线转子电动机电刷系统的安装过程

1）安装上两条电刷支架固定螺栓后，将电刷轴向定位螺母调整到预定位置，依次套入绝缘环和已经安装好电刷盒的电刷架（导电板）。调整定位螺母在螺栓上的位置，使电刷盒中心与集电环轴向中心重合。旋紧最外面的螺母后，再次检查所有电刷盒中心与集电环轴向中心是否重合。若不重合，则重新调整定位螺母，如图2-22所示。

2）放入电刷，轴线应与集电环外圆工作面垂直（包括径向和轴向），同一相的各电刷应处在一条圆周线上。若有轴向偏离，则调整定位螺母刷架安装在螺杆上的前后位置来处理。

3）各部分紧固螺钉不应有松动现象，电刷在电刷盒应活动自由但不晃动，与集电环接触良好。

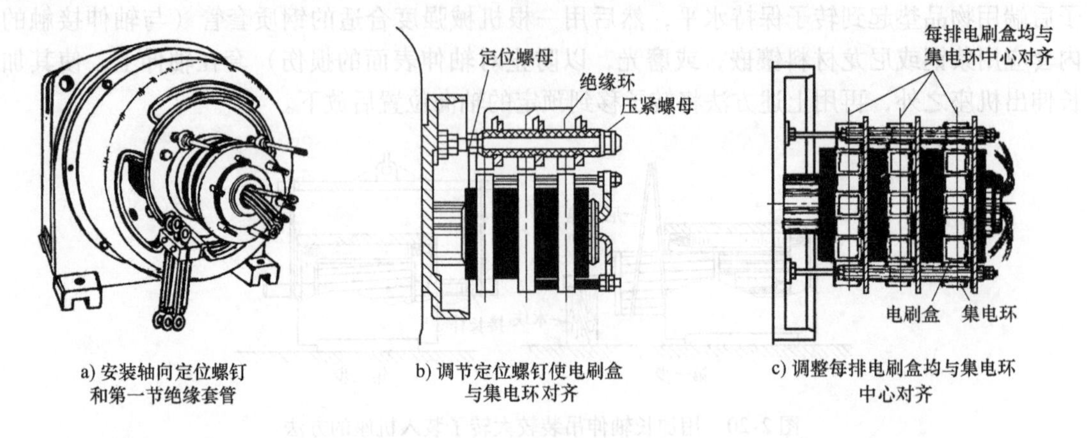

a) 安装轴向定位螺钉和第一节绝缘套管　b) 调节定位螺钉使电刷盒与集电环对齐　c) 调整每排电刷盒均与集电环中心对齐

图 2-22　电刷装置的安装

三相异步电动机故障诊断和处理

三相交流异步电动机是工农业生产中应用最多的动力设备，其中又以笼型转子的为主，是本书介绍的主要内容。本章将以普通型三相交流异步电动机为主，讲述其常见故障的诊断和处理方法。另外还将简要介绍一些特殊用途的三相交流异步电动机的结构、工作原理和常见故障的诊断和处理方法。

电动机故障大体上可分为电气故障和机械故障两大类。有些故障的原因可通过其所反映的现象，利用人的感官很容易地确定，例如某些异常的噪声；有些则需要利用仪器设备，并结合使用者的经验综合判定，必要时还需对故障电动机进行“解剖”。下面介绍这些方法，其中涉及的大部分仪器仪表的选用和使用方法在第 1 章已经介绍，没有介绍的将随着给出或在以后的章节中给出。

3.1 笼型转子电动机常见故障诊断和处理

3.1.1 通电后不起动或缓慢转动并发出“嗡嗡”的异常声响

1）电源电压过低。其原因有以下几个方面：

① 供电电源电压过低。

② 电源线电阻过大（较长或较细），造成压降过大，使电动机所得到的电压过低。

③ 对使用减压起动的，减压数值超过了所需起动转矩的电压数值。

④ 三相绕组本应接成三角形的，接成了星形。

2）配电设备中有一相电路未接通或接触不实。问题一般发生在熔断器、开关触点或导线接点处。例如熔断器的熔丝熔断、接触器或断路器三相触点接触压力不均衡、导线连接点松动或氧化等。此时电流将严重不平衡。

3）电动机内有一相电路未接通。问题一般发生在接线部位。如连接片未压紧（螺钉松动）、引出线与接线柱之间垫有绝缘套管等绝缘物质、电动机内部接线漏接或接点松动、一相绕组有断路故障等。此时电流将严重不平衡。

4）绕组内有严重的匝间、相间短路或对地短路。此时电流将不平衡。

5）转子有严重的“细条”或“断条”故障。对于绕线转子，有短路、断路等故障。

6）定、转子严重相摩擦（俗称“扫膛”）。

7）起动时所带负载过重（负载本身或传动机构等原因）。

3.1.2 起动时，断路器很快跳闸或熔断器熔体熔断

起动时，断路器很快跳闸或熔断器熔体熔断，在很多情况下是负载的原因，例如负载过

重，包括意外的机械阻力（例如传动机构中进入异物）和调整不当（例如鼓风机的风门开启过大）等。下面讲述的是排除负载之外的内容。

1）3.1.1节所述的2）、3）、4）、6）。

2）电源电压过高，造成起动电流较大，需调低电压。

3）断路器瞬时过电流保护设定得较小，需重新调整。

4）对于使用计算机采样（电流）的，采样时刻距通电时刻的时间较短。

5）使用热敏开关作热保护元件的，将本应“常闭状态”为正常温度，错认为“常开状态”为正常温度，或热敏开关本身损坏（原本就断路或电路发生断路）。使用其他热保护元件的，元件本身损坏或电路发生短路或断路故障。这些问题在自动控制系统中比较容易发生。

3.1.3 三相电流不平衡度较大

三相电流不平衡度较大，是指空载时超过±10%（电动机行业标准规定）、负载（满载或接近满载）时超过±3%（非国家和行业标准规定，是电动机生产企业内部考核标准）。此时三相电压应平衡。

1. 三相电源电压不平衡度较大

三相电源电压不平衡度将直接影响到三相电流的不平衡度。在由国际电工委员会（简称为“IEC”）技术资料转化成的国家标准GB/T 22713—2008《不平衡电压对三相笼型感应电动机性能的影响》中提到：三相电源电压不平衡度对三相电流的不平衡度影响会因电动机的负载状态不同而有区别，额定负载附近时，三相电流的不平衡度略大于三相电压不平衡度；随着负载的减小，影响逐渐增大，当电动机空载运行时，将是三相电压不平衡度的6~10倍，例如三相电压不平衡度是1%，则电动机三相电流空载电流的不平衡度将有可能高达6%~10%。可见其影响之大。

确定三相电源电压不平衡度的方法是测量三相电源电压。如有可能，首先在电动机与电源线连接的位置进行测量（一般在电动机接线盒内的接线端子上测量，应事先打开电动机接线盒盖）。测量结果证实确是三相电源电压不平衡度较大，则继续沿着供电线路向配电柜的电源进线方向逐级测量查找故障位置，如图3-1a所标出的顺序。

因在带电状态下进行测量，所以应高度注意安全，严格按相关规定进行安全保护，例如穿戴绝缘鞋、配备监护人员等。

接触器的触点被电弧灼蚀或造成接触不良，是造成三相电压不平衡的最常见原因。应经常检查（见图3-1b），发现灼蚀较严重时，应尽快修理，否则将形成恶性循环。

2. 绕组有相间或对地短路故障

在确认电源正常的情况下，考虑绕组是否存在相间或对地短路故障。

绕组对地和相间绝缘情况用绝缘电阻表检查。用绝缘电阻表测量各绕组对机壳和各相之间的绝缘电阻（仪表选用和测量方法详见第11章）。对1000V及以下的低压电动机，绝缘电阻≥5MΩ为完全合格，若不足5MΩ，但在0.5 MΩ以上，虽然可基本排除是绝缘的问题，但应对该电动机绕组进行烘干处理后，再次进行绝缘电阻的测量，直至达到上述合格标准为止。高压电动机应不低于50MΩ。

当手头没有绝缘电阻表时，可采用示灯法或漏电保护开关检查法，检查和判断方法详见

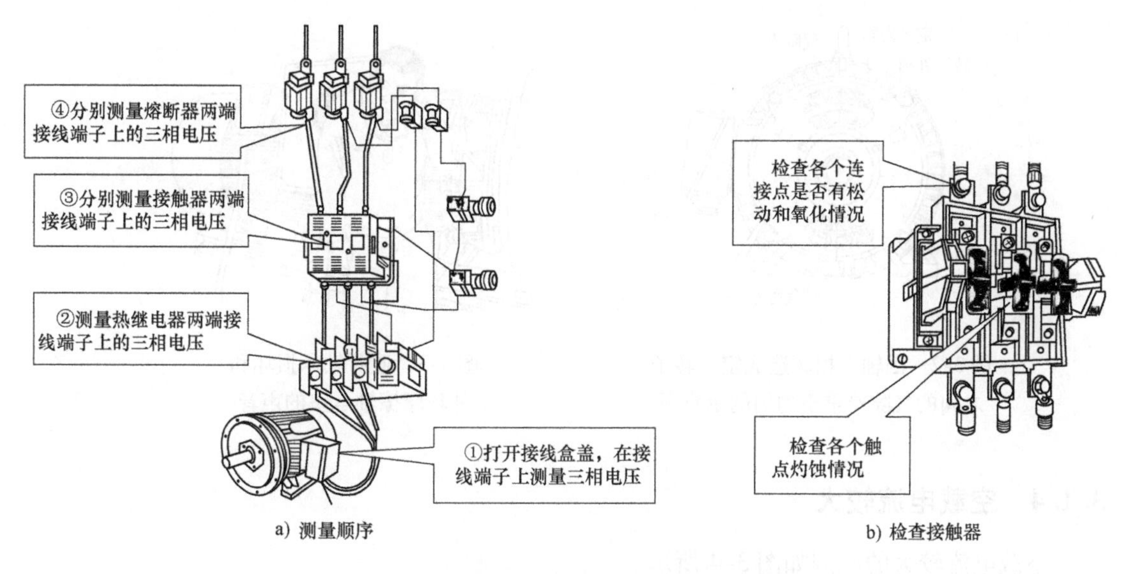
④分别测量熔断器两端接线端子上的三相电压
③分别测量接触器两端接线端子上的三相电压
②测量热继电器两端接线端子上的三相电压
①打开接线盒盖，在接线端子上测量三相电压
a) 测量顺序
检查各个连接点是否有松动和氧化情况
检查各个触点灼蚀情况
b) 检查接触器

图 3-1 测量电动机三相供电电压的顺序

第 11 章。

3. 绕组有匝间短路故障

电动机绕组出现匝间短路时，往往会对绕组造成局部完全烧毁的、不可修复的严重故障。在发生短路时，会听到较大的爆破声，同时可看到从电动机内部往外冒烟。打开电动机端盖，可看到明显的短路部位。

在没有发生上述严重的事故时，或者是专为检查绕组匝间绝缘是否合格而进行相关试验时，检查匝间绝缘情况最有效的手段是使用“匝间仪”。其仪器的选择、试验方法及判定标准详见第 11 章。

另外还有一种用自制的“短路侦察器”进行检测的方法，此时需要将电动机一端的端盖拆下，在定子槽口处检测。短路侦察器的制作和使用方法详见第 11 章。

在无上述专用仪器时，可通过检查绕组直流电阻的大小和三相平衡情况来粗略地判定绕组是否有匝间短路故障。正常情况下，三相绕组直流电阻的三相不平衡度不超过 ±3%，若测量结果明显较大，则直流电阻相对较小的一相绕组有可能存在匝间短路故障。

4. 定、转子之间的气隙严重不均匀

相对于定子或转子铁心径向尺寸而言，定、转子之间的气隙是相当小的，但它在整个磁路中的作用却相当大（其磁阻远大于整个铁心的磁阻），当气隙宽度出现严重不均匀的现象时，将会造成一个圆周上磁路的不均衡，气隙大的部位，磁阻大，从而使三相电流的平衡性变差。

新电动机定、转子气隙严重不均匀的原因主要是轴承室与定子铁心的同轴度严重不合格所造成的。使用中的气隙变得严重不均匀的原因，主要是轴承损坏后其径向游隙变大或轴承外圆在轴承室内滑动并将轴承室严重磨损，造成转子与定子铁心的同轴度受到破坏，转子下沉，如图 3-2 所示。严重时将出现定、转子铁心之间发生局部摩擦现象（俗称“扫膛”）。此时，轴承温度将会上升，通过监听轴承部位的声音（见图 3-3），可感觉到噪声明显变大，并伴有异常的摩擦声。

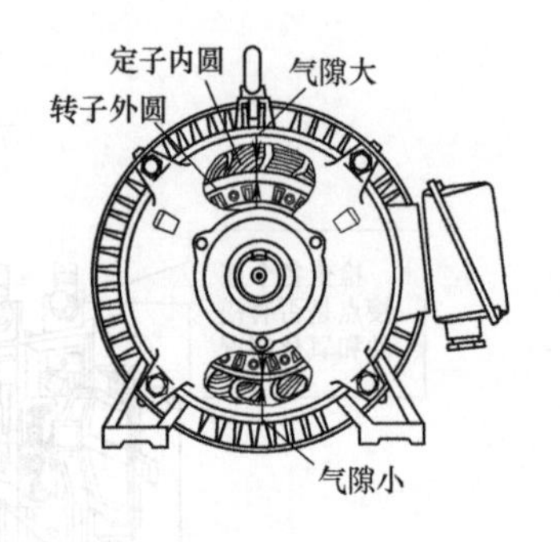

图 3-2 因轴承损坏造成定、转子之间的气隙严重不均匀的示意图

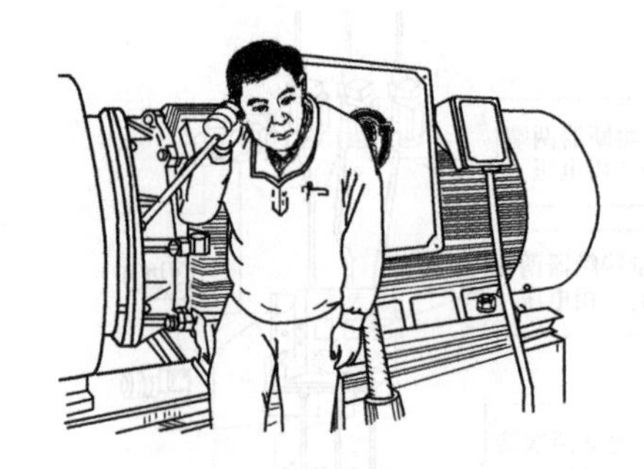

图 3-3 监听轴承损坏和外环摩擦轴承室的声音

3.1.4 空载电流较大

空载电流较大的原因如图 3-4 所示。

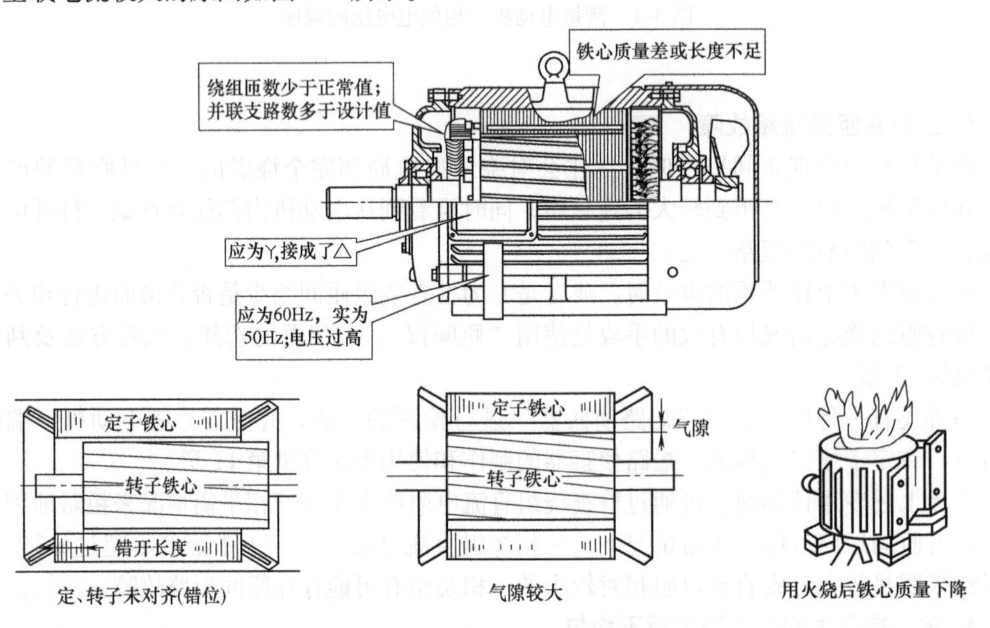

图 3-4 空载电流较大的原因

1）定子绕组匝数少于正常值。

2）定、转子之间的气隙较大或轴向未对齐（错位）。

3）铁心硅钢片质量较差（出厂时为不合格品或用火烧法拆绕组时将铁心烧坏）。

4）铁心长度不足或叠压不实造成有效长度不足。

5）绕组接线有错误。如应三相星形联结实为三相三角形联结（是正常值的 3 倍以上）、并联支路数多于设计值（例如应 2 路并联实为 4 路并联，此时电流将成倍地增长）。

6）额定频率为 60Hz 的电动机通入了 50Hz 的交流电（所加电压仍为 60Hz 的额定数）。此时的空载电流将是正常值的 1.2 倍以上，最高可达 1.7 倍左右。

7）电源电压高于额定值。在额定电压附近（特别是高于额定电压时），空载电流与电压的2次方（甚至于3次方以上）成正比，所以空载电流的增加将远大于电压的增加。

3.1.5　电动机温度较高

温度较高的原因有两个方面，一个是发热部位产生的热量较多，另一个是散热系统没有起到应有的作用。

3.1.5.1　电流大于额定值

电动机的定子电流是产生热量的主要因素，一方面通过绕组后直接产生与其2次方成正比的热量（$A = I^2Rt$），另一方面是转子输出转矩和转子自身I^2R损耗、铁心损耗、轴承运转摩擦损耗、风扇等所有需要能量的来源。所以在很大程度上，电动机过热的表现形式是电流大。

电流大的原因有（参见图3-5）：

1）负载（包括附加在电动机输出转轴上的所有机械负载）超过了额定值。

2）电源电压过低，在负载不变的情况下，促使电流增大。

3）电源电压过高，对不是恒定值的负载（例如风机和水泵），电流将随着电压的增大而增大，在很多情况下是与电压的2次方成正比增加的。

4）轴承损坏，严重时造成定、转子相摩擦，使运转阻力明显加大。

5）由各种原因造成的三相电流不平衡，使一相或两相电流明显增大。

6）转子细条或断条，使输出转矩不足，转速下降，电流增大。

7）接线错误，常见的是将正常三相三角形联结的接成了三相星形联结，电流增大幅度与负载性质有关，但大都会因输出功率不足而使转速下降很多，造成转子损耗明显增加而过热。

8）普通电动机使用变频电源供电。统计数据表明，当输出同样的功率时，其温度将高出使用网络电源的10%以上，在较低频率下运行时或更加严重。

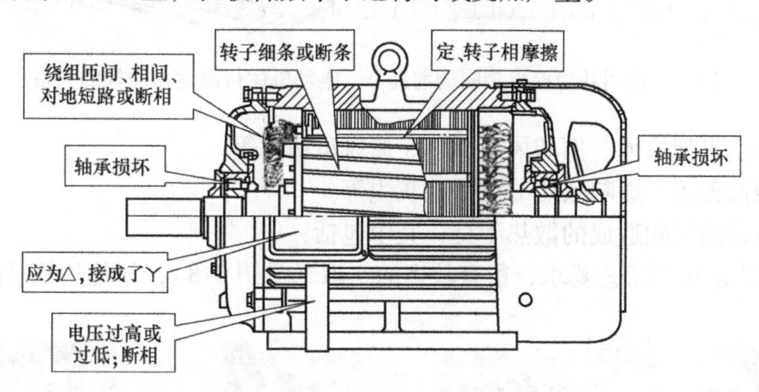

图3-5　自身损耗大造成温升高

3.1.5.2　散热不良

散热不良如图3-6所示。

1）环境温度过高，例如超过了规定的40℃。据统计数据，环境温度每增高1℃，电动机温度将增高0.5℃左右。

2）海拔超过了规定的数值，但环境温度不低于规定以下的海拔地区。这样会因空气稀薄而影响散热。据统计数据，环境海拔每增高100m，电动机温度将在正常数值的基础上增

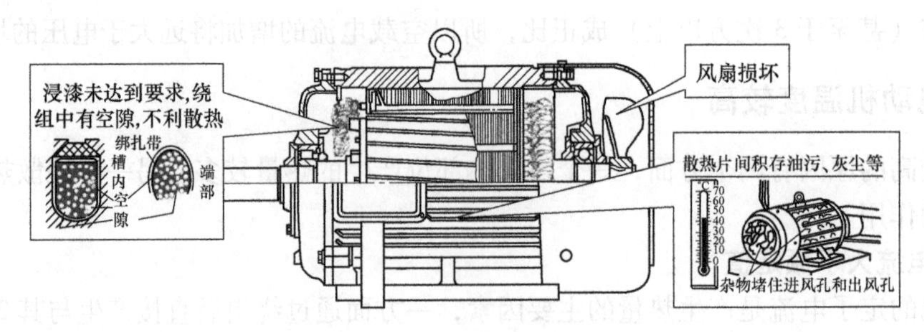

图 3-6 散热不良造成温度高

高 1% 左右，例如正常数值为 100℃，在海拔为 2000m 的地方运行，则温度会达到 110℃左右。

假设在海拔 1000m 以下温度为 100℃，在海拔高于 1000m 但环境温度不变的地区，加同样的负载运行时，电动机产生温度的情况如图 3-7 所示（估算值，供参考）。

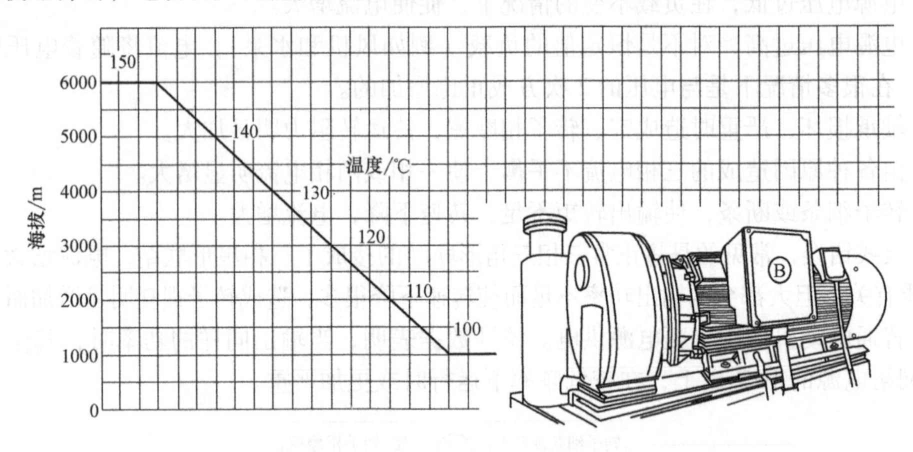

图 3-7 使用环境温度相同的前提下，电动机运行温度与海拔的关系

3）冷却系统出现故障，例如风扇损坏、通风道堵塞等。

4）机壳表面覆盖了影响散热的油污、灰尘等。

5）因制造缺陷问题造成的散热不良，其中包括：

① 绕组浸漆未达到工艺要求，留有较多的空隙（见图 3-8），使传热效果降低。

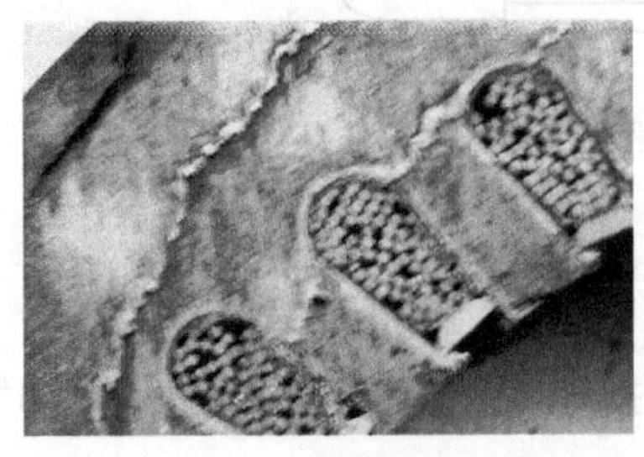

a) 定子槽内

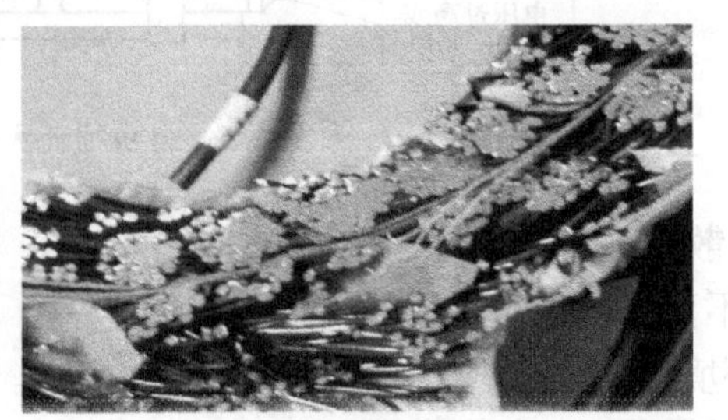

b) 绕组端部

图 3-8 绕组浸漆未达到工艺要求的实例（切开断面）

② 定子铁心与机壳接触不密实，减少了传热面积。

③ 定、转子之间的气隙较小，降低了轴向气流的流量，从而降低了传热效果。

④ 转子扇叶面积较小。

⑤ 转子轴向或径向部分通风孔被异物堵塞（容量较大的电动机）。

⑥ 错用了较小的风扇（例如4、6、8极的电动机使用了2极电动机的风扇）。

⑦ 传热和散热结构设计性能不理想。图3-9是小型封闭式电动机通风及传热路径。

图3-9　小型封闭式电动机通风及传热路径

3.1.6　由三相绕组烧毁的状态确定故障原因

当绕组烧毁时，可根据其烧毁的状态来确定故障原因。

3.1.6.1　全部变色

全部变色，绝缘和绑扎带等变黄、变脆甚至开裂，如图3-10所示。说明该电动机曾长时间过电流运行，过电流常见的原因为过载或低转速运行（见3.1.5.1）。

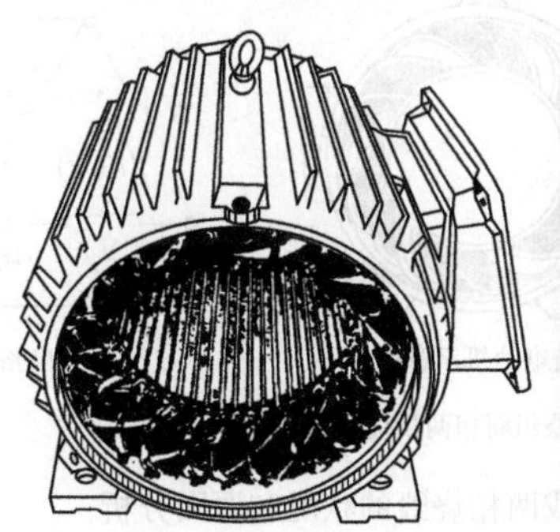

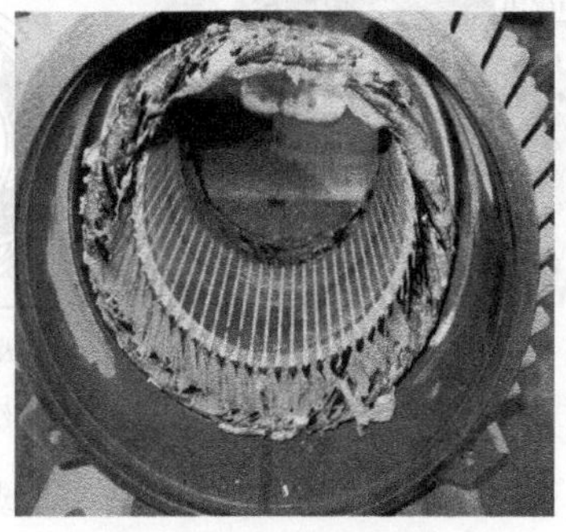

图3-10　三相绕组和绝缘全部变黄，绑扎带变脆开裂

3.1.6.2　一相或两相全部变色或烧毁

三相绕组中有一相或两相全部变色或烧毁，是由于电源断相（有一相电源没有供电或供电电压不足额定值的1/2时，均可认为是电源断相）或绕组断相运行造成的。具体对应关系和原因分析见表3-1和图3-11（图中黑色表示变色或烧毁，白色表示正常）。

表3-1　一相或两相全部变色或烧毁的原因对应表

全部变色或烧毁的相数	原因	
	三相Y联结	三相△联结
一相	—	电源断相，如图3-11b所示
两相	① 电源断相，如图3-11a所示 ② 绕组断相	绕组断相，如图3-11c所示

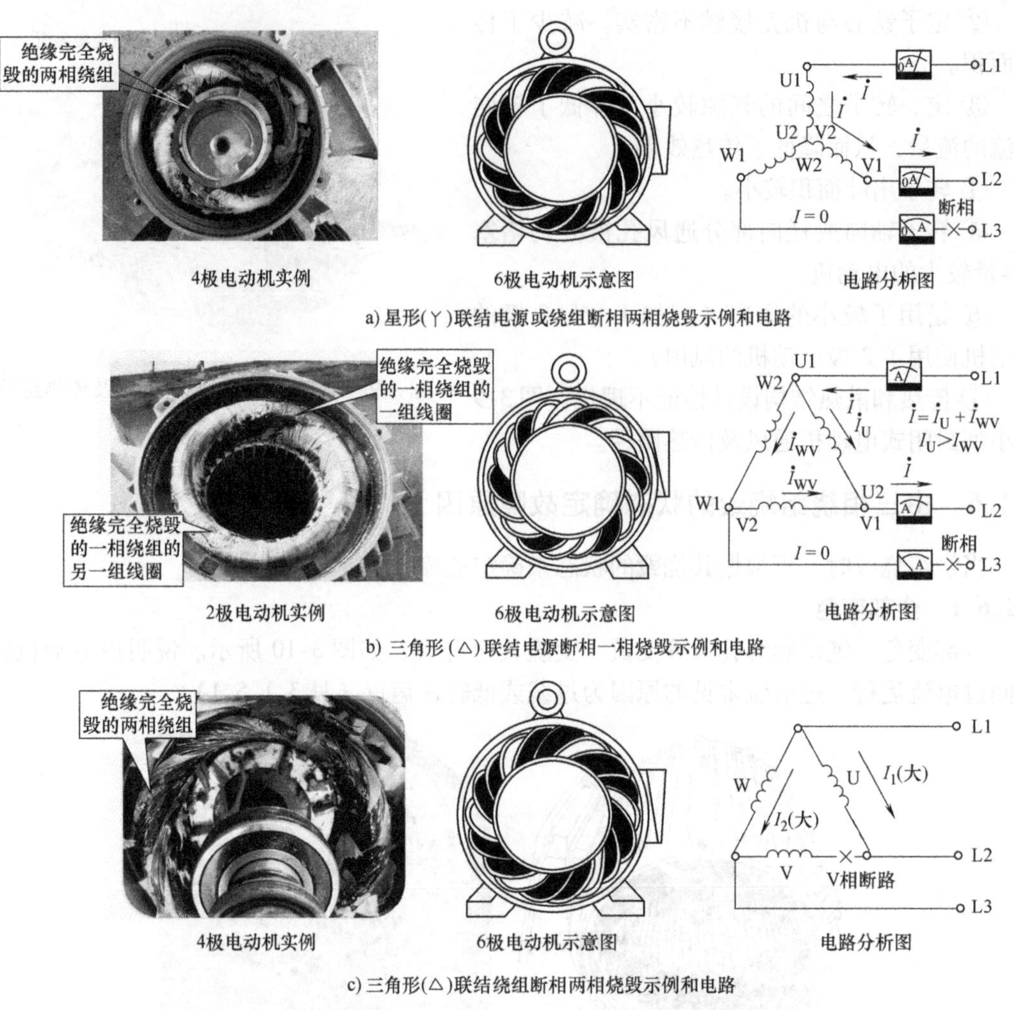

a) 星形(Y)联结电源或绕组断相两相烧毁示例和电路

b) 三角形(△)联结电源断相一相烧毁示例和电路

c) 三角形(△)联结绕组断相两相烧毁示例和电路

图3-11 三相绕组中有一相或两相烧毁的状况和原因分析

3.1.6.3 绕组部分变色或局部烧毁

如绕组出现局部烧毁现象，如图3-12a所示，则说明该处发生了匝间、相间或对地短路（对地短路常见在槽口处）。若部分绕组变色，则是已有短路但还未达到最严重的程度。匝间或对地短路时，各绕组过热部位和绕组内的电流大小状况分析如图3-12b～图3-12e所示。

3.1.7 加载运行时电流表指针不停地按一定周期摆动

3.1.7.1 故障现象和原因

当电动机加负载运行时，若其电流较正常时大并周期性地摆动时（摆动频率接近于转速差，即同步转速与实际转速之差。摆动的幅度与负载的轻重有关，负载重则摆动幅度大)，如图3-13所示。可初步确定是转子有断条故障。电动机在负载较重（但未超过额定值）时，会出现转速下降、电流增大、温度升高、径向振动变大、发出按一定周期起伏的“嗡嗡”声等一系列的异常现象。

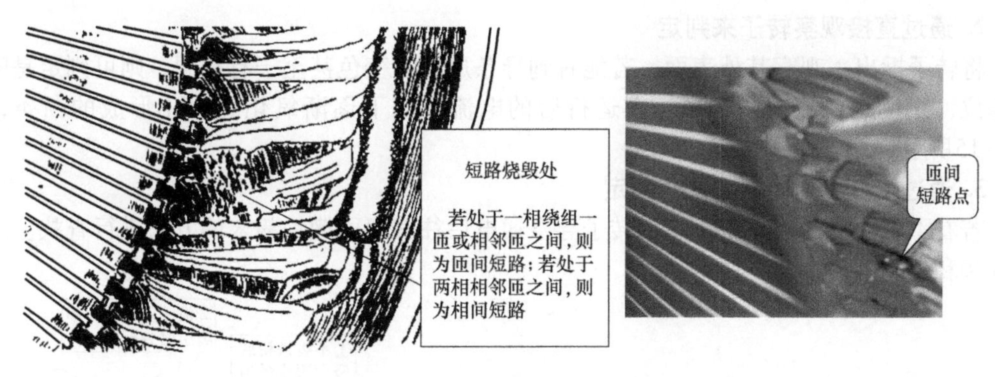

a) 绕组局部烧毁

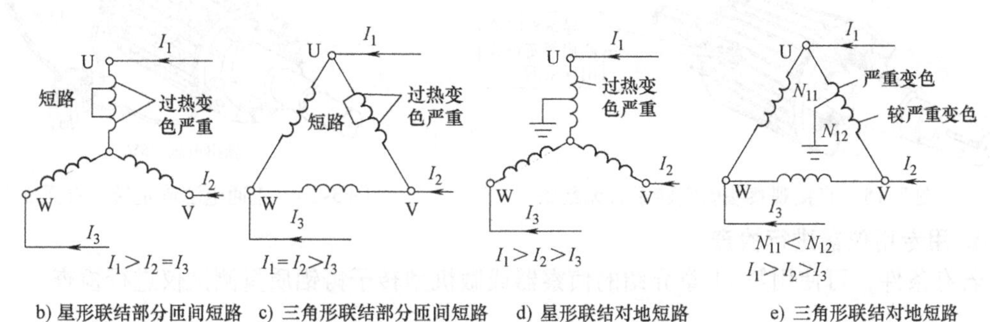

b) 星形联结部分匝间短路　c) 三角形联结部分匝间短路　d) 星形联结对地短路　e) 三角形联结对地短路

图3-12　绕组局部变色或烧毁的原因分析

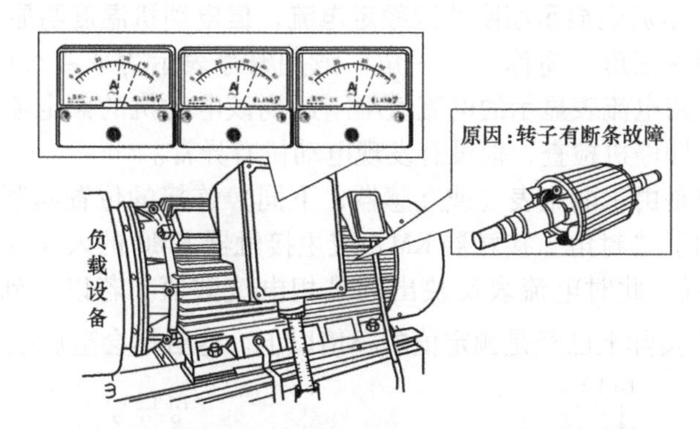

图3-13　加载运行时电流表指针按一定周期摆动的原因

3.1.7.2　转子断条的判定方法

1. 利用感应发电法判定

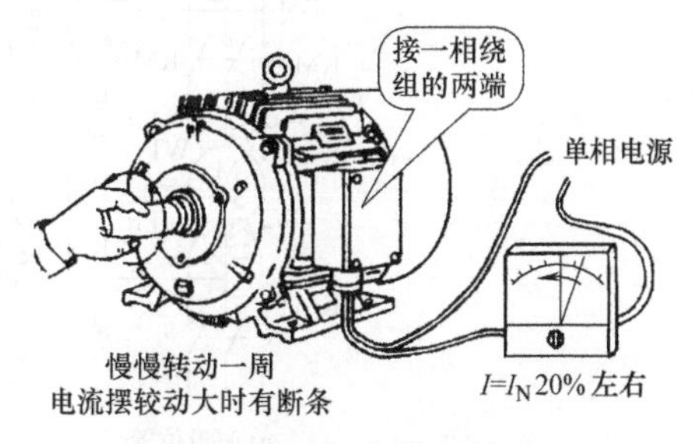

图3-14　用定子绕组通电法确定转子有无断条

通过调压器或变压器等给电动机一相绕组通入较低电压的单相交流电，使该相电流在额定值的20%左右（用一只串联在电路中的电流表观察输入电流）。用手慢慢旋动转子一周，观察电流的变化情况。若在某点电流有较大摆动，则可初步判定转子有断条。该方法被称为“感应发电法”，如图3-14所示。

2. 通过直接观察转子来判定

将转子拆出，观察其外表面，若能看到导条局部有变色甚至于有空洞，则可判定是断条的部位，并且此处原来是细条，在运行后的电流作用下逐渐氧化到熔化形成的断条，如图3-15所示。

3. 通过给转子通电的方法来判定

若看不到明显的迹象，可用给转子导条通电后往其表面撒铁粉末的方法进行查找。通电的方法和现象如图3-16所示。

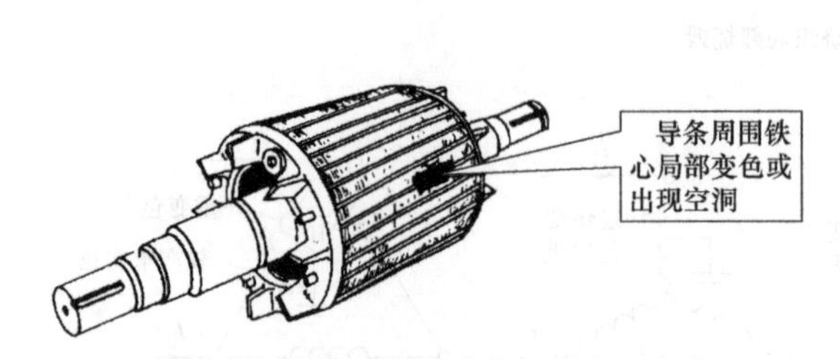

图3-15 直接观察法确定转子有无断条

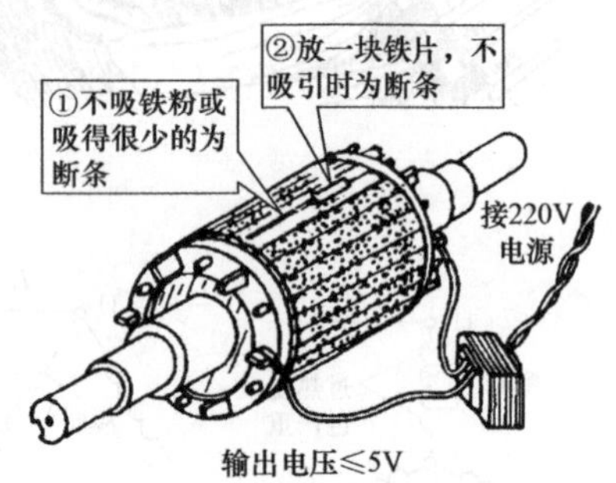

图3-16 用通电法确定转子有无断条

4. 用专用仪器进行检查

若有条件，可使用第11章介绍的侦察器或微机型转子铸铝质量测试仪进行检查。

3.1.8 星－三角减压起动电路的典型故障实例分析

3.1.8.1 实例1——电流表显示刚刚达到额定电流，但电动机温度明显偏高

某电动机使用星－三角（简称“星－角”或用符号表示为Y－△）减压起动电路。三角形联结运行时，电路电流表显示的电流值刚刚达到该电动机的额定值。但运行时间不长，电动机就已很热，立即停机检查，但没有发现电动机有异常。

这种情况，一般是由于电流表（或互感器，下同）连接的位置问题造成的。具体地说，就是将电流表连接到了“封角”接触器KM△或主接触器KM0的入线或出线端，如图3-17a所示的3个PAϕ位置。此时电流表反映出的是相电流数值。若以达到铭牌标出的额定值（线电流），则线电流实际上已经是额定值的$\sqrt{3}$倍以上。这必然会造成电动机迅速发热。

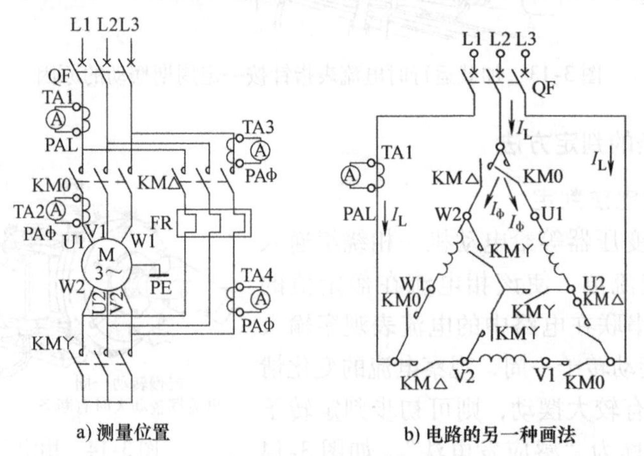

图3-17 星－三角转换电路测量线电流及相电流的位置

解决的方法有两个，一个是将电流控制在铭牌额定值的 $1/\sqrt{3}$ 倍以内（实际线电流在额定值以内）；另一个是将电流表改接到电源进线的位置，即图 3-17a 所示的 PAL 位置。

图 3-17b 所示电路的另一种画法会更清楚地看出测量位置与线、相电流的关系。

3.1.8.2 实例 2——接线后，星形联结时电动机起动正常，可当转换成三角形联结时，断路器很快跳闸

某电动机使用星 - 三角起动电路，安装接线后调试时，星形联结时电动机起动正常，可当转换成三角形联结时，断路器很快跳闸。

断路器跳闸，说明线路电流过大，超出了断路器设定的瞬时保护电流值。因为星形联结时起动正常，所以说该电动机绕组本身和转子、轴承等没有问题。则三角形联结时电路电流过大可能由如下 3 种原因造成：

1）绕组尾端对机壳短路。具体地说，应该是星形联结起动时，封在一起的 3 个绕组端头（是一段线，包括引出线和与引出线相连接的绕组一小部分），至少有一个已对机壳短路（或称为对地短路）。在星形联结起动时，该端电位与大地的电位基本相等，所以不会使电路电流增大很多，电动机也能正常起动和运行。

通过测量绕组对机壳（地）的绝缘电阻，可确定是否存在此故障。

2）星形联结起动时，封在一起的 3 个绕组端头中有两个交叉接错。此时对星形联结起动不受影响，但在接成三角形联结时，将有一相的头尾两端连接在一相电源上，该相将没有电流流过，而另外两相将形成并联的电路与剩余两相电源相连并且通电。例如若 W 相和 V 相的标记相互标错，则 W 相绕组将没有电流流过，而 U 相和 V 相将形成并联的电路与剩余两相电源相连并且通电。这样，就形成了“断相”运行状态。通电的两相的电路电流将远超过正常状态时的数值，使断路器很快动作跳开。

将与电动机出线端子相连的电源线和连接片全部拆下，用测量绕组的直流电阻或通断的方法确定各相绕组的头尾端，核实原标注的端子标记是否正确。若不正确，则可确定是上述原因，否则应是下述原因。

3）与星形联结起动时封在一起的 3 个绕组端头相连接的电源线中有两条相互接错。造成的现象和结果与前面讲述的 2）完全相同，如图 3-18b 所示。

认真查找用于三角形联结运行的接触器上下端连线，找出相互交叉接错的两条线，倒换后即可。

3.1.8.3 实例 3——星形联结起动正常，但转成三角形联结后电动机停转

某电动机使用星 - 三角起动电路。星形联结时电动机起动正常。可当转换成三角形联结时，电动机停转。

星形联结时电动机起动正常，首先可基本确定电动机没有问题。转换成三角形联结时电动机停转，说明三角形联结时电动机绕组没有电流流过。

此种故障是与星形联结起动时封在一起的 3 个绕组端头相连接的 3 条电源线都相互接错，如图 3-18c 所示。此时，三相绕组的头尾均各自连接在一相电源上，所以都不通电，自然也就不可能运转了。

发生这种极端的错误时，用电压表测量电动机接线端子之间的电压，每两相之间的电压为正常值，例如 380V；在接成三角形的状态下，用电压表测量每一相绕组两个出线端之间的电压（U1 - U2，V1 - V2，W1 - W2），应全部显示 0V（或很接近 0V）。若测量每一相的

电流时，也将都为零。

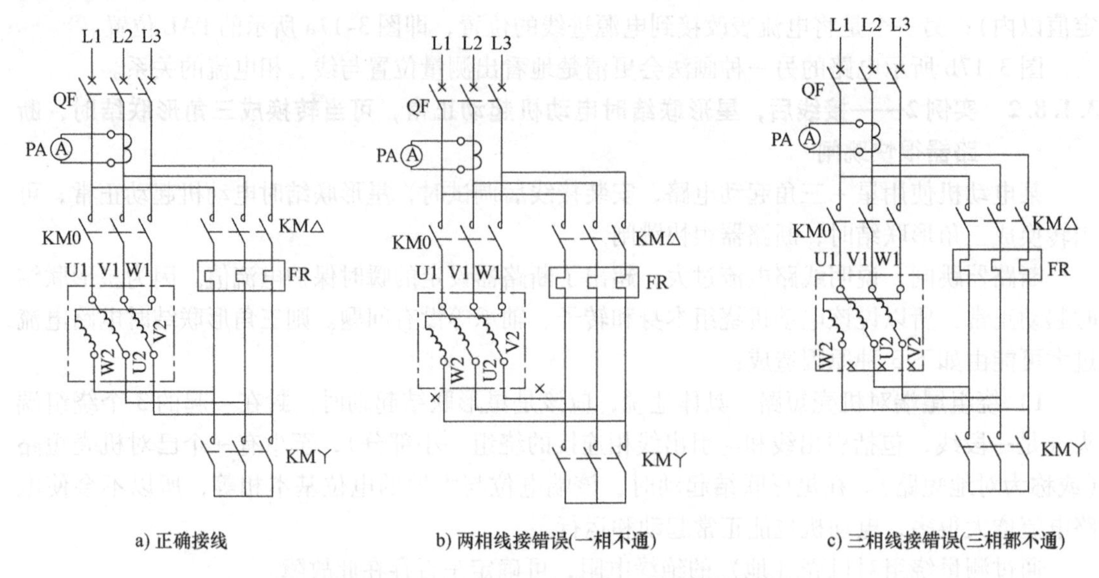

图 3-18 星－三角起动电路的正确和错误接线图

3.2 绕线转子三相异步电动机的特有故障

3.2.1 电流过大但出力不足

电流过大但出力不足的原因分定子、转子以及定、转子与电源和转子外接电路接线等几个方面。定子方面的原因与笼型转子电动机完全相同。下面仅介绍转子以及相关连线方面的内容。

1）转子绕组或电路出现三相不平衡，其故障如图 3-19a ~ m 所示。

2）定、转子外接线交叉接错。当所用电动机转子开路电压高于定子额定电压时，若定、转子外接线交叉接错，即转子接了三相交流电源，而定子接了起动电阻时，就会因定子绕组和转子绕组都达不到额定电压而不能输出额定功率，在负载一定时，转速会下降，电流上升。这种错误通常发生在通过电缆沟或电线管走线的施工过程中，如图 3-19n 所示。

3.2.2 转子故障原因的查找方法

1. 并头套间短路

由于运行时机械力和电磁力的共同作用，使导线在薄弱的地方变形，或由于进入了导电的粉末而在两相邻并头套间形成导电层，都可造成并头套间的短路。

若两相邻并头套靠近引出线端分属两相，则在电动机刚刚通电起动时，将因有较高的电位差而发生短路放电现象，从而将两者烧损。这一现象在拆出转子后很容易看到。在不拆机的情况下，可用下述方法进行检查和初步确定。

（1）测直流电阻法

在转子引出线处测量转子绕组的 3 个线电阻。若 3 个电阻值相差较大，阻值小的并头套

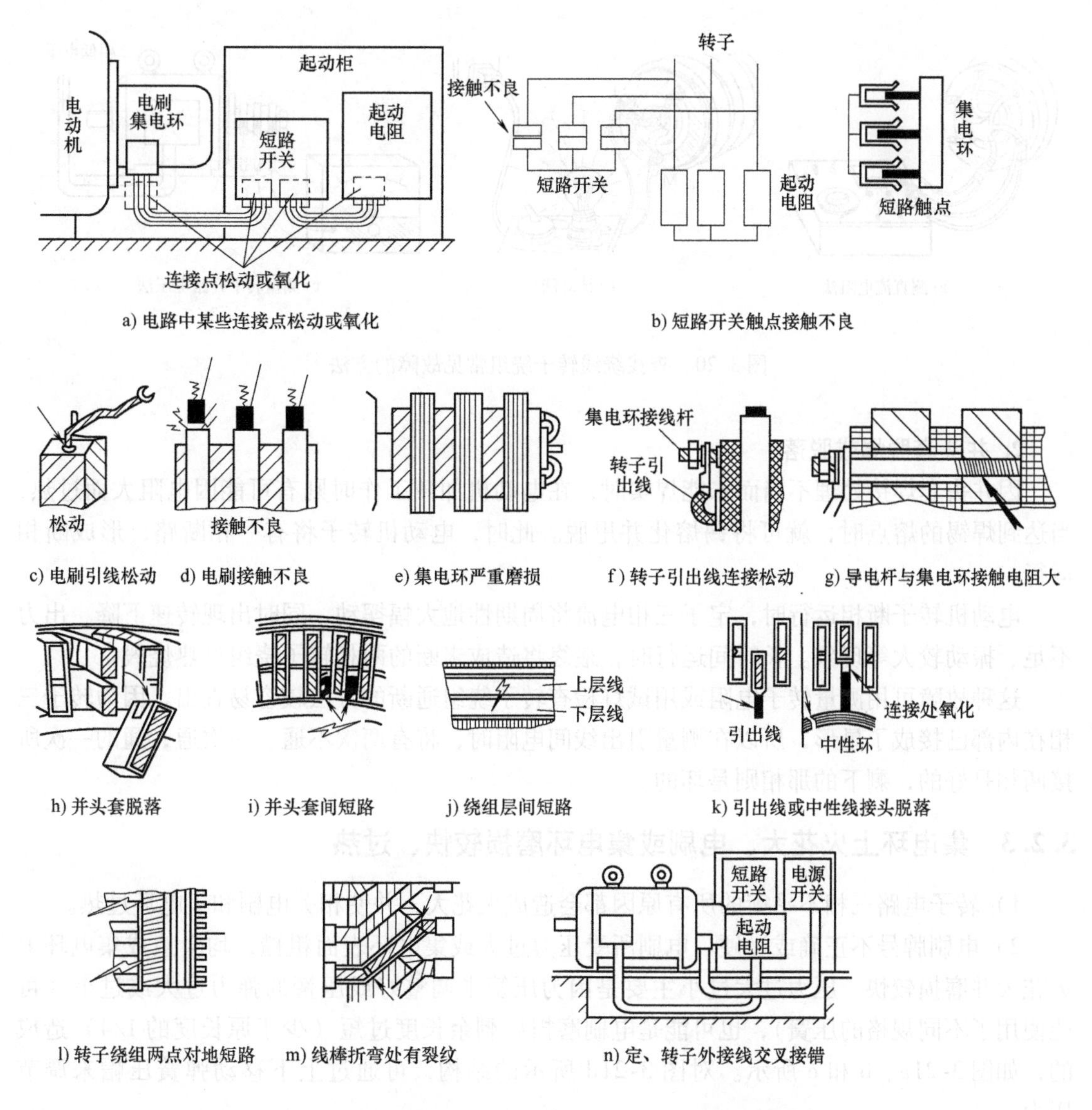

图 3-19　绕线转子电动机电流过大、出力不足的原因

间可能发生了短路，如图 3-20a 所示。

（2）试灯法

将一个白炽灯和转子引出线相接，与转子绕组呈串联关系，由 220V 交流电供电。分别和转子绕组 3 个引出端中的两个相接，共进行 3 次，观看每一次灯泡的亮度。若亮度相同，三相正常；亮度不同时，则相对较亮时所连接的绕组并头套有短路故障，如图 3-20b 所示。

（3）测量转子开路电压法

给定子加交流电压（可低于额定值）。转子输出线开路，在集电环上测量每两相之间的开路电压，如图 3-20c 所示。若三相基本相等，则无故障；若两小一大，则“两小”中共用的一相中有并头套短路故障；若两大一小，则“一小”时所接两相之间相间短路。

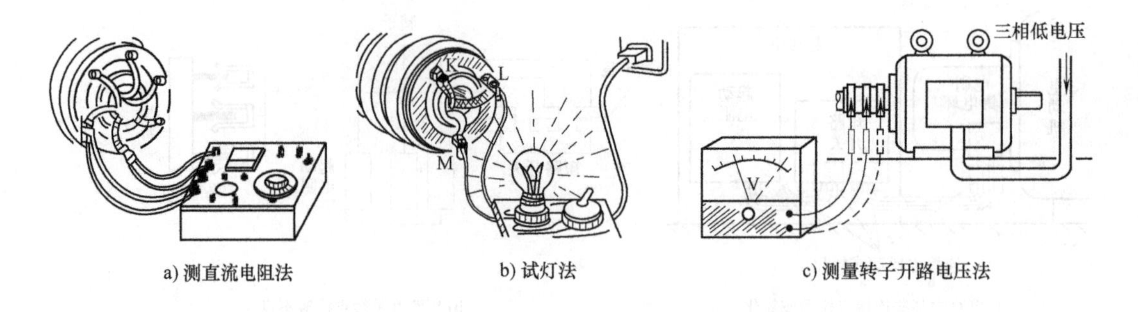

a) 测直流电阻法　　b) 试灯法　　c) 测量转子开路电压法

图 3-20　查找绕线转子绕组常见故障的方法

2. 并头套脱焊或脱落

因并头套焊接处理不当而未能焊实时，在电动机加载工作时则有可能因电阻大而过热，当达到焊锡的熔点时，就可将锡熔化并甩脱。此时，电动机转子将有一相断路，形成断相运行。

电动机转子断相运行时，定子三相电流将周期性地大幅摆动，同时出现转速下降、出力不足、振动较大等现象。长时间运行时，最终将造成未断的两相转子绕组过热烧毁。

这种故障可用测量转子电阻或用试灯检查转子绕组通断的方法较容易查出。因为转子三相在内部已接成了星形，所以在测量引出线间电阻时，将有两次不通、一次通，通的一次所接两相是好的，剩下的那相则是坏的。

3.2.3　集电环上火花大、电刷或集电环磨损较快、过热

1）转子电路三相不平衡的所有原因都会造成火花大，并使相关电刷和集电环过热。

2）电刷牌号不正确或过硬、电刷所受压力过大或集电环表面粗糙，均会造成集电环上火花大并磨损较快。压力过大过小主要是因为压簧未调整好或压簧的弹力过大或过小（可能使用了不同规格的压簧），也可能是电刷磨损后剩余长度过短（少于原长度的1/4）造成的，如图 3-21a、b 和 c 所示。对图 3-21d 所示的结构，可通过上下移动弹簧压帽来调节压力。

3）电刷在电刷盒内过松或过紧、电刷盒离集电环表面距离过大，均会造成集电环上火花大。常用电动机电刷与电刷盒之间应有一个合理的间隙（见表 3-2 和图 3-21e），过大则会造成电刷较大的摆动，使其与集电环表面接触不稳定而产生火花；若过小，则电刷上、下移动不灵活，同样也会因接触不稳定而产生火花。

4）单个电刷电流密度较大。对一个集电环上放置多个电刷的，若其中某些电刷与集电环接触不实，如图 3-21f 所示，则其他接触较好的电刷就会因分担较多的电流而发热。

5）电刷与集电环接触面积小于电刷截面积的 75%。此时除会产生火花外，还会造成电刷过热。可用 00 号砂布来回拉动，将电刷磨成需要的接触面，如图 3-21g 所示。

6）集电环有较大的径向跳动。由于加工制造或使用时的磨损等原因，集电环表面的径向跳动过大时，会造成电刷的跳动而产生火花，如图 3-21h 所示。

7）电动机振动太大造成电刷跳动，如图 3-21i 所示。

8）集电环与导电杆连接松动或氧化会造成该集电环过热，如图3-21j所示。

9）工作环境过于干燥或潮湿，会造成电刷磨损过快。

10）负载太小。负载太小时，由于电流很小而不能在电刷与集电环的接触面形成一层较硬的氧化膜，使得电刷磨损较快。

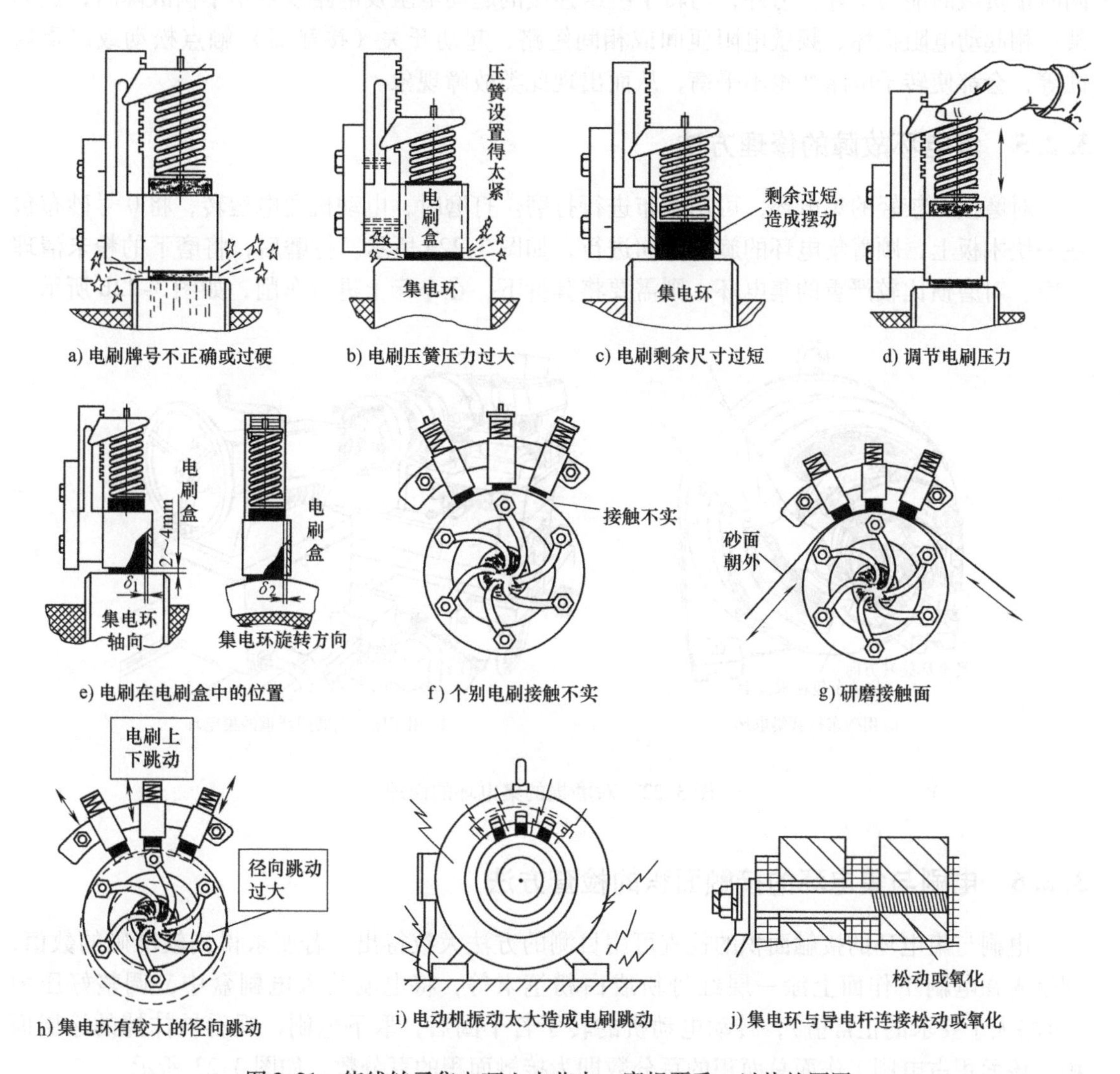

图3-21　绕线转子集电环上火花大、磨损严重、过热的原因

表3-2　电刷和电刷盒的配合间隙　（单位：mm）

空隙类别	轴向间隙	沿旋转方向	
		宽度5~16	宽度16以上
最小间隙	0.2	0.1~0.3	0.15~0.4
最大间隙	0.5	0.3~0.6	0.4~1.0

3.2.4 电动机振动较大、声音异常、带负载能力下降

除在笼型异步电动机相关内容中提到的原因外，对于绕线转子电动机，当转子绕组出现匝间或相间短路、两点或多点对地（对转子铁心或轴）短路时，也会造成振动和噪声异常，同时带负载的能力下降；另外，与转子绕组连接的起动电阻及电路发生不平衡故障时，例如某一相起动电阻损坏、频敏电阻匝间或相间短路、起动开关（接触器）触点松动或严重灼蚀等，会都使转子电路严重不平衡，从而出现此类故障现象。

3.2.5 集电环故障的修理方法

对磨损比较轻的集电环，可用砂布进行打磨。打磨时，电动机通电运转，将 0 号砂布包在一块木板上，顺着集电环的旋转方向进行，如图 3-22a 所示。打磨后，将磨下的粉末清理干净。对磨损比较严重的集电环，则需要将其拆下，在车床上进行车削，如图 3-22b 所示。

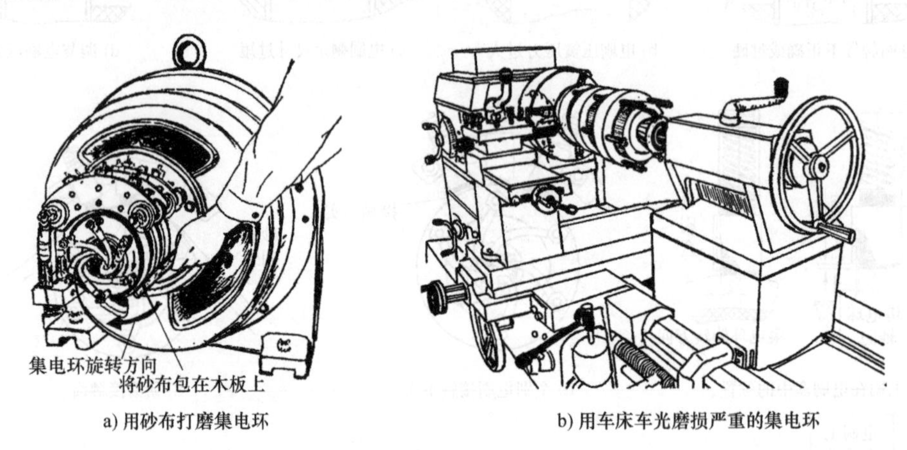

a) 用砂布打磨集电环　　b) 用车床车光磨损严重的集电环

图 3-22　对磨损的集电环的修理

3.2.6 电刷与集电环的接触面积的检查方法

电刷与集电环的接触面积的检查可用目测的方法大致得出，若要求得到较准确的数值，则事先在电刷工作面上涂一层红丹粉或白粉笔末等，将电刷装入电刷盒中，调整好压力（可略大于要求的正常值），转动电动机的转子若干圈后，取下电刷，观看被抹掉的涂层面积，该面积占电刷工作面总面积的百分数即为接触面积的百分数，如图 3-23 所示。

a) 在接触面上涂粉笔末　　b) 运转后检查磨掉粉笔末的面积

图 3-23　电刷与集电环的接触面积的检查方法

3.2.7　电刷引线（刷辫）断后的处理方法

1. 焊接法

当引线断裂但在电刷上还保留一部分时，可用与原引线相同规格的软铜线与剩余部分通过气焊或锡焊焊接在一起。

2. 铆接或用螺钉连接

在电刷上端打孔，用铆钉或螺钉将引线与电刷连接。

3. 用铜粉塞填的栽种法

此法是电刷制造厂使用的一种正规生产方法，需用一个专用工具——空心冲具。该工具用钢质材料加工，下半部中心开孔并与侧面打通，加工后进行热处理来加强硬度。操作方法如下：

将电刷原引线孔用电钻打通。取一段引线，穿过冲具中心孔，将其下端分开后插入电刷接线孔中，向电刷孔穴中放细紫铜粉，将冲具下端插入电刷孔内。用小铁锤敲击冲具顶部，敲一下，将冲具向上提一下，再敲一下，再提一下，直到填入的铜粉被压实后再填入少许铜粉，再用冲具压实，反复上述过程，直到电刷空穴填满为止，如图3-24所示。拿下冲具后，在电刷引线根部涂一些环氧树脂，一方面固定铜粉，一方面防止铜粉氧化。

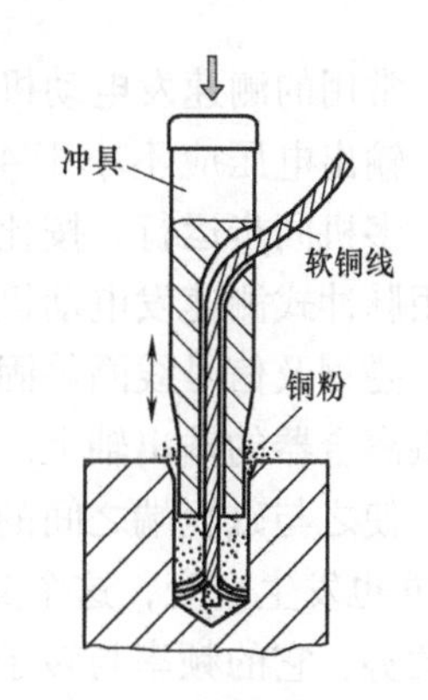

图3-24　用塞填铜粉的方法“栽种”电刷引线

3.3　电磁调速电动机的特有故障

3.3.1　结构

电磁调速电动机是一种可在一定范围内无级调速的三相交流异步电动机，它由普通铸铝转子异步电动机（安装方式一般为B5型）和电磁调速器（又称为离合器或转差调速器）两大部分组成。这两部分有的各自单独生产，然后配套组装在一起，称为分体式或装配式，如图3-25a和b所示，原型号为JZT和JZT2，现用型号为YCT和YCTD，所用电动机为单速（一般为4极）；另一种将两部分做成一体，称为整体式，如图3-25c所示，原型号为JZTT，新型号为YCTT。两者的主要结构和工作原理，以及使用和维护方法基本相同。

图3-26是一种较常用最简单的转差离合器的主要结构图。

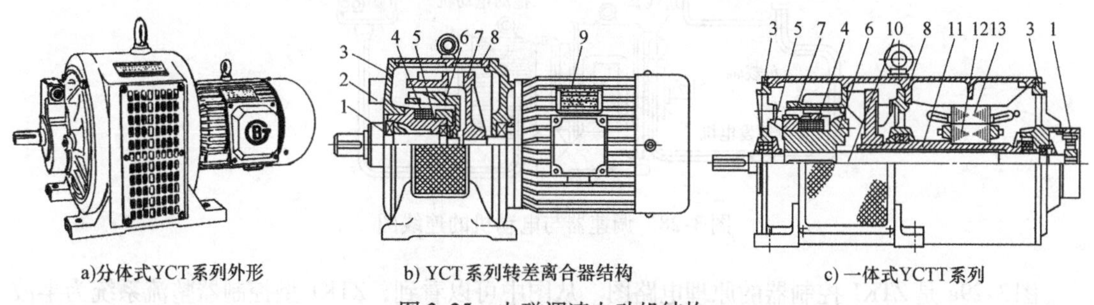

图3-25　电磁调速电动机结构

1—测速发电机　2—出线盒　3—端盖　4—激励线圈　5—托架　6—磁极　7—电极　8—机座　9—拖动电动机　10—主轴　11—空心轴　12—电动机转子　13—电动机定子

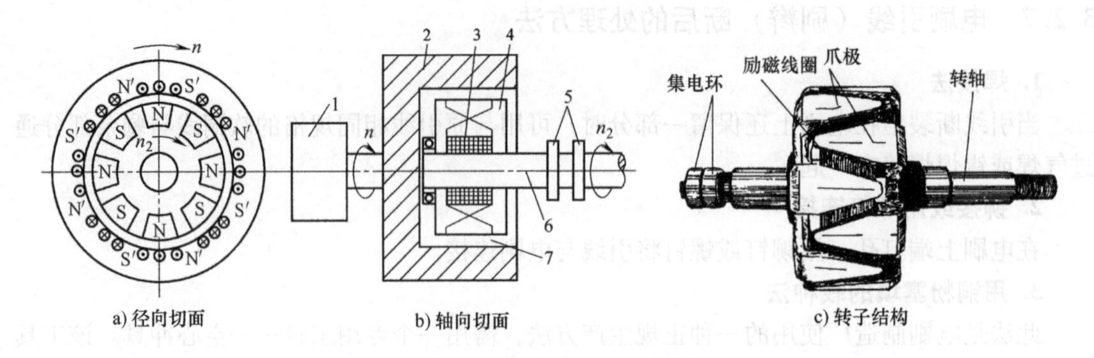

图 3-26 转差离合器主要结构

1—异步电动机 2—电枢 3—励磁绕组 4—爪形磁极 5—集电环 6—输出轴 7—气隙

常用的测速发电动机为三相交流永磁式。在转速为 1500r/min 时，输出电压应不小于 40V，频率为 200Hz。在要求自动信号控制、多机同步运行、按比例转速并列运行或高精度调速的场合，采用脉冲式测速发电动机，其主要结构如图 3-27 所示。

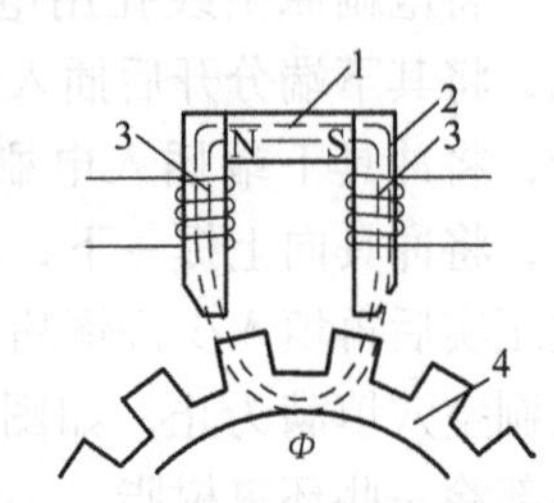

图 3-27 脉冲式测速发电机主要结构

1—永久磁钢 2—磁轭 3—信号线圈 4—转子（齿轮）

磁钢及信号线圈等固定在电动机机座上，转子齿轮安装于电动机离合器的输出轴上。当转子齿轮转动时，由于其外圆齿的关系，使之与磁轭端之间的间隙不断变化，从而使穿过线圈的磁通量 Φ 也发生交变，这个交变的磁通使信号线圈产生出交变的感应电动势，它的频率与转子齿数及转速成正比。常用的脉冲式测速发电动机在转速为 1500r/min 时，脉冲电压为 15V，频率为 1500Hz。

3.3.2 常见故障及处理方法

在此只介绍电磁调速电动机因其控制调速部分所引起的常见故障及处理方法。

图 3-28 为调速器与电动机之间的连接关系。

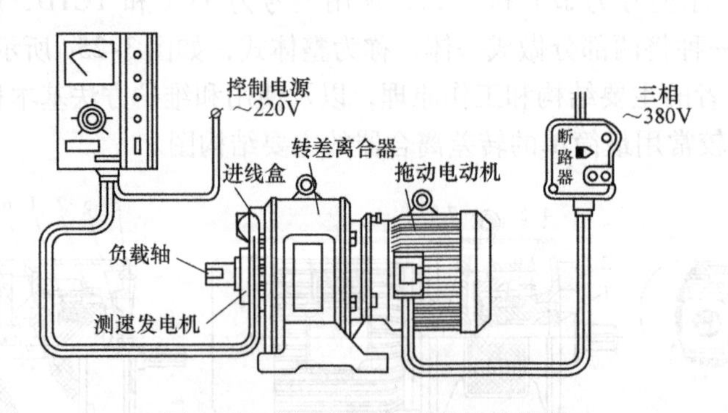

图 3-28 调速器与电动机的连线图

图 3-29a 是 ZTK1 控制器的原理电路图。从图中可以看到，ZTK1 型控制器整流系统为半波可控型（KV 为晶闸管）。V5 为续流二极管；C5、R7 为阻容吸收保护电路；RM4 为压敏电阻，

用于吸收交流侧的浪涌电压；n 为转速表；RP1 为调速电位器。控制器与电动机离合器部分利用多线插座和插座头连接，当采用 19 孔插座时，插座孔按图 3-29b 所示的顺序排列。其中 1、3 孔为交流 220V 电源输入；8、10、12 为测速发电机三相电压输入；17、19 为离合器励磁电源输出。表 3-3 给出了使用 ZTK1 型时，YCT 电动机所反映的故障现象原因和处理方法。

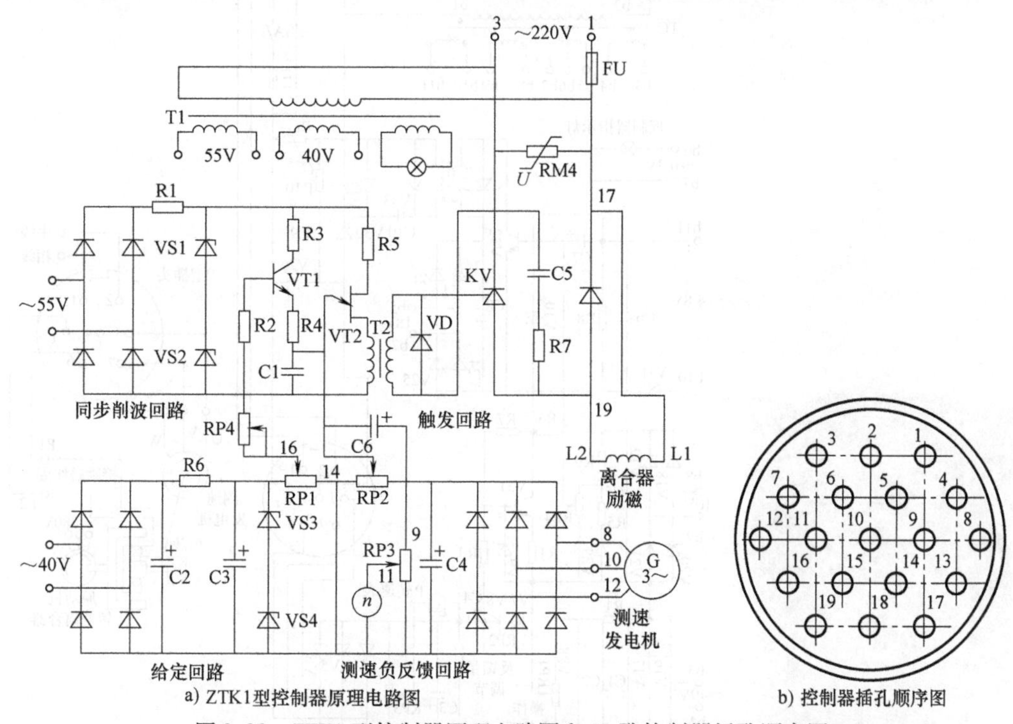

a) ZTK1型控制器原理电路图　　b) 控制器插孔顺序图

图 3-29　ZTK1 型控制器原理电路图和 19 孔控制器插孔顺序图

表 3-3　使用 ZTK1 型控制器的故障及处理办法（参考图 3-29）

故障现象	原因及处理方法
转速摆动	励磁绕组极性接反。将 L1、L2 接线对调即可
离合器失控、转速升至最高值	反馈量电位器 RP2 损坏或插脚接触不良。前者要更换新品；后者可用酒精清洗插脚
转速表指示值与实际值不一致或无法校正	1）永磁测速发电机退磁，当调节 W3 无法校正时，需对测速发电机充磁 2）测速发电动机有一相短路或断路，测量三相电压是否对称，严重不对称时则有短路或断相，拆下测速发电机修理
接通电源后，调整励磁电源的输出电位器，离合器不工作、转速表无指示	1）调速电位器 RP1 断路。测 RP1 两端电压，应为 18～21V 2）稳压管 VS2、VS4 或电容器 C3 击穿损坏，用示波器观察 T2 上的波形，应为能移动的脉冲列 3）VT1 或 VT2 损坏，拆下检查，坏则更换 4）脉冲变压器 T2 断线，检查出断点后焊接 5）励磁绕组或连线断开，测量励磁绕组有无电压，如没有则为断路，查出后修复
负载转速变化率很大	1）控制器未通往电源，测量控制器输入电压 2）测速发电机电压低，检查发电机故障 3）测速发电机绕组或电路有断路现象，查出断点后修复 4）控制器损坏，修理控制器

图 3-30 是 JD1A 型控制器的外形和电路原理图。表 3-4 给出了使用 JD1A 型控制器时，YCT 电动机所反映的故障现象原因和处理方法。

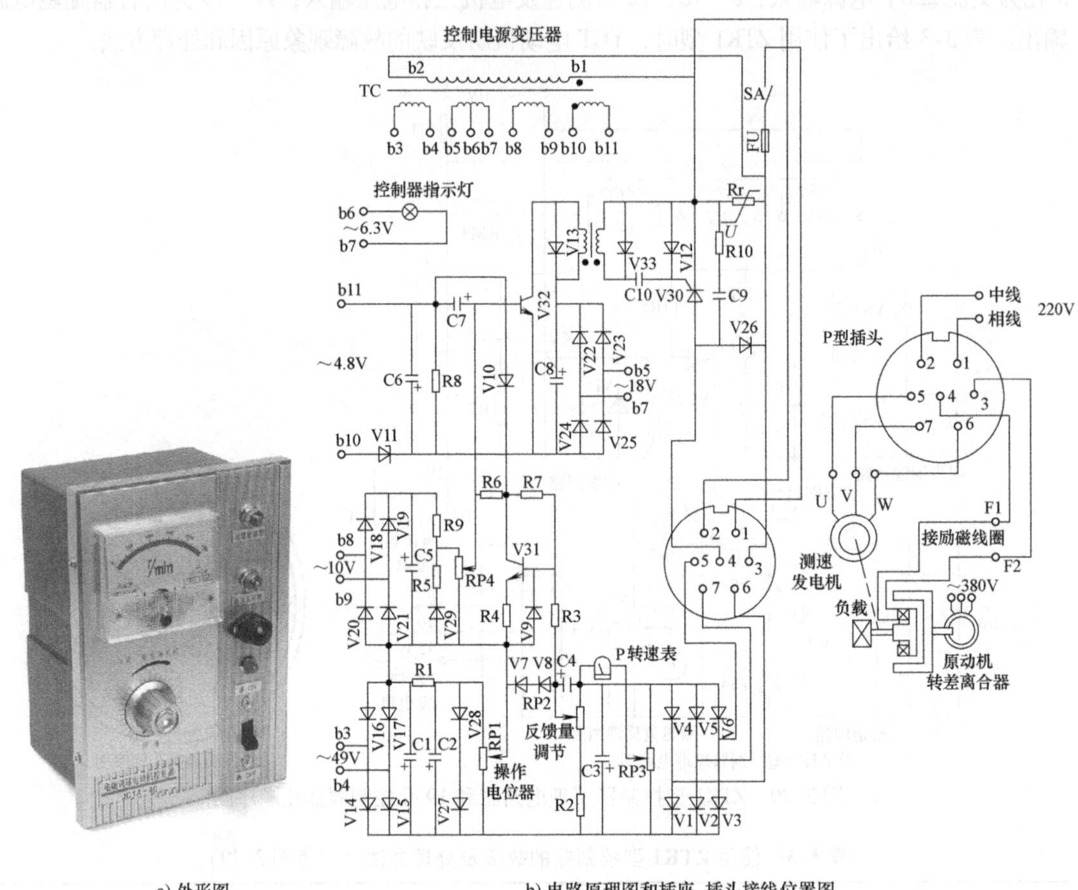

a) 外形图　　b) 电路原理图和插座、插头接线位置图

图 3-30　JD1A 型控制器外形及电路图

表 3-4　使用 JD1A 型控制器的故障及处理方法（见图 3-30b）

故障现象	故障原因	排除方法
接通电源后，熔丝熔断	1）引出线接错 2）V26 反接或击穿 3）变压器短路 4）Rr 短路	1）检查引出线并改正 2）调整或更换 V26 3）检查修理变压器 4）更换 Rr
接通电源后，指示灯亮，但输出轴不转动	1）RP1 断路 2）励磁线端 3、4 开路 3）变压器出现故障 4）V31 、V32 损坏或 V32 开路 5）插座接触不良	1）测量 RP1 输出 V7、V8 端电压，应在 0～1.3V 变化，R2 端电压应在 4～6V 变化，否则为不正常 2）检查 3、4 端，进行处理 3）检查修理变压器 4）更换 V31 、V32 5）修理插座

（续）

故障现象	故障原因	排除方法
转速不能调节，只能高速，不能低速运行	1）定、转子有相摩擦现象 2）反馈未接通 3）触发信号不同步	1）拆机检查排除 2）检查反馈量电位器 3）改变同步信号电压极性
只能低速运行，不能升速	1）V26开路 2）反馈量过大	1）更换V26 2）调节反馈量电位器RP2
某一转速运行时，周期性摆动现象严重	1）励磁线端接反 2）C4和/或C7损坏	1）调换励磁线端3和4 2）更换C4和/或C7
电压波动严重影响转速稳定	V27和/或V28损坏	更换V27和/或V28
当快速调节时，输出转轴不转动，而在极缓慢调节调速电位器时，转轴才转动或动一下就停止	由于前置放大输出电压过高，即“移相过头”，使晶闸管V30开放角过大而关闭，其原因是R4和/或R7损坏	更换R4和/或R7
特性硬度下降，调速电位器已到零仍有励磁输出	1）起始零调节电阻R7设置不当 2）使用环境温度过高	调节R7，使RP1在零位时无励磁输出
转速表指示与实际转速不一致，或无法调节（过低）	1）测速发电机退磁 2）测速发电机有一相短路或开路	1）给发电机充磁或更换新品 2）测量测速发电机输出电压，找出短路或开路相后修理

3.3.3 修理后的运行注意事项

1. 使用前应进行的准备工作

对修理后的电磁调速电动机，应按下列程序试车并达到要求后方可投入正式使用。

1）检查电动机及离合器接线。

2）检查转速表示值是否为零，不在零位时，将其调整到零位。

3）将调速电位器调到零位。

4）给电动机通电，其转向应和将要配套的机械一致。

5）接通控制器的电源（指示灯亮），缓慢调节调速电位器，转速表读数应逐渐上升。如出现转速周期性振荡现象，应停机后将励磁绕组的两根接线对调，再重新调试。

6）校正转速表的示值，方法是：将调速电位器调定到某一位置，用单独的转速表测定电动机的实际输出转速，如两者不一致，应调节控制器上的转速表校对器调整转速表，使之和专用表相符。

7）顺时针方向转动调速电位器至最大，调节反馈量与调节电位器使转速达到1350r/min左右（对4极电动机），完成调速范围整定。

8）上述工作完成后，使电动机连续空转1~2h，随时注意电动机噪声、振动有无异常，转速有无大的波动，轴承有无发热或漏油现象，如有上述现象应停机检查。

2. 起动、运行、停止电磁调速电动机的方法和注意事项

1）起动：先给电动机通电起动后，在确认控制器的调速电位器处于零位时合上控制器的电源。给离合器加励磁，使负载被带动起来，调节调速电位器使负载达到要求的转速，如

图 3-31 所示。

2）运行：随时观察转速表的指示及机组运行情况，有必要时应进行调整。

3）停止：短时停机时，可只将调速电位器调到零，使负载停止运转，而不切断电动机的电源，以减少电动机的反复起动；长时间停机时，应先将转速调到最低值后，再依次切断控制器和电动机的电源。

为保证控制器在电动机通电后才能通电和在电动机断电前（或同时）控制器断电，应在控制电路中设置联锁保护电路。

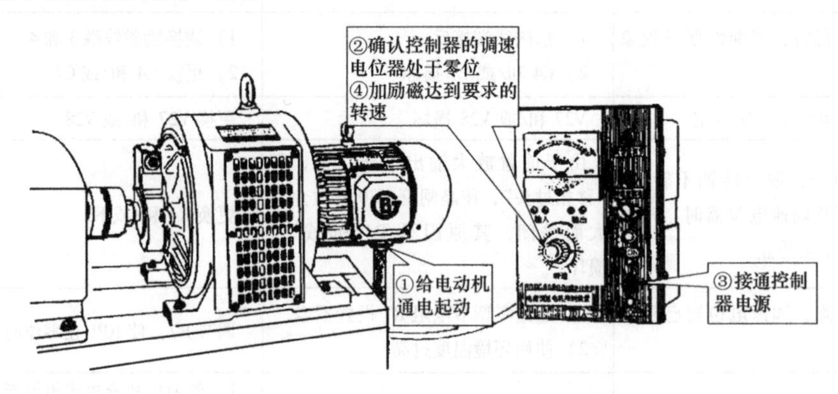

图 3-31　YCT 系列调速电动机起动控制过程

3.4　变频器供电调速电动机的特有故障

由于变频器提供的交流电是所谓的脉宽调制波（PWM），给电动机供电时，会有较高的高次谐波，并不时地产生瞬间的高压脉冲，在某一频率段还会产生谐振，致使对电动机产生一些不利影响，出现特有的故障。较常见的有如下 3 项。

1. 温度较高

所谓温度较高，是同一台电动机使用变频电源和使用网络电源相比。一般要高出 10%左右。这是由于变频电源含有的较多高次谐波引起的，无法避免。

若电动机较长时间工作在额定频率（指网络电源的频率，例如 50Hz），则建议对变频器配置旁路开关。在运行时甩开变频器，使用网络电源直接供电。其电路如图 3-32 所示。

切换的程序是（按图 3-32 给出的元件代号）：首先打开接触器 KM2，断开变频器与电动机之间的电路。经适当延时后（通常称为“切换时间”，用符号 t_c 表示），合上旁路接触器 KM3，再断开 KM1。

切换的要求和注意事项如下：

1）在合旁路接触器 KM3 之前，必须确认变频器与电动机之间的 KM2 已断开。否则将会使变频器的三相逆变

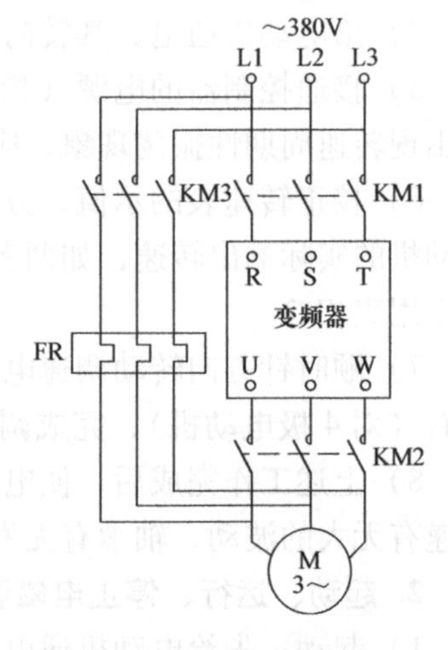

图 3-32　在变频器两端并联旁路接触器的电路

管之间加上电源电压，造成相间短路使之烧坏。所以应对 KM3 和 KM2 设置机械和电的互锁装置和电路。

2）由断开接触器 KM2 到闭合 KM3 的延时时间，应尽可能短，以防止切换时因转速下降过多的情况下突然通电加速而产生较大的冲击电流。一般应保证在转速下降不超过额定转速 30% 的时间内完成切换较为适宜。

3）切换时，还会因电动机停电后运转产生的定子电动势与电源电压叠加等原因，造成较大的冲击电流，当定子电动势与电源电压相位刚好相反时，冲击电流最大，严重时可达到直接起动的 2 倍。应采取适当的措施，避免产生此类情况，例如利用变频器的“频率搜索”功能，使用“差频同相”的切换方法等。

另外，在较低频率下运行时，若没有专用的恒速风机进行冷却，其温度也将会较高。因此专用的变频电动机都附加一个单独供电的恒速风机，其外形特征是外风扇罩较长，并带有一个接线盒，如图 3-33 给出的一个示例所示。

图 3-33　专用变频调速电动机和恒速风机

2. 在某一频率段运行时噪声和/或振动大

有时，变频调速电动机在某一频率段运行时，出现噪声大和/或振动大的现象。这是因为电动机及其连接的负载、安装基架等组成的机械系统（以电动机为主）的固有振荡频率刚好与此时运转所造成的振荡频率相等或很接近，由此发生了“机械谐振”，或者称为“共振”的结果。

出现这种现象时，可以利用改动支撑设备或电动机机械部件的结构等方法，来改变其固有振动频率，转移或消除“机械谐振”点。但实践证明，此方法不易实现，也较难根除上述弊病。

比较实际的方法是采用“打不起，躲得起”的“逃跑”战术。即利用在变频器内所设置的“频率跳变”功能，按实际使用时测量到的“共振频率”，设置“回避频率”或“跳跃频率”点，在运行调节频率的过程中，自动“跳过”共振频率点（实际上是一个较小的频率范围，一般在 2Hz 以内）。

“频率跳变”功能是通过安装“频率跳变”选件来实现的。在整个频率运行范围内，一般可设置 3 个频率跳变点。

3. 匝间、相间、对地击穿概率较高

和使用网络电源相比，匝间、相间、对地击穿概率较高。这是由于变频器输出较高频率的调制波（在一个等效的“正弦波”时间内，可高达几千赫兹），并且随时有可能产生较高的冲击电压。对于使用普通电磁线的绕组，很可能因承受不了这些高频率的脉冲和高压而击穿。所以，专用的变频调速电动机绕组是使用一种“变频电磁线”进行绕制的，其成本相对高一些。

3.5 锥形转子制动电动机

3.5.1 结构特点和制动原理

图3-34为一台型号为YEZ的小型锥形转子三相异步制动电动机的外形及结构。

从图3-34b中可看到，此类电动机转子外圆和定子内圆均为圆锥形，其锥形制动环镶于风扇制动轮5上；静制动环6镶在后端盖上。

定子通电前，即电动机静止时，转子在弹簧1和2的作用下，向轴伸方向平移（此时转子铁心与定子铁心在轴向上是有一定长度的错位），使外风扇上的动制动环和端盖上的静制动环相接触，其静摩擦力可阻止转子的转动（包括带一定的转向负载转矩）。

定子通电后，由于电磁力的作用，转子将向风扇端平移。从而压缩弹簧1和2，并使动制动环离开静制动环，使转子脱离制动状态，开始加速运转达到正常工作状态。

定子断电后，作用在转子上的轴向力随之消失，在弹簧1和2的作用下，动、静制动环相接触并产生制动力矩，使转子很快停转并处于制动状态。

制动力矩的大小应在一个合理的范围内。过大则可能造成动、静制动环脱不开，使运行时阻力过大而造成电动机过热；过小则不能在规定的时间内制动停转。

表3-5给出了常用电动葫芦提升电动机和慢速提升电机的制动力矩最小限值。

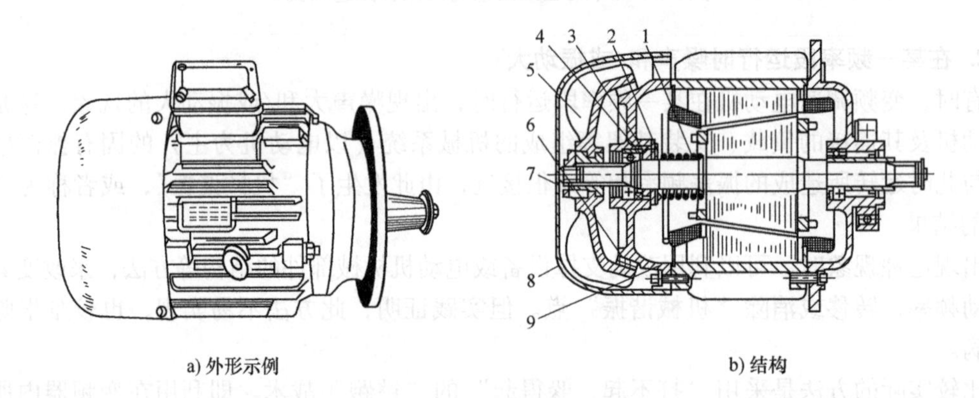

a) 外形示例　　b) 结构

图3-34　YEZ系列锥形转子三相异步制动电动机外形及结构

1—制动弹簧　2—缓冲蝶形弹簧　3—支撑架　4—推力转承　5—风扇制动轮　6—静制动环　7—调整螺母　8—风罩　9—后端盖

表3-5　提升锥形转子电动机制动力矩最小限值

电动机功率/kW	0.2	0.4	0.8	1.5	3	4.5	7.5	13
制动弹簧工作压力/N	42.2	19.8	153	273.6	461	682	883	1035
制动力矩最小限值/(N·m)	2	4.9	9.8	19.6	44.2	62.8	98.1	185

3.5.2　起动困难或制动力矩不足的原因和处理方法

1. 起动困难的原因和处理方法

1）制动环锈蚀，使动、静制动环之间不能完全脱离而产生摩擦阻力。用细砂布打磨制动环，除去锈蚀；严重时应更换制动环。

2）弹簧压力过大，使电动机的磁拉力不能克服其弹力。不打开或不能全部打开动制动环。调整或更换弹簧。

3）动、静制动环之间的间隙过小，在完全打开时，仍有局部接触并摩擦。调整间隙到合适的数值。

2. 制动力矩不足的原因和处理方法

1）弹簧弹力减少。应更换弹簧。

2）制动环磨损过多。应更换新的制动环。

3）制动环松动。紧固松动部位。

3.5.3　绕组过热的特有原因和处理方法

所谓特有原因，是指那些与普通电动机不同的原因。由于电动机在频繁起、停时，制动弹簧过度疲劳而变软，使压力下降、制动力矩减小，不能平衡电动机运行中的轴向磁拉力，从而造成定、转子相摩擦，产生大量热量，使电动机温度升高导致过热，严重时会使绕组烧毁。

为防止此类事故发生，平时应注意加强气隙的调整，发现弹簧变软时，要立即更换。

3.5.4　修理锥形转子电动机的制动器的方法

1. 制动弹簧压力下降时的修理

1）在弹簧的支撑架和推力轴承之间加一个厚度适当的垫圈，如图3-35中的5。这种方法适用于弹力减少不多的情况。

2）加大弹簧支撑架的厚度，即制作一个加厚的支撑架来更换原用的支撑架。

确定支撑架厚度增加量 Δa（见图3-35）的方法是：先测出电动机实际轴向位移 b，即调节锁紧螺母，测量制动弹簧刚刚开始压缩时轴端的位置到锁紧螺母紧到调不动的极限时轴端的位置之间的距离。当小于支撑架内侧面到轴上台阶处的距离 L 时，说明当定、转子铁心相互接触时，轴上台阶仍没有碰到支撑架内侧面，则这个台阶不能起到限位作用，电动机运行时就可能发生定、转子相摩擦，此时应增加支撑架厚度 a。增加的数值 Δa（mm）为

$$\Delta a > (L - b)$$

一般取 $\Delta a = (L - b) + (0.5 \sim 1)\text{mm}$

Δa 不宜过大，否则将减少调整间隙，使制动力矩调节困难。

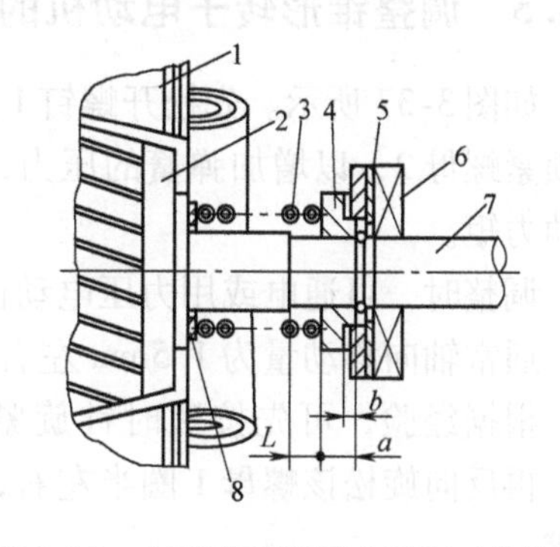

图3-35　制动弹簧弹压力下降时的修理
1—定子铁心　2—转子铁心　3—制动弹簧
4—支撑架　5、8—增加的垫圈
6—推力轴承　7—转轴

当 $L=b$，且定、转子铁心有局部相擦时，可使 $\Delta a=0.5\sim1\text{mm}$，否则会因调整间隙过小，造成调节困难。若定、转子无相摩擦现象，可减少支撑架的厚度来增大 L，以达到增大轴向运动行程和调整间隙的目的。

3）在弹簧与转子平面间加垫圈，见图 3-35 中 8。可增加弹簧的预压力。适用于转子轴向运动行程合适的情况。

2. 制动环的修理

制动环由两种不同材料分内外黏合而成，如图 3-36 所示。当然最先损坏的往往是外层。此时，可采用 XY—401 胶黏剂对其进行黏合修理，具体工艺如下：

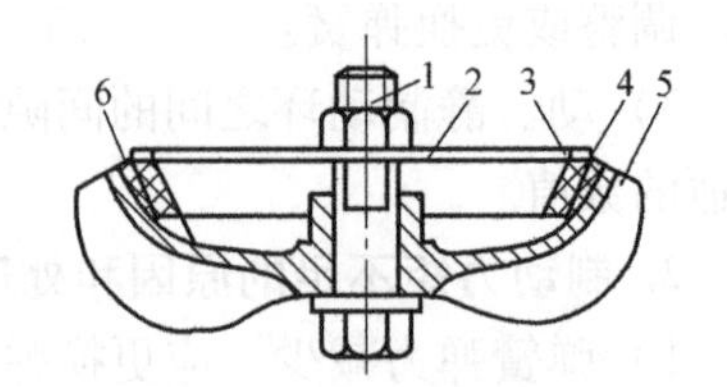

图 3-36 制动环的胶粘修理示意图

1—螺栓 2—压板

3—内制动环（石棉树脂）

4—外制动环（氯丁橡胶）

5—风扇制动轮 6—胶合面

1）将拆下的外风扇（带制动环）固定在一个台钳上，用扁铲沿外环与风扇制动轮接触边轻轻撬动，取下制动环。

2）清洗。去除外环与风扇制动轮两锥面间的杂质污物，并打磨两表面，然后用汽油或丙酮清洗后干燥。

3）涂胶。用硬毛刷蘸上胶液，均匀地涂在两锥面上。第一层厚度为 0.1～0.5mm，在室温下自然干燥后，再涂第二层。

4）压粘。将风扇制动环与外环已涂胶的锥面进行加压黏合。先将风扇制动环放平（锥面朝上），用螺栓固定在台钳上，再放上制动环，注意边对齐。之后加压板，用扳手缓慢旋压（压力在 70～80N）。最后在室温下放置 48h，即可使用。

3. 更换制动环

当制动环磨损严重时，应更换。

更换过程中，应注意清除旧环使用时所产生的毛刺，可在新环橡胶圈上蘸些水润滑，以便容易嵌于风扇制动轮上；在车削加工时，最好把嵌有新环的风扇制动环装在花键上，按花键芯轴定心加工，这样加工的制动环锥面与转轴的同心度高，制动可靠。

3.5.5 调整锥形转子电动机的制动力矩的方法

如图 3-37 所示。先松开螺钉 1，按顺时针方向旋动锁紧螺母 2，以增加弹簧的压力，从而获得较大的制动力矩。

调整时，可通电或用力压电动机轴伸端面进行观察，通常轴向移动量为 1.5mm 左右为宜。

根据经验，可先按顺时针旋紧螺母到旋不动为止，再反向旋松该螺母 1 圈半左右，一般可达到调整要求。

若发现制动环上有油污等，应卸下风扇制动轮并进行清理后再复位。

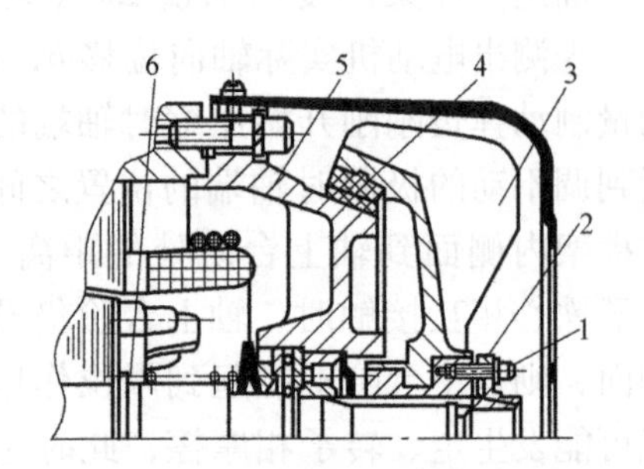

图 3-37 YEZ 系列锥形转子电动机制动器结构

1—螺钉 2—销紧螺母 3—风扇制动轮

4—制动环 5—后端盖 6—制动弹簧

3.5.6　装配制动弹簧的专用工具和使用方法

装配制动弹簧的专用工具如图3-38所示。用它可使制动弹簧装配工作更顺利，并可省时省力。其使用方法如下：

1）将制动弹簧1、蝶形弹簧2（有些品种已不用）、支撑架3套入转轴内，再将轴用挡圈4套入导向套5上。

2）将压紧套6套入转轴，并压在撑架3上。

3）将推进套9、导向螺杆13一起套入转轴的螺钉上，随后拧紧；使导向螺杆与螺钉固定。此时，继续转动手柄8，推进套9沿导向螺杆随之向前，借助平面轴承7将压紧套6和制动弹簧预压，于是挡圈4将沿导向套5滑入电动机轴槽内。

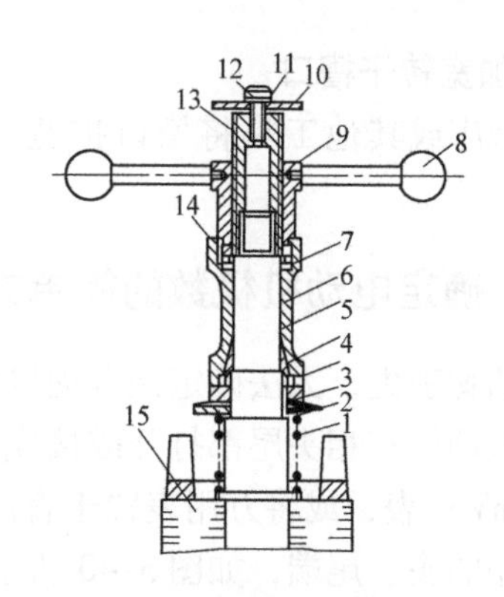

图3-38　装配制动弹簧的专用工具及装配示意图

1—制动弹簧　2—蝶形弹簧　3—支撑架　4—挡圈　5—导向套　6—压紧套　7—平面轴承　8—手柄　9—推进套　10—压板　11—弹簧垫圈　12—内六角螺母　13—导向螺杆　14—挡圈　15—转子

3.6　三相异步电动机修理过程中的一些实用知识

3.6.1　起动转矩小的解决方法

对于与要求的起动转矩值相差较小的情况，可通过下述方法使起动转矩有所提高。

1. 在转子端环处车沟

将转子拆出，用车床在两端的端环处各车一个沟，如图3-39所示。要控制宽度和深度，避免对端环的机械强度破坏到可能在运转时断裂的程度。一般情况下，宽度为5mm以内（根据端环的厚度大小来决定），深度不超过端环径向宽度的1/3，应位于端环轴向的中线位置。这样会使转子绕组的电阻增大一些，起动转矩就会有所增加。其理论根据是起动转矩与转子绕组的电阻成正比关系，当采用上述措施后，转子绕组的电阻将有所加大，从而使起动转矩加大。但转子绕组损耗也会随之有所增加，从而使温升略有增高、效率有所降低。

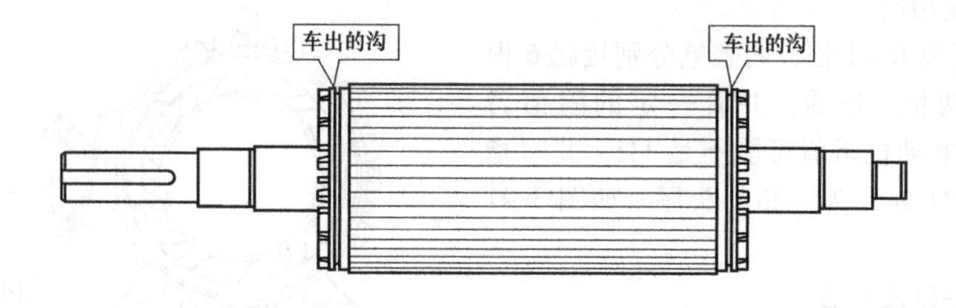

图3-39　在转子端环上车一定深度的沟

2. 加宽转子槽口

用铣床或其他工具将槽口扩宽一些，能提高起动转矩。本方法对温升和效率几乎无影响。

3.6.2 确定电动机极数的简单方法

若铭牌丢失，无法确定该电动机的极数（转速）时，可用下面的方法很快确定出来。

将电动机三相头尾都打开或接成星形。使用中心为零位的指针式直流毫安（mA）表或毫伏（mV）表，或将万用表置于直流电压或电流最小档（DC－V或DC－mA）。两表笔分别接一相的头、尾端，如图3-40所示。实际上，三相接成三角形也是可以的，此时两表笔分别接一个端点，就像测量线电压那样。

用手缓慢、匀速地旋转电动机转子1周。观测记录指针左右摆动的次数。摆动1次是指指针从0到正再回到0，或从0摆到负再回到0。指针摆动次数即电动机的极数。

在上述试验中，若指针不摆动或转子转动同样的角度时摆动次数或幅度不同，则说明该电动机绕组有断线、接线错误等故障。

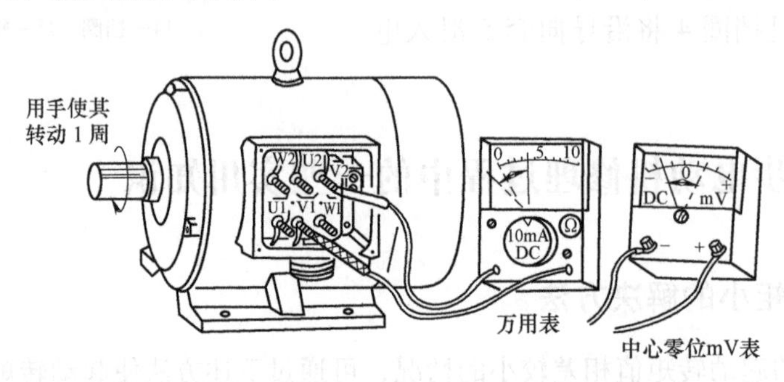

图3-40 用万用表或直流毫安表确定电动机的极数

3.6.3 确定三相绕组每相头尾的方法

当由于某些原因，电动机三相绕组的6条引出线分不清相次和头（首）尾（末）时，可借助万用表或指示灯用下述方法进行确定。

需要说明的是：电动机三相绕组的头（首）、尾（末）是相对而言的，或者说当你确定一端为头（首）端，另一端就是尾（末）端。

1. 确定相次

用万用表R×1档，两表笔分别接触6根引线中的两根。接通，并有一定的阻值者（对于较大电动机阻值可能不足1Ω，此时指针几乎在0Ω处）为一相的头尾，如图3-41所示。

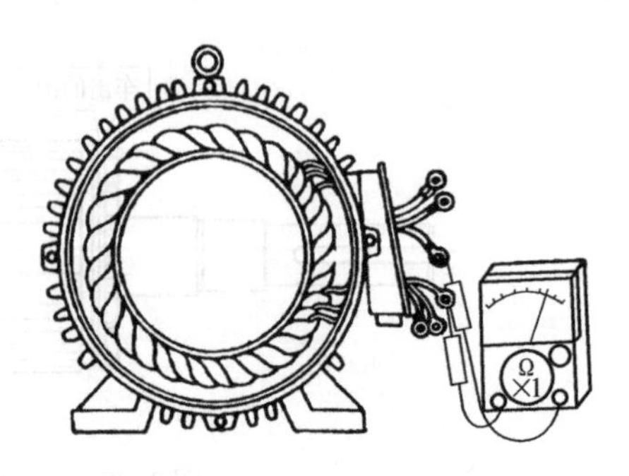

图3-41 用万用表电阻档确定相次

2. 用并联发电法

使用本方法必须是组装好的整机。因不用电源和开关，所以比较简单易行。

假设三相绕组的头、尾后，将 3 个假设的“头”相连，3 个假设的“尾”相连，形成三相并联，所以也被称为“并联法”。万用表拨到直流毫安（DC－mA）档，表笔分别接上述引出线假定的头和尾公共点，如图 3-42a 所示（电路原理如图 3-42b 右图所示）。用手盘动电动机轴伸，使转子转动。若万用表指针基本无指示，则说明假设正确；若有较大指示并来回摆动，则说明三相中有一相与假设不符，调换一相头尾后再进行检查，至万用表指针不再有较大指示和摆动为止。

实际应用中，如无万用表，可用额定电压为 3.5V 的灯泡或发光二极管手电筒代替万用表，表现形式是：灯亮等于有电流，灯不亮等于无电流。此时转子的转速可能要快一些。

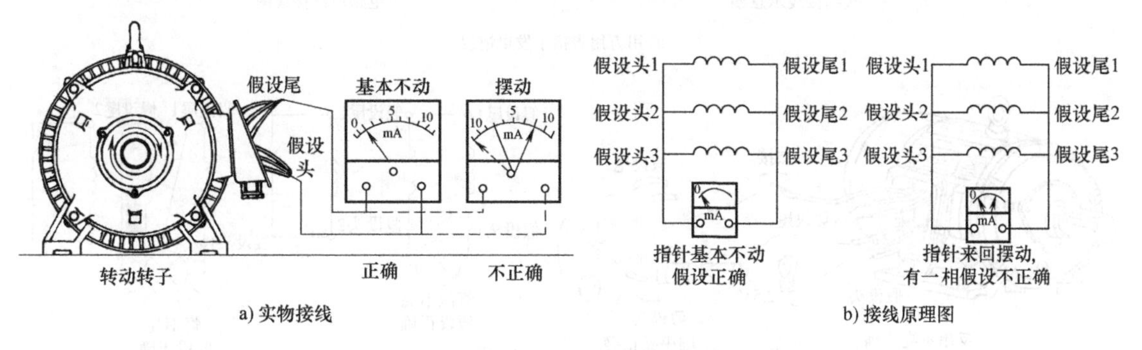

图 3-42　并联发电法确定三相绕组的头尾端

3. 用串联感应发电法

用 2～4 节 1.5V 一号电池串联（也可用 36V 以下交流电源或 24V 以下的直流蓄电池），通过一只开关（或用人工控制）接于一相绕组两端。剩余两相绕组串联后连接万用表，由于两相绕组串联的顺序不同，又形成同端串联法和异端串联法两种操作方法。实际接线和原理如图 3-43 所示。

（1）同端串联法

先假设剩余两相的头、尾，然后将这两相假设的尾相连（“同端串联法”名称的来历），两个假设头接一只万用表的两个表笔。万用表设置到交流电压适当档（交流或直流电压均可，所选电压量程应不低于所用电源电压的 2 倍）。间断地合、断电池电源开关（或用手控制点接电池的一端）。若仪表无电压指示或摆动极小，则说明假设的头、尾正确；若仪表指示一定的电压值（指针来回摆动），则说明有一相头、尾假设错误，反过来即可（再核实一下，指针基本不动则说明改对了）。之后，将电池换接另一相绕组，进一步确定另外两相的头、尾。

（2）异端串联法

与电池相连的接线与上述方法相同。将剩余两相假设的一相头和另一相尾连接（“异端串联法”名称的来历），剩下的一个头和一个尾分别与万用表的一个表笔相接。用同样的方法合断电源。指针摆动，假设正确；指针不摆动，假设错误。以下的操作同“同端串联法”。

若没有万用表或电压表，可用额定电压为 3.5V 的指示灯作为发电指示元件，接线原理如图 3-43b 所示。灯亮等于有电流，灯不亮等于无电流。

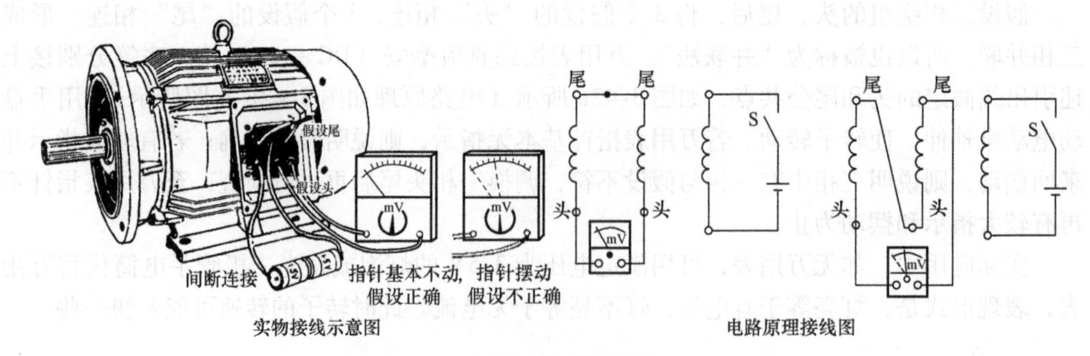

a) 用万用表指示发电情况

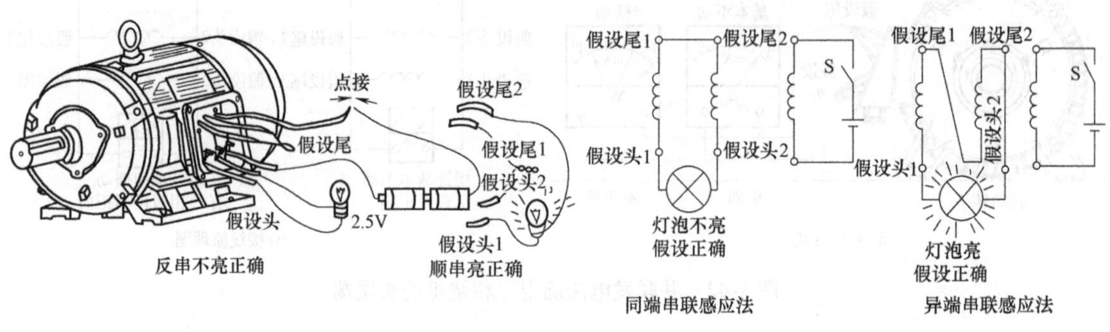

b) 用指示灯指示发电情况

图 3-43 用串联感应发电法确定三相绕组的头和尾

第4章 定子绕组的拆除和制作方法

4.1 定子铁心的有关术语及参数

电动机定子铁心一般采用0.5mm厚的硅钢片叠压而成，外形如图4-1a所示。其压板与压圈（有些小容量电动机无压圈，如图4-1a左图）是为保持铁心压紧状态而设置的，较大容量的电动机设置径向通风通道（见图4-1a右图）。其冲片、槽分别如图4-1b和图4-1c所示（槽数为24）。

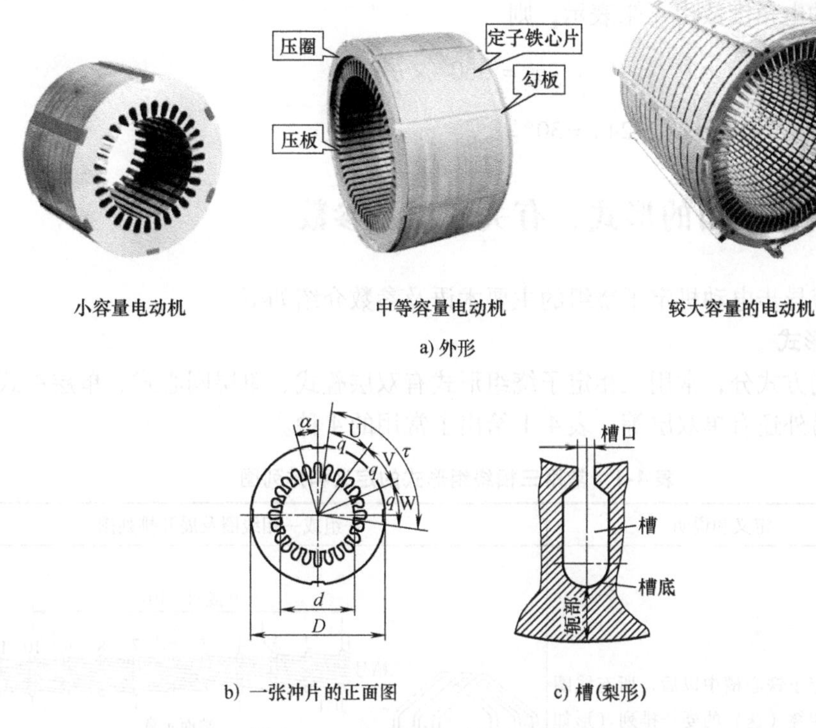

图4-1 三相交流电动机定子铁心及冲片

定子铁心有关的术语及参数如下：

1）有效长度L（去掉两端压圈后的长度）、内径（俗称内膛）d、外径D和槽数Z_1。

2）一个槽各部位的名称如图4-1c所示。

3）几个看似无形的数据，即极距、相带（每极每相槽数）、每个槽距的电角度等。这些数据除与定子本身的槽数Z_1有关外，还与设计极数（常用极对数p来表示，即极数的

1/2）有关。

① 极距。电动机的极数（2p）确定后，相邻两磁极上相应点之间的圆周距离，通常以槽数表示，用字母 τ（槽）来表示，则

$$\tau = \frac{Z_1}{p} \tag{4-1}$$

对于图 4-1b，当电动机设计为 2 极时（$p=1$），$\tau=24$ 槽/(2×1)=12 槽；设计为 4 极时，$\tau=24$ 槽/(2×2)=6 槽。

② 相带。每个极距内都会按顺序排列三相绕组，每一相绕组在 1 个极距内所占有的距离（槽数）称为相带。由此可见，相带就是每极每相槽数，用符号 q（槽）表示，即

$$q = \frac{\tau}{3} = \frac{Z_1}{3 \times 2p} = \frac{Z_1}{6p} \tag{4-2}$$

当 $Z_1=24$ 槽，$p=2$（4 极）时，$q=24/(6\times2)=2$ 槽，如图 4-1b 所示。

③ 每个槽距的电角度。一对磁极所占铁心圆弧的长度，用电角度表示时为 360°。由此可知，一个定子内圆究竟是多少电角度，是由该电动机的设计极数所决定的，即为 $p\times360°$。2 极电动机为 1×360°=360°，4 极电动机为 2×360°=720°，…。每个槽距（也说成每个槽）所占的电角度数用 α 来表示，则

$$\alpha = 360° \times \frac{p}{Z_1} \tag{4-3}$$

图 4-1b 中，$\alpha=360°\times(2/24)=30°$。

4.2　定子绕组常用的形式、有关术语及参数

中小型交流异步电动机定子绕组的主要术语及参数介绍如下。

1. 绕组的形式

按绕组排列方式分，常用三相定子绕组形式有双层叠式、单层同心式、单层链式、单层交叉链式等，另外还有单双层等。表 4-1 给出了常用的 4 种。

表 4-1　常用三相绕组形式的定义和排列图

名称	定义和说明	一组或一相线圈及展开排列图
双层叠式	嵌入定子铁心槽中以后，所有线圈按顺序相叠（迭）的姿势排列（形如倒下的多米诺骨牌），故称之为叠（迭）式。这种形式中所有线圈的各种参数都相同，层数为双层，一般用于 10kW 以上的电动机	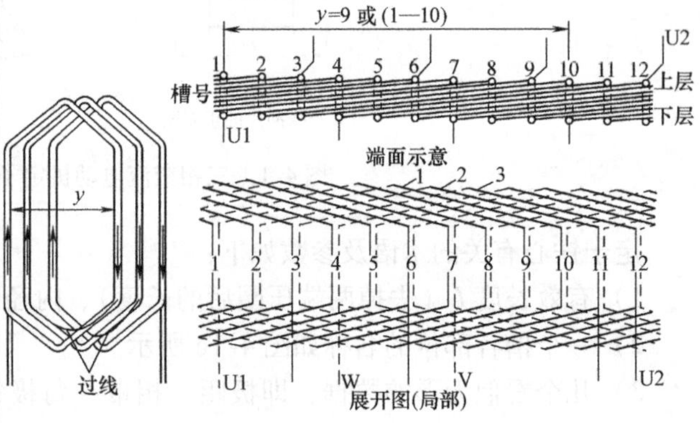y=9 或 (1—10) U2 1 2 3 4 5 6 7 8 9 10 11 12 槽号 上层 下层 U1 端面示意 1 2 3 y 1 2 3 4 5 6 7 8 9 10 11 12 过线 U1 W V U2 展开图(局部)

（续）

名称	定义和说明	一组或一相线圈及展开排列图
单层同心式	在一对极下，一相绕组由2个及以上大小不同、节距依次相差2个槽的线圈组成，各线圈共为一个轴心线，故称同心式 这种线圈经常绕制成由内至外按正弦规律变化的匝数，称为正弦绕组	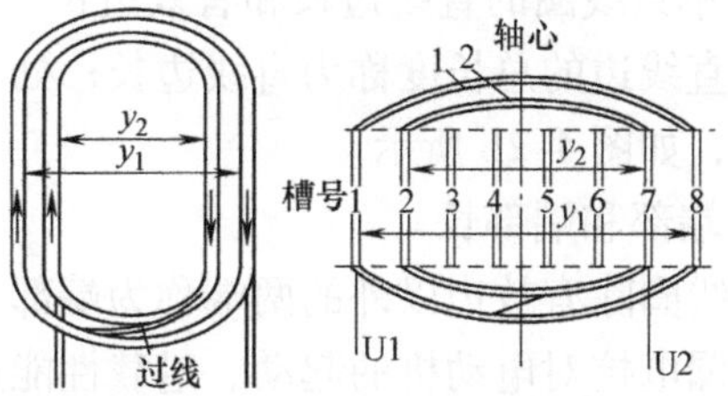
单层链式	每一相绕组的各只线圈依次排列，形如一条索链（但不相扣），故称为链式。它的线圈参数都是相同的。层数为单层	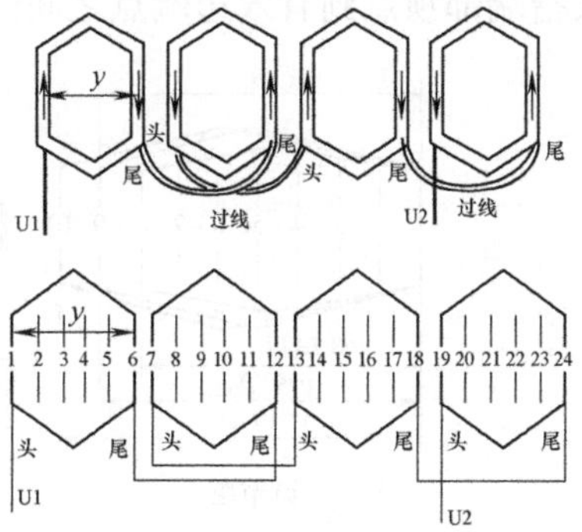
单层交叉链式	形似链式，但又与链式不同。不同点是： 1）有两种节距的线圈（俗称大包和小包） 2）大节距线圈一般有2个，并且为交叉排列，小线圈和大线圈靠紧排列，如链式。由此称其为交叉链式	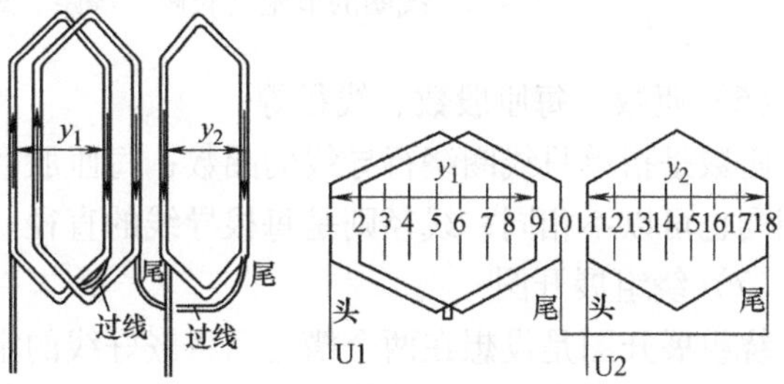

2. 有关定义及参数

（1）极相组

在一个磁极下属于一相的线圈总和称为一个极相组。如表4-1图1中U相的1、2、3号线圈和表4-1图2中U相的1、2号线圈等。

（2）节距

这个定义是针对一个线圈而言的，是指一个线圈两条直线边之间用槽数来表示的距离。有的用两条直线边所占槽号来表示，如表4-1图2中，大线圈的节距$y_1=1—8$，小线圈的节距$y_2=2—7$；有的用两个直线边相距的槽数（从一条边相邻的那个槽开始数到另一条边所在的槽）来表示，如前例，$y_1=7$，$y_2=5$。节距可分为长距、等距和短距3种，分别是按长于极距、等于极距和短于极距而命名的，如图4-2a所示，其中短距用得较多。

（3）线圈的头和尾

如图4-2b所示，一个线圈有两个出线端，其中一个称为“头”，另一个称为“尾”。头、尾确定的方法是：在一相绕组中，以U相为例，与电源相接的引接线标为U1，该线端则称为这个线圈的“头”。U相其他线圈若按同样的绕向并依次排开的话，则与U1端同侧的都为“头”，自然另一端均为“尾”，如表4-1图3所示。确定线圈的头和尾是一相连线时所必需的内容。

（4）单只线圈的直线边长和有效边长

线圈直线边的总长度称为直线边长；处于铁心槽内部分的长度，称为有效边长，也就是铁心长度，如图4-2b所示。

（5）端部和端部长

一个线圈除有效边以外的两端称为端部，它主要是起连接两条直线边电路的作用，但由它产生的漏电抗对电动机的起动、过载性能还起着不可忽视的作用。所以不能随意改大或改小；端部长指端部顶点到有效边端点之间的垂直距离。如图4-2b所示。

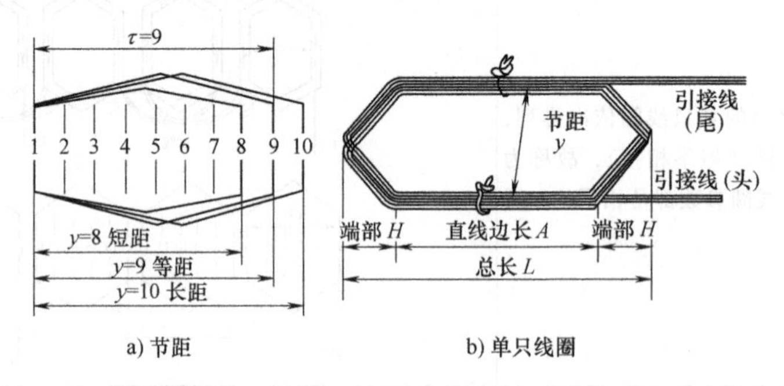

图4-2 线圈的节距（长距、等距、短距）和单只线圈各部位名称

（6）匝数、每匝股数、线径等

匝数是指单只线圈绕行导线的圈数；每匝股数是一匝线包含的导线根数，每根的线径可以相同也可以不相同；线径则是每根导线的直径。

（7）绕组展开图

绕组展开图是设想在两个槽之间将嵌好线的定子轴向切开并将定子展平后，所看到的各相绕组位置、走向及相互连线关系的电路图。

4.3 拆除绕组

4.3.1 拆除绕组前、后应做的工作

不论是部分还是全部拆除绕组，在拆除前、后，都要通过观察和测量记录如表4-2所列出的原电动机定子的有关数据（可参考图4-3），以便在加工替代品时使用或比对。有些数据可能会因损坏而无法测得（例如被全部烧毁的绕组直流电阻）。在记录某些项目时，可能还需要一些标记进行配合，例如引出线（槽）的位置。

4.3.2 散嵌绕组的冷拆法

实际上，对于整体浸漆的散嵌绕组，一旦出现必须拆除的故障时，不论是坏了一相还是只坏了部分绕组，一般都必须全部拆除。这是因为，经整体浸漆后，所有绕组都粘在了一起，很难单独分开而不造成相邻绕组的破坏。

表 4-2　三相异步电动机检修重绕需记录的数据

<table>
<tr><th>部件名称</th><th colspan="6">需记录的数据（尺寸单位为 mm）</th><th>备注</th></tr>
<tr><td>铁心</td><td colspan="2">轴向长度：</td><td colspan="3">内圆直径：</td><td>槽数：</td><td rowspan="13"></td></tr>
<tr><td rowspan="7">绕组</td><td colspan="2">绕组线圈形式：</td><td colspan="4">节距（槽）：①________②________③________</td></tr>
<tr><td colspan="2">直线长度：</td><td colspan="4">端部轴向长度：①________②________③________</td></tr>
<tr><td colspan="2">支路数：</td><td colspan="4" rowspan="2">每匝导线根数和线径：①________×ϕ________，×ϕ ____；②____×ϕ____，____×ϕ____；③____×ϕ ____，____×ϕ______</td></tr>
<tr><td colspan="2">匝数：①________
②________③________</td></tr>
<tr><td colspan="3">端部外圆最大直径：</td><td colspan="3">端部内圆最小直径：</td></tr>
<tr><td>直流电阻/Ω</td><td colspan="4">R_{UV}—　　，R_{VW}—　　，R_{WU}—</td><td>温度：　　℃</td></tr>
<tr><td rowspan="2">引出线</td><td>出线位置（槽号）</td><td colspan="5">U1—　，V1—　，W1—　，U2—　，V2—　，W2—</td></tr>
<tr><td>牌号：</td><td colspan="5">规格；①（截面积或直径）—　　；②电压等级—　　V</td></tr>
<tr><td rowspan="2">绝缘材料</td><td colspan="3">引接管：</td><td colspan="3">相间绝缘：</td></tr>
<tr><td colspan="3">槽绝缘：</td><td colspan="3">层间绝缘：</td></tr>
<tr><td>其他</td><td colspan="6"></td></tr>
</table>

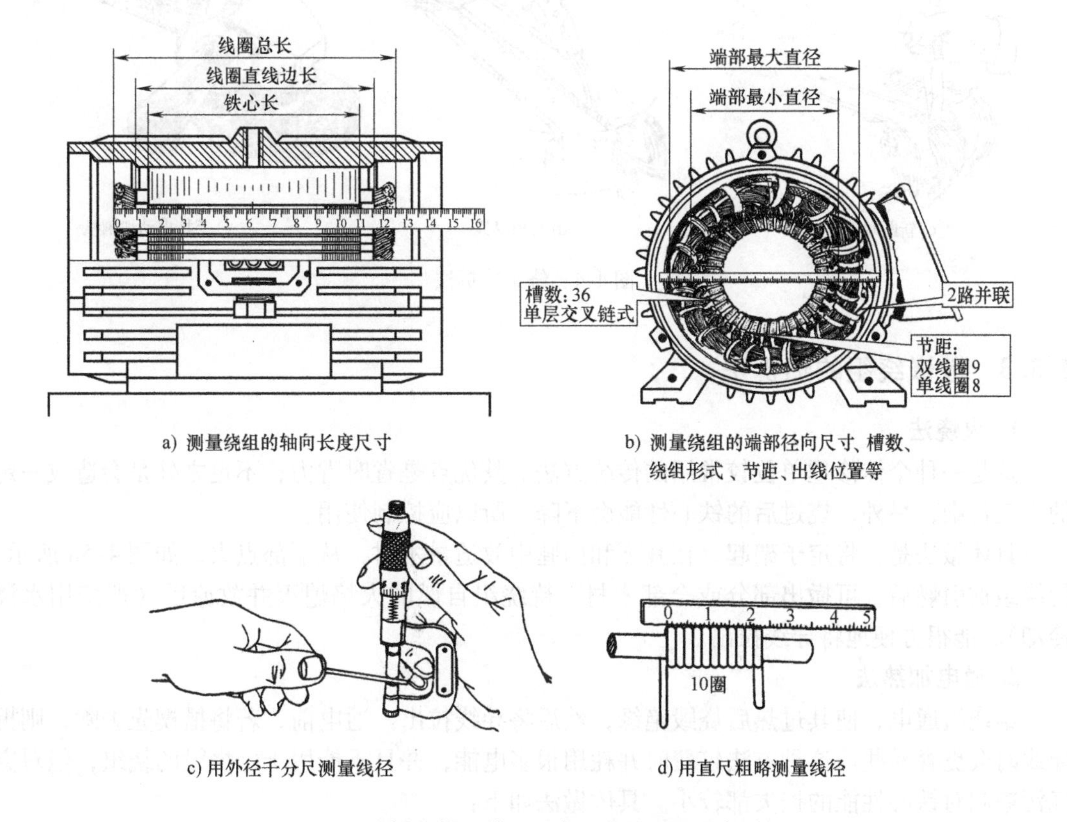

a) 测量绕组的轴向长度尺寸

b) 测量绕组的端部径向尺寸、槽数、绕组形式、节距、出线位置等

c) 用外径千分尺测量线径

d) 用直尺粗略测量线径

图 4-3　拆除绕组前、后应记录的项目示意图

利用图 4-4a 所示的自制工具将要拆出的绕组所在槽的槽楔去除，然后用钢铲切下要拆除绕组的一端，再用钳子夹住导线并将其拉出槽。分别如图 4-4b、c 和 d 所示。对较小的电

动机，可用如图4-4e所示的手持电动轮盘切割机将两端全部切掉后，将铁心竖直安放，用略小于槽截面的钢棒将在槽内的线匝冲出。

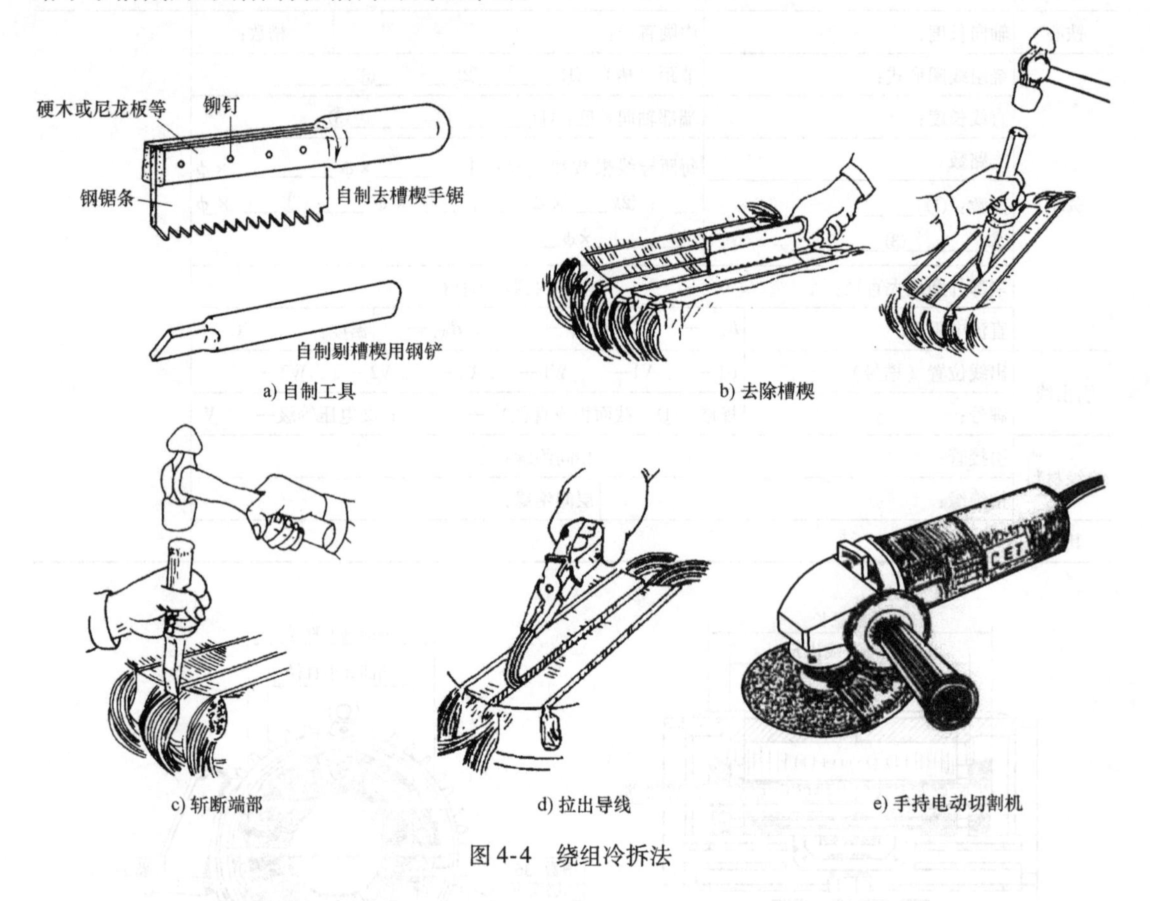

图4-4 绕组冷拆法

4.3.3 散嵌绕组的热拆法

1. 火烧法

这是一种个体修理单位较常用的传统方法。其优点是省时省力；不足之处是会造成一定的空气污染，另外，烧过后的铁心性能会下降。所以应控制使用。

具体做法是：将定子架起，在其下和内膛中放适量木材，从下部点火，如图4-5a所示。待绕组被引燃后，可撤出部分或全部木材。待绕组自燃的火焰熄灭并放凉后（严禁用水浇冷却），能很方便地将导线拉出。

2. 通电加热法

给绕组通电，使其过热后烧毁绝缘，然后将导线拉出。通电前，若将槽楔先去除，则拆导线时会更容易些。这种方法较费时并耗用很多电能，并且不能用于已烧毁的绕组，但对空气污染和对铁心性能的损失都较小。具体做法如下：

1）当采用三相交流电时，对于380V、三角形联结的电动机，可改为星形联结通入380V交流电，或通过调压器、变压器提供50%左右的额定电压。应尽可能使电流在3~5倍额定电流之间，若过大，则应间断加电。

2）若用单相交流电，则可将三相绕组接成并联或串联。如有条件，应采用电焊机或类似的电源器械供电。待绕组发热并冒烟时，适当降低电压（可能时），再过适当时间（几分钟之内）后，停止供电，如图4-5b所示。

3）当采用直流电源时，一般将三相接成开口三角形。采用调节电压或串接电阻的方法调节输入电流。

3. 烘烤法

将电动机放入电烘箱中，温度控制在180～220℃之内，待绝缘漆软化或焦化后取出，再用适当的方法拆除绕组。

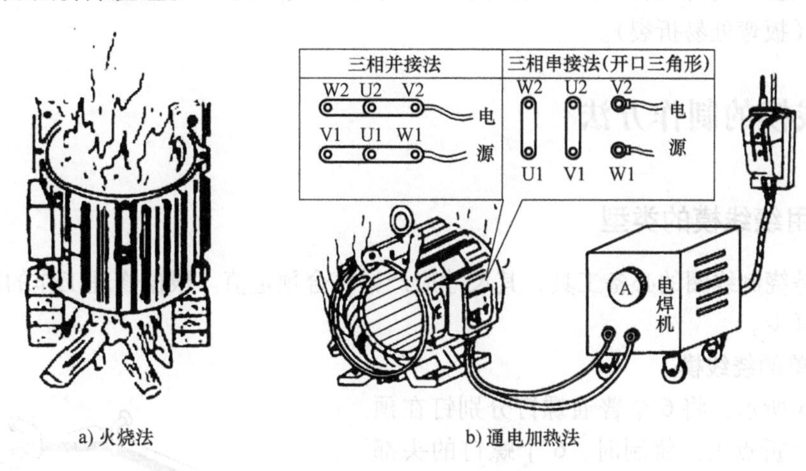

图4-5　绕组热拆法

4. 其他加热方法

常用的还有采用火炉、喷灯、气焊等加热方法。但都应注意加热温度不宜过高，最好不要让电动机的温度超过200℃，以防铁心性能过多地下降和机座烧裂。

5. 溶剂浸泡溶解法

事先拆下接线盒、接线板等附件，将槽楔清除，并尽可能多地去除端部绑扎带等。铝壳电动机不能用此方法。

在溶剂箱中放入适量（以没过绕组为准）的浓度为10%的烧碱（氢氧化钠）水溶液（即溶剂）。可设置加热装置，给溶剂加热，这样会提高工作效率。

将电动机浸泡在溶剂箱中，至绝缘漆软化后拿出，立即用清水冲洗掉残余的溶剂。

用工具将导线拆除后，再次用清水冲洗。

4.3.4　成型定、转子绕组的拆除方法

对交流电动机的绕线转子成型绕组（硬绕组），其两端具有绑扎带。无论是全部还是局部拆除绕组，一般都要先拆下两端全部绑扎带。可用手锯将绑扎带锯开几个口子，然后将其剥下。

在拆除绕组之前，要记录引出线及封零线所在槽的位置、跳层线所在槽的位置（如有时）、节距值（注意两端出线者有两个节距）、半只线圈的各部位长度等有关数据。

拆下线棒的步骤及方法如下：

1）拆下并头套和引接线。根据要拆除线圈的具体情况，拆下相关的并头套和引接线。

对于采用锡焊工艺的并头套，拆除时，可用大功率电烙铁加热或用气焊、喷灯火焰加热，使并头套内的锡熔化，再用榔头敲击，使其退下。

2）给线棒加热。当只需拆下少数绕组线棒时，可先从一端从槽口处切断，再通入一个低电压大电流给其加热，至槽内绝缘漆软化。当需拆除全部绕组时，可采用电炉烘烤等方法进行加热。

3）剔除槽楔，趁热拉出线棒。

4）线棒退火。将拉出的有用线棒尽快投入水中，使其退火。否则，线棒会变硬而不利于再次使用（扳弯处易折裂）。

4.4 绕线模的制作方法

4.4.1 常用绕线模的类型

绕线模是绕制线圈的必备工具，其尺寸应严格符合预定值。根据修理工作的需要，可简可繁，可多可少。

1. 最简单的绕线模

如图4-6所示，将6个普通螺钉分别钉在预绕线圈的6个折点上。绕制时，6个螺钉的头都朝外（背向线圈）；绕够匝数后，先用小绳将线圈绑扎几道，再将相邻的3个螺钉转动一定角度，起出线圈。

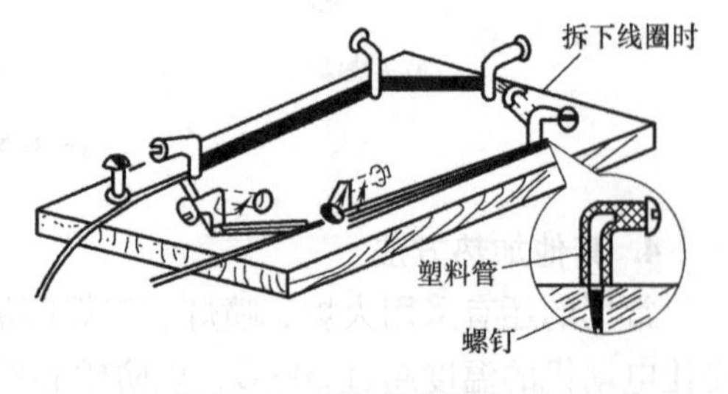

图4-6 最简单的绕线模

2. 可调式绕线模

图4-7为3种可调式绕线模，其中图4-7a只能调整线圈的长度尺寸，当然其端部尺寸可采用更换两端模板的方法来调节；图4-7b和图4-7c的所有尺寸都可调，由此也称其为万能绕线模。这些器具现已有专业厂生产，但还有很多是自己根据所承担的业务情况自制的。

3. 永久性固定尺寸单个绕线模

图4-8a为永久性固定尺寸单个绕线模分解图；图4-8b为同心式绕组绕线模组。它们一般采用木料制作，尺寸固定，使用期限较长。

4.4.2 确定绕线模尺寸的方法

图4-9a～d为4种不同绕组形式的绕线模形状及尺寸符号标注图。其各部位的尺寸设计方法见表4-3。模芯厚度与夹板尺寸如图4-9e和f所示。

模芯厚度δ计算公式为

$$\delta = 1.1nd_{\mathrm{i}} \tag{4-4}$$

式中 n——每层导线匝数，可根据一个线圈的总匝数按宽∶厚=1∶1的比例估算；

d_{i}——单匝绝缘导线外径（mm）；

δ——模芯厚度，功率较小的电动机在8～10mm中选用，功率较大的电动机在10～15mm中选用。

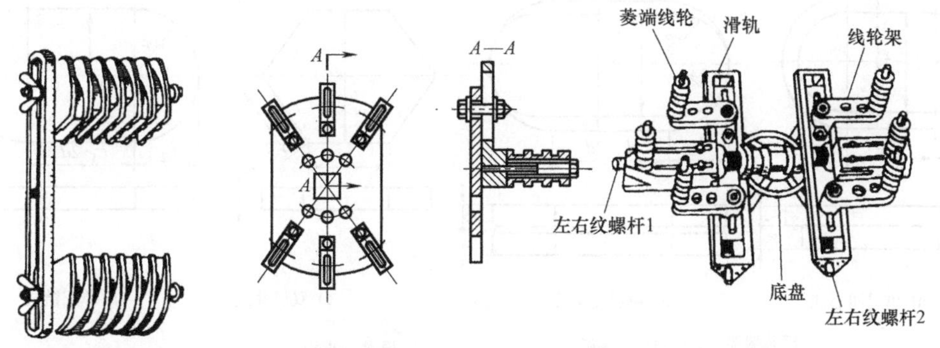

a) 长度可调式绕线模　b) 底板万能绕线模　c) 金属骨架万能绕线模

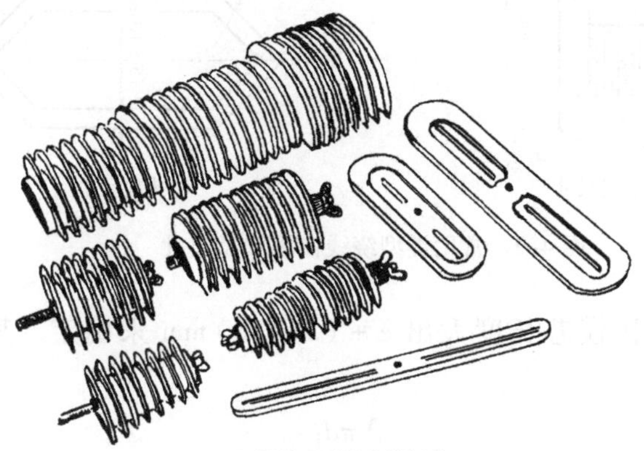

d) 塑料成型绕线模部件

图 4-7　可调式绕线模

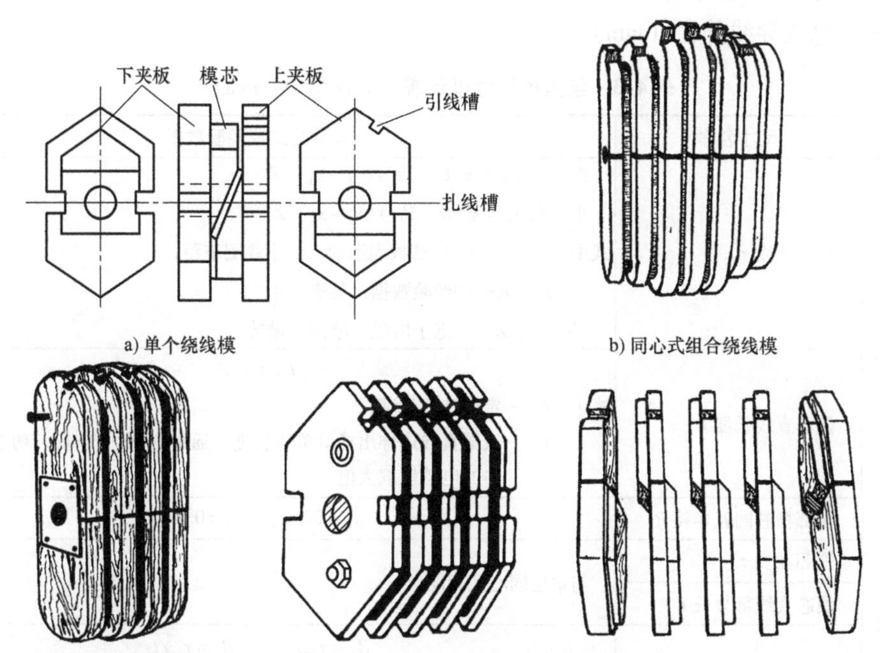

a) 单个绕线模　b) 同心式组合绕线模

c) 交叉链式组合绕线模　d) 链式和叠式组合绕线模

图 4-8　固定尺寸绕线模示例

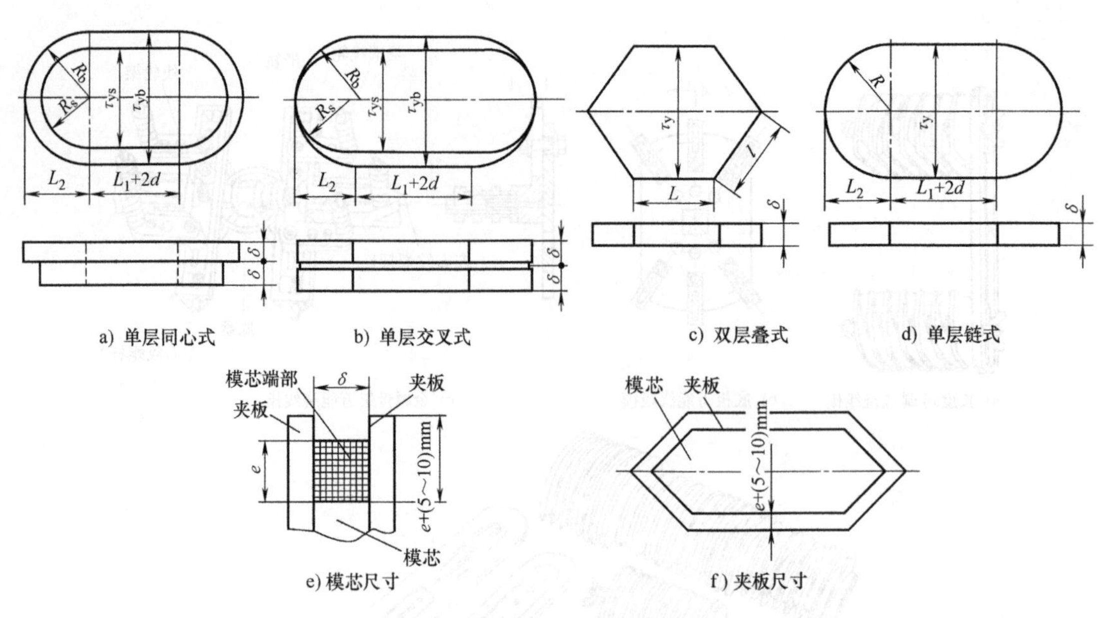

图4-9 常用类型绕线模形状及尺寸

夹板的尺寸应按每边比模芯长度大出 $e+(5\sim10)$mm 来确定，其中线圈厚度 e 用式（4-5）计算：

$$e=\frac{N\pi d_i}{4.4n} \tag{4-5}$$

式中 N——线圈匝数；

n——每层导线匝数；

d_i——每匝导线外径（mm）。

表4-3 绕线模尺寸设计表（长度单位：mm）

形式	尺寸名称	计算公式或经验数据
单层同心式	模芯宽度 τ_y	大线圈 $\tau_{yb}=\pi(D+2h_s)(y_b-x_b)/Z$ 小线圈 $\tau_{ys}=\pi(D+2h_s)(y_s-x_s)/Z$ 式中 y_b、y_s——以槽数表示的大、小线圈节距； x_b、x_s——经验数据，见表4-4； D、h_s、Z——定子内径、槽深、槽数
	模芯直线长度 L	$L=l+2d$ 式中 l——定子铁心长度； d——线圈直线边伸出槽口单边长度，通常取10～20mm，功率大、极数少的电动机取大值
	端部横芯圆弧半径 R	$R_b=0.5\tau_{yb}$ $R_s=0.5\tau_{ys}$
单层交叉式	模芯宽度 τ_y	与单层同心式相同
	模芯直线部分长 L	
	模芯端部圆弧半径 R	$R_b=\tau_{yb}/t_b$ $R_s=\tau_{ys}/t_s$ 式中 t_b、t_s——经验数据，见表4-4

（续）

形式	尺寸名称	计算公式或经验数据
双层叠绕式	模芯宽度τ_y	$\tau_y=\dfrac{\pi(D+2h_s)}{Z}(y-x)$ 式中 x——经验数据，见表4-5
	模芯直线部分长L	与单层同心式相同
	模芯端部圆弧半径R	$C=\tau_y/t$ 式中 t——经验数据，见表4-5
单层链式	模芯宽度τ_y	与双层叠绕式相同
	模芯直线部分长L	与单层同心式相同
	模芯端部圆弧半径R	$R=\tau_y/t$ 式中 t——经验数据，见表4-4

表4-4 单层绕组经验数据x和t的取值范围

绕组形式		x，x_b/x_s			t，t_b/t_s
		2极	4极	6极及以上	
单层链式		—	0.85	0.55	1.6
同心式	大线圈/小线圈	2.1/1.6	1.1/0.6	—	2
交叉式	大线圈/小线圈	2.1/1.85	1.1/0.85	—	1.8/1.9

表4-5 双层叠绕组经验数据x、t的取值范围

电动机极数	2	4	6	8
x	1.5~2	0.5~0.75	0~0.25	0~0.2
t	1.49	1.53	1.58	1.58

4.4.3 制作木质绕线模的方法

制作木质绕线模的操作如图4-10所示。

先准备好厚度合适的木板，两面刨光。然后，按上述设计尺寸将木板加工出模芯和夹板。将模芯暂时固定在夹板上，用铅笔在夹板上画出模芯重合线。在中心处钻一个供穿绕线机轴的圆孔。从夹板上取下模芯，以模芯中心孔为中心，在模芯上画一条横向倾斜线，沿此线将模芯锯成两段。

按开始在夹板上画出的模芯重合线将上述锯开的模芯一上一下分别粘牢在两块夹板上。四周黏合后接缝处要密合，以防绕线时导线挤入缝隙中。最后，在夹板上开出一个引线口和几个扎线口。

对一个极相组有几个线圈的绕组，可将几个绕线模制成一组，这样绕制方便，并可直接过线，既节约了铜线，又可省去焊接以及焊接后的绝缘处理，同时也增加了线圈之间连接的可靠性。

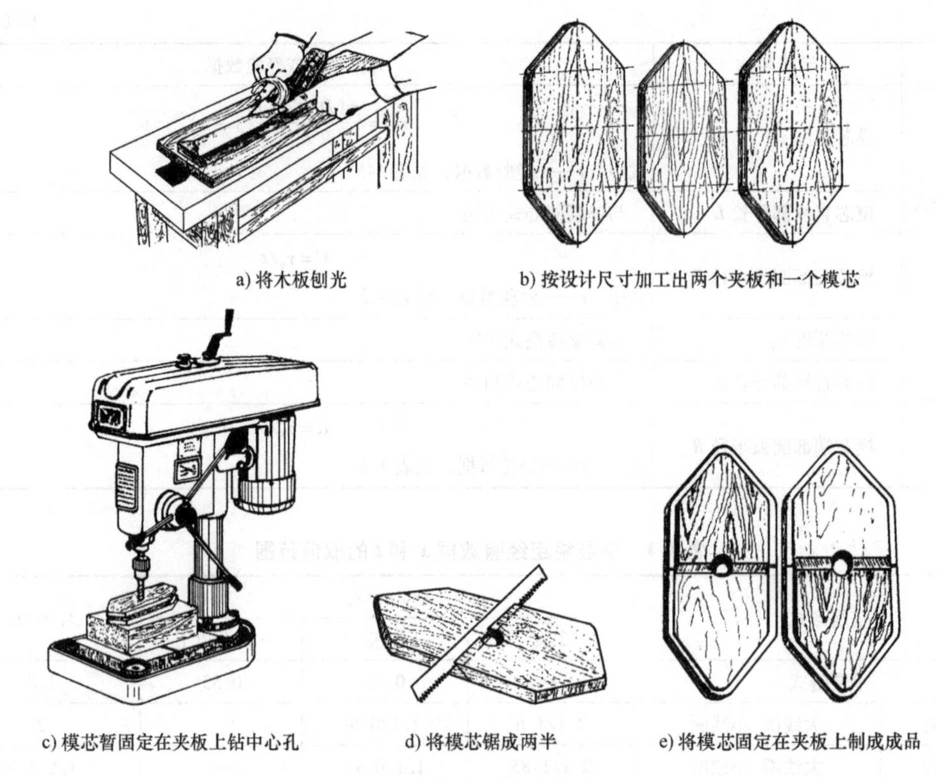

a) 将木板刨光
b) 按设计尺寸加工出两个夹板和一个模芯
c) 模芯暂固定在夹板上钻中心孔
d) 将模芯锯成两半
e) 将模芯固定在夹板上制成成品

图 4-10　制作木质绕线模的过程

4.5　绕制线圈的工艺和质量检查

4.5.1　绕制方法和注意事项

1. 绕制方法

首先根据所拆下的旧绕组所用电磁线的绝缘等级、绝缘厚度和材料、线径等，选用电磁线。除个别情况外，一般采用绕线机进行绕制。

较小的线圈可采用手摇绕线机，如图 4-11a 和 b 所示；较大的线圈或在有一定规模的修理厂则采用电动甚至自动的绕线机，图 4-12 中所用的就是一台由电动机带动、可调速和正反转控制的电动绕线机的工作示意图。下面讲述的绕线过程和注意事项将参照此图。

1）检查所用电磁线的直径，应符合要求。

2）将线轴放在专用支架上，尽可能使各股线处于一个竖直面内。

3）将电磁线穿过装着石蜡的木箱（导线通过石蜡后，其表面变得光滑，从而有利于嵌线，但在浸漆时若不预热，则导线表面的石蜡会影响漆的附着力。所以，是否采用此方法，要根据自己的处理工艺情况来决定），再通过一个毛毡夹（用于产生一定阻力。此夹应可上下活动，所以采用合页安装）后穿过一根塑料管固定在绕线模固定线端的装置上（一般是一个钉子）。

4）检查计数器，不在零位时调到零位。

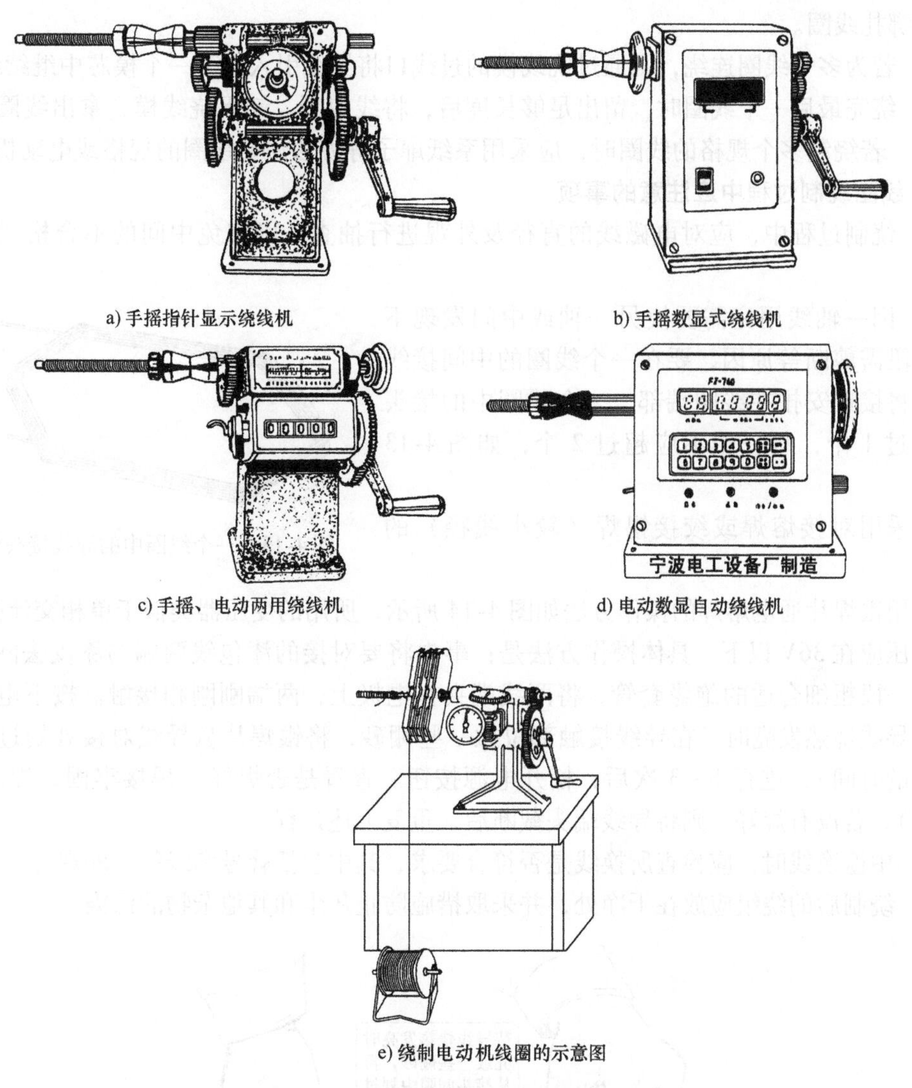

a) 手摇指针显示绕线机　b) 手摇数显式绕线机

c) 手摇、电动两用绕线机　d) 电动数显自动绕线机

e) 绕制电动机线圈的示意图

图 4-11　小型绕线机和绕制线圈的示意图

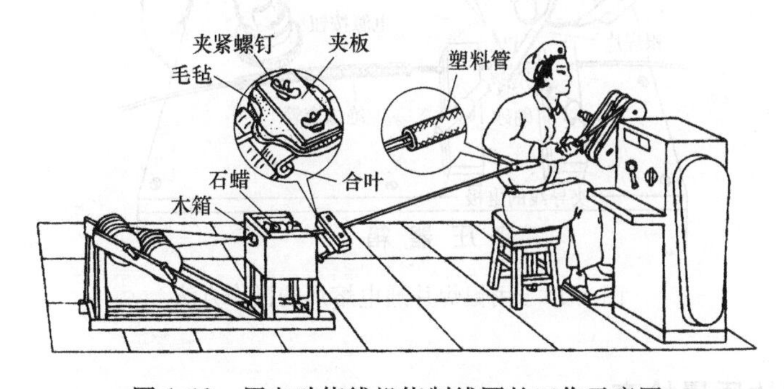

图 4-12　用电动绕线机绕制线圈的工作示意图

5）起动绕线机，由慢到快开始绕制。两手握住塑料管，对导线施一定的力并尽可能地控制导线使其分层整齐排列。将要达到预定的圈数时，放慢速度。达到预定圈数后，停转。

用线绳绑扎线圈。

6）若为多个线圈连绕，则通过绕线模的过线口将导线引入到下一个模芯中继续绕制。

7）绕完最后一个线圈时，留出足够长度后，将线剪断。卸下绕线模，拿出线圈并按顺序放好。若绕制多个规格的线圈时，应采用系纸扉子等方法注明线圈的规格或电动机型号。

2. 线圈绕制过程中应注意的事项

1）绕制过程中，应对电磁线的直径及外观进行抽查，以避免中间的不合格线绕入线圈中。

2）因一轴线用完需要换另一轴或中间发现不合格线段需剪断等原因，要在一个线圈的中间接线时，应将接点安排在线圈端部，一个线圈中的接头不应超过1个，每一相不应超过2个，如图4-13所示。

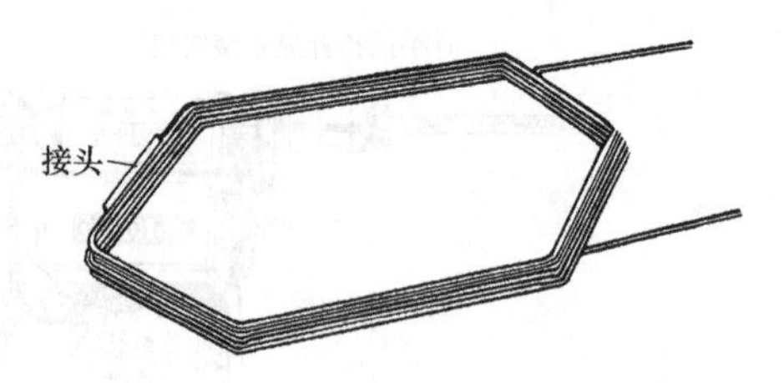

图4-13　一个线圈中的导线接头位置

可采用对接熔焊或绞接锡焊（较小线径）的方式。

使用银焊片通电熔焊的操作方法如图4-14所示，所用的变压器类似于单相交流弧焊机，输出电压应在36V以下。具体操作方法是：事先将要对接的漆包线两端的漆皮去除，在一端套上一段粗细合适的绝缘套管，将两线端夹在电极上，两端刚刚相接触。按下电源按钮后，待导线烧热发亮时，在导线接触部位撒一些硼砂，将银焊片从导线对接处划过（要控制划过的时间），进行1～3次后，松开电源按钮。查看是否焊好（焊接牢固，焊点光滑，无毛刺），若没有焊好，则将导线端头截断后，重复上述过程。

3）中途换线时，应检查所换线是否符合要求，其中包括牌号和线径、外观等。

4）绕制后的绕组应放在干净处，并采取措施防止灰尘和其他杂物的污染。

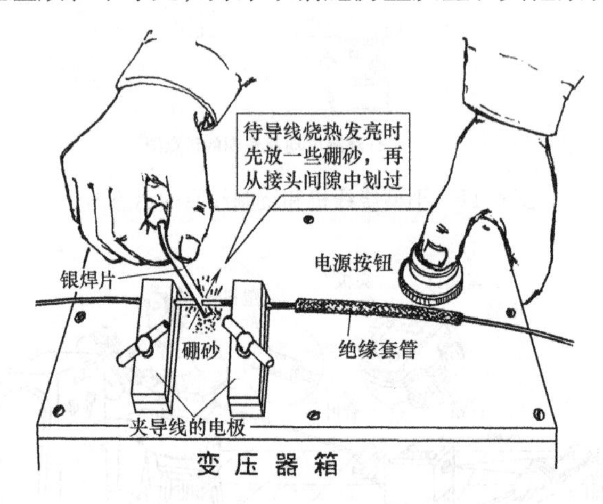

图4-14　用银焊片通电熔焊的操作方法

4.5.2　对线圈的质量检查

对绕好的线圈，应检查的项目有：①节距；②直线边长度；③端部长度和拐角情况；④总长；⑤整个线圈的导线顺直整齐情况（不得有硬折弯，若有连接点，应处在端部外侧，并且不得多于 1 个）；⑥漆皮是否有脱落、刮伤或漆瘤；⑦线径；⑧匝数。有关项目如图 4-15a和 b 所示。

电动机绕组的匝数是一个相当重要的参数，必须得到保证。当匝数较少或生产批量很少时，可用人工数数的简单办法检查；使用匝数检测仪进行测量的方法如图 4-15c 所示。

对于高压电动机线圈，还应检查匝间绝缘和耐交流电压强度试验。

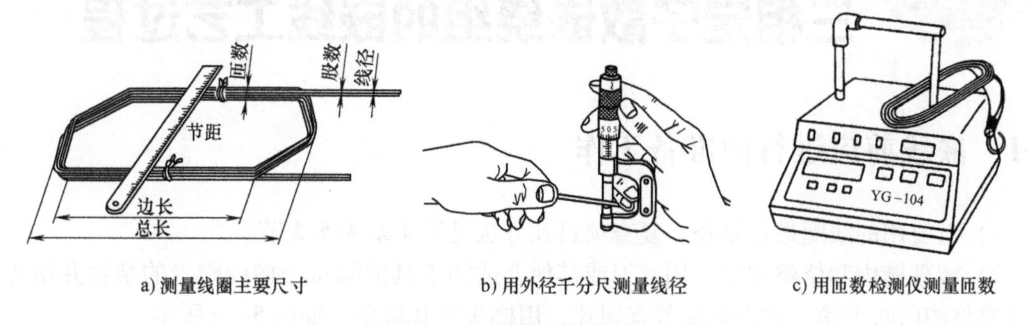

a) 测量线圈主要尺寸　　b) 用外径千分尺测量线径　　c) 用匝数检测仪测量匝数

图 4-15　对线圈质量的检查

第5章 三相定子散嵌绕组的嵌线工艺过程

5.1 嵌线前应进行的准备工作

1）对要用的线圈进行复查。复查项目及方法见第4章4.5.2节。

2）清理槽内和修整翘片。用锉刀或其他合适的工具清除每个槽内附着的杂物并用压缩空气等将槽内吹干净。铁心两端若有翘片，用榔头将其敲平，如图5-1a所示。

3）给槽编号。给铁心各槽按顺时针顺序编号（出线在操作者右手方向时。本书介绍的嵌线过程均按此规定），可隔1个标1个。1号槽一般应是U相的U1端出线位置，如图5-1b所示。若嵌线技术已很熟练，可不进行此项工作。

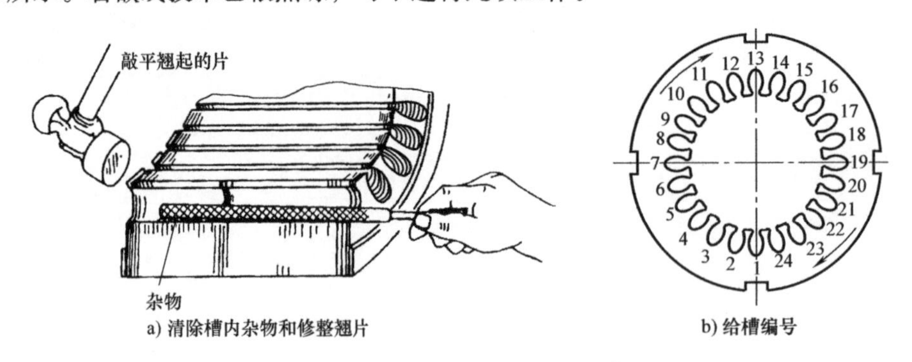

图5-1 嵌线前应进行的准备工作

5.2 嵌线、接线和端部包扎常用的工具

嵌线、接线和端部包扎常用的工具及使用说明见表5-1。另外，根据导线连接工艺的不同，还要用到气焊设备、对接电弧焊机、炭精锡焊机（用于较大接头的锡焊）、熔锡锅等工具，这些将在用到时再介绍。

表5-1 嵌线、接线和端部包扎常用的工具及使用说明

名称	实物图	用途及使用说明
清槽专用双头锉	焊接 平锉 圆锉	由一个圆锉和一个平锉在手柄处焊接起来组成。使用时可互做手柄深入到较长的槽内清理槽内高片和杂物

（续）

名称	实物图	用途及使用说明
划线板	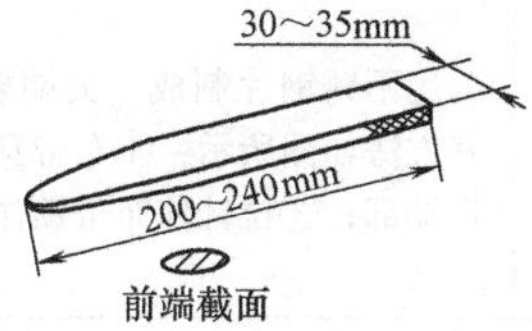 30～35mm 200～240mm 前端截面	用尼龙材料或竹片制成，其前端截面应呈椭圆形，头部应呈圆弧状。要经常保持光滑，以防止划伤导线和槽内绝缘
压线板（压脚）	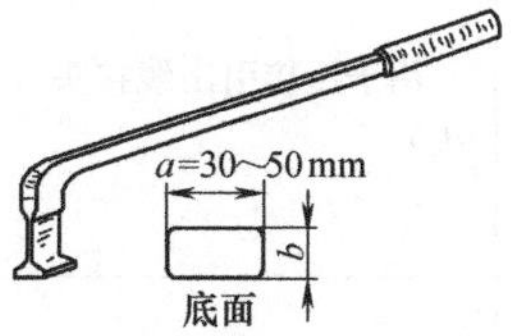 a=30～50mm b 底面	用于压紧槽内导线或叠压槽绝缘封口。用钢板制作，其压脚部位应进行热处理，使其有较高的硬度和强度；底面四角应磨光并呈圆弧形，纵向可磨成反瓦片状，以利于插入槽中和在槽内前后行走。根据电动机槽截面的宽窄，可准备不同压脚宽度的压线板
压线用钢钎		用具有一定弹性和强度的钢条制成，截面制成弓形。其用途同压线板
尼龙或塑料铁心锤	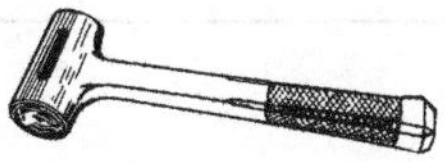	用一个圆柱形铁心外包尼龙（或塑料）制成。用于通过垫打板敲打绕组端部
铁榔头	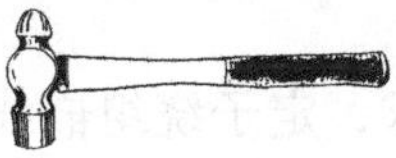	用于敲击修整铁心或通过垫打板敲击绕组端部
垫打板、棍	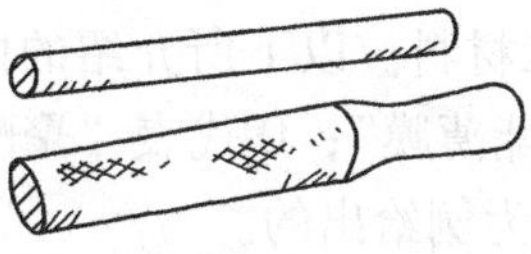	用硬木板或尼龙板等制成。在用榔头敲打绕组时，将其垫在绕组上，可防止伤害导线的绝缘。根据需要，截面可为图示的圆形或椭圆形
剪刀		用于修剪相间绝缘、槽绝缘或截取绝缘套管、绑扎带等。弯口剪刀是医用剪刀的一种，用于修剪小型电动机槽口多余的绝缘和端部相间绝缘时，比普通剪刀更顺手
铲刀	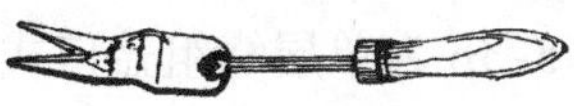	用锋钢自制，用于铲除露在槽口外面的多余槽绝缘
尖嘴钳	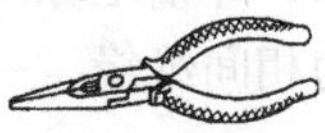	用于截断导线和插拉槽绝缘，有时也用于推拉槽楔或相间绝缘等
刮漆皮刀	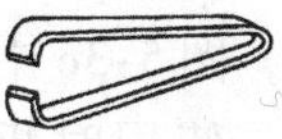	简易的用钢片制成（本图），现有台式和手持电动式的成品（见图1-66）。用于刮掉电磁线接头部位的漆皮
电烙铁	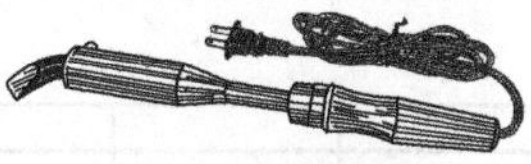	用于焊接导线。视要焊接导线的粗细，可准备功率大小不同的规格
黄铜丝穿线针	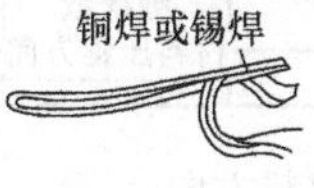 铜焊或锡焊	用于穿引绑线或布带。一种用黄铜丝（直径2mm左右）对折后，将两个端头焊在一起，绑线或布带可靠两根铜丝的夹力卡住

（续）

名称	实物图	用途及使用说明
不锈钢片穿线针		用不锈钢片制成，尖端要磨圆滑，用于穿引布带，其方法如图所示：①布带穿过针孔；②用针尖穿透布带端部；③拉针使布带锁住
小型手动冷压钳、液压冷压钳		用于压接引出线接头（俗称线鼻子，也称为OT接头）
液压切线钳		用于切断较大截面积的引出线电缆
剥线钳		用于剥去导线的绝缘层

5.3 定子绕组所需的绝缘材料、裁制方法和尺寸要求

根据电动机规格大小、电压高低等不同的要求，定子绕组嵌线需要的绝缘材料有槽绝缘、层间绝缘、盖纸条、相间绝缘等纸状绝缘材料和云母板、玻璃布板等。

不同绝缘等级的电动机采用不同等级的绝缘材料。以下所介绍的内容中，是以Y或Y2系列电动机所采用的DMD（其中，M代表“聚酯薄膜”；D代表“聚酯纤维纸”，也叫“聚酯纤维无纺布”，简称“无纺布”）或DMD+M为例给出的。

1. 绝缘材料的剪裁

为使绝缘材料发挥其较好的力学性能（主要是防划防裂），应考虑剪裁和使用方向问题。图5-2给出了两种材料的剪裁方向。其他材料应注意其使用说明或通过实验来确定。

2. 绝缘的种类及尺寸

图5-3a为双层绕组叠口式绝缘的截面，图5-3b为单层绕组盖口式绝缘的截面；前者有两种绝缘，即槽绝缘及层间绝缘。后者也有两种绝缘，即槽绝缘及盖口绝缘（俗称盖条）。

另外，在绕组端部各相之间要夹一层绝缘，称为相间绝缘，一般裁成三角形，最后进行修剪。

各种绝缘的剪裁形状及尺寸见图5-3c、d、e和f，图5-3c中两端的M表示在绝缘DMD上再附一层M，M比DMD两端各长出10～12mm，使用时折包在DMD上。图中a值见表5-2。

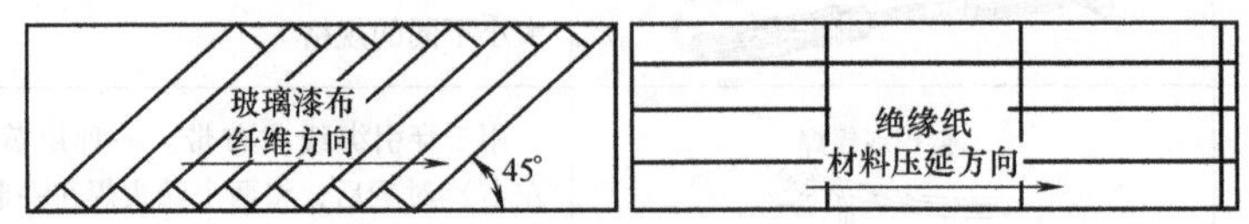

图5-2 绝缘材料的剪裁方向

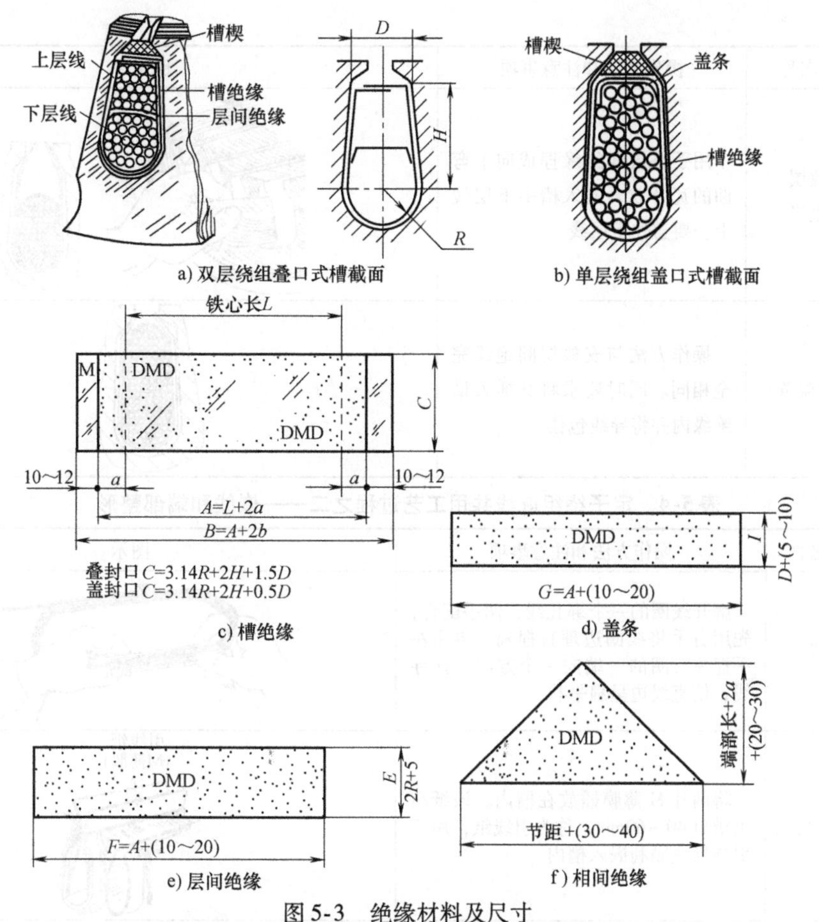

图 5-3　绝缘材料及尺寸

表 5-2　槽绝缘伸出铁心长度 a 的推荐值　　　(mm)

机座号	≤71	80 ~ 100	112 ~ 160	180 ~ 225	250	280	315	355
a/mm	7.0	7.5	8.0	10	12	15	18	22

5.4　定子绕组嵌线共用工艺过程

尽管三相绕组有几种不同的形式以及单、双层之分，但其嵌线工艺过程却有很多共同之处。工艺顺序按表 5-3 和表 5-4 介绍的内容进行，其中有些内容要根据电动机的大小和具体工艺情况加以取舍。

表 5-3　定子绕组嵌线共用工艺过程之一——安放槽内绝缘

序次	过程名称	操作方法和注意事项	图示
1	安放槽绝缘	当使用 DMD + M 时，先将 M 两端折包在 DMD 上。然后沿纵向折起，用手捏住上口插入槽中。两端露出槽口的长度要相等	DMD+M M

（续）

序次	过程名称	操作方法和注意事项	图示
2	安放层间绝缘	用手将层间绝缘捏成向下弯曲的瓦片状，插入槽中下层线上。要盖住下层线	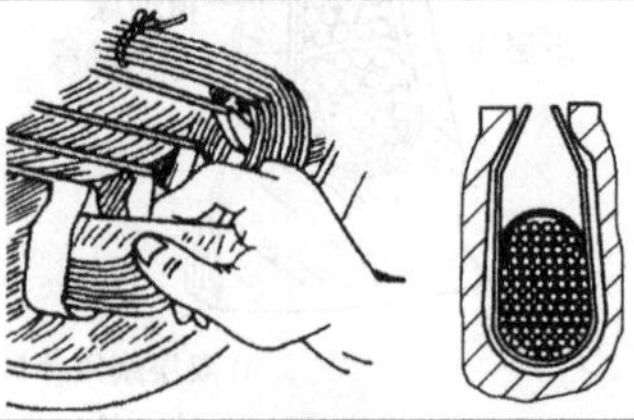
3	安放盖条	操作方法与安放层间绝缘完全相同。同时要求将其插入槽绝缘内并将导线包住	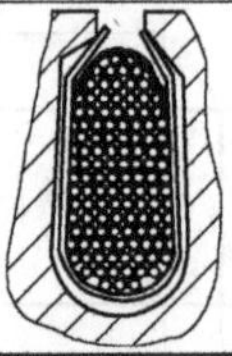

表 5-4 定子绕组嵌线共用工艺过程之二——嵌线和端部整形

序次	过程名称	操作方法和注意事项	图示
1	理线	解开线圈的一个绑扎线，两手配合，先用右手将线圈边理直捏扁，再用左手捏住线圈的一端向一个方向旋拧导线，使直线边呈扁平状	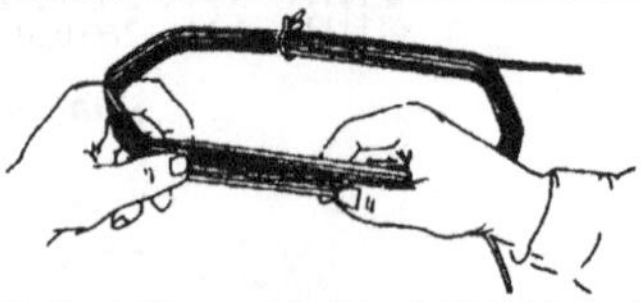
2	插放引线纸	将两片 M 薄膜插放在槽内。该纸高出槽口 40～60mm，称为引线纸，用于引导导线顺利嵌入槽内	 引线纸 (M薄膜)
3	嵌线入槽	右手捏平线圈直线边，左手捏住线圈前端（非出线端），使直线边和槽线呈一定角度，将线圈前端下角插入引线纸开口并下压至槽内，左手拉、右手推并下压，将线圈直线边嵌入槽内	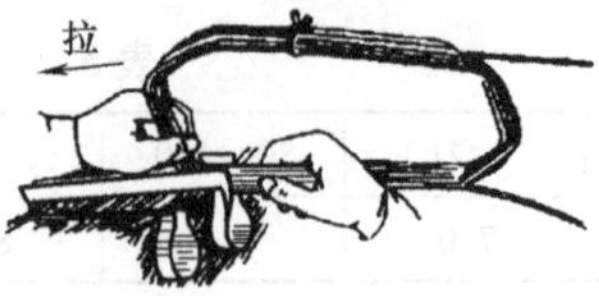 拉
4	划线入槽	当按上述方法导线未能全部嵌入槽内时，可用划线板划入槽中。插入位置应靠槽的两侧，并左右交叉换位，适当用力划压导线进入槽内。为防止导线被划走，在划线时，左手应捏住线圈另一端并用一定力下压。操作时要耐心，防止强行划理交叉线造成导线绝缘损伤，划线板的尖端不要划到槽底，以避免划破槽底绝缘	 划线板
5	安放起把线圈垫纸	起把线圈是为了让最后几个线圈嵌入而有一个边暂不嵌入槽内的线圈。根据槽数的多少和绕组形式的不同，起把线圈的个数也不同 由于起把线圈的一个边要在最后嵌入槽内，为防止它被划伤或磕伤，特别是被下面的槽口划伤，所以要在它们的下面安放一张垫纸，一般用绝缘纸或牛皮纸	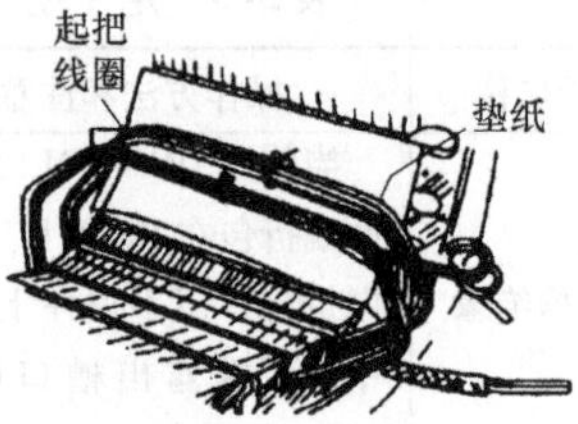 起把 线圈 垫纸

（续）

序次	过程名称	操作方法和注意事项	图示
6	连绕线圈的放置方法	对于连绕的几个线圈，可平摆在铁心旁，嵌入一个线圈后，将下一个线圈先沿轴向翻转180°，再将外端翻转180°，即达到预定位置，如左图所示。也可将所有线圈挂在右手臂上，一个接一个地摘下嵌入，如右图所示 连绕的线圈都是采用先依次嵌入第一条边，再依次嵌入第二条边，最后逐个进行封槽或插入层间绝缘、盖纸的操作方法	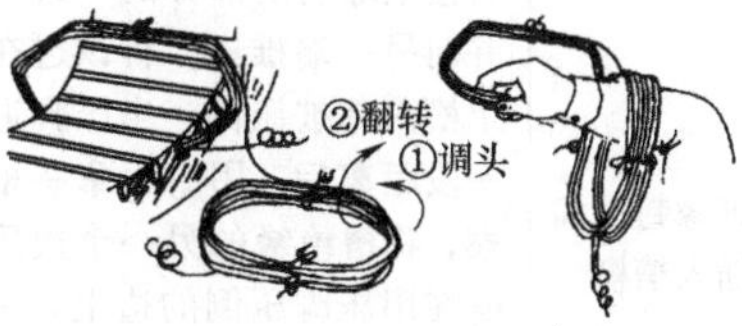 ②翻转 ①调头
7	嵌第二条边	在嵌一个线圈的第二条边前，应用两手理顺第二条边，然后再嵌入	
8	插入层间绝缘	将层间绝缘插入后，用压脚插入槽中，用榔头轻轻敲击压脚，从一端到另一端，使下层线压实，以利于上层线的嵌入	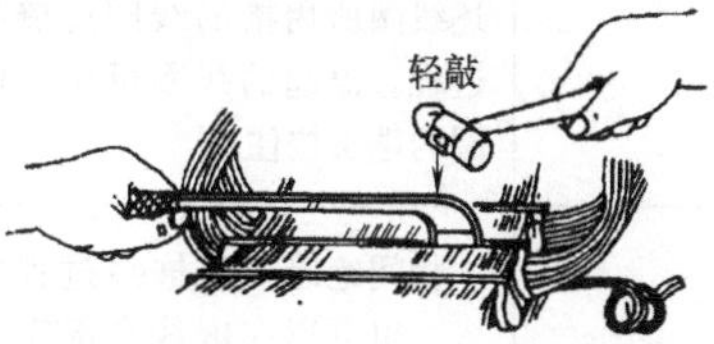 轻敲
9	嵌线过程中的端部整形	在嵌线过程中，应随时对其端部进行整形，这一方面便于导线在槽内固定（未插入槽楔时），同时也便于以后线圈的嵌入，更为最后的端部整形打下一个好的基础。对于较细的或较软的导线，可用两手同时按压一端；对于较大或较硬的导线，则要用榔头通过垫打板敲打。应注意不要用力过大或过猛，以防止压破槽口绝缘或打破导线绝缘，造成对地短路或匝间短路	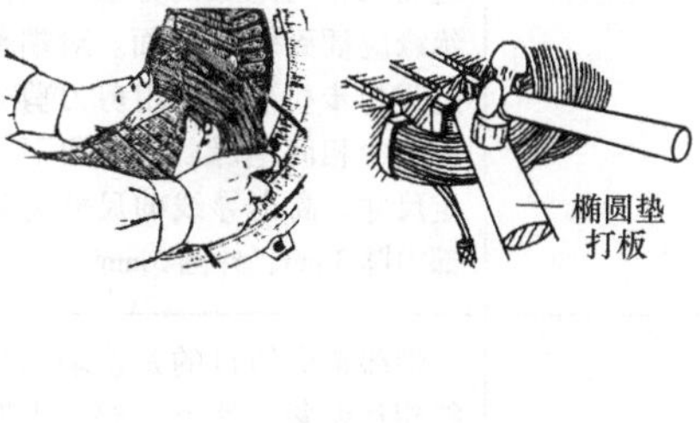 椭圆垫打板
10	每个线圈的端部包扎	对于较大容量（机座号200以上）某些规格的电动机，为了加强线圈端部之间的绝缘，可采用每个线圈端部都包一段绝缘漆布带的工艺	 漆布带 拉紧后剪去多余部分 过线

（续）

序次	过程名称	操作方法和注意事项	图示
11	槽绝缘封口和插入槽楔	槽绝缘封口和插入槽楔一般都是同时完成的。以叠式封口为例，先用左手拿压脚从一端将槽绝缘剩出部分的一边压倒并向另一端推进，将该边在整个槽内都被压倒。当压脚退回一段距离后，用右手拿一根槽楔，将槽绝缘的另一个边压倒叠在用压脚压倒的边上。一边后退压脚，一边推进槽楔，至整条槽楔插入为止。当槽楔在最后一段手无法用力时，可用划线板的根端或另一只槽楔顶进。用压线钢钎进行操作的方法与上述相同	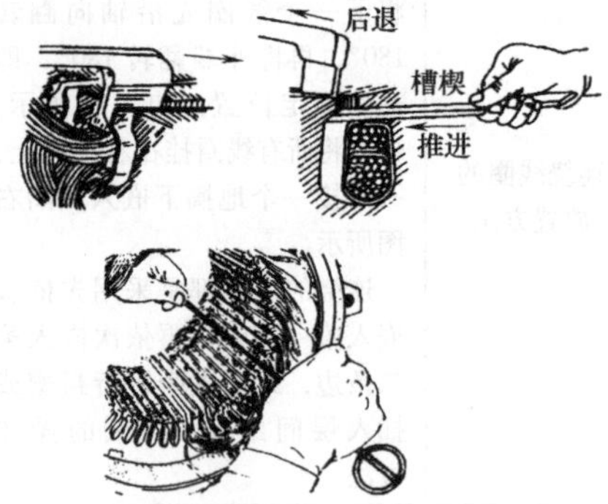 后退 槽楔 推进
12	翻把	翻把又称吊把（“把”是对线圈直线边的称呼）。是为了嵌入最后几个线圈的第一个边，而将起初几个起把线圈遮盖上述线圈所用槽的线圈边撩起的过程。撩起的线圈可用其他线圈的端头拉住	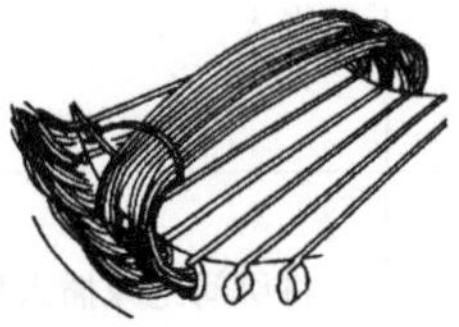
13	插入相间绝缘	相间绝缘可在嵌线过程中插入，也可以在嵌线全部完成后插入。但对于多极数和多槽的较大容量电动机，由于线圈端部相互挤压得较紧，最后插入比较困难，所以应采用边嵌线边插入相间绝缘的办法。相间绝缘应插到铁心端面。对端部进行初步整形后，用剪刀剪去露出的相间绝缘，但应留下一定尺寸，高出导线的尺寸为端部内圆 3mm、外圆 5mm	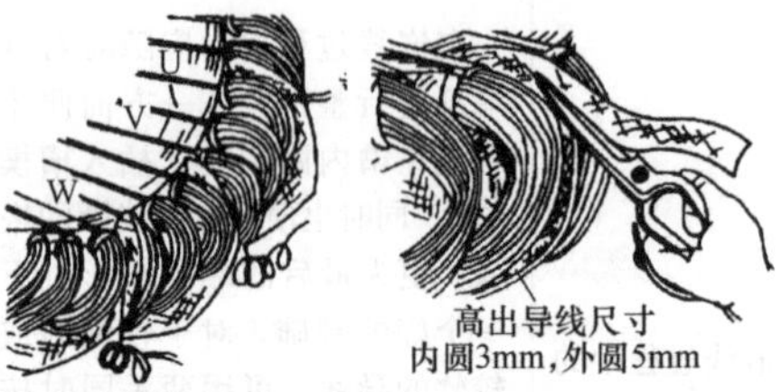 U V W 高出导线尺寸 内圆3mm，外圆5mm
14	端部整形	端部整形的目的是使端部导线相互贴紧、外形圆整、内圆直径大于铁心内径、外圆直径小于铁心外径 可采用橡皮榔头敲打整形或用铁榔头通过垫打板敲击整形，如左图所示。在专业修理厂，可准备部分铝质或木质如右图所示的专用整形胎插入端部内圆，然后拍打外圆进行整形	 手柄 专用整形胎

5.5 四种常用形式绕组的嵌线工艺过程实例

5.5.1 绕组展开图说明

1）为绘图和讲述方便，示例尽可能选用了最少槽数的方案，并且绘出的只是出线端的端面平视图。

2）从出线端看去，嵌线后退方向为顺时针（出线在操作者右手方向）。

3）图中每个极相组中各线圈之间按连绕的方式给出。

4）三相绕组单层示例按 U、V、W 相的顺序分别用粗实线、细实线和虚线表示；双层用三种粗细不同的线表示。

5）三相绕组的接线是按常规理论所绘的展开图进行的，但实际应用中，为了接线简短或相序的需要，可能改变接线位置，但三相间的相位及各相头尾间的连接顺序不可改变。

5.5.2 单层同心式绕组

1. 参数和展开图

型号：Y100L－2。有关参数：槽数 $Z_1=24$；极数为2（$p=1$）；大线圈节距 $y_1=11$（或1—12）；小线圈节距 $y_2=9$（或2—11）；支路数 $a=1$（1路串联）；每极每相槽数 $q=4$。

图5-4为本例的绕组展开图。其中图5-4a是一相（U相）的，图5-4b是三相的。下端为出线端，按与嵌线后退方向为顺时针（平面为从右向左）方向排列槽号（其他书中，一般是按从左到右的顺序排列槽号，此处这样规定只是为了讲述方便）。

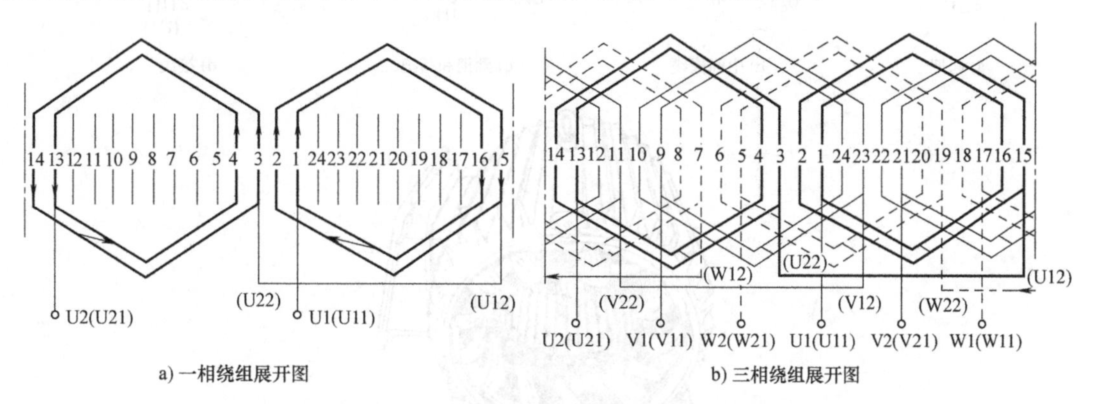

图5-4　24槽、2极、1路同心式绕组展开图

2. 嵌线、放置绝缘、整形和接线过程

（1）起把

将U相一组共2个线圈的两个边分别嵌入1号和2号槽内。另两个边暂不嵌入，为前两个起把线圈。如图5-5a所示。后退隔2个槽（即3、4号槽），在5、6号槽嵌入W相的两个线圈边。另两个边暂不嵌入，为后两个起把线圈，如图5-5b所示。

（2）中间嵌线

再隔2个槽（7、8号槽），在9、10号槽嵌入V相的两个线圈边。其另两个边分别嵌入23、24槽内。如图5-5b所示。以后，按上述（1）的过程，每嵌2个线圈后，后退2个槽再嵌两个线圈。直至嵌到 17 和 18 号槽内。如图 5-5c 所示。对于较大的电动机，每嵌入一个线圈边都用槽楔封好；较小的电动机（如机座号在 132 以下），可在所有线圈嵌完后一起插入槽楔封槽。

（3）翻把和落把

当要嵌 21 和 22 槽时，原 4 个起把线圈就起了妨碍作用。因此需将其翻起，使 22 号及以前的槽露出来。如图 5-5c 所示。当 20、21 号槽嵌好后，按 15、16、19、20 的顺序将 4 个起把线圈边嵌入，即落把。插入槽楔，封好槽。整理槽楔，使之伸出两端的长度相等。

（4）插入相间绝缘

插入相间绝缘并初步整形后，用剪刀修剪多出的相间绝缘。最后再次对端部进行整形。

（5）接线

按展开图（见图 5-4）所示进行接线，并绑扎，引出 6 条线 U1、U2、V1、V2、W1、W2，如图 5-5d 所示。

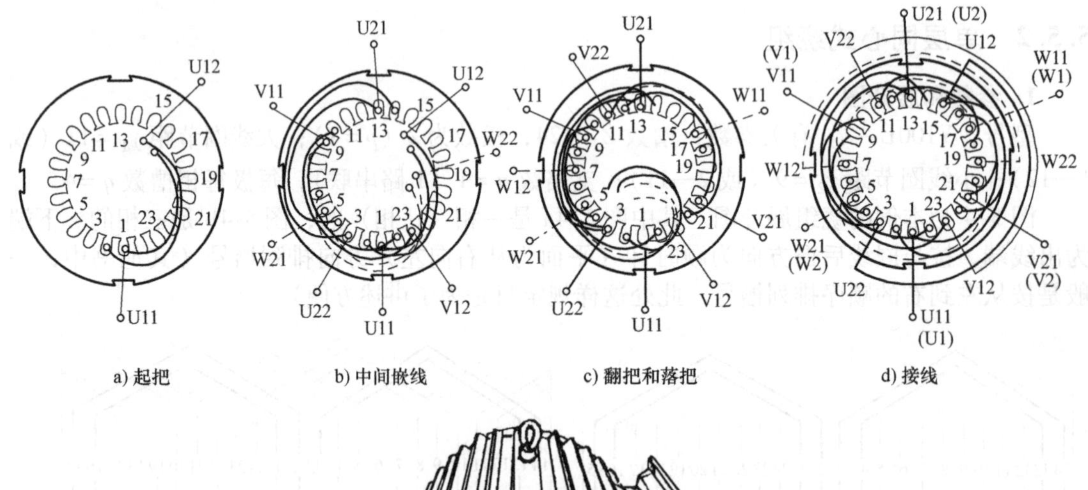

a) 起把　b) 中间嵌线　c) 翻把和落把　d) 接线

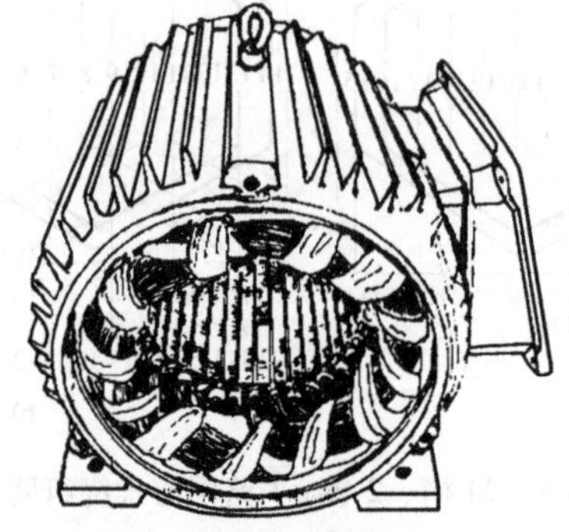
e) 端部绑扎后的实物图

槽序号	1	2	3	4	5	6	7	8	9	10	11	12	13	14	15	16	17	18	19	20	21	22	23	24
嵌线次序号	1	2	11	12	3	4	15	16	5	6	19	20	9	10	21	22	13	14	23	24	17	18	7	8

图 5-5　24 槽、2 极、1 路同心式绕组嵌线过程

3. 嵌线规律

上述嵌线顺序见图 5-5 中最下面的对应表。从上述过程中可以看出，本例的嵌线规律如下：

1）起把线圈数为4，即等于每极每相槽数。

2）嵌线顺序是每嵌2个槽，隔2个槽，再嵌2个槽。

3）一相的一组线圈第1个边嵌入顺序是先小后大，第2个边是先大后小（大小指线圈而言。若有3个线圈，则先为小、中、大，后为大、中、小）。

5.5.3 单层链式绕组

1. 参数和展开图

型号：Y90L－4。有关参数：槽数 $Z_1=24$；极数为4（$p=2$）；线圈节距 $y=5$；支路数 $a=1$（1路串联）；每极每相槽数 $q=4$。绕组展开图如图5-6所示。

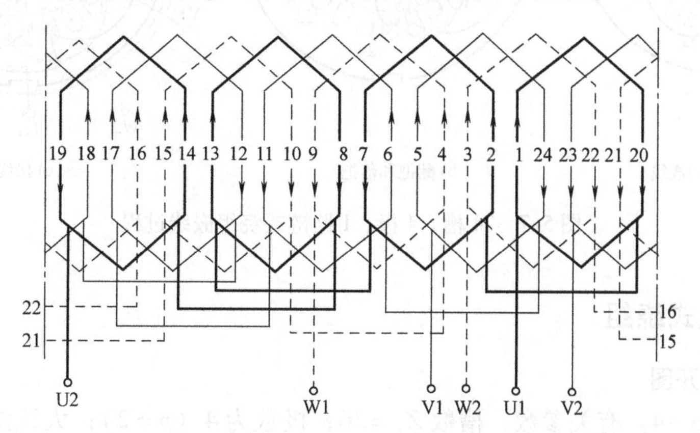

图5-6 24槽、4极、1路链式绕组展开图

2. 嵌线、放置绝缘、整形和接线过程

（1）起把

在1号槽内嵌入1个线圈（U相）；隔1个槽，即在3号槽内再嵌入1个线圈（W相）；再隔1个槽，即在5号槽内嵌1个线圈（V相）。这3个线圈的另一个边均暂不嵌入，即起把线圈，如图5-7a所示。

（2）中间嵌线

将第4个线圈（U相的第2个线圈）的一个边嵌入第7号槽（与第3个线圈又隔1个槽），另一个边嵌入第2号槽（按节距为5向前数出来的）。以后均是向后退着（顺时针方向）每隔1个槽嵌1个线圈，直到嵌到第19号槽，如图5-7a和图5-7b所示。

（3）翻把和落把

当嵌到第19号槽后，将前面的3个起把线圈翻把，如图5-7b所示。再嵌入两个线圈后，依次将前3个线圈的剩余边分别嵌入20、22和24号槽内，完成落把工作，如图5-7b所示。

（4）插入相间绝缘

插入相间绝缘并初步整形。

（5）接线、整形

按展开图所示进行各相中的有关连线。若采用一相连绕嵌线掏把的工艺，将无须进行一相中4个线圈间的连线，如图5-7c所示。连线后整形和绑扎。

3. 嵌线规律

1）起把线圈3个。

2）隔1个槽嵌1个槽。

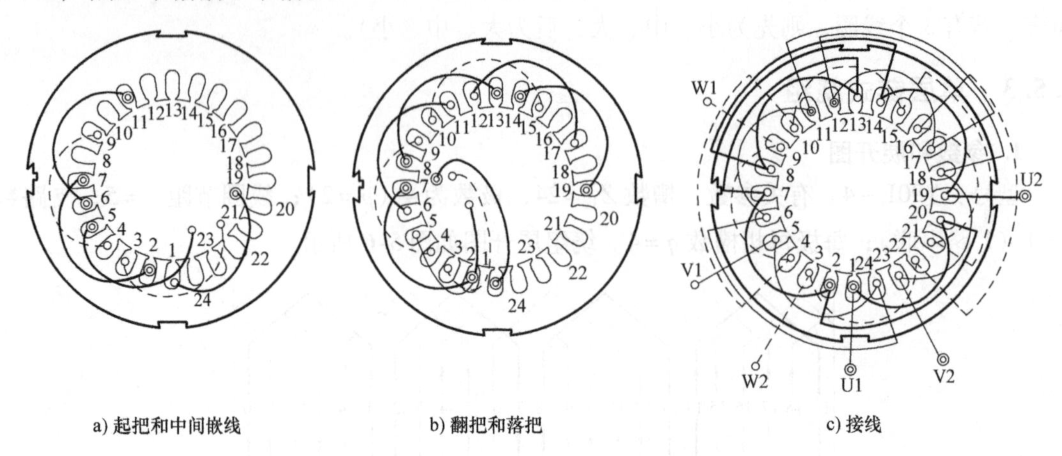

a) 起把和中间嵌线　　b) 翻把和落把　　c) 接线

图5-7　24槽、4极、1路链式绕组嵌线过程

5.5.4　交叉链式绕组

1. 参数和展开图

型号：Y132S－4。有关参数：槽数 $Z_1=36$；极数为4（$p=2$）；大线圈节距 $y_1=8$，小线圈节距 $y_2=7$；支路数 $a=1$（一路串联）；每极每相槽数 $q=3$。三相绕组展开图如图5-8所示。

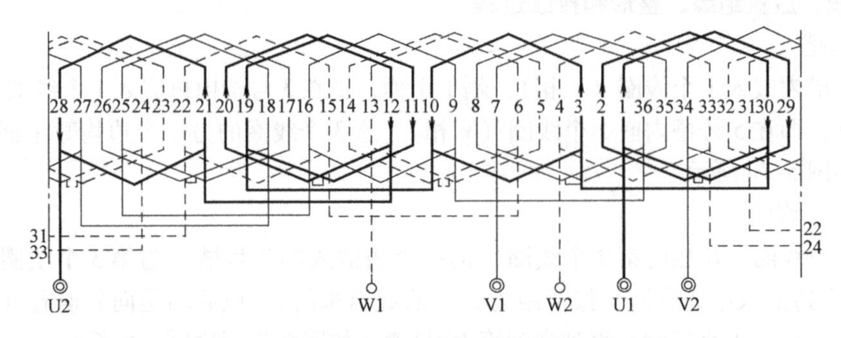

图5-8　36槽、4极、1路交叉链式绕组展开图

2. 嵌线、放置绝缘、整形和接线过程

（1）起把

在1、2号槽内分别嵌入U相大线圈的两个边并插入槽楔。另两个边暂不嵌入。隔1个槽，即在第4号槽内嵌入W相小线圈的一个边，并插入槽楔，另一个边暂不嵌入。以上3个线圈为起把线圈，如图5-9a所示。

（2）中间嵌线

上述3个起把线圈嵌入后，隔过5、6号两个槽，在7、8号两槽内分别嵌入V相的两个大线圈的一个圈边，其另外一个边分别按节距 $y_1=8$ 嵌入35、36号槽内。嵌入后可插入槽楔封槽。再隔 1 个槽（9 号槽），在 10 号槽内嵌入 U 相小线圈一条边，另一条边嵌入 3 号槽（$y_2=7$）。插入槽楔。以后，一直按上述规律，即“隔 2 个槽嵌 2 个大线圈后，隔 1 个槽嵌 1 个小线圈”进行下去，直至嵌到起把线圈影响进一步嵌入时，即嵌到 28 号槽时，如图 5-9b所示。

（3）翻把和落把

当嵌到 28 号槽后，开始翻把。至嵌到 34 号槽时，开始落把，如图 5-9b 和 c 所示。

（4）插入相间绝缘及整形

这种形式的相间交叉点比较多，应特别注意不要插错位置。

（5）接线

参照展开图进行接线，如图 5-9c 所示。应注意，有的产品为了使接线简短，出线位置可能与图 5-8 和图 5-9 示出的有所不同。

3. 嵌线规律

1）起把线圈 3 个。

2）嵌 2 个大线圈后，隔 1 个槽嵌 1 个小线圈，再隔 2 个槽后嵌 2 个大线圈，……

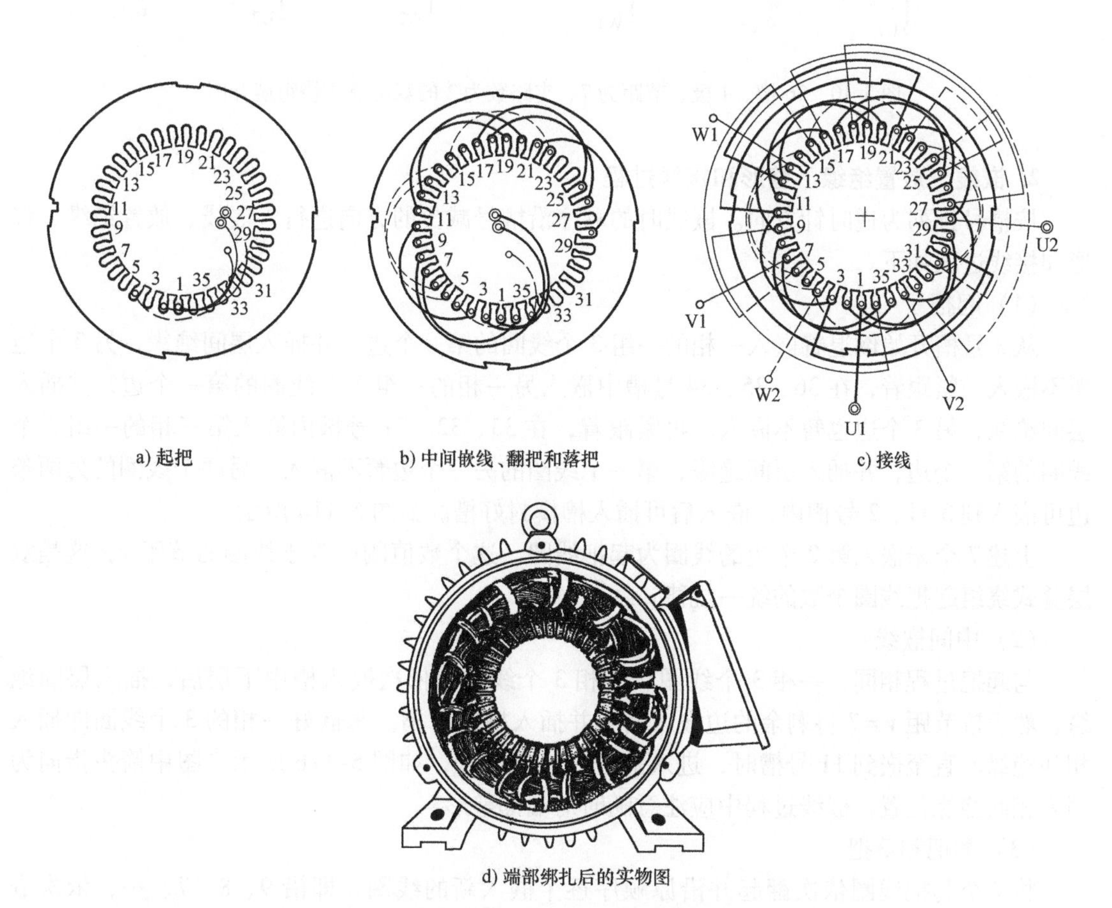

a) 起把　　b) 中间嵌线、翻把和落把　　c) 接线

d) 端部绑扎后的实物图

图 5-9　36 槽、4 极、1 路交叉链式绕组嵌线过程

5.5.5 双层叠式绕组

1. 参数和展开图

型号：JO2－61－4，13kW。有关参数：槽数 $Z_1=36$；极数为4（$p=2$）；节距 $y=7$；支路数 $a=2$（2路并联）；每相线圈数为12。绕组展开图如图5-10所示。本例槽号的排列顺序方向与前3例相反。

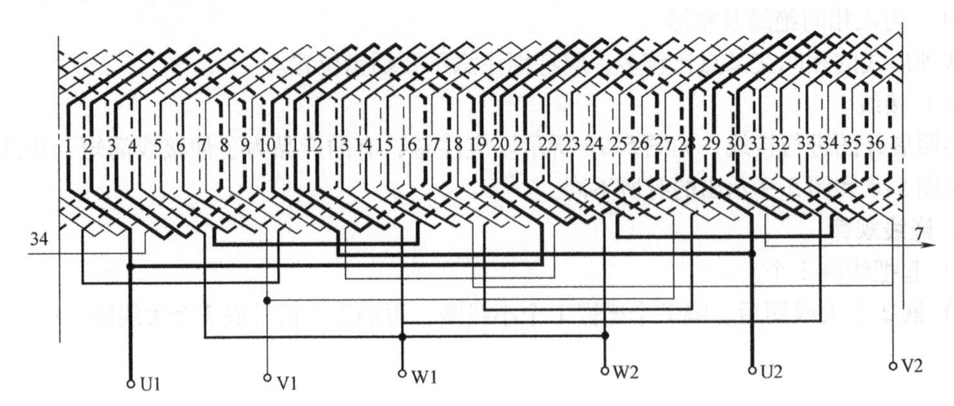

图5-10 36槽、4极、节距为7、支路数为2的双层叠式绕组展开图

2. 嵌线、放置绝缘、整形和接线过程

按槽号排列为逆时针方向。嵌线时的顺序沿槽号减少的方向进行。嵌线、放置绝缘、整形和接线过程如下。

（1）起把

从3号槽开始倒退着嵌入一相的一组3个线圈的第一个边，并插入层间绝缘，另3个边暂不嵌入。紧跟着，在36、35、34号槽中嵌入另一相的一组3个线圈的第一个边，并插入层间绝缘，另3个边也暂不嵌入。再紧跟着，在33、32、31号槽内嵌入第三相的一组3个线圈的第一个边，并插入层间绝缘，第一个线圈的另一个边暂不嵌入。另两个线圈的另两条边可嵌入到3号、2号槽内，嵌入后可插入槽楔封好槽。如图5-11a所示。

上述7个未嵌入第2个边的线圈为起把线圈。这个数值刚好等于线圈的节距 y，这是双层叠式绕组起把线圈个数的统一规律。

（2）中间嵌线

与起把过程相同，一相3个线圈、一相3个线圈地依次嵌入槽中下层后，插入层间绝缘，然后按节距 $y=7$ 将剩余的边嵌入槽中并插入槽楔封槽。每嵌好一相的3个线圈即插入相间绝缘。直至嵌到11号槽时，进入翻把和落把过程，如图5-11b所示。图中箭头指向为插入相间绝缘位置。嵌线过程中应注意随时对端部整形。

（3）翻把和落把

将7个起把线圈依次翻起并沿原顺序逐个嵌入新的线圈，即沿9、8、7、…，依次嵌入。线圈落把应依次进行，即第一把嵌入10号槽内，然后为9、8、7、6、5、4号槽，如图5-11b所示。

（4）整形、接线和绑扎

初步整形后，按展开图接线，如图 5-11c 所示。从图中可以看出一个规律，即出线槽都是两层线圈为一相两组共享的槽，并且引出的 6 条线均在下层边中。

接线后进行绑扎和整形。

3. 嵌线规律

1）起把线圈数为 7，即等于节距数。

2）沿槽号依次排列着嵌入。

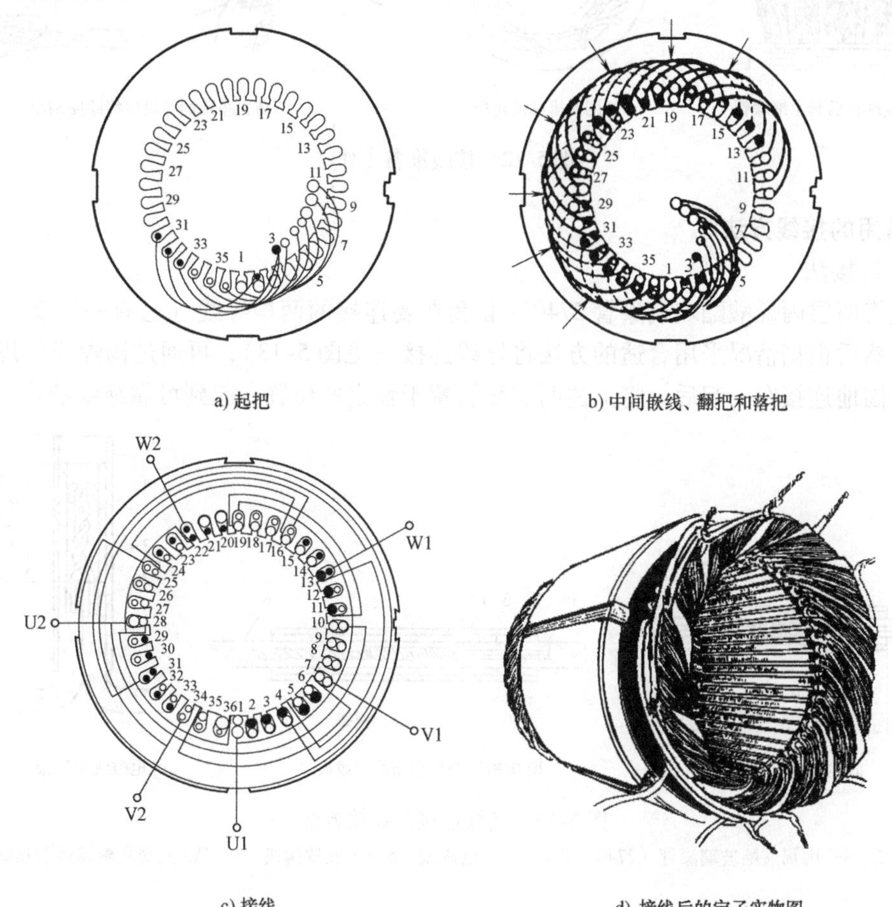

a) 起把　　b) 中间嵌线、翻把和落把

c) 接线　　d) 接线后的定子实物图

图 5-11　36 槽、4 极、节距为 7、支路数为 2 的双层叠式绕组嵌线过程

5.6　接线操作方法和要求

绕组各线圈之间以及每一相引出到机壳外接线装置上的连线，都需要进行节点连接。对这些连接要求是，接触可靠、牢固，连接部位的电阻不得大于同等长度所用导线的 90%，对连接部位应采用适当的绝缘，使用的套管等绝缘材料的耐热等级不应低于该电动机绕组的等级。

1. 接线准备工作

在接线前应对要连接的导线进行适当的处理，其中包括：①将所有线端理直并套上一段绝缘套管（一般采用丙烯酸酯玻璃漆管2740－Ⅱ）；②将要相连的线排好位置，一般安排在端部的顶部，有的安排在侧面。比好尺寸后，剪去多余部分并将导线去漆皮。如图5-12所示。

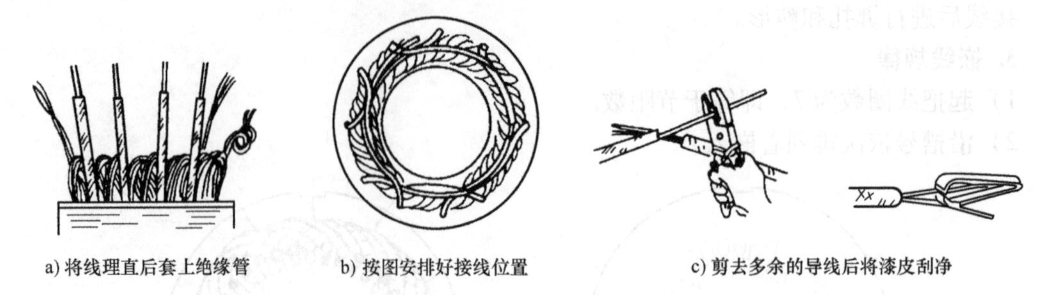

a) 将线理直后套上绝缘管　b) 按图安排好接线位置　c) 剪去多余的导线后将漆皮刮净

图5-12　接线准备工作

2. 常用的接线方法

（1）绞接法

事先将两层丙烯酸酯玻璃漆管2740－Ⅱ套在要连接的两根导线（已有一层套管）中的一根上。然后根据情况采用合适的方法将导线连接（见图5-13），再通过锡焊或气焊等方法将两线牢固地连接在一起后，将上述两层套管置于预定的位置，起到可靠绝缘的作用。

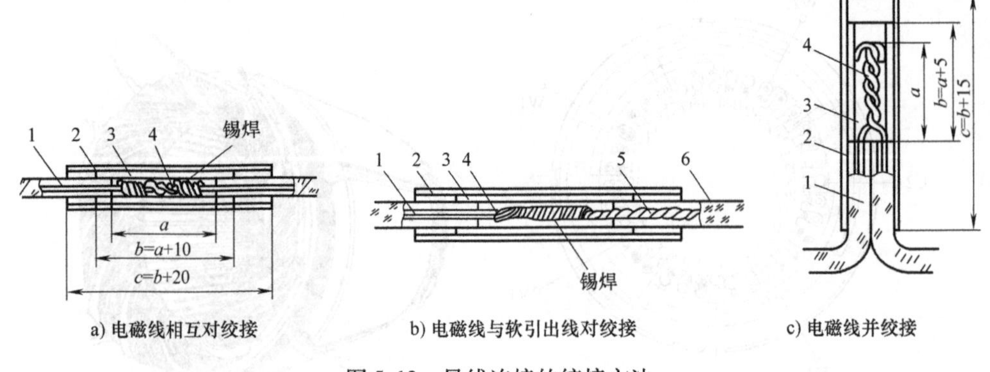

a) 电磁线相互对绞接　b) 电磁线与软引出线对绞接　c) 电磁线并绞接

图5-13　导线连接的绞接方法

1、2、3—丙烯酸酯玻璃漆管（2740－Ⅱ）　4—电磁线　5—多股软铜线　6—JYJ型交联聚烯烃引接线

（2）锡焊法

对容量较小的电动机，可采用锡焊法。先在导线绞接处涂一些焊剂（应用中性焊剂，如松香焊剂），再用电烙铁进行锡焊。如长期使用，可将烙铁头锉出一条横沟，焊接时，将导线放于沟内，焊锡丝抵在导线上，使其熔化流到导线连接处，如图5-14a所示。

（3）气焊法

又称熔焊法，其优点是焊点牢固可靠，是优选的方法。绕组线端与线端连接时，先将两线头拧绞在一起，然后用气焊火焰加热其头部使之熔化后熔合，如图5-14b所示；绕组线与外引线连接时，先将两者的线端烧熔后再对在一起焊接，如图5-14c所示。焊接时，应使用火焰的中部。在焊接处点少许硼砂，可加速铜线的熔化。

（4）电弧焊法

用类似电焊机的小型单相变压器，一次接220V单相交流电源，二次一端接要连接的一个线端，另一端接一段炭精棒，用炭精棒点接连接线端，如进行电焊那样操作，接触点就会自熔在一起，如图5-14d和图5-14e所示。本方法也被称为碰焊法，在小型企业使用较多，但不适用于较粗或股数较多的连线。

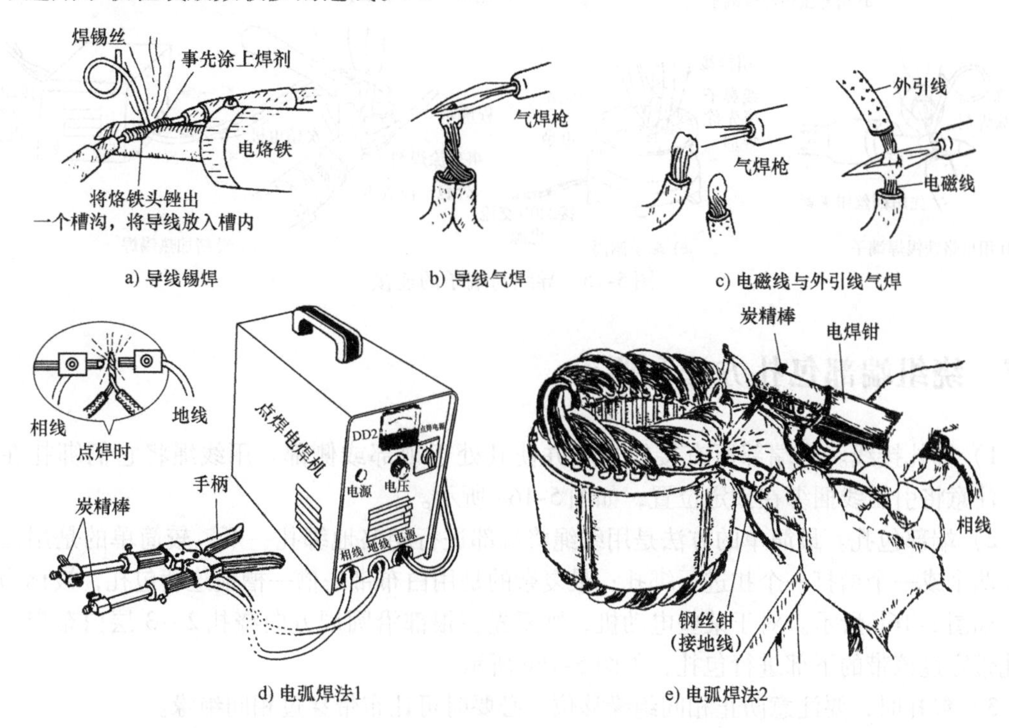

a) 导线锡焊　b) 导线气焊　c) 电磁线与外引线气焊

d) 电弧焊法1　e) 电弧焊法2

图5-14　导线与导线的连接

3. 接线端子的连接

一般电动机均在其引出线端连接一个接线端子。它与引线的连接可以采用冷压法和锡焊法。

1）冷压法。用专用的冷压钳压接线端子的颈部，如图5-15a所示。

2）冷压加锡焊法。先用钳子夹或锤子砸等方法将端子颈部压紧，如图5-15b和图5-15c所示。然后用下述方法之一进行搪锡，使其更加牢固和接触良好。

① 用电烙铁对端头加热并灌入焊锡。为使锡易流入内部，事先应在导线端涂适量中性焊剂或将线端先上锡（镀锡软线不必要），如图5-15d所示。

② 涮锡法。先将端子压在线端并涂适量中性焊剂，然后头朝下插入已熔化的锡液中，待焊剂受热所冒出的烟消失后拿出，如图5-15e所示。

③ 炭精加热锡焊法。此方法需备用一套炭精锡焊机。主要用于较大直径导线的焊接。为避免焊剂流到导线端部外层绝缘上和由于过热起火烧损导线外层绝缘，应事先在导线端部包扎5mm左右的胶带（焊好后拆下）。一条线接于端子头部，炭精电极顶在端子颈部。很快，炭精电极就会发热变红，端子上涂的焊剂开始熔化冒烟。使端子头部上翘，将锡条抵在端子上使其熔化并流入端子颈内部，如图5-15f所示。

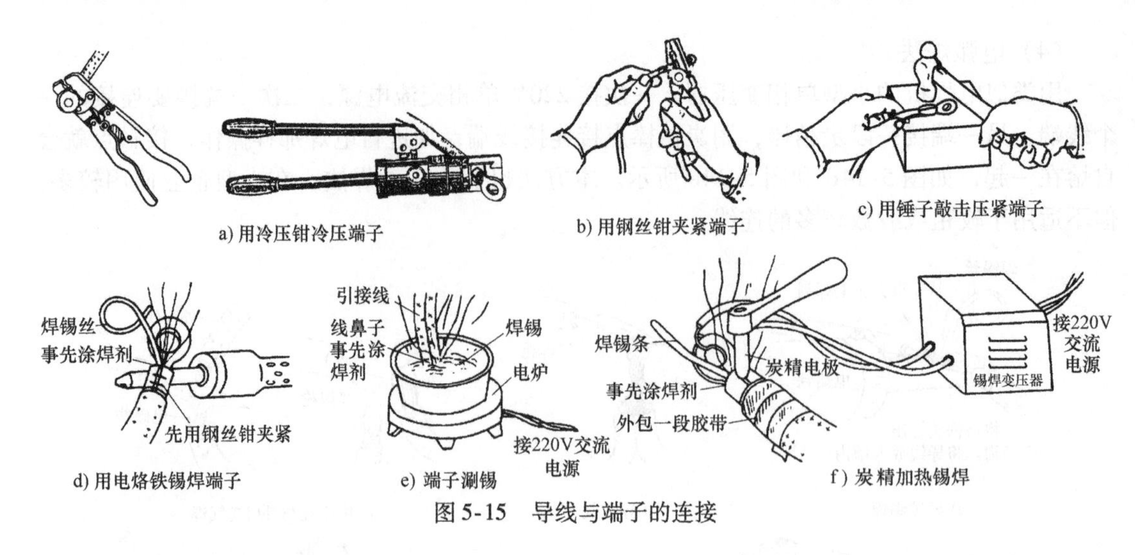

图5-15 导线与端子的连接

5.7 绕组端部包扎方法和要求

1）绑扎接线。将端部所有接线理顺并使其处于顶部或侧部。用线绳将它们绑扎在端部。注意将引出线捆绑在预定位置，如图5-16a 所示。

2）端部包扎。最简单的方法是用线绳将端部进行相略地绑扎一下；较简单的是用白布带隔两个或一个槽打一个扣进行绑扎；最复杂的是用白布带一槽一槽地连续包扎，被称为全包，如图5-16b 所示。对于某些电动机，则要先在根部沿圆周方向绕扎2～3 层白布带，将绑扎带穿过该带的下部进行包扎，如图5-16c 所示。

3）包扎时，要注意防止相间绝缘移位，必要时可让布带穿过相间绝缘。

4）安排好出线位置。对于右出线或顶出线电动机，6 条引出线的位置应如图5-16所示。

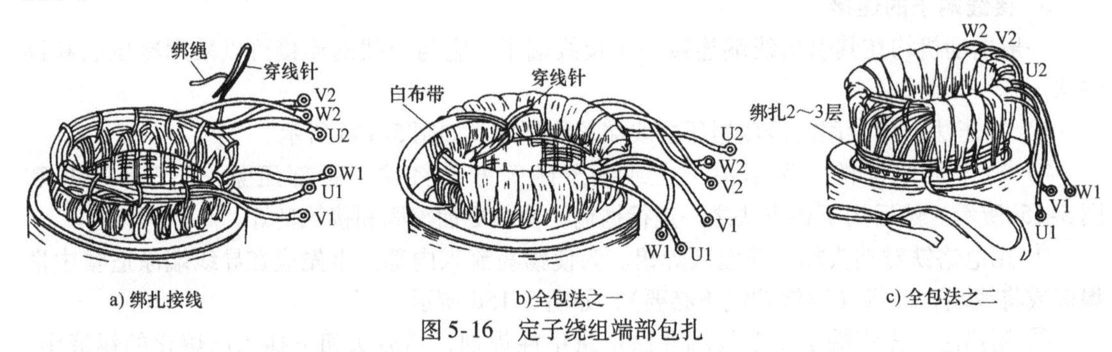

图5-16 定子绕组端部包扎

5.8 定子成型绕组的嵌线工艺

5.8.1 绕组的类型和绝缘结构

一般情况下，定子成型绕组是一个线圈作为一个单元，常用于高压电动机。根据制作时所用的绝缘材料和工艺，分“模压”和“少胶”两大类。模压线圈的绝缘在制作线圈时通过加热固化，已全部成型，绝缘层比较厚；少胶线圈的绝缘在制作线圈时没有固化过程，所以并未完全成型，绝缘层比较薄。图5-17给出了两种线圈的外形图。

成型绕组线圈一般用绝缘扁铜线绕制，使用专用机械拉弯成需要的形状后，用含胶的云母带进行半叠包，模压线圈还需通过加热固化成型，其绝缘材料和工艺与电动机电压有关，以6kV级少胶线圈为例，其结构如图5-18所示。由于工艺相对复杂，需用专用设备，本书不作详细介绍。

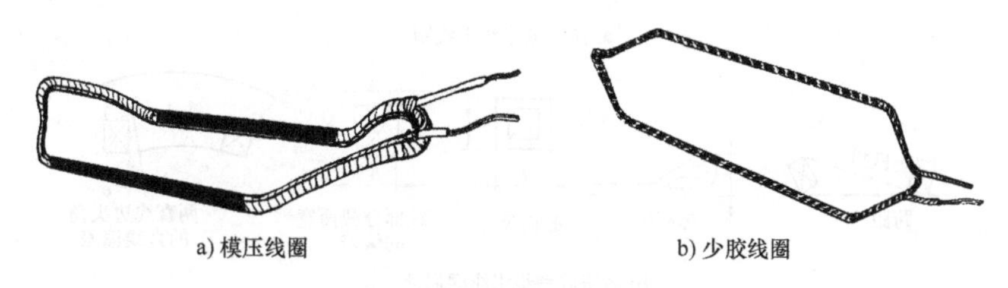

a) 模压线圈　　b) 少胶线圈

图5-17　成型绕组线圈示例

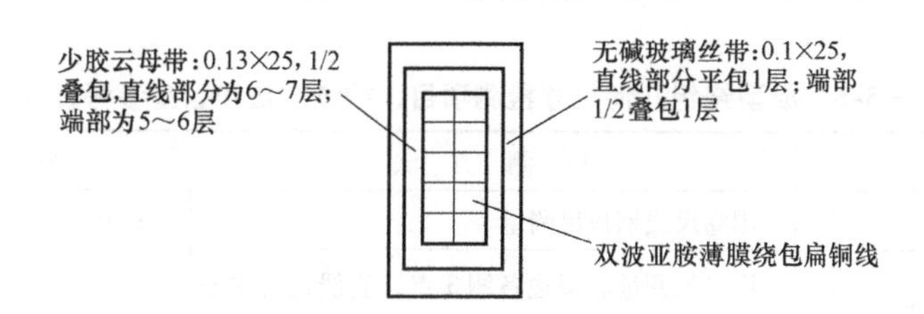

图5-18　6kV级少胶线圈绝缘结构

5.8.2　对绕组的检查和要求

1. 外观检查

模压绕组表面应无余胶和其他杂物；直线部分应平直、无尖角和飞刺；颜色应均匀；端部形状应基本一致；直线与端部过渡应无明显的凹凸和褶皱现象。

直线部位的绝缘应牢固密实，无内部发空现象。可用图5-19所示的黄铜实心球锤敲击绕组，通过发出的声音进行检查和判断。

对于用绝缘带包绕的成型绕组，应注意其包绕是否平实；直线部分应顺直；端部应基本一致；弯转部位应圆滑，无明显的褶皱；包绕材料不应翘起。

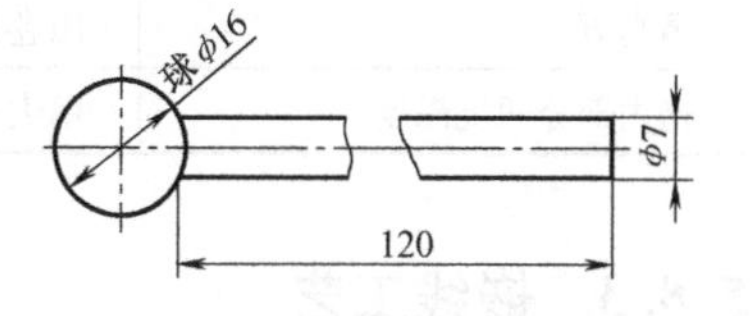

图5-19　检查绕组密实情况的黄铜实心球锤尺寸

2. 对绕组几何尺寸的检测

图5-20给出了中型模压成型绕组的几何形状和尺寸标注符号。表5-5列出了检测项目、检测方法和尺寸公差标准［选自行业标准JB/T 50132《中型高压电机定子线圈成品产品质量分等》中的合格品标准所规定的内容（该标准适用于额定电压为3kV、6kV、10kV级，绝缘等级为130（B）、155（F）级的中小型高压交流电机定子线圈的质量分等、试验方法及检验规则）］，其他标准是国内一些电动机生产厂家内定的数值，所以仅供参考。在检查时，对成型绕组的跨距（节距）E或y、两直线边夹角的直线偏差δ以及鼻高H三项，若不

合格，允许进行调整后再次进行测量。

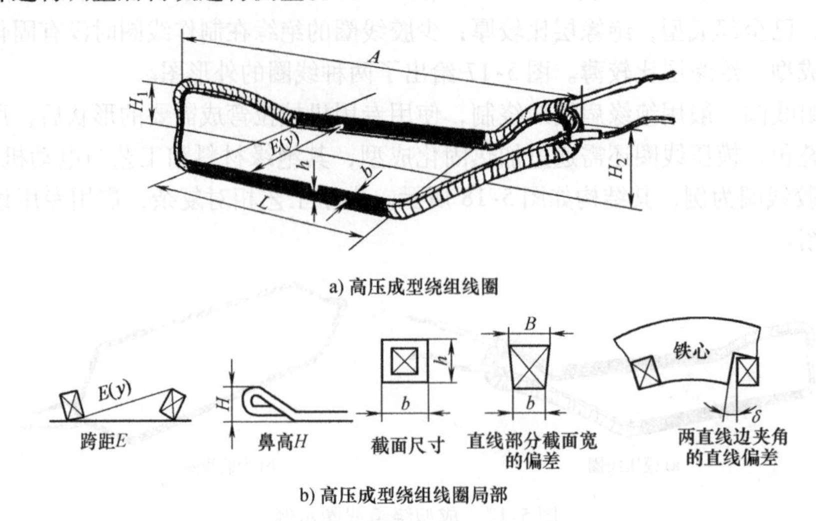

a) 高压成型绕组线圈

b) 高压成型绕组线圈局部

图 5-20 中型模压成型绕组的几何形状和尺寸标注符号

表 5-5 成型绕组几何尺寸检测项目、检测方法和公差参考标准

尺 寸 名 称	检 测 方 法	公差参考标准/mm
总长 A	用卷尺或钢板尺测量	±10
直线部分宽度 b 和高度 h	用卡尺测量。每边各测 3 点（直线边的中心点和两端槽口处）	$b^{+0.2}_{-0.4}$；$h^{+0.4}$（负差不考核）
端部宽度 b'和高度 h'	用卡尺测量。测量点在斜边的 1/2 处（对经过防晕处理的线圈，应让过防晕层）	$b'^{+2.0}_{-0.5}$；h' ±1.5
直线部分截面宽的偏差 $B-b$	用卡尺测量。每边各测 3 点（直线边的中心点和两端槽口处）	≤0.4
跨距（节距）E 或 y	用卷尺或钢板尺测量	2、4 极为 ±7；6 极及以上为 ±5
两直线边夹角的直线偏差 δ	以冲片、角度样板或角度仪测量	<2.5
鼻高 H	用卷尺或钢板尺测量	2、4 极为 ±7；6 极及以上为 ±5
槽内部分凹坑深度	用尖头外径千分尺测量	≤双面绝缘厚度的 5%

5.8.3 嵌线工艺

以 6kV 级高压电动机少胶线圈为例，进行介绍。

一般情况下，使用成型线圈的电动机绕组都是双层叠式，图 5-21 是 6kV 级少胶线圈在槽内的绝缘结构，为开口槽。

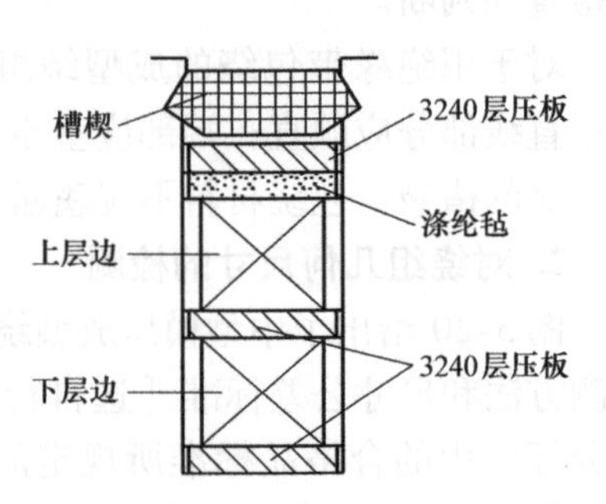

图 5-21 6kV 级少胶线圈在槽内的绝缘结构

嵌线工作一般要两个人合作进行，其工艺过程如下：

1）分别在铁心两端压圈专用固定螺钉孔中旋入 3～4 根螺栓，螺栓的长度应不短于线圈端部长度。将包好绝缘的端箍（内芯为圆钢 Q235 - A，绝缘工艺视线圈的电压等级而定，例如 6kV 级少胶线圈的是，内用 0.13×25 - 9547 - 1D 中胶云母带，1/2 叠包 5～6 层；外层用 0.1×25 聚酯纤维带 1/2 叠包 1 层）用绳绑在螺栓上。放入一只线圈（两条直线边均放入槽内），调整好轴向位置，使两端伸出铁心的长度相同。调整端箍的轴向位置，使其在线圈端部靠外端 1/3 或端部中间靠外的地方。固定位置的原则是使绕组端部的喇叭口符合要求。上述调整完成后，将端箍绑紧在螺栓上。

2）为了嵌线更顺利，最好事先将线圈放入烘箱中进行预热 15～20min，温度控制在 80～90℃之间，使线圈变得较软。嵌线过程中，随用随取。

3）由于是单只线圈，所以起始线圈可从任意位置的槽开始。放入槽底绝缘板（3240 层压板），将第一只线圈的下层边放入一个槽中，可用橡皮或塑料锤轻轻敲击帮助嵌入槽内（严禁使用铁锤），上层边浮搁在应嵌入的槽中。线圈轴向位置调整好后，用涤玻绳将其下层边绑在端箍上，绑的方法如图 5-22 所示。

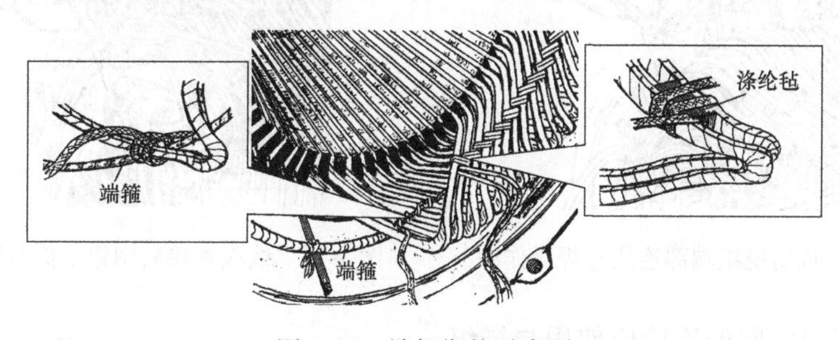

图 5-22　端部绑扎示意图

4）连续嵌到节距数时，放入层间垫条，将线圈的上层边嵌入，敲紧，放入涤纶毡（聚酯毡）和层压板，打入槽楔（应有一定紧度，如松动，应添加垫片。本过程可在嵌线全部完成后统一进行）。之后依次嵌入其余的线圈。直至到需要“吊把”时为止。

5）在上述嵌线过程中，每嵌一只线圈，都要对其进行绑扎，若两只线圈边之间使用涤纶毡垫片，则垫片厚度和片数按线圈之间的间隙确定。

6）嵌“吊把”线圈前，应将整个定子放入烘箱中，在 80～90℃之间的温度中放置 3h 左右，使线圈变得较软后，将“起把”线圈撩起，将“吊把”线圈依次嵌入。

7）修整线圈端部形状和槽楔位置，清理残存的杂物。检查线圈有无松动和损伤，有则进行有效的处理。拆除绑扎端箍的辅助螺栓。

嵌线完工后的定子如图 5-23 所示。

5.8.4　嵌线后接线前的检查和试验

对于成型绕组，为了避免接线后发现问题时给处理造成较大的困难，应在嵌线后接线前进行一些必要的检查，其中包括绕组匝间耐电压试验、对地和相间的绝缘电阻测量及耐交流电压试验。

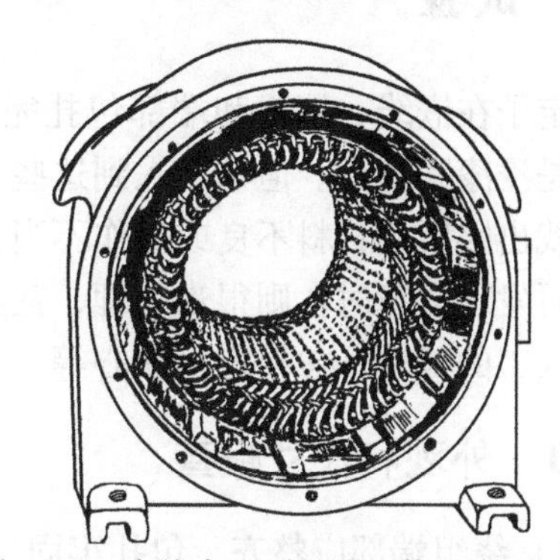

图 5-23　嵌线完工后的成型绕组定子示例

匝间耐电压试验应该分别对每个线圈进行；绝缘电阻测量和耐电压试验应用导线将线圈

按图纸规定临时连成各相后进行。试验电压值可在成品试验值的基础上适当降低，但一般不低于85%。

5.8.5 端部接线工艺

由于成型绕组是单个绝缘线圈，所以接线工作量相对较大。一般采用气焊的方法，如图5-24所示。首先将每一极相组的线圈连接在一起，根据具体要求，可连接成过桥式或并接式，焊后按要求包绕绝缘并进行形状整理。图5-25是采用并接方式焊接包扎绝缘后，用钳子将其扳弯贴在绕组端部的操作图。

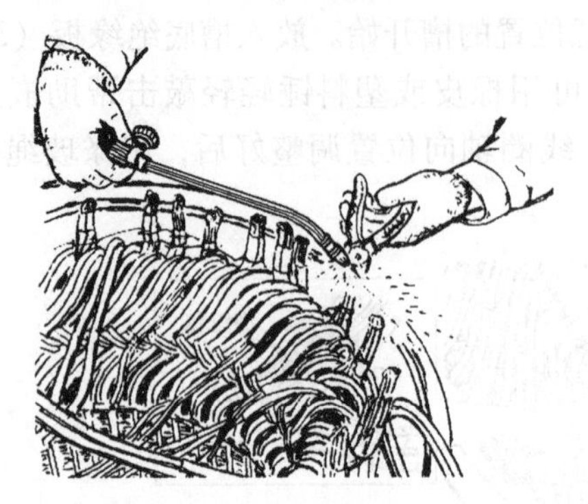

图5-24 成型绕组端部连线气焊操作图

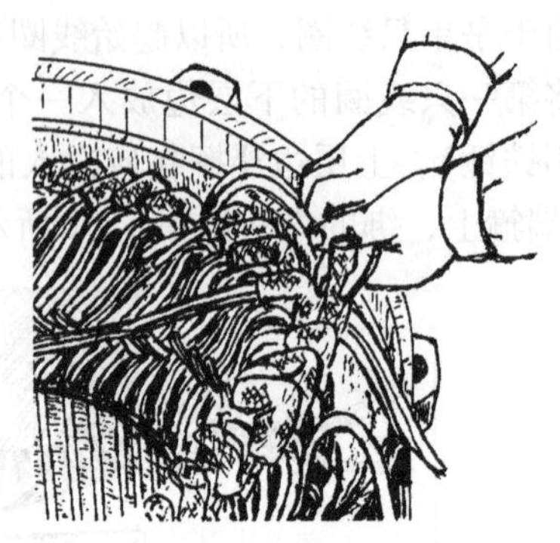

图5-25 线端并接后用钳子扳弯贴在端部

每相各极相组之间的连接应使用与绕组相同的导线和绝缘；引出线应使用规定截面积和电压等级的电缆。均采用气焊法。应牢固绑扎在绕组端部（可使用与端箍同材料和绝缘的辅助环）。图5-26是一台高压电动机的端部接线和绑扎完工后的实例。

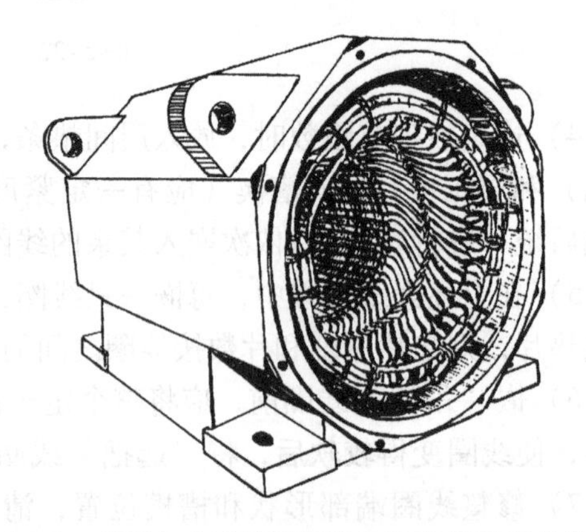

图5-26 高压电动机端部接线和绑扎完工后的实例

5.9 定子嵌线后浸漆前的检查和试验

定子在嵌线、接线和端部包扎完成后的工序是浸漆和烘干。但是进入到这些工序之前，应对定子进行下列必要的检查和试验，以发现和找出因所用材料不良或操作不当而造成的缺陷，并设法处理解决。否则，待浸漆烘干固化后再发现故障时，则很难处理，甚至不能处理而要花大力气拆除刚刚嵌入的绕组，造成材料和人工的浪费，包括定子铁心等。

5.9.1 外观和尺寸检查

1）绕组端部应整齐、包扎牢固、无硬折弯的过线，无露铜。

2）用钢卷尺测量端部的轴向长度、内圆直径最小值和外圆直径最大值。端部内圆直径最小值应大于定子铁心内圆；端部轴向长度和外圆直径最大值应保证与机壳（机座或端盖）

内壁有足够的绝缘距离。

5.9.2　测量绕组的直流电阻

用电阻电桥或数字电阻测量仪进行测量。尽可能测量每一相的直流电阻值，同时测量环境温度，如图5-27a所示。

三相直流电阻的不平衡度应不超过±2%；数值大小与标准值（生产单位提供的或修理前测量得到的没有损坏的绕组数值，也可使用同一厂家的同规格正常产品数值）相差应不超过标准值的±3%（应注意折算到同一温度）。

当测量数值有不允许的偏差时，可能的原因有：

1）中间连线不实，即有虚接处；

2）一匝多股的绕组，接线时有的线股未接上或中间有断股现象，如图5-27b所示；

3）导线粗细不均或电阻率有少量差异（偏差的数值较小）；

4）匝数多少有误；

5）实测值与正常值成倍数的关系，则说明接线时的并联支路数出现了错误，例如将2路并联接成了1路串联，则实测值将是正常值的4倍，如图5-27c所示。

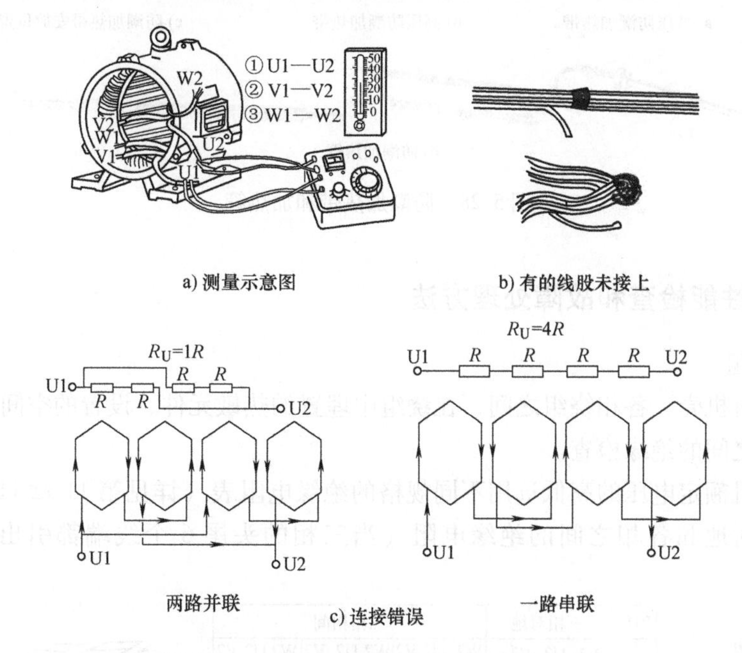

图5-27　绕组直流电阻的测量和故障原因

5.9.3　测量热传感元件和防潮加热带的电阻

1. 埋置的热传感元件

使用万用表的$R\times1$档（对于数字式万用表应使用200Ω左右的量程）。对与温度有线性关系的元件，应同时测量环境温度。一般要求测量时所加电压不应高于2.5V。

所得电阻值应在该产品样本或说明书给出的范围之内。

2. 防潮加热带（管）

为了避免绕组受潮影响正常工作，有些在特殊环境下使用的电动机，将一种如图 5-28 所示专用的防潮加热带（管），或称为空间加热带（管）放置在电动机外壳内，用于烘干潮气。使用加热带时，是在绕组嵌线后，在绑扎端部时将其包裹在绕组端部（见图 5-28c），其两条引出线连接在电动机接线盒内的专用端子上。该加热带用交流工频 220V 或 380V 供电。确认其是否正常的方法是测量它的直流电阻。其正常阻值 $R(\Omega)$ 与其额定功率 $P(\mathrm{W})$ 和额定电压 $U(\mathrm{V})$ 有关，应符合式 $R=U^2/P$ 计算所得到的数值，容差一般为 ±10%。

例如：额定功率 $P=45\mathrm{W}$，额定电压 $U=220\mathrm{V}$。则其电阻值 $R=(U^2/P)\times(0.9\sim1.1)=(220^2/45)\Omega\times(0.9\sim1.1)=968\Omega\sim1183\Omega$ 之间。

加热管则放置在机壳下部适当的位置。

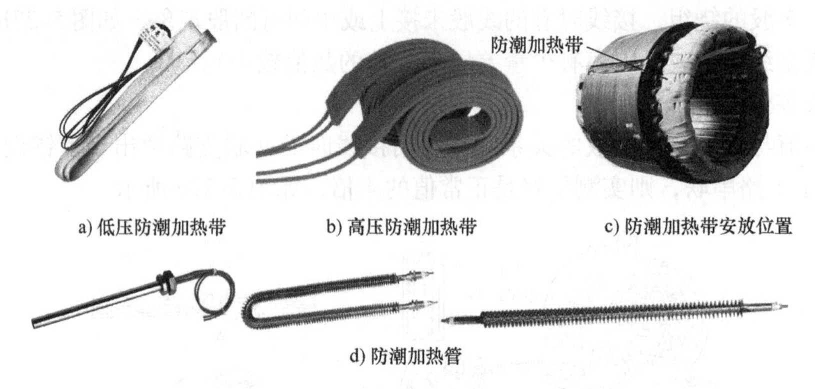

a) 低压防潮加热带　b) 高压防潮加热带　c) 防潮加热带安放位置

d) 防潮加热管

图 5-28　防潮加热带和加热管

5.9.4 绝缘性能检查和故障处理方法

1. 绝缘电阻

包括绕组对机壳、各相绕组之间、在绕组中埋置的热敏元件、设置的空间加热带等与机壳和各相绕组之间的绝缘检查。

根据电动机额定电压的高低选用不同规格的绝缘电阻表（详见第 11 章 11.2.1 节）。应分别测量三相对地和各相之间的绝缘电阻（当三相的头尾 6 个线端都引出时），接线如图 5-29a所示。

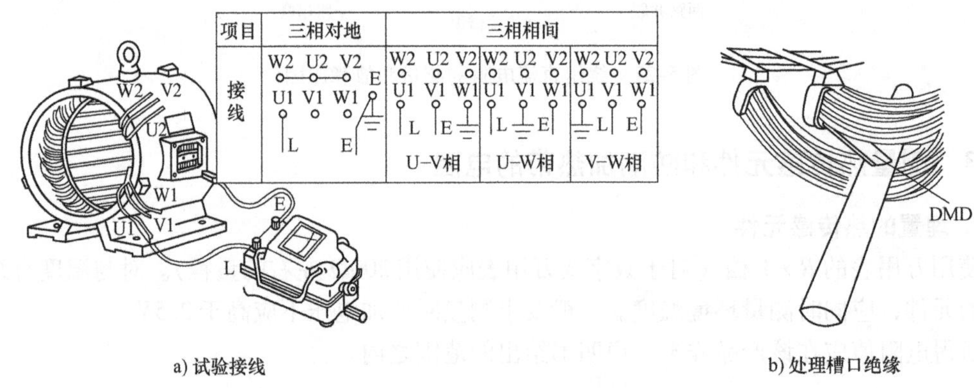

a) 试验接线　b) 处理槽口绝缘

图 5-29　测量绝缘电阻和绝缘处理

对于低压电动机，绝缘电阻应在 5MΩ 以上；高压电动机应不低于 50MΩ。

若绝缘电阻值为零，对地短路者发生在槽口处的较多，相间短路者多发生在端部。槽口发生对地短路时，可用划线板撬起导线，将一片绝缘纸插入槽内，如图 5-29b 所示。当相间发生短路时，可更换相间绝缘。

绝缘电阻较低主要有两方面的原因。一个是绕组及绝缘材料受潮，可烘干后再测试，如有所提高并达到理想值，则认为合格；二是部分绝缘性能不良或有轻微损伤，应拆开各相连线后，逐段查找，查出后更换绝缘或线圈。

2. 对地和相间耐电压

耐电压试验是绕组介电强度试验的俗称，又称为打耐压，一般指耐工频正弦交流电压试验。试验设备及其使用方法见第 11 章 11.2.3 节。对低压电动机浸漆前的试验接线见图 5-30 给出的示意图，其中接线端子 L 为仪器高压输出端，E 为仪器输出接地端。需改变接线进行 3 次试验，才能将每相之间和各相对地的耐压试验试完。

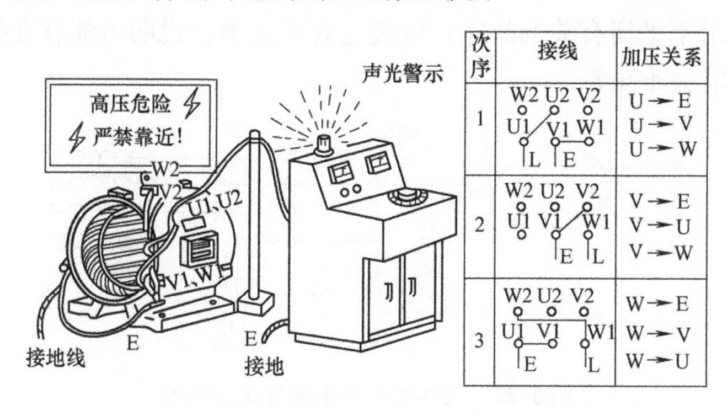

次序	接线	加压关系
1	W2 U2 V2 U1 V1 W1 L E	U→E U→V U→W
2	W2 U2 V2 U1 V1 W1 E L	V→E V→U V→W
3	W2 U2 V2 U1 V1 W1 E L	W→E W→V W→U

图 5-30　耐交流电压试验和接线示意图

每次操作时，电压均应从 0V 开始，在 10s 左右的时间内将电压升至要求值并保持 1min 后，再逐渐下调到 0V。

试验完毕时，应先将绕组对地放电后再拆线。

对于一般低压电动机，加压值按式（5-1）求得，但不应低于 2000V，其他电动机（例如高压电动机）另有规定的，按专门规定。

$$U_G = 2U_N + 1500V$$

式中　U_N——电动机额定电压，对于多电压的，取其最高值。

例如，$U_N = 380V$，则 $U_G = 2 \times 380V + 1500V = 2260V$；$U_N = 380/660V$，则 $U_G = 2 \times 660V + 1500 = 2820V$。

对部分更换绕组的定子或第二次试验时，应取上式计算值的 80%。

试验中不发生击穿即为合格。

3. 匝间耐冲击电压

所用仪器及使用方法和接线，以及试验电压和试验结果分析判定等见第 11 章 11.2.3 节。

当查找到绝缘损伤的部位后，对于绕组端部，可插入一片绝缘纸进行隔离，如图 5-31 所示。若短路点在槽内，则应将该槽内线圈起出后进行处理或更换新线圈。

5.9.5 三相电流平衡情况的检查

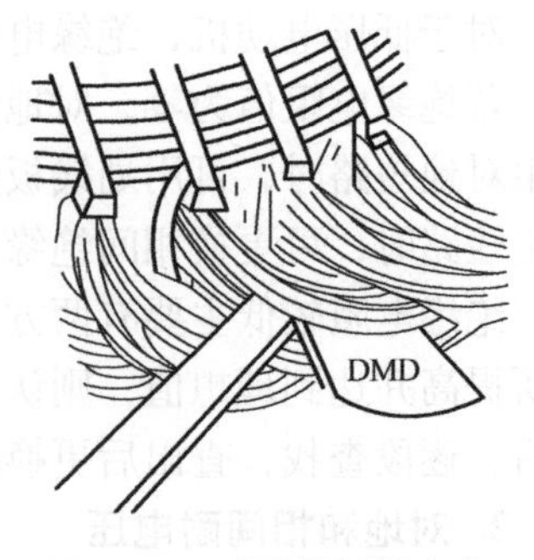

图 5-31 对端部匝间击穿部位进行绝缘补救

如没有上述匝间耐冲击电压试验的条件，可通过三相电流平衡性检查，发现与三相绕组匝数不等、匝间短路（比较严重的）、相间短路、线圈头尾反接等故障。

试验所用的试验设备电路接线如图 5-32 所示。其中 T 为三相感应调压器，若被试电动机较小时，也可使用自耦调压器等。

将电动机定子三相绕组接成星形或三角形（只有已接成三角形联结的电动机才用此接法），通入三相交流电。调节输入电压，使电流在额定值左右。

在三相电压平衡的情况下，三相电流的不平衡度 ΔI（%）不应超过 ±3%，若较大，则可能存在与三相绕组不平衡有关的故障；电流过大或过小，说明可能存在接线错误，此时直流电阻的大小也可能会不正常。

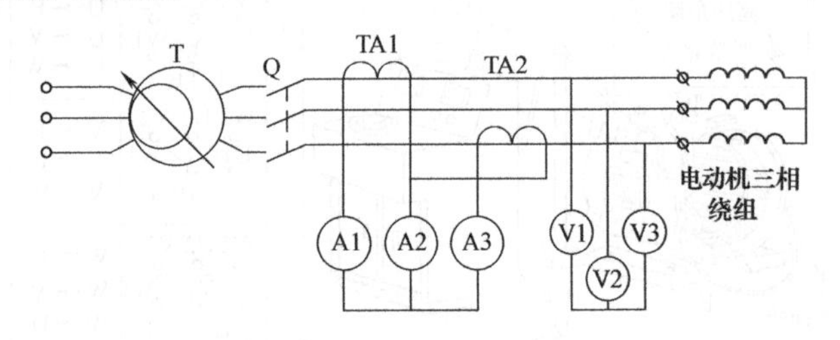

图 5-32 三相电流不平衡度试验线路

5.9.6 对出线相序或磁场旋转方向的检查

当对电动机的相序或旋转方向有明确要求时，应检查其是否正确，可采用假转子法或钢珠法。事先应确定电源的相序。在试验时，定子应通过调压器或其他设备提供较低的电压。

1. 假转子法

将一个微型轴承装在一根铜棒、不锈钢管或塑料棒的一端，或在易拉罐等圆柱形金属盒两端中心各打一个孔，用一根圆棍穿过两孔做轴，做成一个假转子，如图 5-33a 所示。

将假转子放入定子内膛中，如图 5-33b 所示。给定子通较低电压的三相交流电（以电流不超过被试电机额定值的 1.2 倍为准）。使用轴承时，轴承会被定子铁心吸引，所以需要用力将其离开，可在手柄轴承端安装一个支架（如图所示），使轴承能够悬空，使用时可比较省力。

若该假转子能顺利起动（可用工具拨动它一下，帮助它起动）并旋转起来，则它的旋转方向即为将来真转子的旋转方向。由此可判定该定子三相出线相序是否正确。

若不能起动，可略提高电压，若仍不起动，或抖动而不转动，则说明定子接线有错误。

2. 钢珠法

用一个 Φ10mm 左右的废轴承钢珠，放入定子内膛中。定子通入三相交流电后，用工具拨动钢珠，若它能紧贴定子内圆旋转起来，则说明三相绕组接线是正确的（但不能判定支路数是否正确），**它在圆周上旋转的反方向是将来电动机转子的正方向，此点应给予注意**，如图5-33c所示。

若不能起动，可略提高电压，若仍不起动，或抖动而不转动，或拨动钢珠旋转一段弧度后就停下来，则说明定子接线有错误。

本方法所需电压比前一种要高，所以应注意防止电动机过热。

通过分析可知，此方法实际上也属于“假转子”法。

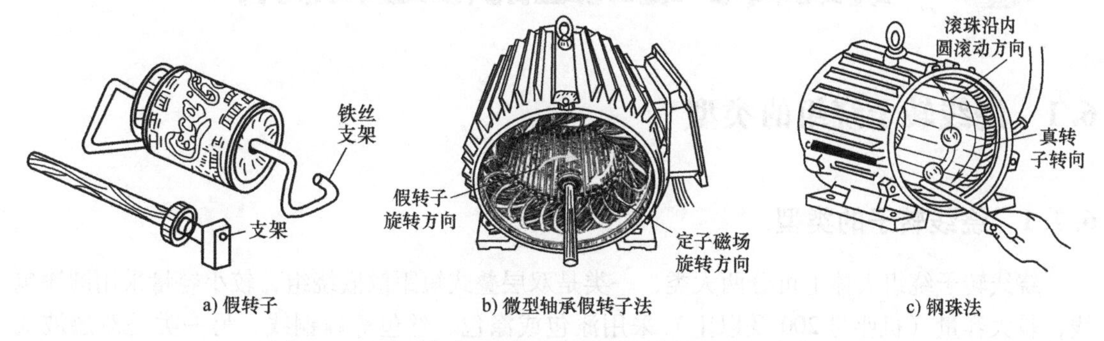

图5-33　用假转子法或钢珠法检查相序和接线的正确性

5.9.7　用指南针检查头尾接线和极数的正确性

用6V或12V蓄电池或几节干电池串联作为直流电源。将一相绕组的头接正极，尾接负极，应控制电流不要超过电动机的额定值（只要指南针能正确指示即可）。

将电动机立式摆放。手拿指南针沿定子内圆走一周。如果其指针经过各极相组时方向交替变化，表明接线正确，变化的次数即为该电动机的极数，如图5-34所示为4极电动机；如果指针方向不改变，则说明该极相组头尾接错；如果在一个极相组内指针方向交替变化，则说明该组内有线圈头尾反接现象。

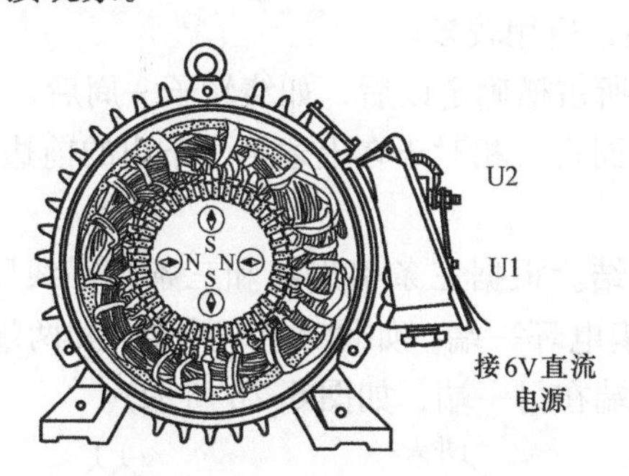

图5-34　用指南针检查头尾接线和极数的方法

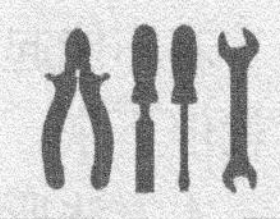

绕线转子硬绕组的修理和制作

6.1 绕线转子绕组的类型

6.1.1 绕线转子的类型

绕线转子绕组大体上可分两大类，一类是双层叠式短距散嵌绕组，较小容量采用圆漆包线，较大容量（机座号200及以上）采用漆包或涤包、丝包等扁铜线；另一类是双层波式成型绕组，采用包绕两层绝缘的扁铜排，主要用在中、大型电动机上。前一种的制作、嵌线及接线工艺与普通电动机定子同类绕组基本相同；后一种则有其很多的独特之处。

6.1.2 波形绕组的类型和参数

1. 波形绕组的类型

波形绕组（简称为波绕组）的命名是因为一相绕组一路串联线圈的展开图犹如一排有起有伏的波浪，如图6-1a所示。

当一相绕组的第一条边所占槽确定以后，如绕转子一周后，再开始的第一条边在上述第一条边的左边（以前进方向而言，相对于在上述第一条边的后边），则称为后退型，如图6-1b所示，也称为短距型，应用较多。

当一相绕组的第一条边所占槽确定以后，如绕转子一周后，再开始的第一条边在上述第一条边的右边（以前进方向而言，相对于在上述第一条边的前边），则称为前进型，或称为长距型，如图6-1c所示。

三相绕组一般为星形联结。根据三条引出线和三条封零线所处的位置，分一端接线型（引出线和封零线都在转子集电环一端，如图6-2a所示）和两端接线型（三相引出线在转子集电环一端，三相封零点端在另一端，如图6-2b所示）。

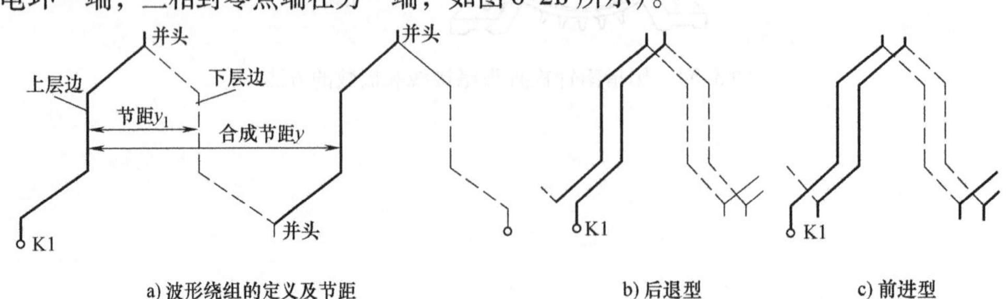

图6-1　绕线转子波形绕组的形式和节距定义

2. 绕线转子波形绕组的参数和展开图

绕线转子波形绕组的参数与定子绕组有些不同，下面介绍其主要部分。

1）合成节距。波形绕组有一个与普通绕组线圈完全不同定义的节距，即合成节距，它是一相绕组中相对边间的距离（槽数），如图6-1a所示的y。实际上，它即为2个极距（两端接线者有所不同），即$y=2\tau=Z_2/p$（τ为转子极距，Z_2为转子的槽数，p为电动机的极对数）。

2）对边节距。一相绕组两个相对边之间的距离（槽数），如图6-1a所示的y_1，一般情况下，$y_1\leqslant\tau$。

3）一端接线绕组的节距。对边节距y_1一般小于τ，即短距。

4）两端接线绕组的节距。这种绕组有两个不等的y_1，我们把其中较长的用y_1表示，较短的用y_1'来表示。一般情况下，$y_1=\tau$，即等距，而$y_1'=y_1-1$。由y_1'形成的合成节距y则小于2τ。每一相中有一条跳层线（一条线圈边的一半在槽的上层，另一半在槽的下层，空着的两个半层槽用木条填充）。

5）两端接线形式的，一般均为一路串联；一端接线形式的，可视情况设计为一路串联或多路并联接线。

6）绕线转子绕组的相数和极数必须与定子相同。

图6-2c为一个4极、36槽、$y_1=7$、$y=36/2=18$、支路数$a=2$、一端接线的波形绕组一相展开图。图6-2d为一个4极、24槽、$y_1=6=\tau$、$y_1'=y_1-1=5$、支路数$a=1$、两端接线的波形绕组三相展开图。图中两边所标数字为与线相接的另一根线棒所在槽号，数字带“′”的为下层，不带“′”的为上层。另外，由于从力学等方面考虑，引出线U1、V1、W1一般设置在下层，封零线设置在上层。

从图6-2d中可以看出，每相有1个小节距y_1'和1条跳层线。

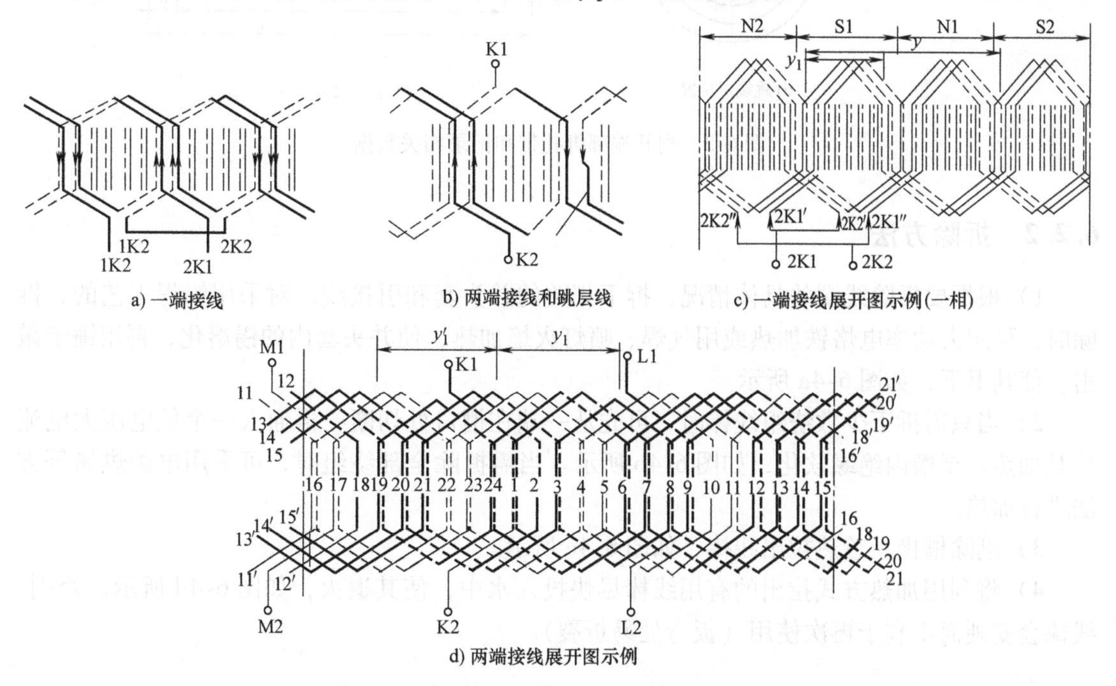

图6-2　绕线转子波形绕组接线方式和展开图

6.2 拆除绕线转子的硬绕组的方法

6.2.1 拆除前应做的工作

对绕线转子，其两端具有绑扎带。无论是全部还是局部拆除绕组，都要先拆下两端全部的绑扎带。可用手锯将绑扎带锯开几个口子，然后将其剥下，如图 6-3a 所示。

在拆除绕组之前，要记录引出线及封零线、跳层线（如有时）所在槽的位置、节距值（注意两端出线者有两个节距）、半只线圈的各部位长度等有关数据，如图 6-3b ~ e 所示。

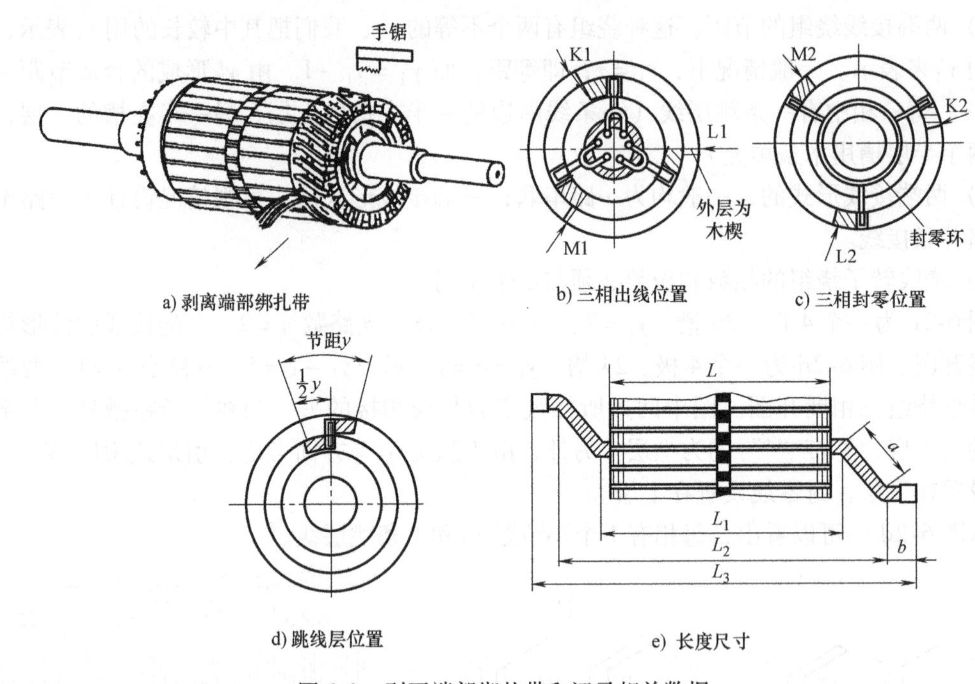

图 6-3 剥开端部绑扎带和记录相关数据

6.2.2 拆除方法

1）根据要拆除线圈的具体情况，拆下相关的并头套和引接线。对采用锡焊工艺的，拆除时，可用大功率电烙铁加热或用气焊、喷灯火焰加热，使并头套内的锡熔化，再用锤子敲击，使其退下，如图 6-4a 所示。

2）当只需拆下少数绕组线棒时，可先从一端在槽口处切断，再通入一个低电压大电流给其加热，至槽内绝缘软化，如图 6-4b 所示。当需拆除全部绕组时，可采用电炉烘烤等方法进行加热。

3）剔除槽楔，趁热拉出线棒，如图 6-4c 所示。

4）将利用加热方式拉出的有用线棒尽快投入水中，使其退火，如图 6-4d 所示。否则，线棒会变硬而不利于再次使用（扳弯处易折裂）。

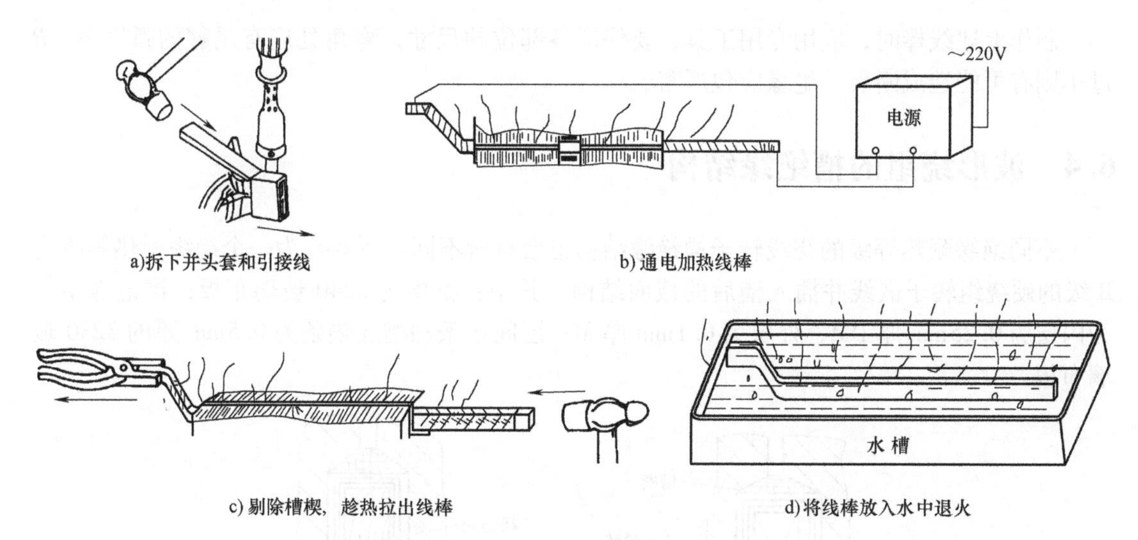

a)拆下并头套和引接线　b)通电加热线棒

c)剔除槽楔，趁热拉出线棒　d)将线棒放入水中退火

图6-4　拆除转子硬绕组的过程

6.3　转子波形绕组的制作方法

波形绕组一根线棒的形状如图6-5a所示，实为半只线圈。其横截面如图6-5a右图所示。它由经真空退火处理的裸紫铜排（TBR）外包一层0.13×25云母（5452-1）和一层0.15×25玻璃漆布（2432）组成。其中云母为半叠包，漆布带为平包。

包绝缘之前，线棒两端应搪锡并弯成如图6-5b所示的形状，有关尺寸按拆下旧线棒时所记录的数据。每台3根跳层线棒，如图6-5c所示。每根跳层线均要配1对木质槽垫块（称为木楔。该木楔最好用变压器油煮一下，木质应较软，可采用多层胶合板裁制），用于填充空出的半个槽，以免线棒松动。

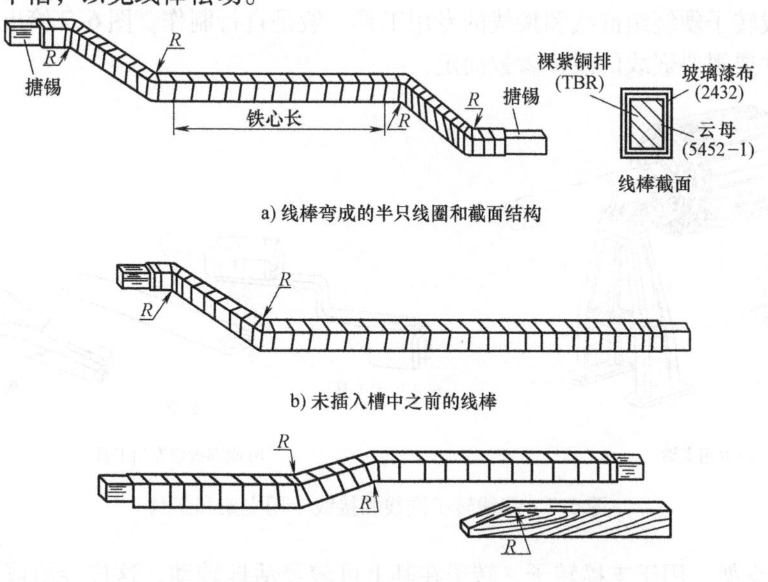

a) 线棒弯成的半只线圈和截面结构

b) 未插入槽中之前的线棒

c) 跳层线棒及槽垫块

图6-5　线棒的形状及结构

制作上述线棒时，应用专用工具，要保证各部位的尺寸，弯角处应有足够的弧度 R。R 过小则有可能造成断裂。绝缘应包严密。

6.4 波形绕组的槽绝缘结构

不同绝缘耐热等级的绕线转子槽绝缘结构也会有所不同。图 6-6 为一个绝缘耐热等级为 B 级的硬绕组转子嵌线并插入槽后的截面结构，其中：槽楔为 3240 玻璃布板；槽绝缘结构为内层为 0. 25mm 厚 DM，外层为 0. 1mm 厚 M；层间垫条和槽底垫条为 0. 5mm 厚的 3230 玻璃布板。

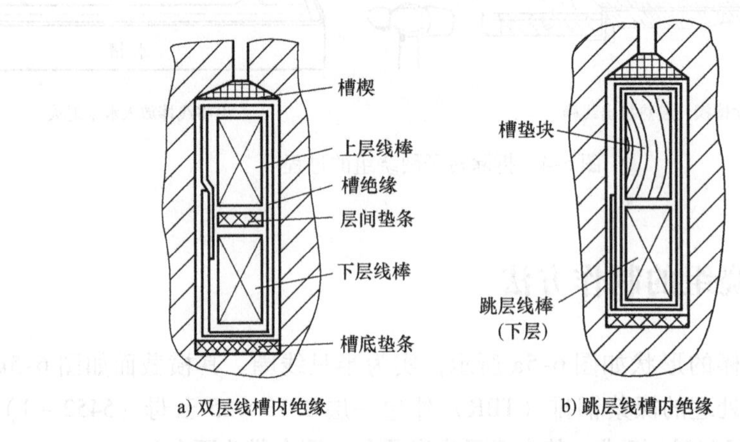

图 6-6 B 级绝缘绕线转子的波形绕组的槽绝缘结构

6.5 用于转子硬绕组嵌线和接线的专用工具

用于绕线转子硬绕组嵌线和接线的专用工具一般是自行制作。图 6-7 给出了一些常用的品种，其尺寸要视要嵌线的线棒参数而定。

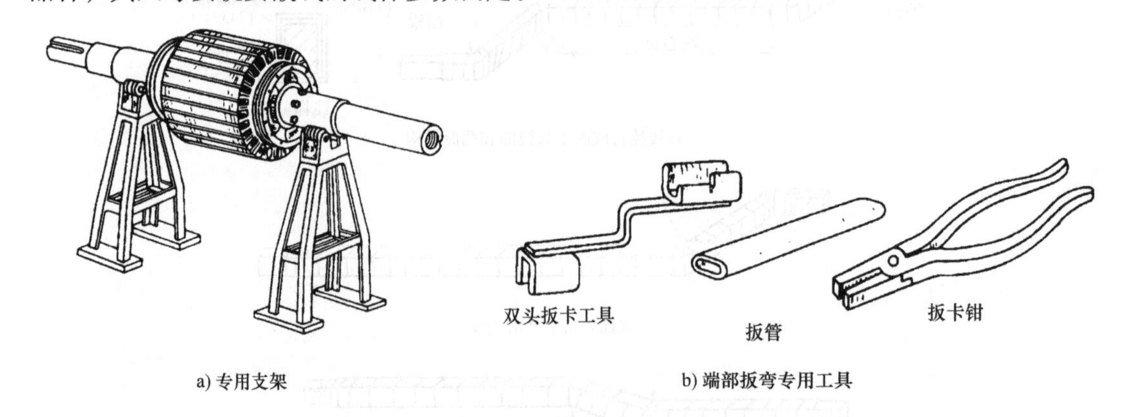

图 6-7 绕线转子嵌线和接线专用支架和工具

1）转子支架。用于支撑转子，转子在其上可较灵活地转动，这样会给嵌线工作带来很大的方便。支架高度在1m左右，滚轮（杆）采用黄铜或钢芯轴的尼龙材料制作。

2）双头扳手。用于弯折线棒的端部，用扁铁扭制和焊接而成。

3）扁管扳手。用于弯折线棒的端部，将钢管均匀地砸扁而成。

4）扳卡钳。用于直接或辅助弯折线棒的端部，也用于夹持线棒端部进行并头套的安装等工作。

5）专用并头套卡钳。用于将并头套中间空档部位卡紧的专用工具。

6.6 转子波形绕组的嵌线和接线过程

以两端出线波形绕组为例，其嵌线及设置相关绝缘的全过程见表6-1。

表6-1 两端出线波形绕组嵌线及设置相关绝缘的全过程

顺序和名称	过程描述和注意事项	示 图
1. 包扎线端支架绝缘	① 用0.2mm厚、25mm宽（以下简写成0.2×25，其他材料也如此表示）的白布带压包在两端的线端支架凹槽内2～3层	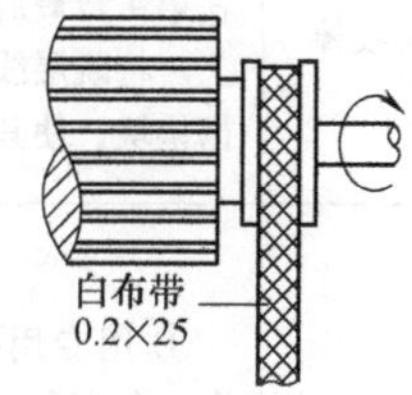
	② 逐一将裁好的0.2mm厚玻璃布板、0.2mm厚云母板压在白布带下，包绕在支架上。玻璃布板及云母板的宽度应略大于支架的宽度，长度应略大于支架的周长（以达到能自己头尾对接为准）	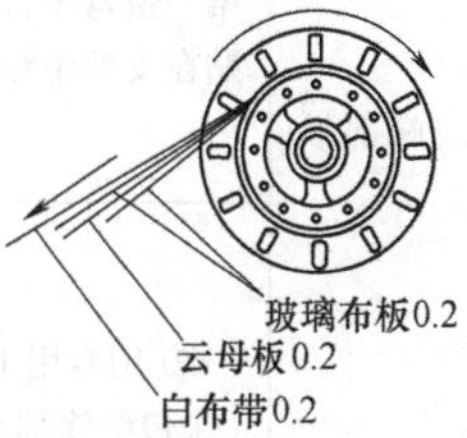
	③ 将白布带从支架孔中穿过，锁3个十字扣，最后锁紧	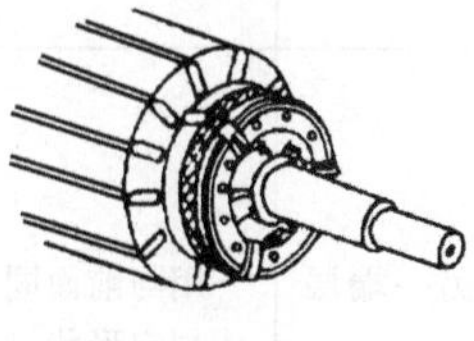
2. 安放槽底垫条和槽绝缘	① 将槽底垫条顺槽口放下，当它掉到槽底时会自然地平过来贴于槽底面	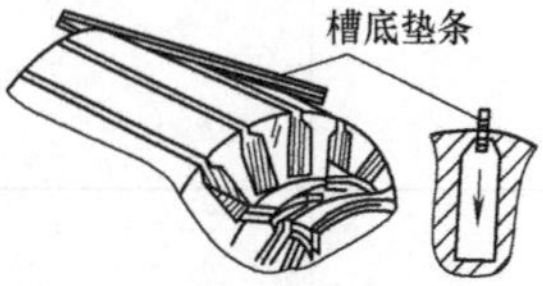
	② 将槽绝缘卷成筒状，用一片绝缘薄膜包在头部，用手捏住并捏扁。将槽绝缘推入槽中	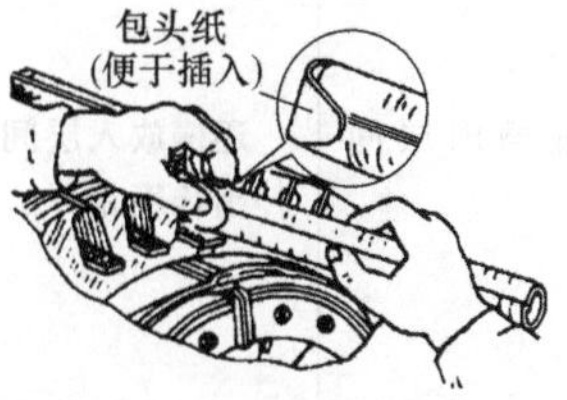
	③ 整理槽底垫条及槽绝缘，使两端伸出槽口的尺寸相同	

（续）

顺序和名称	过程描述和注意事项	示　　图
3. 插入下层线棒	从非集电环端插入下层线棒。为使线棒插入较顺畅，可事先在线棒前半段涂少许中性凡士林油。注意留出跳层线所占用的3个槽	在线棒外涂一些凡士林油，利于插入 凡士林
4. 包扎一端层间绝缘	先将线棒为直线的一端用白布带扎紧，再用与包扎第一层端部绝缘相同的材料和方法包扎原已弯成形线棒端的层间绝缘	先用白布带扎紧 玻璃布板 白布带 云母板 玻璃布板
5. 插入跳层线棒	从已包好层间绝缘的一端插入3根跳层线。在第4步最后可将白布带锁在一根跳层线棒上。将跳层线棒两端伸出尺寸调均后，打入槽垫块，使其固定	跳层线 槽垫块
6. 下层线端部扳弯成形	① 用专用扳弯工具扳第一道弯。注意方向、角度和根部尺寸。扳动时，要均匀施力。第一道弯全部扳完后，用木板拍打，使其平贴在支架绝缘上	
	② 用专用工具扳第二道弯。扳完后，线端（未包绝缘部分）轴向应和电动机轴向平行	或
7. 包扎另一端层间绝缘	用与前面同样的材料和方法包扎刚刚扳弯成规定形状一端的层间绝缘	跳层线
8. 放槽内层间垫片	逐槽放入层间垫片。放后整理，使其两端伸出长度相等	槽内层间绝缘

（续）

顺序和名称	过程描述和注意事项	示 图
9. 插入上层线棒和槽楔端部扳弯	将上层线棒全部插入后，将槽楔逐一插入。然后扳弯使端部成形。放大图给出了到此阶段时的端部材料层次	
10. 装并头套和打入铜楔①	① 将上层对应端对齐并装上并头套（用铜板制作并搪锡）。将事先搪锡的铜楔打入上、下层的空隙中。铜楔的厚度应适当，做到既不松动，又不会撑开并头套 ② 用专用卡钳夹卡铜楔部位，使并头套凹入，进一步固定铜楔	
11. 并头套灌锡和绝缘①	利用大功率电烙铁给并头套加热，用锡焊条抵在并头套端面或内面，向里面灌锡至填满并头套内所有空隙，有条件时，应采用整体涮锡工艺	
12. 并头套进行绝缘处理	并头套灌锡后，应对每个并头套进行绝缘处理，以防止运行时在两个相邻并头套之间进入导电异物后造成短路故障。绝缘处理可用套绝缘套管（要有一定的紧度）、热缩管、包绕绝缘漆布等方法	

① 为了防止运行时因故障造成较大电流使焊锡熔化，造成并头套脱落，进而形成更大的故障。现有较多的企业采用熔焊法连接上、下层线棒的工艺，焊接时应注意采取隔离和适当的冷却措施，防止相邻导线的绝缘被烤伤。

图6-8给出了用气焊和专用熔焊机进行焊接的照片。

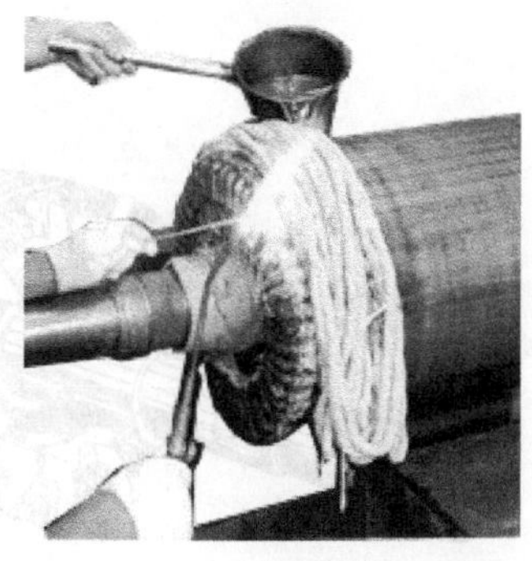

a) 气焊连接

b) 专用熔焊机连接

图6-8 用熔焊法连接上下层线棒

6.7　用无纬带绑扎转子波形绕组的端部

无纬带是树脂浸渍玻璃纤维无纬绑扎带的简称，也俗称玻璃钢。该材料应在低于5℃的环境下存放，随用随取。

绑扎前，应将转子在烘箱中放置2h左右，对热分级为130（B）级和155（F）级的无纬带，温度为80～100℃，对热分级为180（H）级的无纬带，温度为120～140℃。若采用涮锡工艺，可在涮锡后立即进行绑扎。绑扎时，转子温度不应低于50℃。

用木榔头沿转子绕组端部外圆将其敲平整。

用机床或人力旋动转子，应控制对无纬带的拉力（计算数值与无纬带的宽度有关，应不超过400N/10mm，一般在300N/10mm左右即可），半叠包、平包和两者结合包绕6～8层。要求平整，应尽可能宽。

绑扎到最后一层时，保持拉力，用电烙铁将无纬带末端烫1～2min，将其与下层的无纬带“粘”牢。

图6-9是用专用机床绑扎无纬带的操作现场。

绑扎后，应在两天时间内，将转子在烘箱内烘烤（若对转子进行浸漆，可不进行此项），其温度和时间见表6-2。

图6-10是一台嵌线后还未接出引出线的转子。

表6-2　无纬带烘烤温度和时间

无纬带热分级	130（B）		155（F）		180（H）	
工艺参数	温度/℃	时间/h	温度/℃	时间/h	温度/℃	时间/h
	80～90	4	100～110	4	130～140	4
	130	10	155	10	200	8

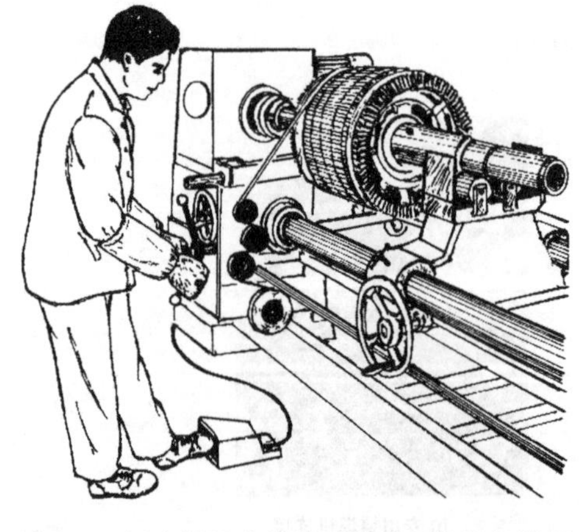

图6-9　用专用机床缠绕无纬带包扎绕组端部

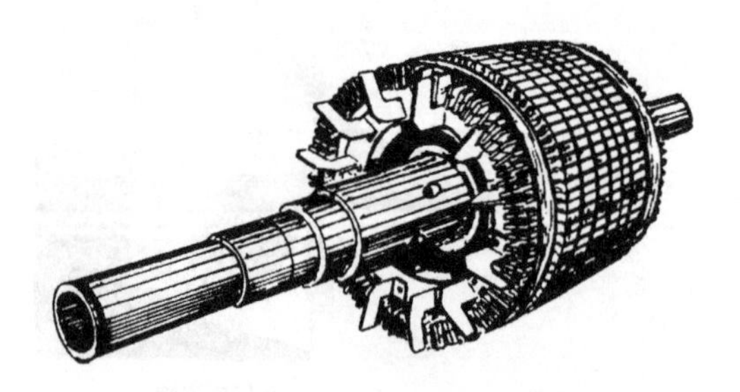

图6-10　嵌线后的硬绕组绕线转子

6.8　转子引出线穿出转子轴孔的工艺

将绕线转子绕组的三相引出线穿出转轴的中心孔后，引出线与轴孔接触部位的空隙，应用涤棉毡塞紧，再灌入环氧树脂固化，如图6-11所示。也可采用其他工艺，但必须保证引出线不会松动，否则很可能在电动机运转时，因松动造成与转子孔摩擦，最后使绝缘破坏而对轴短路。

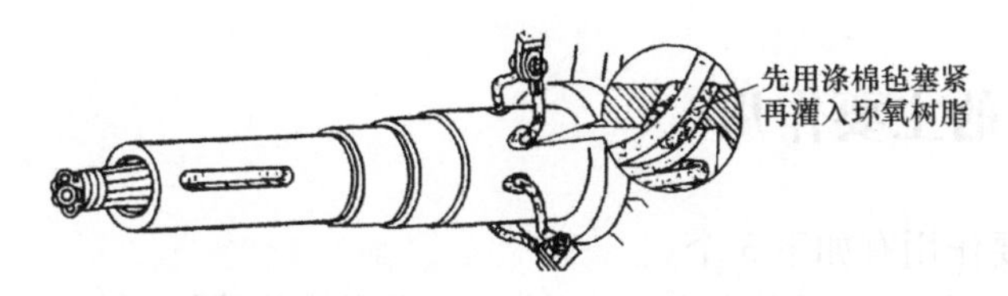

图6-11　转子引出线入口处的处理方法

6.9　对嵌线后转子的检查

应对嵌线后的转子进行如下检查：

1）线棒绝缘及槽绝缘有无破损。

2）出线、封零槽号是否正确。

3）各并头套之间距离是否均匀，有无过近或短路现象，安装是否牢固，套间空隙是否用锡全部灌满。

4）端部绑扎是否牢固，外圆最大直径是否超过了铁心外圆。

5）用绝缘电阻表测量各相对地（铁心和轴）及相互间的绝缘电阻（此时应不封零）。低压电动机应在5MΩ以上。

6）用电桥或微欧计测量各相的直流电阻。电阻值的大小与原绕组的偏差应在±2%之内；三相不平衡度不应超过±3%。

7）对每相对地及相间进行历时1min的耐电压试验。电压值：全新绕组为（$2U_{2K}$+2000V），局部更换绕组为0.8（$2U_{2K}$+2000V），其中U_{2K}为转子额定开路电压。

8）用专用仪器进行匝间耐冲击电压试验。

9）穿出引出线后的检查包括：接线连接点是否牢固；引出线在进入轴中心孔处是否松动；用绝缘电阻表接引出线引出轴中心孔后的端头，测量对地（轴或铁心等）的绝缘电阻，低压电动机应大于5MΩ。

第7章 绕组的浸漆和烘干

7.1 绕组浸漆的主要作用

绕组浸漆的主要作用有如下3个。

1）使绕组导线之间以及导线与绝缘材料（主要指槽绝缘）、铁心之间的孔隙全部用漆灌满，从而形成一个整体的固体，便于将绕组在通电时产生的热量传导到机壳上，然后通过冷却系统进行散热降温。

2）将导线固定住，防止在通电时因电磁力的作用产生抖动和互相摩擦对其绝缘层的损伤以及由此产生的电磁噪声。

3）提高对潮湿和有腐蚀性的气体、灰尘油污的防护能力，从而加强绝缘性能。

7.2 浸渍漆的性能指标和选择原则

浸渍漆的主要性能指标有：①外观；②黏度；③固体含量；④干燥时间；⑤厚层固化能力；⑥酸值；⑦闪点；⑧在敞口容器中的稳定性；⑨对漆包线的作用；⑩电气强度；⑪体积电阻率；⑫温度指数。

对电动机绕组用浸渍绝缘漆的选择应考虑的几个因素有：①电动机所规定的绝缘耐热等级（温度指数），现较常用的为130（B）级和155（F）级；②考虑对环境污染的问题，要尽可能使用无溶剂型；③电动机将要适应的环境条件，例如空气湿度、温度，是否有较多的油污或水及其他液体会接触绕组等；④干燥后的机械强度；⑤黏度和固化能力。

7.3 测定浸渍漆黏度的方法和不同温度时对黏度的要求

浸渍漆黏度大小是影响绕组挂漆量的一个主要指标。

测定浸渍漆黏度所用量具有4号黏度计（简称4号福特杯或B_z-4杯，杯的容积为$100cm^3$，如图7-1所示）和计时用秒表。

测量时，先用手指（戴塑料手套）将福特杯的下口堵住，将要测量的漆搅拌均匀后，测量漆的温度。取漆灌满一福特杯（此时应注意上口面要保持水平），在堵下口的手指移开时，开始用秒表计时，直到杯中漆完全流出为止，记下所用时间。在同一温度下，上述时间越长，说明漆的黏度越大，反之，说明黏度小，如图7-1b～e所示。

漆的黏度将随温度发生变化，总的趋势是，温度高时黏度低（流完一杯漆所用的时间短）。表7-1为一个用于整浸工艺的实例，仅供说明上述问题。实际应用时，应根据漆的品种和具体工艺给出。

表 7-1　F 级通用无溶剂漆黏度与温度对照表

温度/℃	黏度/s	温度/℃	黏度/s	温度/℃	黏度/s
10	65.5	19	42.5	28	32
11	62.0	20	40.5	29	31
12	57.5	21	39	30	30
13	56	22	38	31	29
14	52	23	36	32	28
15	50	24	35.5	33	27
16	48	25	35	34	27.5
17	46	26	33.5	35	26
18	45	27	32.5	36	25.5

注：黏度偏差允许值为 10～15℃为 ±3s；16～30℃为 ±2s；30℃以上为 ±1s。

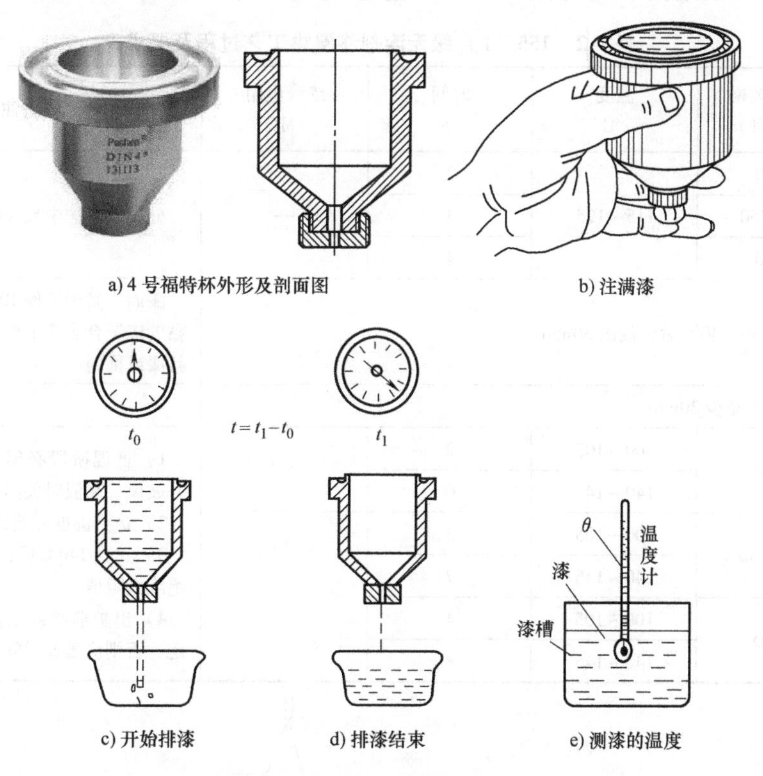

图 7-1　黏度计及黏度测定过程

7.4　正规的浸漆和烘干工艺过程及要求

有条件的修理单位应采用正规的沉浸、滚浸和滴浸设备进行浸漆。

7.4.1 浸漆前应做的准备工作

正式浸漆前，应对绕组进行预烘，目的是赶走绕组空隙中的水分和潮气，同时可加大漆的渗透能力，以达到最佳的浸漆效果。预烘温度应控制在100～120℃之间，时间为4～6h。除正规的烘箱预烘法外，也可采用其他有效的方法。

7.4.2 浸漆和烘干工艺过程及要求

图7-2是一套正规的沉浸工艺流程，其工艺参数应视所用漆种而定。一般规定是采用“三点稳定法”确定烘干过程是否完成，即在烘干到一定时间后，每隔1h或0.5h（根据工艺文件的规定），测量一次绕组对铁心或机壳的绝缘电阻。如果连续三次测量值基本稳定（波动量在三点平均值的5%以内），即可认为烘干已达到了要求。

图7-3为两套专用电烘箱外形。

表7-2是无溶剂漆的一次浸漆和烘干工艺过程及要求，可供参考。

表7-2 155（F）级无溶剂漆浸烘工艺过程及要求

过程	电动机规格（机座号）	温度/℃	时间/h	绝缘电阻/MΩ	备注
预烘	≤160	115～125	2	—	分类以一炉中最大的工件为准
	180～250		3		
	≥280		4		
浸漆	冷却到30～40℃后，浸漆30min				漆面应高于工件100mm以上，漆的黏度应符合表7-1的规定，否则应加新漆或稀料
滴干	在室温下至少30min				
烘干	≤160	100～105	2	>2	1）低温阶段必须全部打开排气门并鼓风，高温时关闭排气门 2）达到温度开始计时 3）达到140℃后，每半小时测一次绝缘电阻值 4）出炉前绝缘电阻值必须3点稳定，否则应延长时间
		140～145	6		
	180～250	100～105	3	>1	
		140～145	7		
	≥280	100～105	4		
		140～145	8		

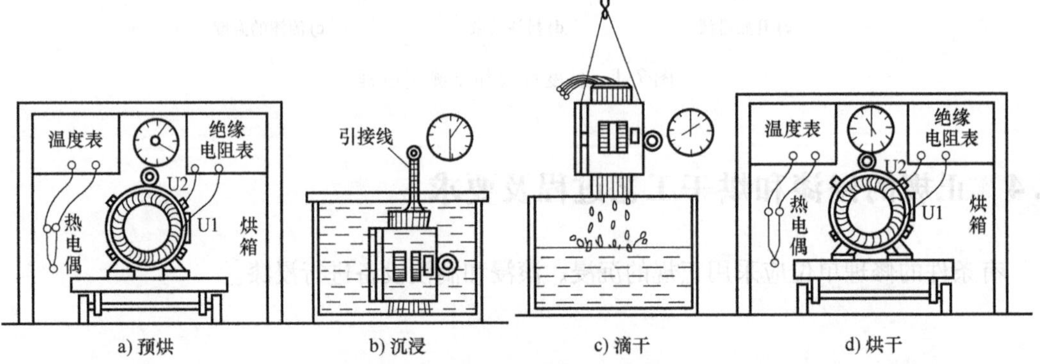

a) 预烘 b) 沉浸 c) 滴干 d) 烘干

图7-2 正规的沉浸工艺流程

图 7-3 专用电烘箱

7.5 简易的浸漆方法和操作要求

严格地讲，简易浸漆不能叫浸漆，因为实际上是浇漆或刷漆。这些方法仅用于没有专业条件的个体维修单位。操作时，也应事先进行一段时间的预烘。电动机应立或斜立放置。从一端浇（或刷）透后，翻过来再进行一次，以便使漆渗透到绕组的各个部位，如图 7-4 所示。

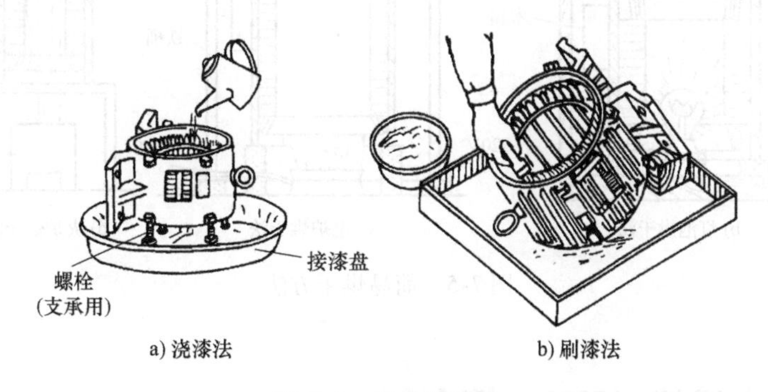

图 7-4 简易浸漆法

7.6 烘干电动机绕组的简易办法和操作要求

1. 通电烘干法

将三相绕组接成串联、串并联或并联形式，通入单相交流电。调节电压，使电流在额定值的 0.5 ~0.7 倍之内。若有几台电动机要烘干，可将它们的绕组串联后接 220V 或 380V 电源，但电流应控制在几台中最小额定电流的 1 倍以下。通电时间在 4h 以上。以绝缘电阻值稳定为准，如图 7-5a 所示。

2. 灯泡烘干法

此方法用于小容量电动机。一般采用普通白炽灯泡，有条件时，应采用红外线灯泡，可采用多盏灯，温度控制在 120℃以下，如图 7-5b 所示。

3. 电炉烘干法

采用普通电炉或电热管，放在电动机下方，如图7-5c所示。

4. 火炉烘干法

将电动机立式安放在一个金属支架上，下放一个无火烟的煤炉（用无烟煤或焦炭），电动机上盖一个留有放气孔的盖板。烘烤一定时间后，调一次头再烘烤。注意绕组最高温度不要超过130℃。如图7-5d所示。

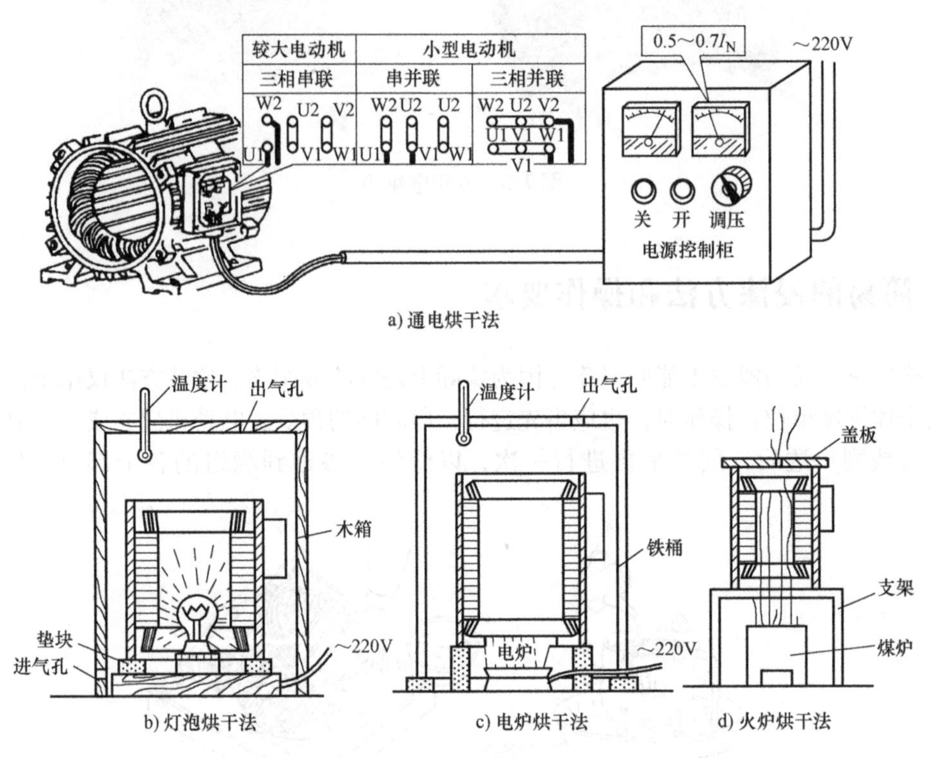

a) 通电烘干法

b) 灯泡烘干法　c) 电炉烘干法　d) 火炉烘干法

图7-5　简易烘干方法

7.7 真空压力浸漆（VPI）简介

将要浸漆的定子绕组通过一定时间的预烘（例如120℃ ±5℃，4h）并冷却到50～60℃后，放入专用的浸漆罐中，关闭并锁紧浸漆罐的盖子，然后用真空泵将罐内（包括绕组内部所有的间隙）的空气抽出，使罐内形成符合工艺要求的真空状态（例如<100Pa），并保持真空一定时间（根据电动机的额定电压确定，例如6kV电动机为3h）。之后从储漆罐中将温度为25℃以下的浸渍漆注入到浸漆罐内，到漆面高出定子绕组一定尺寸（例如100～150mm）后，停止注入。通过空压机往浸漆罐内加压，达到规定的压力（例如0.5～0.6MPa，5～6个标准大气压）并保压一定时间（同保持真空的时间）后，开始卸压到0.2MPa以下，回漆到储漆罐中。回漆完毕，将浸漆罐恢复常压状态，待定子绕组将漆滴干后取出，投入到烘干炉中在工艺规定的温度环境中烘干8～10h。

上述浸漆工艺就叫作真空压力浸漆。因为真空压力浸漆的英文是"Vacuum Pressure Impregnation”（真空的压力注入），取三个单词的第一个字母，即V、P、I，所以称其为“VPI”。图7-6是一套真空压力浸漆设备的配套图。

与普通沉浸相比，真空压力浸漆的优点是能使浸渍漆进入到绕组内部所有的间隙中，使浸漆达到最佳的效果；缺点是设备投入和维护量都很大，操作复杂且时间长，另外，在小批量生产时，由于所用漆存放时间有一定的限制（存放时间较长会使其化学成分和性质发生变化，有可能降低效果或无法使用），并且要保持温度不高于10℃，所以平均摊入成本较高。

图7-6 真空压力浸漆设备配套图

第8章 单相异步电动机常见故障诊断与处理

8.1 单相异步电动机的类型

单相交流异步电动机（简称单相电动机）的种类相当多，但绝大多数系列的区别主要在于它们的起动方式。主要有分相起动和罩极起动（又称为遮极起动）两种，其中分相起动又称为裂相起动，并且分为电阻分相、电容分相两大类，后一种应用较广，并且品种较多，有单值电容起动、单值电容起动并运行和双值电容三种形式。除上述两种类型外，还有一种称为串励电动机的单相交流电动机，该类电动机严格地讲应称为交、直流两用电动机。下面介绍主要系列的原理接线图。其工作原理请参看其他资料。

8.1.1 裂相起动类单相交流异步电动机

1. 类型和接线原理

此类电动机都具有两套绕组，其中一套称为起动绕组，又被称为副绕组或辅绕组（本书用此名称）；另一套为主绕组（本书用此名称），又被称为工作绕组。一般情况下，两套绕组在匝数、线径等方面有所不同，但对于特殊用途的电动机，如洗衣机用电动机，两套绕组会完全相同。主、辅绕组在定子铁心圆周上的位置相差 90°电角度（对 2 极电动机，空间位置相差也是 90°；对 4 极电动机，空间位置相差将是 45°）。

其实物示例、电路原理和运行原理简介见表 8-1。

表 8-1 裂相起动单相交流异步电动机

类型		实物示例	电路原理	运行原理简介
电阻裂相型			L U1 U2 N S R M 1~ Z2 Z1	辅绕组串联一个电阻（或者不串联电阻，但直流电阻值大于主绕组）并和一个离心开关 S 串联后与主绕组相并联。起动完成后，离心开关断开辅绕组电路
电容裂相型	电容起动		L U1 U2 N S C M 1~ Z2 Z1	辅绕组串联一个电容器 C 并和一个离心开关 S 串联后与主绕组相并联。起动完成后，离心开关断开辅绕组电路

（续）

类型		实物示例	电路原理	运行原理简介
电容裂相型	电容起动和运行（单值电容）			辅绕组串联一个电容器C后与主绕组相并联。起动和运行中，辅绕组和电容器始终连接在电路中
	电容起动加电容运行（双值电容）			辅绕组和两个并联的电容器相串联后接电源，其中一个电容器C1串联一个离心开关S，起动完成后将与电源断开，另一个电容器C2会始终与电源相接

2. 改变转向的线路

用电容裂相的单相电动机要改变转子的转向，有如下两种办法：

（1）改变电容器与绕组的连接位置

本方法需要将主、辅绕组做得完全相同，即没有主、辅之分（称为“对称绕组”），并且只用于单值电容起动和运行的品种。采用这种方法最典型的是需要反复正、反转的洗衣机电动机。电容器的两端分别与两个绕组的头端相接。利用一个单刀双掷转换开关，其公用端接电源相线，触头交替地与两套绕组的首端（也是电容的两端）相接，电路原理如图8-1所示。

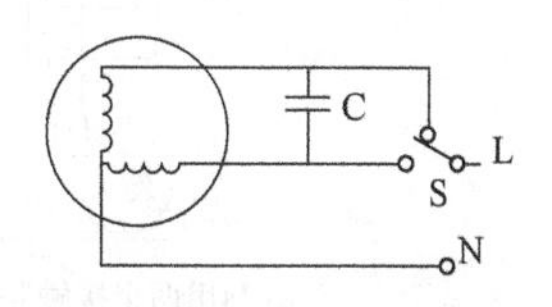

图8-1　对称绕组单相电容电动机正、反转电路

（2）调换主绕组的头尾或辅绕组电路两端连接位置

对于两套绕组分主、辅的电容电动机，可通过调换主绕组头、尾接线方向的方法改变转向。即主绕组U1端与电容器一端连接后接电源相线，主绕组U2端与辅绕组Z2端相连后接电源的中性线，为一个转向（公认为是正转）；将主绕组的头、尾U1、U2两端调换方向连接后，转向就会和上述方向相反（反转）。这种改变转向的方法适应各种电容单相电动机。图8-2a给出的是单值电容电动机的接线原理和双值电容电动机实用端子接线图。

对较小容量的电动机，可使用HY2－30或KO－3等型号的转换开关，如图8-2b所示的电路图。较大容量的电动机则使用按钮控制两个接触器来实现这些转换，如图8-2c所示。

调换辅绕组电路（含绕组和电容器）两端连接位置，同样能改变电动机的旋转方向，如图8-2d所示。

8.1.2　罩极起动类单相交流异步电动机

罩极起动类单相交流异步电动机的定子铁心多数做成凸极式，每极绕有一个工作绕组，并与单相电源相接；在磁极极靴的一边开有一个槽，用短路的铜环把部分（约占1/3）磁极圈起来，称为罩极线圈，俗称为短路环。凸极式的实物和电路原理图如图8-3所示。

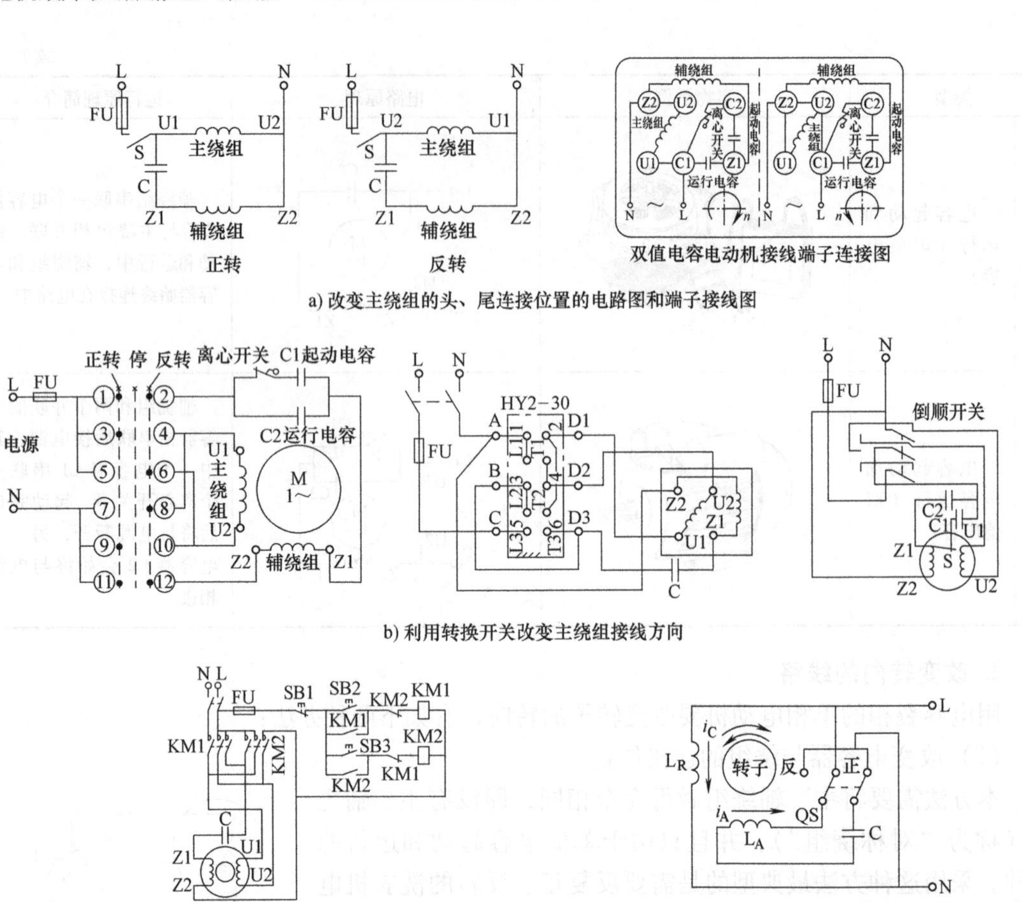

a) 改变主绕组的头、尾连接位置的电路图和端子接线图

b) 利用转换开关改变主绕组接线方向

c) 利用两个接触器改变主绕组接线方向

d) 利用双掷开关改变辅绕组电路接线方向

图 8-2　单相电容电机改变转向的电路

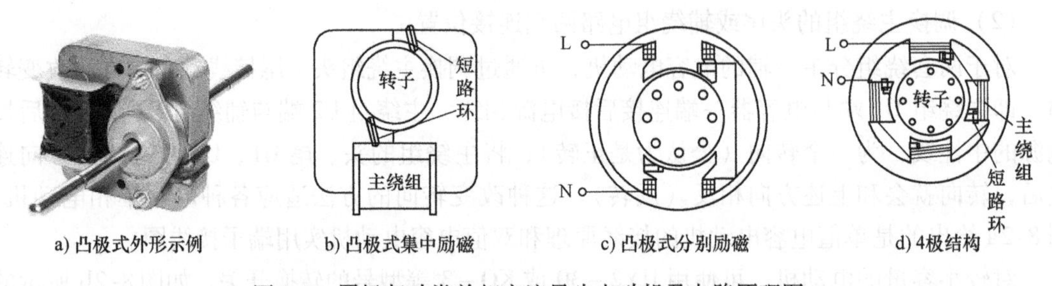

a) 凸极式外形示例　b) 凸极式集中励磁　c) 凸极式分别励磁　d) 4极结构

图 8-3　罩极起动类单相交流异步电动机及电路原理图

8.1.3　单相串励式电动机

单相串励式电动机也称为单相换向器式电动机。它的转子不像前几种那样是铸铝转子，而是类似直流电动机那样的绕线转子（称为电枢），其定子绕组和转子绕组通过换向器串联，如图 8-4 所示。

图 8-4　单相串励式交流异步电动机及电路原理图

此种单相异步电动机可以通过改变输入电压的大小来调速。其转速为

$$n = \frac{60Ea}{p\Phi N} \tag{8-1}$$

式中　E——旋转电动势（V）；

a——定子绕组并联支路数；

p——极对数；

Φ——主磁通（Wb）；

N——电枢总导体数。

此类电动机也可以使用直流电，所以也被称为交、直流两用电动机。

8.1.4　单相变速电动机

1. 反向变极变速和双运行绕组变速

反向变极变速适用于两种转速比为 1∶2 的变速要求；双运行绕组变速适用于其他转速比的变速要求。均为铸铝转子。

反向变极变速裂相式双速单相异步电动机定子绕组接线原理如图 8-5 所示。

当开关 S2 接在图中 1 的位置时，相邻两极的电流方向相反，电动机为 4 极；当开关 S2 接在图中 2 位置时，相邻两极的电流方向相同，电动机为 8 极。

2. 用附加绕组变速

对电容式单相异步电动机，可用改变绕组外加电压的方法达到变速的目的。一般利用改变主绕组和辅绕组（起动绕组）的连接方式来改变加在主绕组上的电压。辅绕组和主绕组的绕向相同，并放在同一个槽内。接线原理如图 8-6 所示。

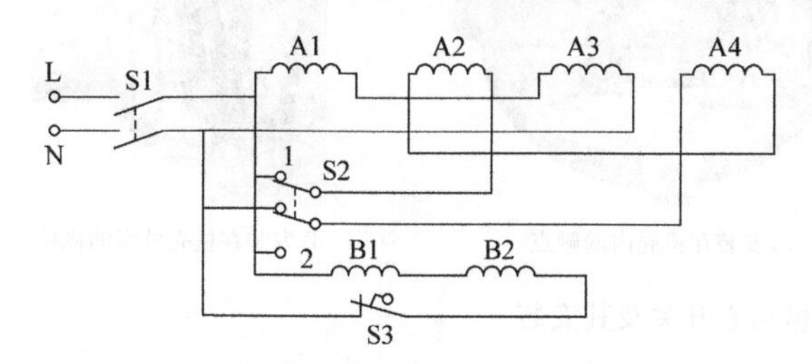

图 8-5　反向变极双速单相异步电动机定子绕组接线原理图

A—主绕组　B—辅绕组　S1—电源开关　S2—换极开关　S3—离心开关

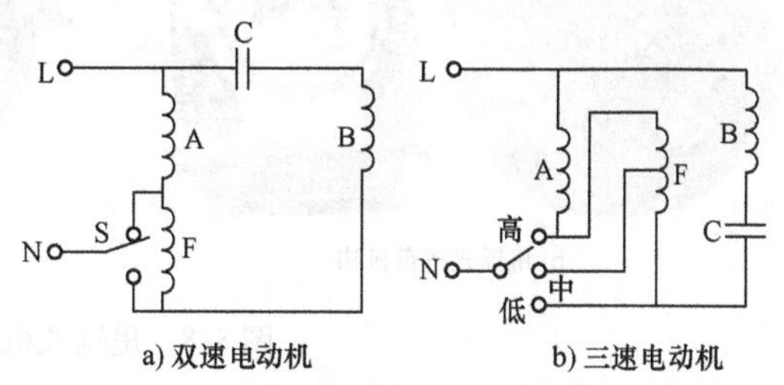

图 8-6　用附加绕组变速的单相异步电动机电路原理图

A—主绕组　B—辅绕组（起动绕组）　F—附加绕组

3. 用电抗器变压调速

对罩极式和电容式单相异步电动机，可用电抗器提供可变电压的方法达到变速的目的。接线原理如图 8-7 所示。这种调速电路在家用电风扇上使用较多。

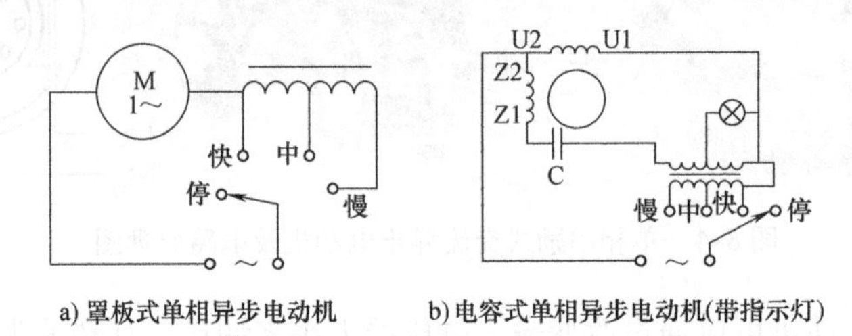

a) 罩板式单相异步电动机　b) 电容式单相异步电动机(带指示灯)

图 8-7 用电抗器变压调速的电路

8.2 单相异步电动机用的离心开关的结构和工作原理

8.2.1 机械式离心开关

单相异步电动机用的机械式离心开关是一种传统的类型，有径向接触式和轴向接触式两大类。

1. 触点轴向接触式

图 8-8 给出的是一种触点轴向接触式的甩锤簧片式离心开关（简称甩锤式）实物图和结构及安装图。此类现在使用得较多。

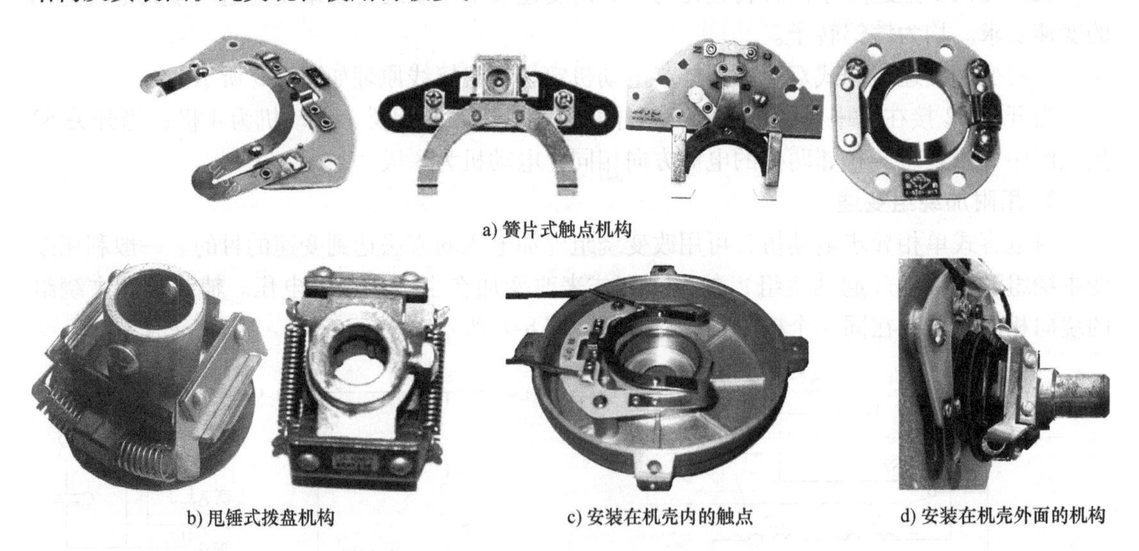

a) 簧片式触点机构

b) 甩锤式拨盘机构　c) 安装在机壳内的触点　d) 安装在机壳外面的机构

图 8-8 甩锤式机械离心开关及其安装

图 8-9 所示是这种离心开关的结构。其中绝缘底板 6 固定在电动机端盖内壁或外壁上（见图 8-8c 和图 8-8d）；定触点 7 和动触点 8 在动作转速以下时，由于张力弹簧 13 的作用，是闭合的。当转子的转速达到设定的数值时（一般规定为额定转速的 70% ~85%），离心臂

重锤 11 所产生的离心力带动拨杆 14 克服张力弹簧 13 的张力，向右（图中方向）拨动绝缘套 16，此时动触点 8 在 U 形弹簧触点臂 9 的作用下离开定触点 7，实现离心开关打开的动作（图 8-9 右图即为转速达到动作转速后，触点被打开的状态）。

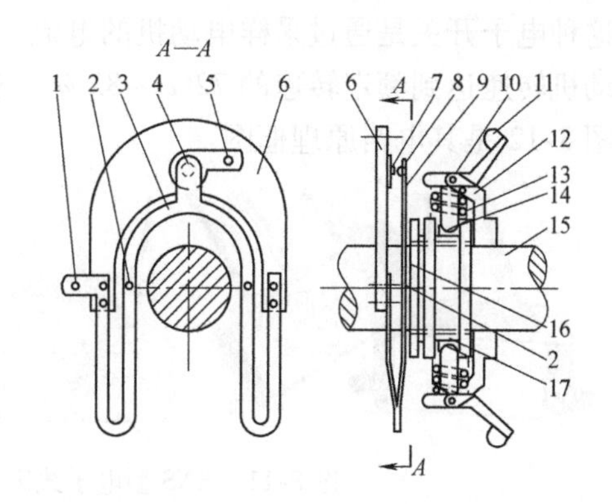

图 8-9　簧片式离心开关

1—动触点引接线　2—顶压点　3、9—U 形弹簧触点臂　4—触点　5—定触点引接点　6—固定在电动机端盖内的绝缘底板　7—定触点　8—动触点　10—活销　11—离心臂重锤　12—固定在轴上的支架　13—张力弹簧　14—拨杆　15—电动机转子轴　16—绝缘套　17—滑槽

2. 触点径向接触式

图 8-10 给出的是一个触点径向接触式的甩臂压指式离心开关结构。其中右面的铜环为静触点，通过绝缘材料固定在电动机端盖内壁或外壁上，并利用绝缘分成两个半圆，每个半圆引出一条导线，分别与电源和起动电容相接；动触点（图中的指形动触片）系统安装在轴上，在电动机转速低于设定值时，动触点在弹簧的拉力下与静触点（铜环）接触，此时不论停止还是旋转，两个半圆铜环都会通过动触点（指形动触片）保持电的连接，使起动绕组与电源相通。

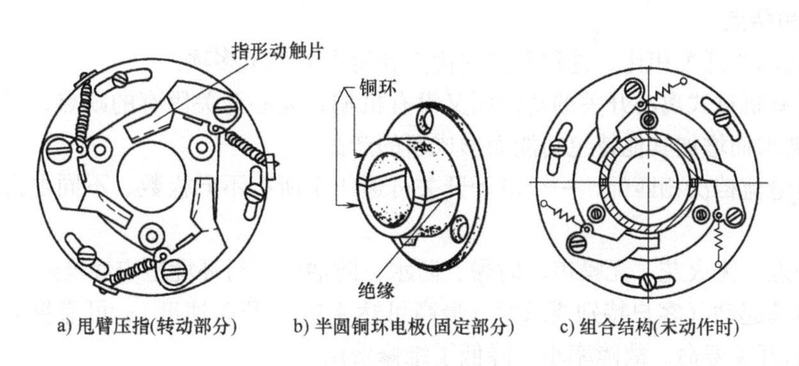

a) 甩臂压指(转动部分)　b) 半圆铜环电极(固定部分)　c) 组合结构(未动作时)

图 8-10　甩臂式的离心开关

当电动机转速超过设定值后，动触点（指形动触片）所具有的离心力将大于弹簧的拉力，从而离开铜环，两个半圆铜环电的通路被断开，切断起动绕组（或起动电容）与电源的连接，完成起动过程。

8.2.2　电子式离心开关

1. 结构和工作原理

电子式离心开关（简称 ECS）是应用半导体科技设计的新型固体开关，图 8-11 给出了一种型号为 RNS（深圳市复兴伟业技术有限公司生产）的产品外形和内部电路板。从样品图中可以看出，它与“离心”两个字没有任何联系，之所以称为“离心开关”，只是为了便于让使用者很快“联想”到它的作用而已。而它的另一个名称“单相电动机电子起动器”更符合其结构和工作原理。

这种电子开关是通过采样电动机的电流、电压、相位等参数来判定电动机起动转速，如果电动机转速达到额定转速的72%～83%，就断开起动电容，以达到电动机起动运转的目的。图8-12是其电路原理框图。

图8-11 RNS型电子式离心开关的外形和内部电路板

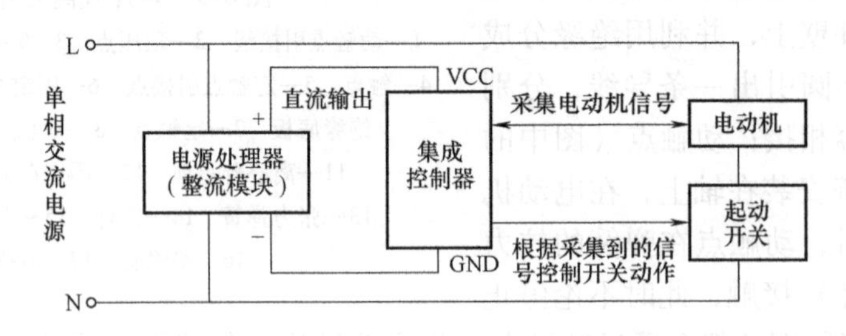

图8-12 RNS型电子式离心开关的原理框图

2. 优点和特点

和机械式离心开关相比，这种开关的优点和特点有如下多项：

1）既具有机械式离心开关的功能而又没有机械式离心开关固有的缺点，同时又可以按用户不同的需求而增加其他特色功能而形成新的产品。

2）只要电流档次相匹配，一个电子开关可通用于所有不同极数、不同电源频率的单相电动机。

3）无触点、无火花、无噪声、防爆、防水、防油污，对环境适应性极强。

4）可频繁起动（客户特别要求时，最高可达4次/s开关速度）；可靠度高，具有不少于100万次的开关寿命，故障率小，降低了维修费用。

5）断开转速点一致；延长起动电容寿命。

6）宽电压运行，可满足电压不稳的使用场合。

7）不用占用电动机的轴向位置（一般将其放置在接线盒内），可减短电动机的轴向长度，从而降低了转轴（全部电动机）和机壳（对于将机械式离心开关安装在机壳内部的电动机）的长度，使电动机用料减少、重量减轻，成本降低（含运输成本）。

8）安装（可安装在任意位置，但一般将其放置在接线盒内）和拆换方便，不用机械调试，也不需要担心调整的不合适而影响使用性能。

9）能耗低，节约用电量，提高整机效率（试验数据表明，其消耗的功率为机械式离心开关的1/2左右）。

10）安装接线后，第一次通电时，开关会自动读取电动机参数并自动设定电动机的断开转速点（一般在额定转速的72%～83%之间）。

11）电动机过载堵转时，可对起动电容、起动绕组或整个电动机实行保护（客户要求时）。

目前的不足之处是价格略高于机械式，但考虑到减小轴向尺寸和耗电量等有利因素后，这一不足完全可以抵消掉。

3. 使用方法

以220V、50Hz双值单速电容电动机为例，介绍RNS型电子式离心开关的使用方法。

1）按配置电动机的起动电容电路电流（注意：不是电动机的总起动电流。将电动机转子堵住，用钳形电流表钳住起动电容电路中的一段导线进行测量）大小，选择规格合适的电子起动开关。一般原则是，开关的标称电流不小于电动机起动电容电路电流的1.414倍（即正弦交流电最大值为有效值的$\sqrt{2}$倍的近似值）。

2）按图8-13与电动机的绕组和电容器相连接，图中黑、蓝、白、红是电子开关引出线的颜色。

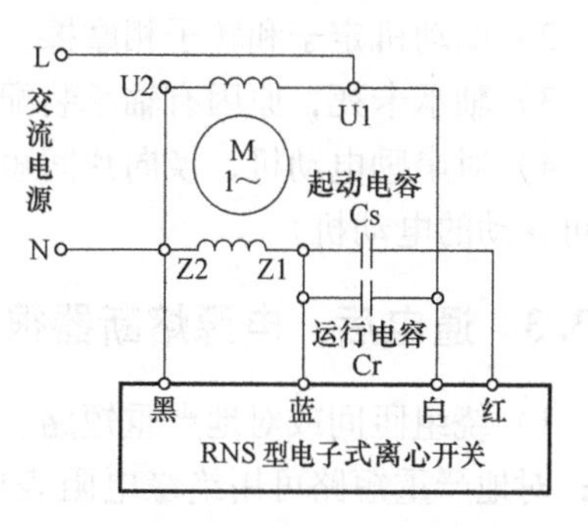

图8-13 RNS型电子式离心开关与双值电容电机连接图

3）给电动机接通正常电压和频率的交流电空载起动并运转，5s后该开关的集成控制器就会完成对电动机相关数据的采集和自身控制参数的设定工作（在此过程中，可能会出现电动机振动较大的现象，这是控制器在采集设定断开转速过程中产生的正常现象，此时不要关断电源）。该电动机再次起动时，则会按设定的转速控制起动电容电路中开关（实际是设置在本装置内的无触点电子开关）的断开。除非另行设定，该设置将永远被保持。

4. 恢复出厂设置的办法

当某一个电子起动开关从一台使用过的电动机上拆下并准备在其他电动机上使用时，需要对该开关恢复出厂设置后方可使用。

恢复出厂设置的办法如下：

将电子开关的黑色和蓝色引出线连接在一起后接单相交流电的相线L端；开关的白色引出线接单相交流电的中性线N端，如图8-14所示。

接通电源，使其电压等于或接近额定值，超过5s后，断开电源。则该电子开关就恢复了出厂设置，可用于其他电动机（但要注意与电流规格相匹配）。

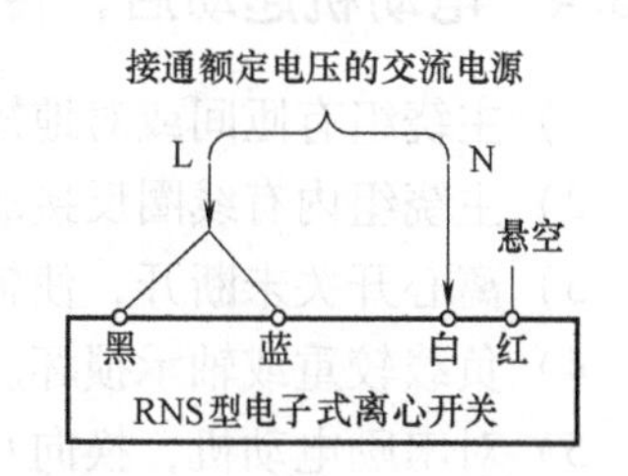

图8-14 对使用过的RNS型电子开关恢复出厂设置

8.3 单相电动机常见故障诊断与处理

8.3.1 电源电压正常，通电后电动机不起动

1）电源接线开路（电动机完全无声响）。测量接线端子两端应无电压。

2）主绕组或辅绕组断路。用测量直流电阻的方法可确定是否断路。

3）离心开关触点未闭合，使辅绕组不能通电工作。将主绕组和辅绕组的连接点断开，然后用测量直流电阻的方法可确定；也可用8.4节的方法确定。

4）起动电容器接线开路或内部断路。查找方法同第3）项。

5）对罩极式电动机，罩极线圈（短路环）开路或脱落。对于短路环设置外部可以看得到的，往往通过观察就能发现，否则可用8.4节的方法确定。

6）对串励电动机，未上电刷或因电刷过短、卡住等原因不能与换向器接触，或电刷引线断开，或电枢绕组、磁场绕组内部开路。

8.3.2 电源电压正常，通电后电动机低速旋转，有“嗡嗡”声和振动感，电流不下降

1）负载过重。

2）电动机定子和转子相摩擦。会发出异常的摩擦声。

3）轴承卡死，原因有轴承装配不良、轴承内油脂固结、轴承滚子支架或滚子破损等。

4）对串励电动机，换向片间短路或电枢绕组内部短路，或电刷偏离中心线过多（对电刷可移动的电动机）。

8.3.3 通电后，电源熔断器很快熔断

1）绕组匝间或对地严重短路。测量直流电阻，若数值远小于正常值，则为绕组匝间短路；对地严重短路可用绝缘电阻表或万用表较高电阻档（例如R×1k档）进行测量确定。电流大于额定值。

2）电动机引出相线接地。检查方法同第1）项。

3）电容器短路。用万用表较低电阻档（例如R×1档）测量起动绕组电路（含电容器和起动绕组，不含离心开关）两端之间的直流电阻来确定。

4）离心开关对地短路。检查方法同第1）项。

5）负载过重。声音会出现异常，电流会大于额定值。

8.3.4 电动机起动后，转速低于正常值

1）主绕组有匝间或对地短路故障。检查方法同8.3.3节中第1）项。

2）主绕组内有线圈反接故障。声音会出现异常，电流会大于额定值。

3）离心开关未断开，使辅绕组不能脱离电源。电流会大于额定值。

4）负载较重或轴承损坏。声音会出现异常，电流会大于额定值。

5）对串励电动机，换向片间短路或电枢绕组内部短路，或电刷与换向器接触不良。

8.3.5 电动机运行时，很快发热

1）绕组（含主绕组和辅绕组）有匝间或对地短路。检查方法同8.3.3节中第1）项。

2）主绕组和辅绕组之间有短路故障（末端连接点以外）。电流会大于额定值。

3）起动后，离心开关未断开，使辅绕组不能脱离电源。电流会大于额定值。

4）对于运行时主要或仅靠主绕组的电动机（除两个绕组完全相同的电容起动并运行的单值电容电动机之外的其他单相裂相电动机）主绕组和辅绕组相互接错。电流会远大于额定值。

5）工作电容损坏或用错容量。

6）定、转子铁心相摩擦或轴承损坏。声音会出现异常，电流会大于额定值。

7）负载较重。电流会大于额定值。

8）对串励电动机，换向片间短路或电枢绕组内部短路，或电刷与换向器接触不良。

8.3.6　电动机运行噪声和振动较大

和同容量或同一机座号的三相异步电动机相比，单相电动机的噪声和振动（特别是振动）是比较大的。这是因为它的定子旋转磁场不是一个规矩的圆形，因此转矩也不会时刻相等，也就是说在一个圆周内会有大小波动，从而造成转子的径向振动。

产生较大噪声和振动的常见原因有如下几个方面：

1）浸漆不良，造成铁心片间松动，产生较高频率电磁噪声。

2）离心开关损坏。

3）轴承损坏或轴向窜动过大。

4）定、转子之间气隙不均或轴向错位。

5）电动机内部有异物。

6）对串励电动机，换向片间短路或电枢绕组内部短路，或电刷与换向器接触不良（换向片间的云母高出换向片或换向片粗糙，或电刷过硬、压力过大等）。

8.4　判定是辅绕组断路还是电容器损坏造成的电动机不起动的方法

单相电容起动并运行电动机接通电源后，不起动并几乎没有任何声响，如用电流表测量，有一定的电流。此时应用万用表电阻 $R\times1$ 档检查辅绕组电路是否不通。不通的原因有绕组或接线断开，也可能是电容器断路损坏。

在没有万用表的现场，可用下述简单的方法检查辅绕组或电容器是否有断路故障。

在断电的情况下，用导线或其他导电器具（例如螺钉旋具）将电容器的两个电极短路，进行放电，防止在电容器没有损坏的情况下具有存储电荷，使人体接触时触电（若此时有较强的放电现象，则可排除电容器损坏的问题）。之后，解开电容器与电动机之间的连线并用绝缘材料包好。

将电动机的负载卸掉（例如拆下传动皮带。对要求起动转矩较小的负载，若去掉负载较困难时，可不卸掉），然后给电动机通电（注意做好绝缘工作），用手（或工具）拧动转轴，目的是让其朝一个方向旋转，如图 8-15 所示。若此时电动机的转子顺势旋转起来，并且自动加速直至达到正常的转速。待断电停转后，再向相反的方向旋转电动机轴伸，若电动机转子同样顺势转动起来，则基本可以确定是辅绕组或电容器断路造成的不起动。然后再进一步检查是电容器

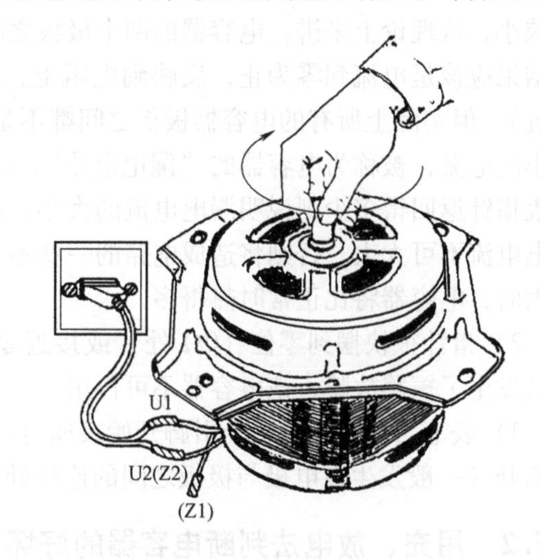

图 8-15　用辅助起动法间接确定电容器是否损坏

还是绕组（含连线）发生了断路故障。

电容器的检查方法见本章8.5节。

8.5 电容器好坏的简易判断方法

在检查已使用过的电容器时，应先用导线（或其他金属）将其两极相连放电，以免因其内部存储的电荷对试验人员产生电击损伤。

8.5.1 用万用表检查电容器的好坏

当怀疑一个电容器损坏或质量有问题时，可用指针式万用表来粗略判定。请参考图8-16。

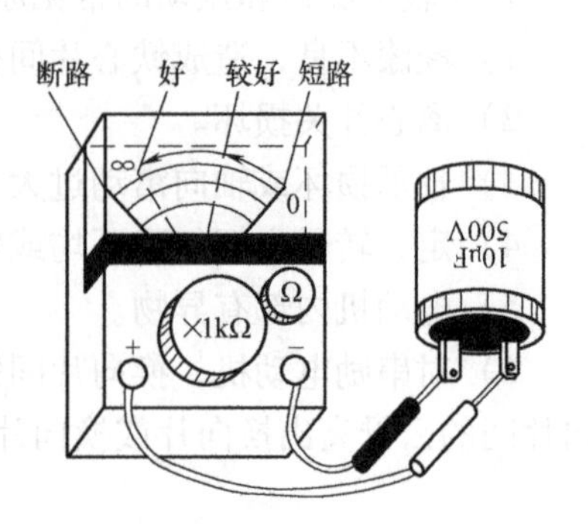

图8-16 用指针式万用表判断电容器的好坏

将万用表设置在电阻档的R×1k（或R×100）档。用两只表笔分别接触被测电容器的两个引脚。观看指针的反应，并按反应情况确定电容器的质量状态。

1）指针很快摆到零位（0Ω处）或接近零位，然后慢慢地往回走（向∞Ω一侧），走到某处后停下来。说明该电容器是基本完好的，返回停留位置越接近∞Ω点，其质量越好，离得较远说明漏电较多。

这是因为，万用表测量电阻的原理实际上是给被测导体加一个固定数值的直流电压（由表内安装的电池提供），此时将有一个与之相对应的电流，利用欧姆定律的关系将此电流转换成电阻数值刻度在表盘上。例如电压为9V时电流为0.03A，则导体的电阻为9V/0.03A=300Ω，在表盘上的0.03A位置刻度为300Ω即可以了。

对于一个好的电容器，在其两端刚刚加上一个直流电压时，便开始充电，电流将瞬时达到最大值，对万用表电阻档的电阻而言就是接近于0Ω，随着充电过程的进行，电流也将逐渐减小，从理论上来讲，电容器的两个极板之间应该是完全绝缘的，所以上述充电过程的最终结果应该是电流到零为止，反映到电阻上，最后应该返回到∞Ω点处（即电流等于零的位置）。但实际上所有的电容器极板之间都不是完全绝缘的，所以在外加电压下都会有一个较小的电流，被称为电容器的“漏电电流”，这就是指针不能完全返回到∞Ω点的原因。万用表指针返回得多少则说明漏电电流的大小，返回多则漏电电流小，返回少则漏电电流大。漏电电流不可太大，否则将造成电路的一些不正常现象，严重时将不能正常工作。漏电电流较大时，电容器将比正常时热得多。

2）指针很快摆到零位（0Ω处）或接近零位之后就不动了，说明该电容器的两极板之间已发生了短路故障，该电容器不可再用。

3）表笔与电容器的两个引脚开始接通时，指针根本就不动，说明该电容器的内部连线已断开（一般发生在电极与极板之间的连接处），自然不可再使用。

8.5.2 用充、放电法判断电容器的好坏

在手头没有万用表时，可用充、放电的方法粗略地检查电容器的好坏。所用的电源一般

为直流电（特别是电解电容器等有极性的电容器，一定要使用直流电源），电压不应超过被检电容器的耐电压值（在电容器上标注着），常用3～6V的干电池或24V、48V电动自行车及汽车用蓄电池。对于工作时接在交流电路中的电容器，也可使用交流电，但电压较高时在操作中应注意安全，要戴绝缘手套或使用绝缘工具。

电容器两引脚接通直流电源后，等待少许时间就将电源断开。然后，用一段导线，一端与电容器的一个引脚相接，另一端接电容器的另一个引脚，同时观看电极与导线之间是否有放电火花，如图8-17所示。

有较大放电火花并且发出噼啪的放电声者，说明是好的，并且火花较大的电容量也较大（对于同一规格的电容器，使用同一电源充电时而言）；放电火花和放电声小的，说明质量已不太好；没有放电火花者，说明是坏的。

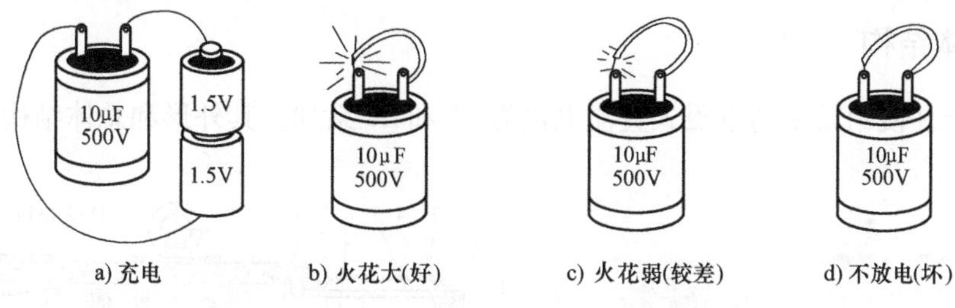

图8-17　用充、放电法判断电容器的好坏

8.5.3　用电压表和电流表测定电容器的容量

将被测电容器接在一个电压不大于其标定电压的交流电源上（一般用50Hz、220V单相交流电），并设置测量电路电流和电容两端电压的电流表（为了方便，可使用钳形电流表）和电压表（应采用内阻较大的电压表），组成测量电路如图8-18所示。为使电流表获得足够大的读数，可串联一个适当的可调电感L。在没有专用的可调电感时，可使用自耦调压器的二次线圈代替。

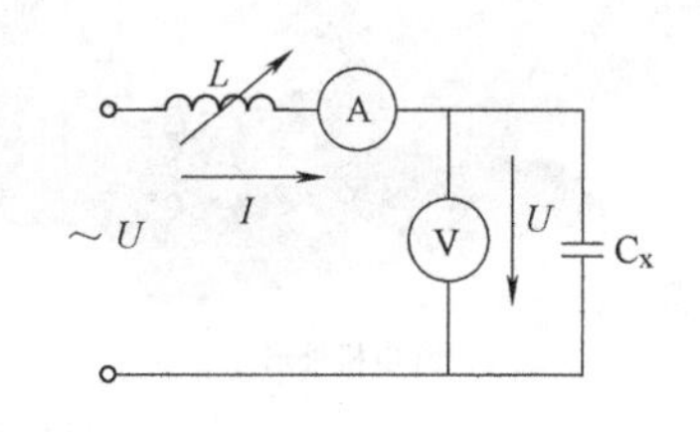

图8-18　用电压表和电流表测定电容器容量的测量电路

给测试电路加电。调节电感量L，使电流达到一个适当的数值（电容器微微发热）。用电压表测量电容两引脚之间的电压。记录电流表和电压表的指示值I(A)和U(V)，则被测电容器的电容量C_x(μF)为

$$C_x = \frac{1}{2\pi f}\frac{I}{U} \times 10^6 \qquad (8\text{-}2)$$

式中　f——电源频率（Hz）。

例如测量值为$I=0.6\text{A}$，$U=220\text{V}$，$f=50\text{Hz}$。则

$$C_x = \frac{1}{2\pi f}\frac{I}{U} \times 10^6 = \frac{1}{2\times 3.14\times 50}\times\frac{0.6}{220}\times 10^6\mu\text{F} = 8.6\mu\text{F}$$

当使用电源频率$f=50\text{Hz}$时，式（8-1）可简化并近似为

$$C_x = 3.183\times 10^3\frac{I}{U} \qquad (8\text{-}3)$$

第9章 直流电机的常见故障诊断与处理

9.1 电磁式直流电机的结构

9.1.1 总体结构

我国生产并使用较多的电磁式直流电机为Z2和Z4系列，其外形和总体结构如图9-1和图9-2所示。

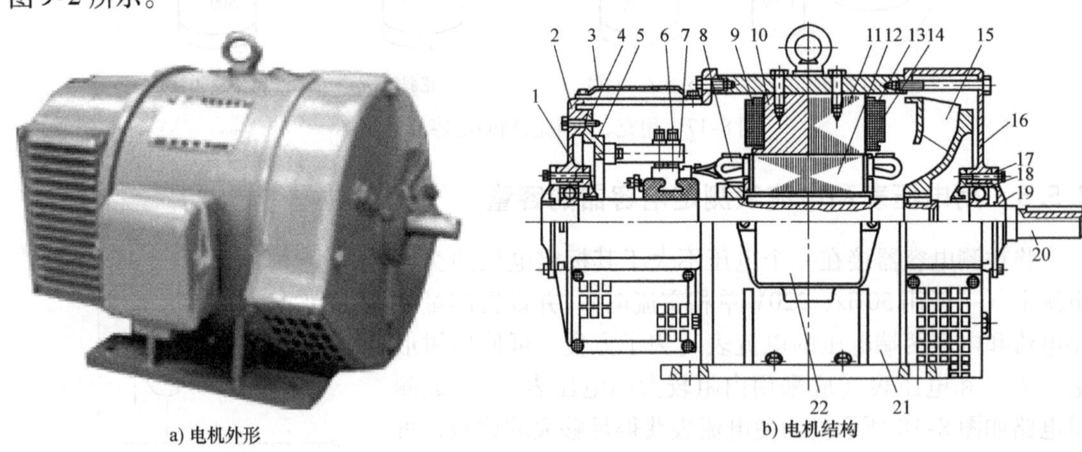

图9-1 Z2系列电磁式（有刷）直流电机

1—端盖 2—电刷支架压板紧固螺栓 3—活动盖板 4—电刷支架压板 5—电刷支架 6—电刷及刷握等 7—换向器 8—电枢绕组 9—换向极绕组 10—换向极铁心 11—主磁极铁心 12—电枢铁心 13—主磁极绕组 14—串极绕组 15—风扇 16—端盖 17—轴承内盖 18—轴承 19—轴承外盖 20—轴 21—机座 22—接线盒

由上述两幅图可以看出，直流电机的结构与交流电动机有很多不同之处。直流电机的定子铁心上装有磁场绕组和换相绕组，分别称为主磁极和换向极；转子铁心中嵌有电枢绕组，一端装有换向器（又被称为整流子，俗称“铜头”）；另外还有与换向器相接触的电刷及相关装置等。这种类型的直流电机称为电磁式直流电机。又因为电枢绕组是通过电刷与换向器之间的滑动接触与外部电源（对电动机）或用电负载（对发电机）相连接的，所以又被称为“有刷直流电机”。

9.1.2 转子结构

1. 转子总体结构

直流电机的电枢、换向器、内风扇（Z4系列没有内风扇）共同安装在转轴上，组成转

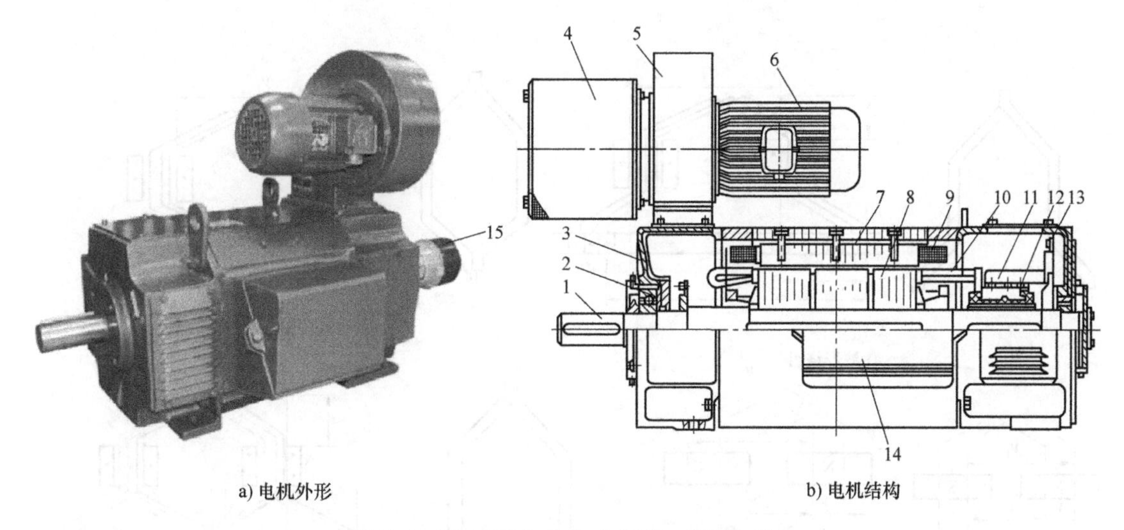

图 9-2　Z4 系列电磁式（有刷）直流电机

1—转轴　2—轴承　3—端盖　4—进风滤网　5—冷却风机　6—风机电机　7—主磁极铁心和换向极铁心　8—电枢铁心　9—主磁极绕组和换向极绕组　10—电枢绕组　11—电刷装置　12—换向器　13—电刷支架压板和紧固螺栓　14—接线盒　15—测速发电机

子。其中电枢和换向器是电机两个重要的组成部分。图 9-3 是一台 Z2 和 Z4 系列直流电机的转子。

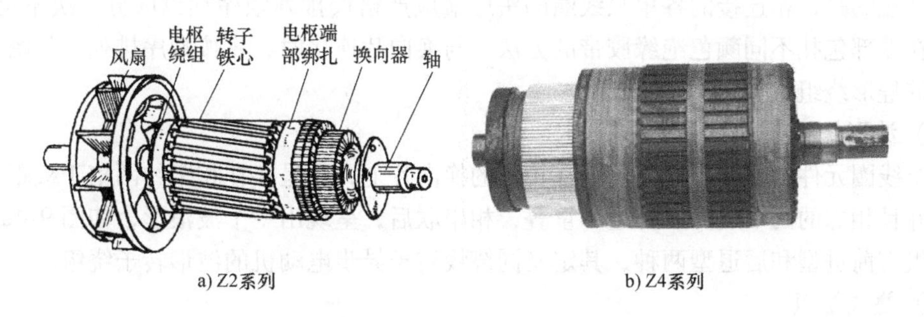

图 9-3　Z2 和 Z4 系列直流电机的转子

2. 电枢及其绕组形式

转子的中间部位称为电枢，它由铁心和嵌在其槽内的绕组组成，是一台直流电机的核心部件，其结构和制造工艺都相当复杂。

之所以称为“电枢”，是因为它的功能是转化能量，对于电动机，它将电能转化成机械能；对于发电机，它将机械能转化成电能。即起到了一个电能和机械能相互转化的“枢纽”作用，为此称为“电枢”。

直流电机的电枢绕组有 3 种形式，即波形绕组、叠式绕组和蛙形绕组，各自的名称定义与其形状或排列形式相符，如图 9-4 所示。

电枢绕组一般用绝缘扁铜电磁线制作。其尺寸数据与交流电动机大体相同。不同形式的电枢绕组与换向器的连接有所不同，见图 9-4。

图 9-4 给出的每个绕组线圈只有 1 只线圈组成。实际上，每个绕组线圈可能会有 2 只以上组成。这样，每个单只线圈都会叫作一个线圈元件，简称“一个元件”。

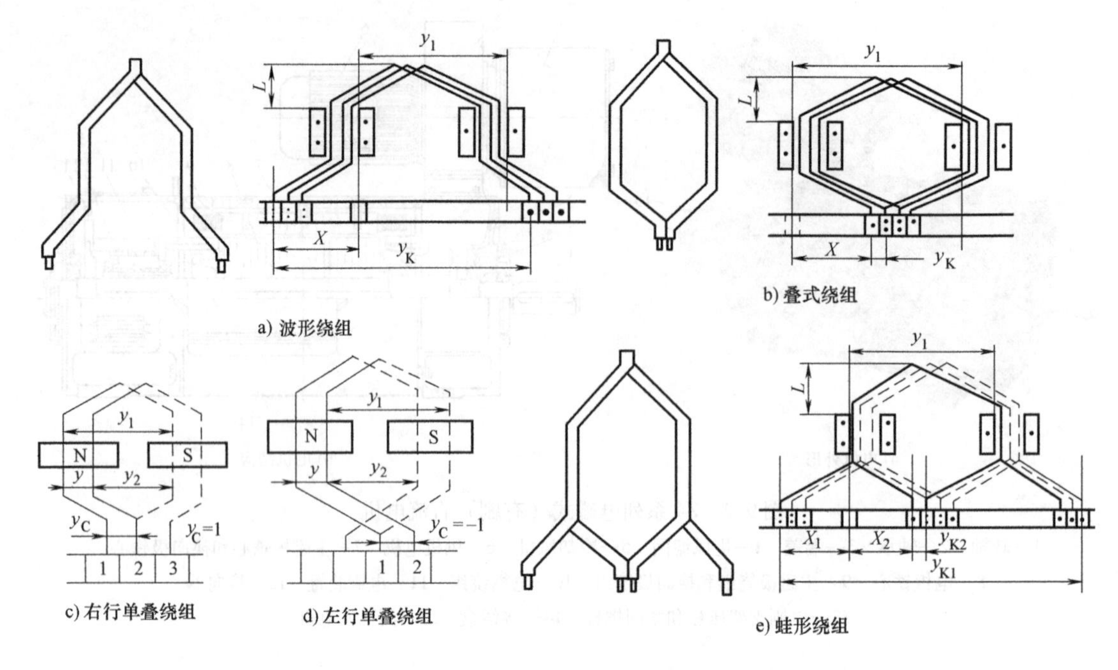

图 9-4　直流电机电枢绕组的 3 种形式和与换向器的连接方式

应注意的是，相连接的各单只线圈的头尾端应严格按排列顺序加以区分，决不可混乱。一般用在端部包扎不同颜色绝缘胶带的方法。与换向片连接时，将按顺序排列，如图 9-5 所示所示的蛙形绕组。

（1）波形绕组

每个线圈元件的首、尾端不是接在相邻的换向片上，而是接在相距约两倍于极距的换向片上，并且相邻的两个线圈元件边不重叠，相串联后，呈现出一个波浪形，如图 9-4a 所示。波形绕组有前进型和后退型两种，其定义同绕线转子异步电动机的波形转子绕组。

（2）叠式绕组

叠式绕组与三相交流电动机的双层叠式绕组类似，如图 9-4b 所示。

它的第一个线圈元件的首端接在 1 号换向片上，其尾端的接线位置分两种情况，并由此分成两种形式的叠形绕组。

1）右行单叠绕组：第一个线圈元件的尾端与 1 号换向片右边（面对换向器的端面，下同）的换向片（面对换向器的端面，按顺时针排列换向片的序号，为 2 号换向片）相接。相邻的第二个线圈元件的首端同接于 2 号换向片上，如图 9-4c 所示。依此类推，最后一个线圈的尾端回到 1 号换向片，而形成一个闭合的回路。

2）左行单叠绕组：第一个线圈元件的尾端与 1 号换向片左边的换向片（面对换向器的端面，按顺时针排列换向片的序号，为最后一个换向片）相接。相邻的第二个线圈元件的首端同接于 2 号换向片上，其尾端与 1 号换向片相接。如图 9-4d 所示。依此类推，最后一个线圈的首端回到最后一个换向片上，而形成一个闭合的回路。

（3）蛙形绕组

是上述两种形式绕组的组合，因其形状很像一只两腿伸开正在游动的青蛙而得名，如

图 9-4e所示。

由多只线圈组成的直流电机电枢绕组如图 9-5 所示。

(4) 电枢绕组的尺寸数据

直流电机电枢绕组的尺寸数据如下（见图 9-4）：

1）槽节距 y_C（或 y_Z）：一个元件的两个直线边在电枢圆周上的跨距，用槽数表示。

2）换向片节距 y_K：一个元件边的两个出线端（即引出线）在换向器上的跨距，用换向器片数表示。

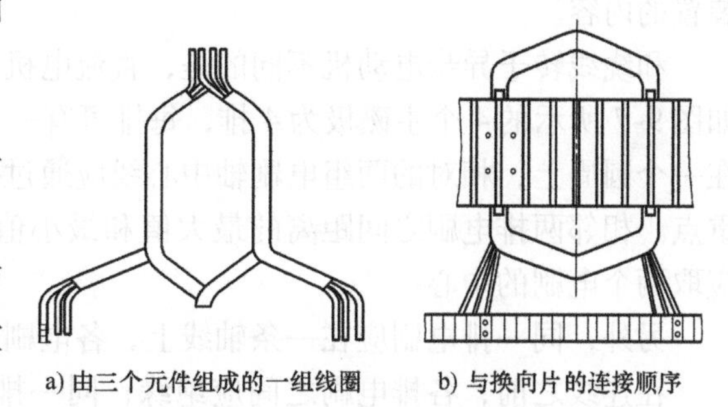

a) 由三个元件组成的一组线圈　b) 与换向片的连接顺序

图 9-5　由多只线圈组成的直流电机电枢绕组

3）第一节距 y_1：一个元件的两个直线边在圆周上的跨距，用换向器片数表示。

4）第二节距 y_2：一个元件的下层边与相串联的第二个元件的上层边在电枢圆周上的跨距，用换向器片数表示。

5）合成节距 y：两个相互串联的元件对应边在电枢圆周上的跨距，用换向器片数表示。

3. 换向器

直流电机的换向器是将输入的直流电转换成交流电（对电动机）或将电枢产生的交流电转换成直流电输出的器件，主要由相互绝缘的换向片和骨架构成。按不同的生产工艺，有组装式和塑料压铸式两种，后一种在中小容量的电机中应用较多。图 9-6 给出了两种类型的结构。

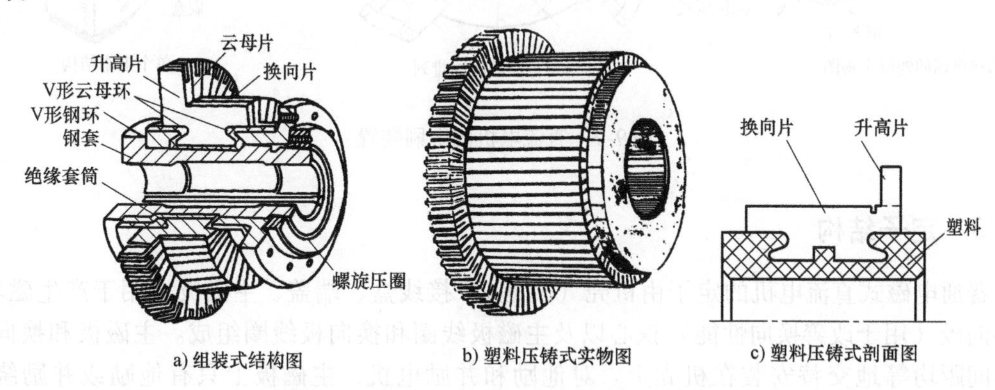

a) 组装式结构图　b) 塑料压铸式实物图　c) 塑料压铸式剖面图

图 9-6　直流电机的组装式和塑料压铸式换向器

4. 电刷系统

单就电刷、刷盒和刷架的结构和配合要求而言，直流电机电刷装置与绕线转子异步电动机的电刷装置没有大的差别。不同点在于，交流电动机的电刷是在一个圆周上的所有电刷都相连组成一相，三相之间通过转子绕组连通，也就是说没有直接的连通关系；而直流电机是在一个轴向上的所有电刷都相连组成一排，相邻两排之间通过电枢绕组连通，单独没有直接的连通关系，而相隔一排的电刷在连线后是相互直通的。

图 9-7 是直流电机电刷装置的一种。

对直流电机电刷、刷盒和刷架的检查方法及要求原则上同绕线转子异步电动机有关电刷装置的内容。

和绕线转子异步电动机不同的是，直流电机的几排电刷（排的数量与主磁极极数相等，如图9-7所示的4个主磁极为4排，每排可有一个电刷，也可有多个电刷组成）应均匀分布在一个圆周上，相对的两组电刷轴中心线应通过换向器横截面的圆心。这是日常检查的一个重点。相邻两排电刷之间距离的最大值和最小值之间的差值不应超过0.5mm，测量时两端应取两个电刷的中心。

另外，同一排电刷应在一条轴线上，各电刷之间的轴向距离应相等。

在连线之前，各排电刷之间应绝缘；同一排电刷之间通过连线或导电的金属电刷杆相连接。

电刷座与端盖的连接应保证可以利用松紧装置（图9-1和9－2给出的压板结构或图9-7b给出的胀套结构）方便地固定或松开，以利于调整电刷在圆周上的位置。

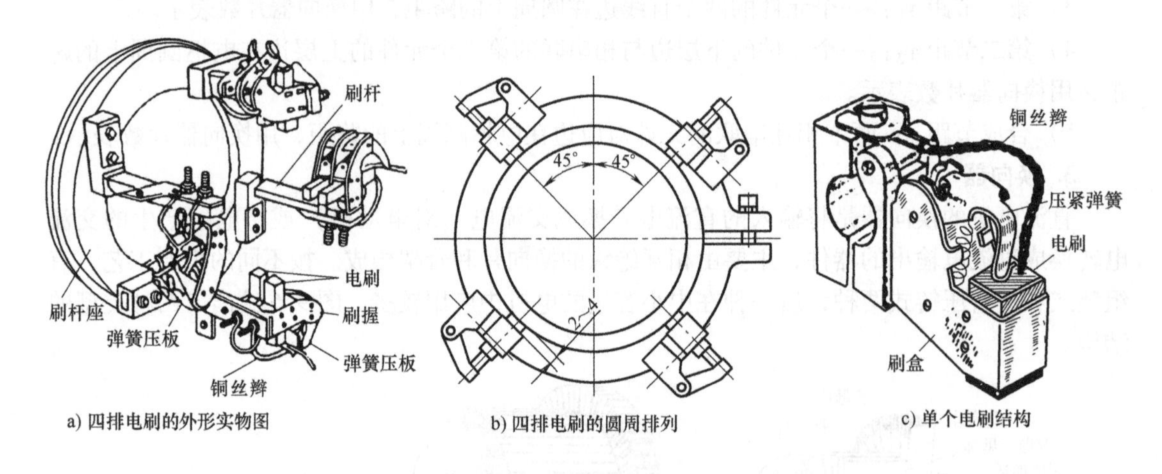

a) 四排电刷的外形实物图　b) 四排电刷的圆周排列　c) 单个电刷结构

图9-7　直流电机的电刷装置

9.1.3　定子结构

普通电磁式直流电机的定子由机壳（机座）、接线盒、端盖、主磁极（用于产生磁场）和换向极（用于改善换向性能）铁心以及主磁极线圈和换向极线圈组成。主磁极和换向极铁心间距均等地交替安装在机壳上。对他励和并励电机，主磁极上只有他励或并励绕组（或称为线圈）；对串励电机，主磁极上只有串励绕组；对复励电机，主磁极上则同时有并励绕组和串励绕组。图9-8即为一台4个主磁极的复励式直流电机定子端部视图和两种磁极的结构。

对于大型电机，主磁极的极靴上还会嵌有补偿绕组。换向极将位于相邻两个主极之间，只有一套绕组，其铁心截面比主磁极小，但线圈用线的截面积却远比他励或并励的主磁极绕组大，一般应与串励绕组相当，这是由于它们都要通过电枢电流的缘故，如图9-8右图所示。

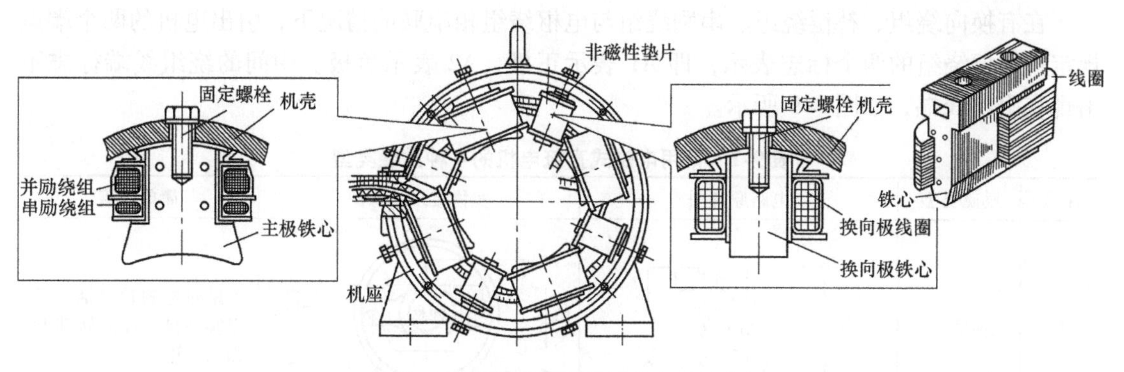

图9-8 复励式直流电机的定子结构

9.2 电磁式直流电机励磁方式和接线原理

9.2.1 励磁分类和接线原理图

直流电机分直流发电机和直流电动机两大类。但因两者在很大程度上是互逆的，也就是说，一台直流电动机也可以作为一台直流发电机使用。所以在很多场合都不是十分明确地将发电机和电动机分开来，而习惯地统称为直流电机。

直流电机的进一步分类，也是具有实际意义的分类，是其励磁方式，首先分成电磁式和永磁式两类。电磁式的磁场是由通入直流电的电磁线圈产生的，是一种传统的使用较广的种类，并进一步按励磁方式分成他励、并励、串励和复励共4种（电路原理和2极的实物接线图、简单介绍等见表9-1）

另外，根据电枢的电能输入或电能输出装置的形式，可分为“有刷”和“无刷”两大类。前者为传统类型（若不加说明，以下所介绍的内容均指此种类型），后者则是电子工业发展的结果，是一种新型的种类。

9.2.2 直流电机各绕组的两端标志和用电路图表示的方法

国家标准GB 1971—2006《旋转电机　线端标志与旋转方向》中给出了直流电机各绕组线端标志和电路图形符号的规定，标志符号有A、B、C、D、E、F、H、J共8个。在该标准之前，这些标志曾有过几次变化。现将GB 1971—2006中的规定和以前使用的情况列于表9-2中，供使用和修理时参考。

前6种较为常用。在记忆时有一个规律，即前4种绕组（电枢绕组、换向绕组、补偿绕组和串励绕组）在电机中是成串联关系的，并且在很多情况下还是按电枢绕组（A）→换向绕组（B）→补偿绕组（C）→串励绕组（D）的顺序进行串联。

用在符号后加1和2的方式表示绕组的两个端点，1表示“头”，应与电源（对电动机）或输出电压（对发电机）的正极相连，2表示“尾”，应与电源（对电动机）或输出电压（对发电机）的负极相连（字母后的数字1和2可以作为下角标，也可以平排）。当一种绕组由两段绕组组成时，第一段绕组用1和2，第二段绕组用3和4。

在有换向绕组、补偿绕组、串励绕组与电枢绕组相串联的情况下，引出电机的两个端点规定用电枢绕组的两个标志表示，即 A1 表示正极，A2 表示负极。中间的绕组线端标志不出现在引出线端，如图 9-9 所示。

表 9-1　常用电磁式直流电机的 4 种励磁类型

序号	励磁类型	电路原理图	实物接线示意图	简单介绍
1	他励式	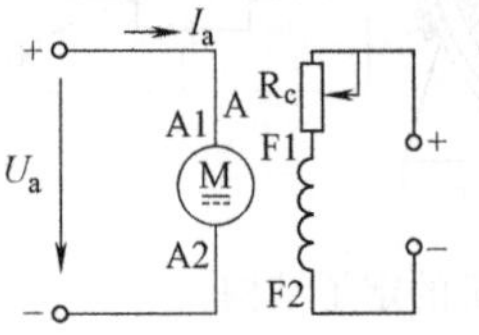	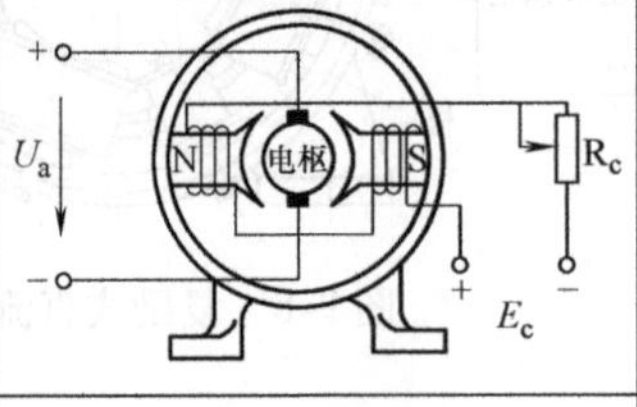	励磁控制较灵活，可以实现自动控制转速和输出力矩
2	并励式	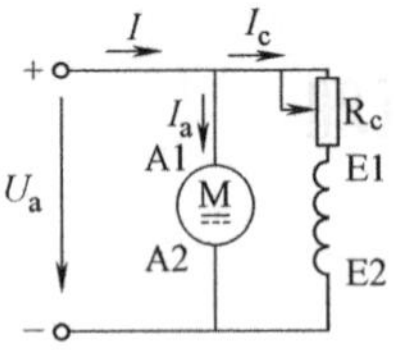	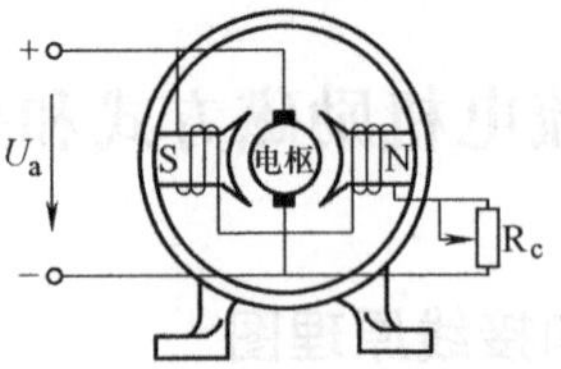	结构较简单，励磁电压最大为电枢电压，机械特性较软
3	串励式	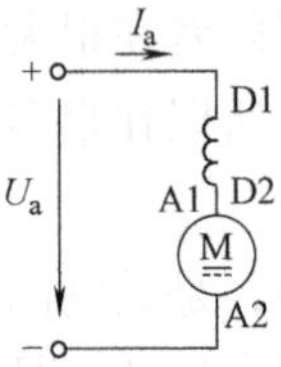	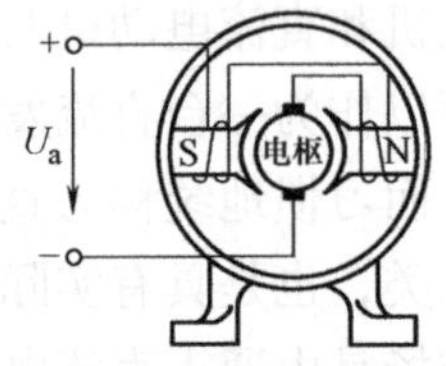	能根据负载的大小来自动调节励磁电流的大小，较适用于负载（电负载或机械负载）的大小经常有较大变化的场合
4	复励式	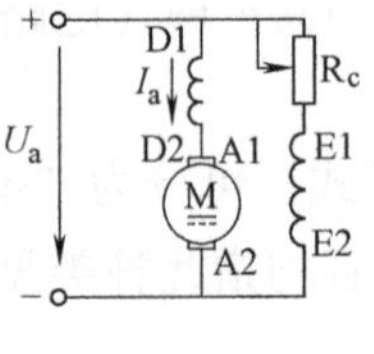	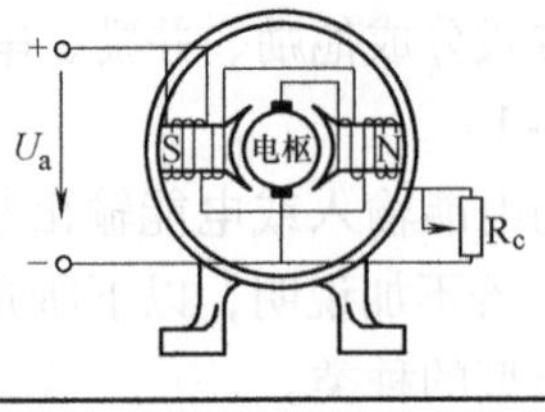	由串励和并励两种励磁组成，所以具有两者的优点

表 9-2　直流电机各绕组端子标记和电路图形符号

序号	绕组名称	现行标准		曾用端子标记符号	
		端子标记符号	电路图形符号	1965 年以前	1965 ~ 1980 年
1	电枢绕组	A1，A2	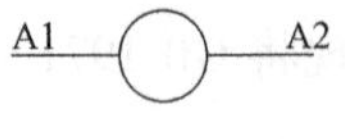 A1 A2	S1，S2	S1，S2
2	换向绕组	B1，B2	 B1 B2	H1，H2	H1，H2
3	补偿绕组	C1，C2	 C1 C2	B1，B2	BC1，BC2
4	串励绕组	D1，D2	 D1 D2	C1，C2	C1，C2

（续）

序号	绕组名称	现行标准		曾用端子标记符号	
		端子标记符号	电路图形符号	1965 年以前	1965～1980 年
5	并励绕组	E1，E2	E1 E2	F1，F2	B1，B2
6	他励绕组	F1，F2	F1 F2	W1，W2	T1，T2
7	直轴辅助绕组	H1，H2	H1 H2	—	—
8	交轴辅助绕组	J1，J2	J1 J2	—	—

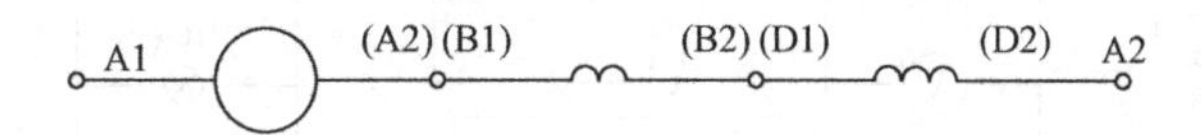

图 9-9　带换向绕组和串励绕组的电枢电路及线端标志

9.3　使用电磁式他励直流电机的注意事项

电磁直流电机（以下简称直流电机）的起动、运行以及停机操作都要比普通交流电动机复杂得多。并且有些操作必须严格按规程进行，否则有可能造成较大的事故。以下操作可参考图 9-10。

1. 使用前的检查和起动操作过程

其中应格外注意的是励磁线的连接处不可松动，当然更不可断开，要先接通励磁电源并将励磁电流调节到额定值后，再通过起动电阻（或称为起动器）给电枢加电，使电动机逐渐加速起动。否则，若在未加励磁时就给电枢通电，则将发生转速猛然升起直至在很短的时间内就会达到额定值的几倍甚至于几十倍（俗称“飞车”），造成电机及负载转动部件的严重损坏，甚至于人身伤害事故！

2. 使用中调节转速和改变转向的方法

调节励磁和电枢电流（或者说电压，因为一般是通过调节电压来达到调节电流的目的）都能达到调节转速的目的。励磁电流减小，转速升高，反之，转速下降，简单地可认为转速与励磁电流成反比关系；电枢电流和转速的关系则和上述关系刚好相反。因利用调节励磁电流的方法会造成机械特性变软，所以较常使用的方法是调节电枢电流。但应注意的是：调节的最高电流值应控制在额定值之内，最小值应避免电机转速过低失控。

改变转向的方法是改变电枢电流的方向，即调换电枢绕组与直流电源的连接极性，将原来的正、负极对调即可。

虽然改变励磁绕组的电流方向也可达到改变转向的目的，并且励磁电流和电枢电流相比还小得多，设置开关和线路较方便，但一般不会被采用。其原因是，由于励磁绕组的匝数

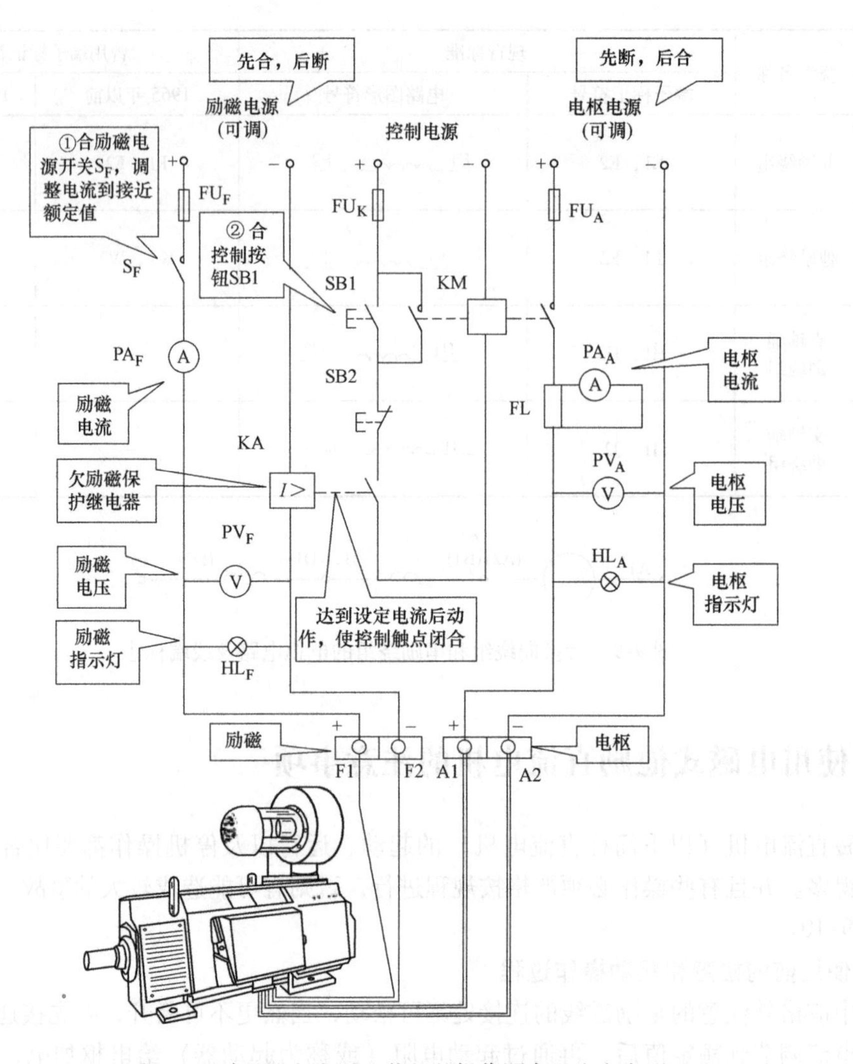

图 9-10　直流电机起动和停机的操作顺序和注意事项

多、电感大，当从电源上将其断开时，会因较大的电感产生较大的自感电动势，从而导致在开关的刀闸上或接触器的触头上产生较大的电弧，使触点烧损，同时也容易将励磁绕组的绝缘击穿。若改变方向是在断电停机以后进行，则可利用改变励磁绕组接线方向的办法。

3. 停机操作顺序

先切断电枢电源，再断开励磁电源。否则，若顺序相反，就有“飞车”的可能。

4. 一定要注意的事项

一定要注意的即励磁电流不可过小，更不可没有，否则将发生“飞车”事故。这一点在前面已反复地讲述，但因很重要，所以又单列出一项。

为了防止意外，对容量较大和重要的设备，要在控制电路中设置被称为“欠励磁保护”或“失励磁保护”的自动控制环节。

图 9-11 是一种直流电机起动器和电路原理图，图 9-12 是一种直流电机改变转向的电路原理图。

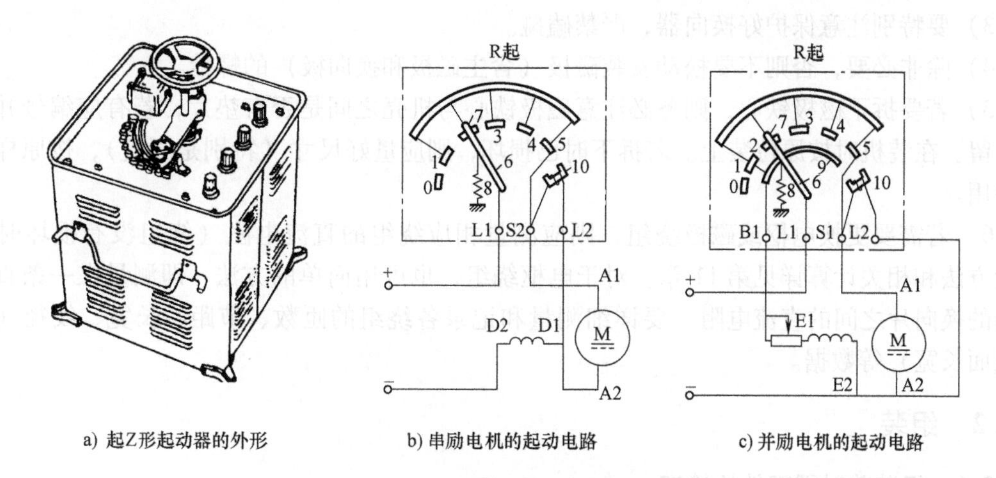

a) 起Z形起动器的外形　b) 串励电机的起动电路　c) 并励电机的起动电路

图 9-11　直流电机起动器和电路原理图

1～5—静触点　6—手柄和动触头　7—衔铁

8—恢复弹簧　9—弧形铜条　10—电磁铁

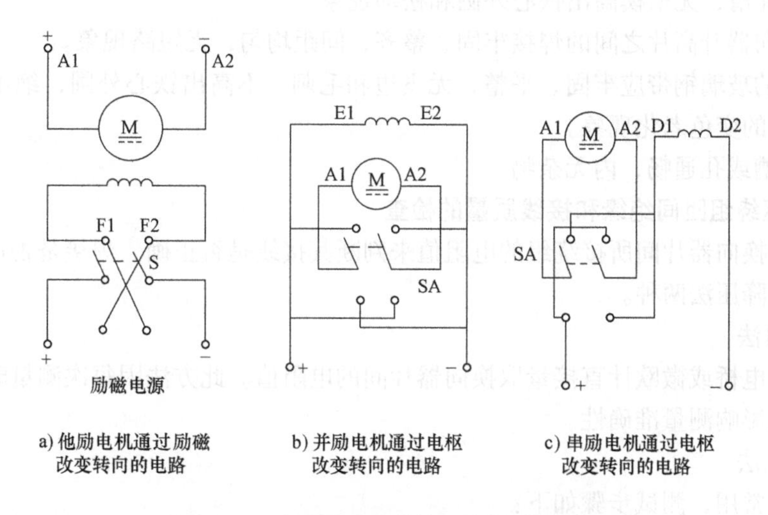

a) 他励电机通过励磁改变转向的电路　b) 并励电机通过电枢改变转向的电路　c) 串励电机通过电枢改变转向的电路

图 9-12　直流电机改变转向的电路原理图

9.4　直流电机的拆装

拆解和组装直流电机的过程、方法和注意事项与前面介绍的拆解和组装异步电动机的基本相同，但由于直流电机的结构相对复杂，所以有如下几点需要特别注意。

9.4.1　拆机

1）在准备拆机时，首先拆下所有的电刷（将电刷从刷盒中拿出）。

2）拆换向器端端盖的注意事项。拆解前，应在端盖的上端和一个侧面用笔横跨端盖和机座各画一条线（其笔迹应不易磨灭），以便安装时就位。这样做对恢复电刷的中性线位置将有所帮助。

3）要特别注意保护好换向器，严禁磕碰。

4）除非必要，否则不要松动安装磁极（含主磁极和换向极）的螺栓。

5）若要拆下磁极铁心，则务必注意磁极铁心与机壳之间是否有垫片，若有应编号并妥善保留。在装机时按原位装上。若拆下时已损坏，则应量好尺寸（特别是厚度），按原样复制待用。

6）若需要更换电枢或磁极绕组，则应测量相应绕组的直流电阻（绕组没有损坏时），测量方法和相关计算详见第11章。对于电枢绕组，也可用简单的方法，即测量在一条直径两端的换向片之间的直流电阻。要详细测量和记录各绕组的匝数、节距、长宽、线径（或横截面长宽）等数据。

9.4.2　组装

9.4.2.1　组装前对零部件的检查

1. 对电枢绕组的外观检查

1）绕组排列整齐，绝缘完好。

2）外圆光滑，无槽楔高出铁心外圆和松动现象。

3）与换向器升高片之间的焊接牢固、整齐，间距均匀，无短路现象。

4）绑扎的玻璃钢带应牢固、平整，无飞边和毛刺，不高出铁心外圆，绝不允许有断裂和因过热造成的变色老化现象。

5）通风槽或孔通畅，内无杂物。

2. 对电枢绕组匝间绝缘和接线质量的检查

通过测量换向器片间所接绕组的电阻值来判断其接线是否正确、焊接是否可靠。检查方法有电阻法和降压法两种。

（1）电阻法

使用双臂电桥或微欧计直接量取换向器片间的电阻值。此方法因每次测量时的接触电阻不一致，可能影响测量准确性。

（2）降压法

此法较为常用，测试步骤如下：

将换向器上某一换向片定为1号片，顺时针数到第11号片，在1号片和11号片上分别接上1.5V电池的正、负极，用直流毫伏表量取其间所有相邻的两个换向片片间的电压值。然后再将电池的两极分别接到11号片和21号片上，继续测量所有相邻片片间电压值，直到将所有片片间电压测完为止。也可采用在一个极距的两端换向片上接入低压直流电源，来测量所有相邻片片间电压值的方法。

对于较大的直流电机，可将直流电源接在相邻的两个换向片上。但应注意，测试时，必须保证先接通电源，再接通电压表，电源未与换向片接通时，电压表不能与电源线相接，否则有可能因电压过高损坏电压表。

以上测试方法如图9-13所示。

（3）电阻法和降压法的结果分析

一般情况下，质量合格的电枢绕组，在相邻两片换向片上测得的电阻值和电压值都应该是基本相同的，最大值或最小值与平均值之差应在平均值的±5%以内。但因绕组形式的不

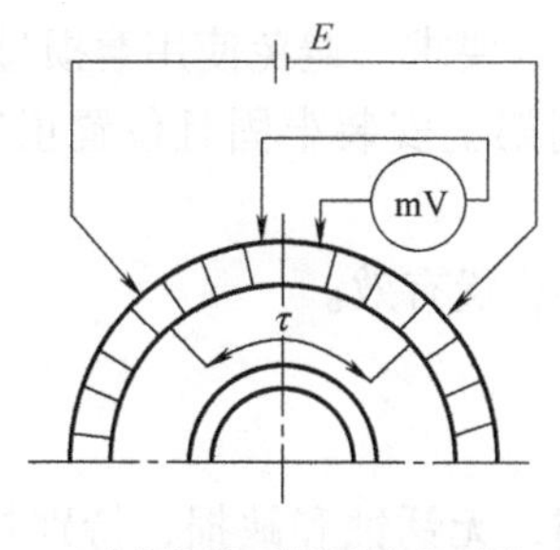

a) 电源跨接在数片换向片两端

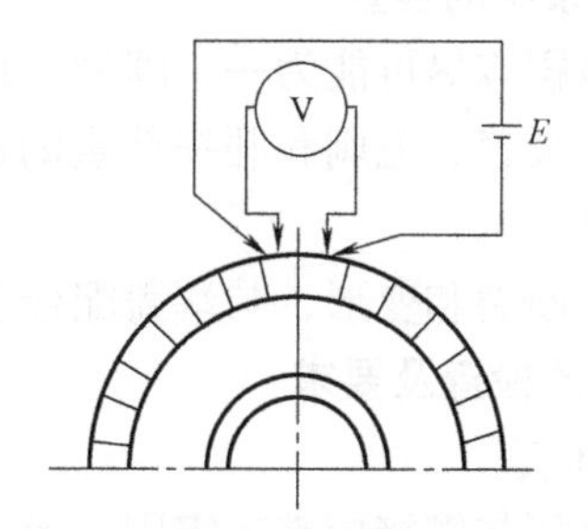

b) 电源直接接在相邻两片换向片上

图 9-13 用测片间电压的方法检查电枢绕组接线质量

同，测出的电压值也可能呈一定规律的变化。如果所测电压值既不相同，又不呈一定规律变化，则说明绕组存在质量问题。

所测换向片片间电压为零或很小，则说明绕组有短路点；若电压值偏高，则是绕组开路或焊接不良的表现。另外，绕组的接线错误也会导致片间电压异常，这应在检查焊接质量之后，再去认真进行检查。

（4）用匝间耐电压试验仪检查匝间绝缘和接线质量

用匝间耐电压试验仪检查直流电机电枢绕组匝间绝缘和接线质量时的接线方法见第11章的11.2.5。

测试时仪器示波器屏幕上只会出现一条曲线。如果有匝间短路或接线故障，将出现杂乱或变形（幅值或频率发生变化）的曲线，或者每移动一次接线，曲线就会有明显的变化。对于“片间法”，若出现曲线不能振荡的现象（即只出现一条下滑的曲线），则说明所接两片换向片之间出现了短路故障，这也是检查换向片之间绝缘的一种方法。

3. 对换向器的检查

（1）对换向器外观及相关尺寸的检查

1）换向器表面应光亮清洁、无凸出片和下凹片、无磕碰划伤、无毛刺，表面的粗糙度应在 R_a0.4～0.8μm 之间。换向器片的两个侧棱边应按要求倒角（应为 0.5mm×45°）。

2）片间的云母下刻深度一致，深度尺寸符合相关要求。

3）用外径千分尺分两次互成 90°测量换向器的外圆直径，取平均值为外圆直径测量结果，取两个数值之差的一半作为椭圆度的测量结果。均应符合图样要求。

4）电枢绕组与换向片的焊接饱满，质量应符合要求，升高片的间距均匀，间隙间无焊锡、焊油或其他异物。

（2）对换向器绝缘性能的检查

对未使用的换向器，应对其进行换向片对其心轴（一般为铁质，将来与轴配合，所以也可直接称为对地），以及换向片之间绝缘性能的检查。主要是用绝缘电阻表测量绝缘电阻（测量方法和对仪表规格的要求同对电枢的该项检查）。在冷态时，绝缘电阻的数值应不低于 5MΩ。

对于组装好的转子，换向器绝缘性能的检查在对电枢进行试验时已连带进行，所以，如无特殊要求，则不必再次单独进行。

4. 对电刷系统的检查

1）所用电刷应尽可能为一个牌号。其尺寸应符合要求。避免使用磨损过多的旧电刷。

2）刷盒无裂缝、毛刺和磨损严重的现象，在刷架上安装牢固且位置正确（详见9.1.2节第4项和图9-7）。

3）刷架无断裂和变形，与端盖配合适当，紧固装置有效。

5. 对磁极的检查及要求

（1）外观检查

1）铁心叠压与铆接应整齐牢固，无飞边和毛刺，无锈蚀和缺损，特别是两个端面（与机壳连接的一个端面和与转子相对的一个端面）更应整齐光滑。

2）外形尺寸符合图样要求。

3）引接线的截面积符合图样要求，连接应牢固可靠，端子标记应正确。

4）骨架和绝缘无破损。

5）线圈绕制方向正确。

6）为了防锈，除与机壳接触的端面以外，磁极铁心的其他表面应均匀地涂一层防锈漆。

（2）绕组直流电阻的测定

在励磁绕组中，并励或他励绕组的电阻值较大，一般使用单臂电桥测量；串励绕组、换向极绕组和补偿绕组的阻值很小，所以应当使用双臂电桥或电流—电压法进行测量。应同时测量绕组的温度。在折算到同一温度时，测量值与标准值（设计值或样机实测值）相比，其偏差不应超过标准值的±3%。

（3）绝缘安全性能检查

主要是测量绕组对铁心的绝缘电阻，其次是并励绕组与串励绕组之间的绝缘电阻。对低压电机，常温下的绝缘电阻的实测值不应小于5MΩ。

9.4.2.2　组装过程和注意事项

由前面的介绍可知，直流电机和普通笼型转子交流电动机相比，除定、转子结构有较大的区别外，其主要构成并没有太多的不同，所以，组装工艺在很多方面是基本相同的或可以参考使用的。下面将仅介绍其不同于交流电动机的内容。

1. 磁极的组装和接线

（1）安装磁极线圈和磁极与机壳连接

先装主极，后装换向极。

1）确定磁极线圈的里外端面后，用木榔头或橡皮榔头敲打，将磁极线圈套到磁极铁心上，注意其在铁心的轴向位置要达到图样的要求。之后，用图样规定的绝缘材料和辅助部件等将磁极线圈进一步固定。

2）用螺栓将磁极固定在机壳上。要求安装后磁极与机壳紧密接触，不松动，不歪斜。

3）在紧固磁极安装螺栓的过程中，应测量相邻磁极之间的间隔和相对磁极内端面中心之间的距离，保证所有的磁极铁心内端面在一个图样规定的圆上，符合要求后再彻底紧固。

4）相对磁极内端面中心之间的距离符合图样要求，是为了保证将来定、转子之间的气隙符合要求。若该距离较大，则应拆下相关的磁极，在磁极与机壳接触的一端垫适当厚度的硅钢片或铁板，使测量距离达到要求后再次安装固定。反之，应将磁极与机壳接触的端面磨削，直到安装后达到要求的尺寸为止。

（2）磁极绕组接线

先接主极绕组，后接换向极绕组。

1）按图样要求将各主极绕组相互连接。各励磁绕组（含他励、并励和串励绕组），均要引出两条到接线盒的外接电源线。

2）按图样要求将各换向极绕组相互连接。最后引出两条到电刷的连接线。

2. 组装转子风扇、轴承和将转子装入定子中

1）对于Z2和Z3系列直流电机，其转子上装有一个较大的内风扇（事先应按工艺要求对所用的风扇调静平衡）。应用热套或冷压的方法将风扇装在转子轴上。要求安装到位，不松动，不偏摆。

2）安装完风扇之后，对整个转子调动平衡。

3）安放两端的内轴承盖（图样规定有的话）。

4）用工艺规定的方法安装两端的轴承。对开启式轴承，应按规定注足润滑脂。

5）由换向器一端将转子装入定子中。注意不要划伤电枢绕组和端部绑扎带。

3. 安装电刷装置和两端端盖

1）将组装好的电刷装置（电刷暂不放入刷盒中）安装在后端盖（非主轴伸端端盖）上，电刷所在位置应大体在中性线上。

2）将带有电刷装置的后端盖细心地安装到机壳上。注意避免刷盒和电刷等在安装过程中划伤换向器表面。

3）安装风扇端的端盖（或称为前端盖或主轴伸端端盖）。

4）安装两端轴承盖。

5）用手转动转轴，检查转子是否转动灵活和有异常杂音。若有，应查出原因并处理。

6）用观察的方法，检查各磁极与转子外表面之间的气隙是否一致。有必要时使用塞尺进行检查。若不符合要求，则应拆机对相关磁极重新组装。

7）将电刷装入刷盒中。检查电刷在刷盒中的松紧度，以及与换向器表面接触的情况。有关要求同绕线转子异步电动机的相关内容。

8）转动转子，进一步检查电刷的安装质量，观察电刷是否有摆动和径向跳动现象。若有，应找出原因并加以解决。

4. 安装专用风机和测速发电机（用于Z4系列）

1）事先检查风机的转速、转向，应正确，噪声和振动应符合要求，无异常噪声。

2）将风机安装在机壳上方，与机壳进风口连接应紧密无间隙。

3）用户有要求时，在非主轴伸端安装测速发电机。

9.4.2.3　对组装接线后的磁极绕组检查和要求

1. 极性检查

磁极绕组接线后，应检查确定各绕组相互间连线的正确性，常用检查极性的方法。各励磁绕组之间连线正确时，若给其通入直流电流，则每两个相邻磁极的极性将相反。这里所说的磁极的极性是指与转子相接近的一端所具有的极性。

极性检查可采用如下两种方法中的一种。

（1）观察法

对串励绕组、换向绕组等，因匝数较少、导线截面大，可用肉眼直接观察其绕制方向，并沿连接导线查出各绕组的连接走向。根据电机电流的方向（在检查时可假定一个方向），可用右手定则判断出通电后所形成磁极的极性，如图9-14a所示。

（2）磁针法

测试前，先给磁场绕组按所规定的方向施加10%左右的额定励磁电流。在电机的内表面，使用指南针或小磁针靠近所测磁极表面。若指南针S极指向所测磁极，则该磁极为N极，反之为S极。也可在电机的外表面固定磁极铁心的螺栓处进行测定，此时磁针与电机磁极相对的一端的极性即为磁极内部一端的极性，如图9-14b所示。

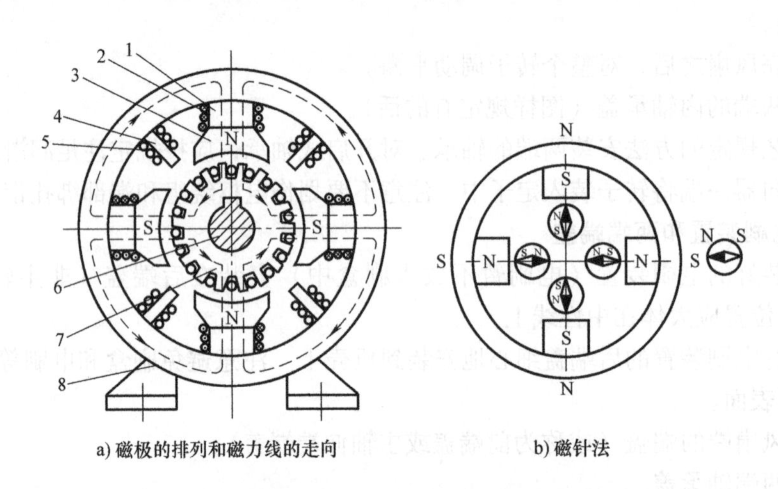

图9-14　用磁针法测定励磁绕组接线方向的正确性

1—主磁极铁心　2—主极线圈　3—主极极靴　4—换向极铁心　5—换向极线圈　6—转轴　7—电枢铁心和绕组　8—机壳（磁轭）

2. 直流电阻的测定

测量各励磁绕组接线后的直流电阻，以进一步确定连线的正确性和各接点连接的可靠性。同时也再一次检查绕组的匝数是否有误。

超过规定的偏差，但超出的数值较少时，可能是各线圈之间的接点连接松动（实测数值大于规定值）或匝数与规定值不符；相差较大，特别是和规定值成倍数关系时，则是串并联关系相互颠倒，例如本应串联，接成了并联。

3. 测量对机壳的绝缘电阻

测量绕组对机壳的绝缘电阻，对低压电机，常温下的绝缘电阻的实测值不应小于5MΩ。

9.4.3　组装后的连线及要求

1. 连线

1）按图样要求，将主磁极的线端引出机壳，接到出线盒接线板相应的端子上。

2）按图样要求，将换向极的线端与电刷接线装置相连接。

3）按图样要求，将电刷引出线连接到出线盒接线板相应的端子上。

2. 对连线的检查及要求

1）用直流电桥或数字微欧计测量主极绕组（含他励、并励和串励绕组）和电枢绕组（含换向极绕组、换向器，以及电刷导电环节）的直流电阻。应无异常。

2）用绝缘电阻表检查各绕组对机壳的绝缘情况。对低压电机，常温下的绝缘电阻的实测值不应小于5MΩ。

9.4.4　组装后的机械检查和要求

对组装后形成的直流电机成品的机械尺寸和形位公差，主要包括如下几项：

1）凸缘端盖止口的直径、圆跳动和轴向跳动；安装孔的直径和位置度。

2）测量换向器外圆对轴中心线的圆跳动（同轴度）和平行度。同轴度应不超过表9-3中的规定；平行度应在表9-4规定的范围内。

表9-3中提到的换向器外圆线速度v(m/s)用下式计算求得：

$$v = \frac{\pi D n}{60}$$

式中　D——换向器外圆的直径（m）；

　　　n——电机的最高转速（r/min）。

表9-3　直流电机换向器外圆与转轴的同轴度允许值（常温时）

换向器外圆线速度/(m/s)	>40	15~40	<15
同轴度允许值/mm	0.03	0.04	0.05

表9-4　直流电机换向器外圆与转轴的平行度允许值

换向片的长度/mm	≤100	101~400	≥401
平行度允许值/mm	0.8	1.0	1.5

3）电刷与刷盒的配合情况，电刷压力等。

9.4.5　下刻换向器云母槽的方法和深度要求

1. 下刻方法

对于较大的专业修理单位，应使用牛头刨床、铣床或专用的刻槽机械等进行加工。锯片、刨刀和铣刀的宽度应不大于云母槽的宽度，若小于云母槽的宽度，则应进行两次加工，并保持深度一致。对于临时使用或使用量很少的情况，可使用如图9-15a所示用钢锯条自制的简单工具——手锯。

所有槽的下刻深度应一致，不得有偏斜、剩片（一般为靠近换向片的一侧）、底部不平整或不清根、倒角不规范等现象。

下刻完成后，应将残留在各处的粉末清理干净。

2. 下刻深度要求

换向器云母槽的下刻深度看似小问题，但如果不规范，特别是很浅，甚至突出换向器表面，或者换向片倒角较小时，将会造成换向火花变大、运行不稳定等故障。所以对其加工或维修时应给予高度的重视。

云母槽的下刻深度是指云母距换向片倒角根部的径向距离，其数值随换向器的直径不同而不同，详见图 9-15b 和表 9-5。

若考虑换向片倒角 0.5mm×45°的尺寸，则云母距换向片外圆表面的径向距离应为标准高的数值再加上 0.5mm，即分别为 1.0mm、1.3mm、1.7mm 和 2.0mm，这也是有些资料所说的下刻深度为 1~2.0mm 的来源，如图 9-15b 所示的尺寸。

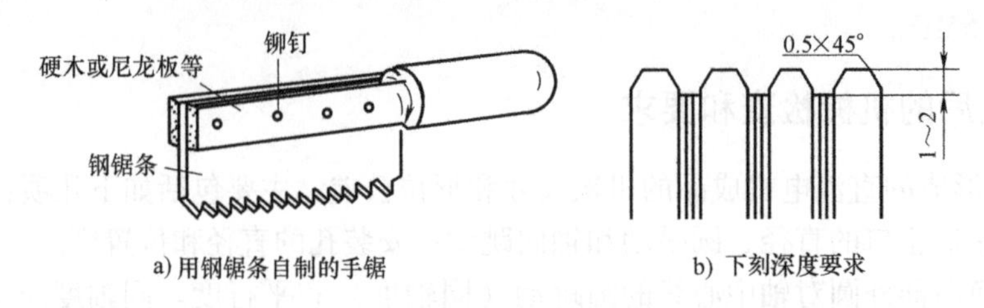

图 9-15　对直流电机换向器云母槽的下刻深度要求

表 9-5　直流电机换向器云母槽的下刻深度

换向器直径/mm	<50	51~150	151~300	>300
云母槽下刻深度/mm	0.5	0.8	1.2	1.5

9.4.6　换向器的外圆不平整时的修理方法

直流电机换向器的外圆必须光滑、圆整，对轴线的圆跳动（径向跳动）应在规定的范围之内。为此，不论是新制造后的，还是使用一定时间后磨损较多或出现一些条纹的，都需要进行修理。否则，将产生较大的火花和一系列不正常的故障现象。

对于新制造和使用一定时间后磨损较多的换向器，应使用车床进行加工，如图 9-16 所示。加工后，应对片间的云母进行下刻。

磨损较轻的换向器可用打磨绕线转子电动机集电环的办法进行修理（详见第 3 章 3.2.6 图 3-23a）。

图 9-16　用车床加工直流电机换向器的外圆

9.5　电动机常见故障诊断与处理

以下故障中，有些具有很明确的处理方法，例如电源电压过低或过高等，处理方法自然是调整电压到需要的数值，出现这类情况时将不写出修理方法的内容。

9.5.1　通电后电动机不起动，电枢绕组也无电流

1）电源未接通。用直流电压表测量电枢两个出线端之间的电压，若为零，则说明电源未接通。继续测量和查找电源及电路的故障点，进行排除。

2）电动机起动器接线有故障或某些部件损坏。查找故障点，进行排除。

3）电动机接线错误或电枢绕组断路。测量和查找电源及电路的故障点，进行排除。

4）电刷与换向器未接触或换向器表面有污物对电刷产生电的隔离。原因和处理方法同绕线转子交流电动机相关部分。

9.5.2　通电后起动困难，并且电枢电流较大

1）电刷偏离中性线较多。原因是电刷架的固定盘松动，重新调整至达到要求。

2）电枢绕组或引接线有两点及以上对地（转子铁心或转轴）短路。用测量绝缘电阻和换向器片间电压的方法确定短路部位后，根据具体情况进行修理。

3）轴承损坏。更换轴承。

4）因磁极松动造成定、转子相摩擦或内部有异物卡阻。重新固定磁极或排除异物。

9.5.3　通电起动后很快就停转

1）电刷位置严重不正确（偏离中性线位置或歪斜）。重新调整至达到要求。

2）励磁电压较低。

3）电枢起动电流较小。调整起动器，减小其起动电阻，提高电枢起动电流。

9.5.4　并励直流电动机转速超过正常值

1）励磁绕组断路（此时励磁电流为零），电动机转速将很快，如不及时断电停机，则会“飞车”，造成较大的损失。停电后，首先检查各连接点是否有断开或严重接触不良的地方，若有应进行处理后重新连接好。若没有，则将各磁极绕组之间的连线断开，用电阻表测量励磁绕组的电阻或用试灯查找，确定断路的绕组，进行修理，包括重新绕制线圈。

2）因接触不良等原因使励磁回路电阻较大（此时励磁电流较小）。首先用观察法检查各连接点是否有接触不良的地方，若没有明显的故障点，则用电阻表测量各连接点的电阻，确定故障点，进行修理。

3）励磁绕组严重短路（此时励磁电流较大）。用电阻表测量各连接点的电阻，确定故障点，进行修理。

4）励磁绕组各极之间接线有错误（此时励磁电流基本正常）。用磁针等方法进行检查（见图9-14），确定连线的错误点，进行改接。

9.5.5　复励直流电动机起动时逆转后又改为顺转

1）起动绕组（并励绕组）头尾接反（电动机有可能根本就不转）。

2）串励绕组头尾接反（串励绕组匝数较少者可能无此现象）。

以上两种故障均可通过观察绕组的接线方向或用指南针等方法进行检查（见图9-14），确定连线的错误点，进行改接。

9.5.6　起动电流较大，负载转速高

1）电源电压较高时，起动电流就会较大。

2）起动器调整的起动电阻较小时，起动电流就会较大。应进行重新调整。

3）复励直流电动机的串励绕组头尾接反。调整串励绕组头尾接线。

9.5.7　转速低于正常值

1）电枢绕组或换向绕组有匝间短路或两点及以上对地短路故障。用测量绝缘电阻、换

向器片间电压或用匝间绝缘检查仪进行匝间绝缘耐电压试验的方法确定短路部位后，根据具体情况进行修理。

2）换向器片间有短路故障。用测量换向器片间电压的方法确定短路部位后，根据具体情况进行修理。

3）他励时，励磁电压较高或电枢电压较低。

4）定、转子之间的气隙较大。将磁极铁心与机壳连接的螺栓旋松，在铁心与机壳之间插入适当厚度的铁片，使定、转子之间的气隙减小到要求的尺寸。

5）电刷位置不正确。进行调整。

9.5.8 电枢绕组过热

1）电枢绕组接线错误或匝间有短路故障或两点及以上对地短路。检查方法同9.5.7节的第1）项。

2）换向器片间有短路故障。检查方法同9.5.7节的第2）项。

3）因磁极松动等原因造成定、转子相摩擦。重新紧固。

4）换向极绕组或其回路接线错误或换向不良。用上述介绍的相关方法进行查找并做相应的处理。

5）因定、转子之间的气隙不均匀而造成电枢绕组内电流不均匀。检查和处理方法同9.5.7节的第4）项。

6）电源电压过高、过低或脉动成分较大。电源电压的脉动成分可用示波器等专用仪器测量得出。较大时，应用加滤波器的方法加以解决。

9.5.9 励磁绕组过热

1）励磁绕组匝间短路或有两点及以上对铁心短路。励磁绕组匝间短路可用测量直流电阻或用匝间绝缘检查仪进行匝间绝缘耐电压试验的方法来确定；对铁心短路可用测量绝缘电阻的方法确定。一般需要更换新的线圈。

2）磁极气隙不正确（一般为较大，此时励磁电流也较大）。可通过测量定子主磁极之间的内圆直径和电枢的外圆直径，并计算两者之差来检查气隙大小，通过调整主磁极与机壳之间的垫片来调整气隙大小。

9.5.10 电刷下火花较大，换向器过热

1）所用电刷质量较差或用错牌号。更换符合要求的电刷。

2）因电刷截面较大或刷盒尺寸较小、压力较低、电刷因使用磨损而使剩余尺寸太短等原因使电刷与换向器接触不良。

3）相邻电刷间尺寸不等分或位置偏斜。进行调整。

4）换向器表面不光洁或过度磨损。用棉布蘸酒精等溶剂擦洗换向器表面，去处污物，若有细微的划痕或灼痕，可用00号或更细的砂布打磨；当过度磨损时，则应将转子拆出，用车床车光。应注意，当云母片的下刻深度减少到要求的尺寸时，应对其进行处理（见本章9.4.5节）。

5）换向器换向片间的绝缘云母高出换向片。处理方法及要求同本章9.4.5节。

6）换向器换向片间的绝缘不良，造成片间漏电。用测量换向器片间电压的方法确定短路部位后，根据具体情况进行修理。

7）换向器的换向片倾斜或扭曲。此问题一般发生在组装式的换向器上。需将其打开后重新进行调整。

8）换向器与电枢绕组连接不良。用测量换向器片间电压的方法确定故障部位后，进行焊接。

9）电枢绕组局部短路或断路。用测量换向器片间电压或测量绕组电阻的方法确定故障部位后，根据具体情况进行处理。

10）换向极绕组匝数不正确或有短路及接线错误故障。匝数不正确可通过测量绕组电阻的方法确定，也可将所有的换向极绕组串联起来，两端加一个较低的电压（每一个换向极绕组两端的电压在5V左右，最好等于其匝数。可通过串联一个可调电阻的方法来实现，此时可用一个较高电压的电源），测量每一个换向极绕组两端的电压数值，若相等，则说明匝数相同，若不等，数值小的为匝数少的一个。

11）换向极铁心与机壳之间的垫片尺寸不合理或换向极铁心松动。检查和处理方法同9.5.7节的第4）项。

12）电刷严重偏离中性线位置或有晃动现象。重新调整和紧固。

9.6 发电机常见故障诊断与处理

由于直流发电机与电动机在结构上完全相同，所以当出现一些故障时，故障原因和处理方法也往往会大体相同，只是在有些方面需要“换位”思考（一个是通入电流，一个是输出电流）而已。下面仅介绍一些发电机特有的问题，其中包括一些实例。

9.6.1 被拖动后不发电（无输出电压）

1）电机接线错误或绕组断路。检查接线并进行处理。

2）电刷与换向器未接触或换向器表面有污物对电刷产生电的隔离。检测电刷与换向器的接触面，通过调整电刷压簧和更换电刷等办法使其达到接触良好。污物用酒精清洗掉。

3）励磁绕组断路。测量电阻或用试灯查找，根据具体情况进行处理。

4）励磁绕组之间连线错误，造成所有的磁极极性均相同。给励磁绕组通入直流电，用指南针在机壳外部正对磁极中心的位置进行检查，若指示方向一样，则可确定极性都相同。更改接线，应注意改正后的极性应与原要求的一致。

5）对他励以外的直流发电机，其铁心无剩磁或因转向不正确抵消了原有的剩磁。用6~9V的直流电源连接电枢绕组的两端1~2s时间后断开即可，连线时，应将电源的正极与电枢绕组的正极端相连。

6）励磁回路中电阻过大，超过了电机的临界电阻。减小串联的电阻值。

9.6.2 空载输出电压正常，但加负载后电压下降较多

1）对加复励发电机，并励和串励绕组因接线头尾颠倒使形成的磁场极性相反，一般是串励绕组头尾接反。分别给并励和串励绕组通入相同极性的直流电，用指南针检查其形成的

电磁铁磁场极性进行确定是否接反。调换接反的绕组两端即可。

此种错误往往是电路设计忽略了串励绕组对输出电压极性影响所造成的。

2）电枢绕组有匝间或两点及以上对铁心（或转轴）短路故障。用测量绝缘电阻的方法确定。一般需要更换新的线圈。

3）电刷偏离中性线较多。重新调整。

9.6.3 空载输出电压正常，但加负载后电压降低很快，并且最后改变了极性

此种故障只发生在加复励发电机中，原因和处理方法同9.6.2节中第1）项。下面对其进行简单分析：

空载时，因无输出电流，所以串励绕组中也无电流流过，此时只有并励绕组形成的磁场在起作用，使电机电枢绕组产生电动势。当接通负载后，串励绕组中将流过负载电流，由于其头尾接反，致使该电流所产生的磁场也与正常时相反，从而抵消并励绕组形成的磁场，使合成的磁场强度降低，发电机输出的电压开始下降。当负载电流较大时，串励绕组产生的磁场强度大于并励绕组产生的磁场强度后，电枢两端的电压极性就会改变，即空载时为正极的变为负极，同样，空载时为负极的变为正极。

9.6.4 直流发电机输出电压波动较大

1）电机或输出供电电路中的连接点有松动现象。查找松动点进行处理。

2）电枢绕组局部有间断短路故障。用测量直流电阻或用匝间绝缘检测仪进行匝间绝缘耐电压试验的方法来确定。若发生在端部，有时可用局部焊接的方法进行处理。

3）磁极、换向器或电刷支架松动，使电刷与换向器接触不良。进行紧固。

4）电刷弹簧压力过小或电刷在刷握中上下活动不灵活等原因，使电刷与换向器接触不良。应调整弹簧压力或更换合适的弹簧，更换因磨损过短的电刷。

5）负载大小波动。

9.7 永磁直流电机的特有故障及其原因

对于永磁直流电机，其特有的故障原因主要是集中在它的永磁体（磁钢）上。

由于过热等原因，磁钢的磁场强度（俗称“磁力”）可能会减弱甚至消失（称为“失磁”）。

1. 磁场强度整体减弱

所引起的现象如下：

1）在同样的电枢电压下，转速将比原来增高；若减弱的程度过大（几乎完全失磁），将造成“飞车”的严重事故。

2）带负载能力明显下降。

2. 磁场强度部分减弱

也就是个别的磁钢磁场强度减弱，这是较常见的故障。所引起的现象如下：

1）转速将比原来有所升高。

2）出现较大的振动。

3）带负载能力下降。

磁钢磁场强度减弱或完全失磁，唯一的办法是将其拆下，进行充磁后再装配到原来位置。一般情况下，即使是一块磁钢出现了问题，往往也要将所有的磁钢全部拆下，统一处理并经测量，做到磁场强度达到原有要求并基本一致后，再进行装配。否则整机的各项性能将会达不到原有的水平。

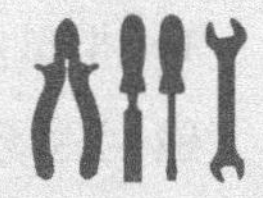

第10章 机械部件的修复

10.1 轴损伤修复

10.1.1 键槽

最常见的键槽损伤是其受力边压伤，俗称为“滚键”，如图10-1a所示。此时可根据其损伤程度决定采用以下3种方法中的一种。

1. 扩宽法

当损伤很轻时，可用锉刀将键槽扩宽；较轻时，应用铣床铣宽。经上述加工后，使损伤的键槽两侧达到同时扩宽并完整。注意不可只扩一侧，否则将造成键槽的对称度偏差过大。对称度很差的键槽极易损坏。由于键槽扩宽，原尺寸的键不能再使用。需要配制如图10-1b所示合适的梯形键。

2. 重开法

当损伤很严重时，则先将原键槽用堆焊法填满并用锉打圆（有条件时磨圆最好）。然后，在其他部位（最好是在原槽的对面）重开一个键槽，如图10-1c所示。

3. 贴补焊法

此方法需用一种被称为“GM－3450A（或B、C）型工模具修补机”的专用设备。该设备由专业厂商生产（北京巨龙技术开发实业部）。下面简单介绍其操作过程，如图10-1d所示。具体使用参数详见设备说明。

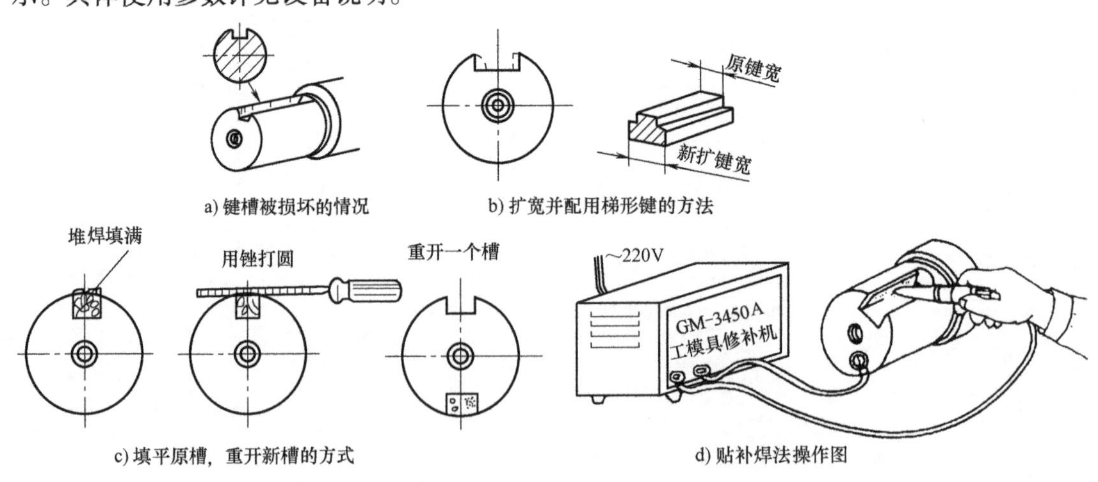

a) 键槽被损坏的情况　b) 扩宽并配用梯形键的方法

c) 填平原槽，重开新槽的方式　d) 贴补焊法操作图

图10-1　修复损坏的键槽

1）将键槽的损伤部位用锉或其他工具（包括铣床等）加工出平面。

2）裁剪一片面积适当的不锈钢片，贴在上述平面上。先用电极点焊几个点，将该片与键槽损伤面固定。

3）将电极沿薄金属片边缘进行焊接。之后对内部进行密集地点焊，至焊牢为止。

4）用锉刀等工具修正补焊处，使其达到要求尺寸。

10.1.2　断轴

断轴往往发生在轴肩或轴承肩处的退刀槽处，如图 10-2a 所示。修复断轴的过程如下（见图 10-2b）。

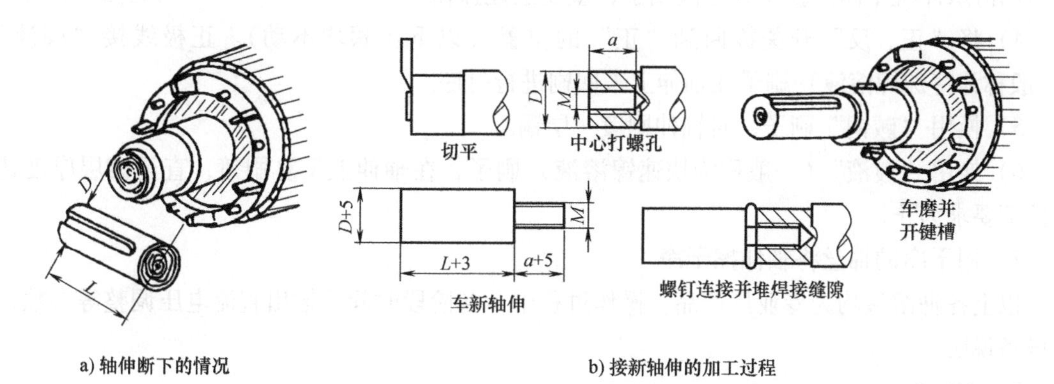

图 10-2　断轴再接的加工过程

1）用车床将断面切平。

2）在断面处打一个中心孔并套扣。螺孔的直径 M 约为轴径的 1/3。

3）选一段直径比断下轴头直径 d 大 5mm 左右的同牌号（如 45 钢）轴钢，将其一端车出与第 2）步所打螺孔相配套的螺杆。

4）将第 3）步加工出的轴头旋入断面螺孔中，然后用堆焊法将空隙焊满。之后，利用当时的温度进行淬火处理。

5）将轴伸车磨成原有尺寸并截出原有长度。最后开出键槽。

10.1.3　细轴或有严重损伤的轴

由于联轴器或带轮与轴伸配合不当而松动时，轴伸则会被研伤，不能正常使用。当损伤较轻时，可采用下述方法进行修复或处理。

1. 修磨后配合适的联轴器

当轴伸损伤较轻时，可上磨床将研伤磨平。测准磨后的直径值。按此尺寸选配内孔合适的联轴器或带轮（一般要单独加工出配套轴孔；若有可能，也可将原用轮轴孔车大后加入一个套筒，再车磨到合适的尺寸，所加套筒应与轮紧密结合），如图 10-3a 和图 10-3b 所示。

2. 刷镀法

当轴伸损伤在几十微米以下时，可采用刷镀法补到原有尺寸。刷镀法实质上是电镀法，只是不用常规电镀法的镀液槽。其电镀液通过一只“刷子”供给，这个刷子也不是人们常用的毛刷，而是一个可接电极、用涤棉布包裹着脱脂棉（中心为电极柱）作为刷头的“刷子”，实际应称为“镀笔”。图 10-3 为操作现场图（所用设备型号为 DSD－75/100－S，装甲兵工程学院新工艺办公室制造。另外还可采用该单位生产的 MS－30/MS－100 型模修、刷镀两用机）。下面介绍操作过程。

1）用汽油将轴伸刷洗干净。对深沟中的油污可用刀片等工具清除。

2）将电源线的负极线与轴伸端连接（可在轴端面打一个螺孔，然后用螺栓将电源线固定）。正极线接“清洗液”刷子，对轴伸进行清洗。

3）正极线换用2 号液刷子。将仪器面板上的“正、反”开关拨到“反”的位置（此时电源线的正负极倒换，即刷子接负极、轴伸接正极）。用刷子在轴伸上沿轴向来回刷。之后，用清水冲洗干净。换上 3 号液刷子，重复上述操作。

4）将“正、反”开关拨回到“正”的位置（以下步骤均不动）。正极线接“底液”（一般称为特殊镍溶液）刷子在轴伸上来回刷进行打底。

5）换用“碱铜”刷子，对轴伸刷镀一层铜。

6）换用“镀液”（一般称为快速镍溶液）刷子，在轴伸上反复刷镀，直至镀层厚度达到预期要求为止。

7）用干净的棉丝将轴伸擦干净。

以上各种溶液均为专业厂产品。操作过程中，各阶段时间及输出直流电压调整等参数详见设备说明。

3. 喷涂法

喷涂法是氧乙炔焰粉末喷涂法的简称，是将一种特制的复合金属粉末，借助粉末喷枪，通过氧乙炔火焰区加热到熔化或半熔化状态，喷洒在轴伸表面并与轴伸金属熔合，从而使轴伸加粗，达到修复的目的。粉末喷涂喷焊两用枪有 SPH－E、SPHT－6/h、QSH－4 型等，其结构与普通氧乙炔焊枪无大差异，差别主要在于它多出了一个装金属粉末的粉斗及粉斗与气路连接和控制的部件。图 10-3d 中所用的是其中一种。下面介绍工艺过程。

1）先将轴伸加热到 80～120℃。

2）用车床将轴伸表面的损伤面车掉并车出较细的螺纹状。目的是为了加强与喷涂物的结合强度。

3）喷粉底。将轴（转子）装在车床上并以适当的速度［一般使轴伸外圆的线速度为 20m/min 为宜。可用式 $n=20/\pi D$ 来求出每分钟转速 n，其中 D 为轴伸直径，单位用 m。例如，对 ϕ48mm 的轴伸，则 $n=20/(3.14\times0.048)\approx133$r/min。上式可简记为 $6.4/D$］旋转。粉斗中放打底用的镍基复合粉。喷涂厚度在 0.1～0.2mm 之间。

4）粉斗中换为热喷涂焊合金粉末（镍基、铁基自熔合金粉末）。喷焊时，温度应控制在 300℃以内。若温度偏高时，可采用间歇作业的方式进行降温。但再喷时，应先用钢丝刷清除氧化膜和灰粉。

5）喷涂厚度应超过轴伸应有尺寸 0.5～1mm，即留出 0.5～1mm 的加工余量。

6）缓冷。一般可在室温下冷却。对于较大部件，可用石棉纸或其他保温材料进行保温，使其慢慢冷却。

7）车磨轴伸至预定尺寸。

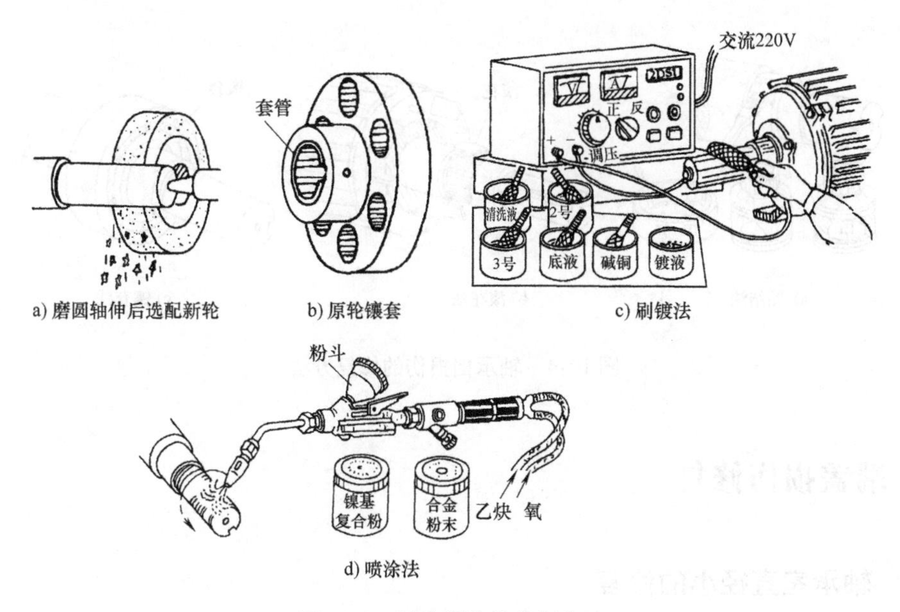

a) 磨圆轴伸后选配新轮　b) 原轮镶套　c) 刷镀法

d) 喷涂法

图 10-3　轴伸研伤的修复方法

10.1.4 轴承档损伤

轴上安装轴承的部位称为轴承档。由于某种原因，轴承内环与轴产生滑动时，轴承档就会被研磨损伤。其修补方法有刷镀法、喷涂法、粘结法、滚花法和镶套法等多种，前4种一般用于磨损较小的修补，其中刷镀法和喷涂法与前面讲过的轴伸修补方法完全相同。下面仅介绍后3种方法。

1. 黏结法

轴承档直径磨损量在0.2mm以下时，可采用涂专用胶后再安装轴承，利用胶的黏结力使轴承内圈固定在轴上的方法。目前能用的专用胶品种很多，现以农机2#胶为例介绍黏结过程，如图10-4a所示。

1）先将轴承档、轴承内圆用汽油清洗干净。

2）将甲、乙两组份按7∶1重量比进行混合，迅速调匀。用多少调多少。

3）将调好的胶均匀地涂在轴承档上。待10～20min后，将轴承套入。待固化后，便可装入电机中使用。

2. 滚花法

对损伤很小的较小容量电机，可用滚花法加粗轴承档“直径”，再次套入轴承后，可起到加固的作用。滚花需用车床和专用滚花刀具，如图10-4b所示。

3. 镶套法

当损伤较重时，可采用镶套法，如图10-4c所示。先将损伤的轴承档车到略大于其前段（与轴伸过渡的一段）直径的尺寸。按轴承与轴配合的公差，车一个与车细的轴承档相配合的金属套管，该套管外径应比轴承内径大1mm左右。用热套法将该管套于轴承档处。完全冷却后，车磨成原配合尺寸。

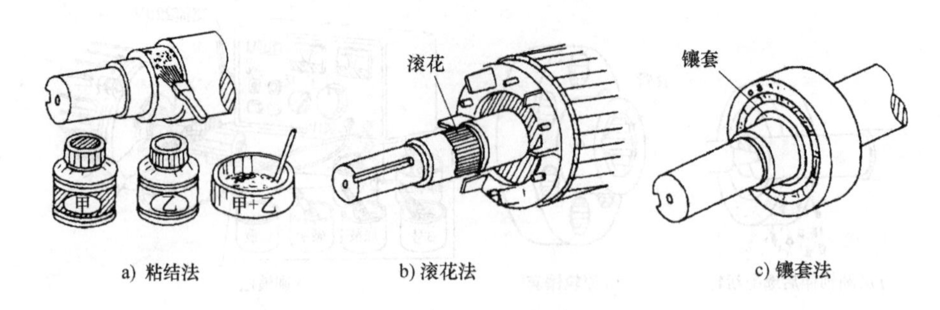

a) 粘结法　b) 滚花法　c) 镶套法

图 10-4　轴承档损伤的修复方法

10.2　端盖损伤修复

10.2.1　轴承室直径小的修复

由于加工时轴承室直径超下差或换用轴承外圈直径偏大，造成轴承外圈受挤压而变形，将使电机产生振动噪声较大和轴承过热等故障。此时可采用下述方法进行修理。

1. 刮削法

用三棱刮刀在轴承室侧面压痕处进行刮削，加大其直径。用力要轻，避免刮出毛刺，如图 10-5a 所示。

2. 打磨法

将砂布卷在一根平直的圆木棍上，两端用胶布扎紧。先用 00 号砂布进行粗磨，再用金相砂纸进行细磨，直到符合规定尺寸为止，如图 10-5b 所示。

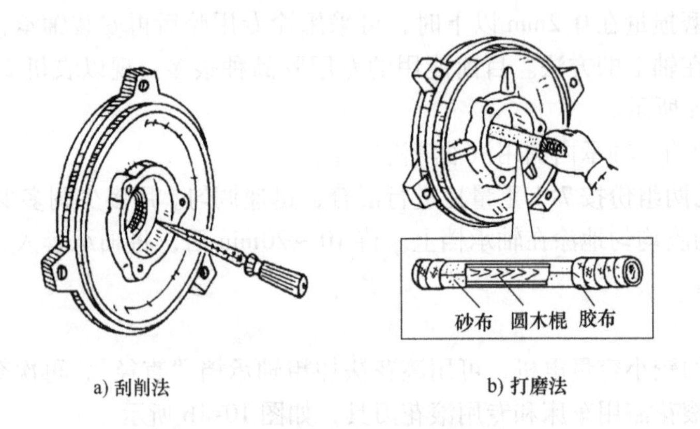

a) 刮削法　b) 打磨法

图 10-5　轴承室直径小时的修理方法

10.2.2　轴承室直径大的修复

由于某些原因，造成轴承与轴承室的相对运动，使轴承室磨损。此时电机将产生较大振动和噪声，轴承过热，严重时会使轴承损坏或定、转子相摩擦（扫膛），最后造成整机损坏。

当轴承室直径超上差时的修复方法有电镀法、刷镀法和镶套法三种，其中刷镀法和镶套法与10.1.3节和10.1.4节中介绍的方法相同。下面仅介绍电镀法。

1）用汽油擦洗轴承室内的油污，打磨掉锈蚀和毛刺。有必要时，可先用氢氧化钠（NaOH，俗称火碱）溶液冲洗，最后用汽油或丙酮洗净并擦干，如图10-6a所示。

2）配制电解液。按图10-6b所示重量（可理解为重量比）配制混合液，加热到80～90℃达1h。之后，将镍棒接直流电源正极，混合液接负极，通电1～2h，使混合液中含有镍离子，制成电解液，如图10-6c所示。

3）将清洗干净的端盖放入电解液中。端盖与直流电源负极相接；轴承室内插放一根镍棒，镍棒接正极。盖住电解槽并固定镍棒，如图10-6d所示。

4）接通电源，调节电压在6～8V之间，电流值按镀件面积大小控制，一般取5mA/cm^{2}或≤0.5A，以镍棒表面出现少量气泡为准。电镀速度以每小时镀厚0.01～0.02mm为宜。

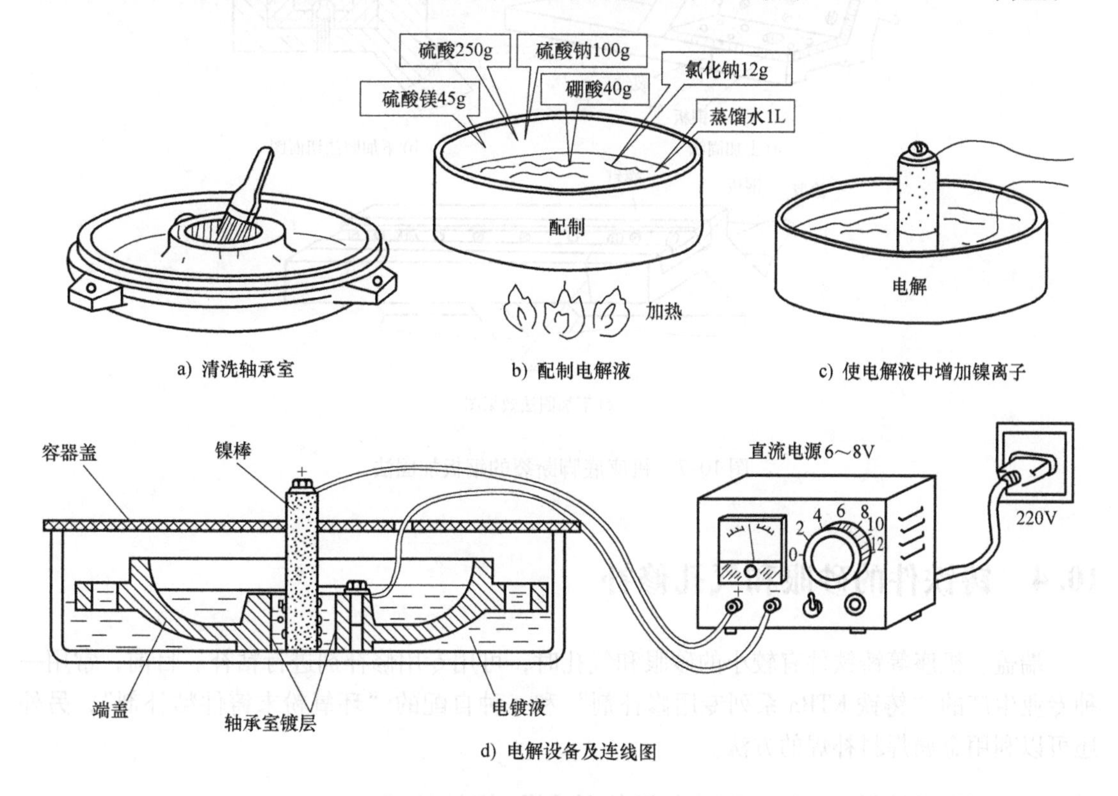

图10-6 电镀法修补偏大的轴承室

10.3 机座底脚裂开的补救

1. 焊接法

当发现铸铁机座底脚出现裂纹时，对于较小容量的电机，可用铸铁焊条进行电焊。在焊接前，应将裂纹处用小砂轮打出坡口。底面焊接后，用砂轮或锉刀打平。

2. 采用钢板上加固法

如图 10-7a 所示，将一块厚度在 2mm 以上的钢板用螺钉与底脚固定在一起。钢板打通孔，底脚打螺孔。

3. 采用钢板下加固法

本方法比较适用于底脚较大较厚的电机。先将有裂纹的底脚凹槽刨或铣宽、深。再按此时的尺寸加工一条凹面钢板条。在加工后的底脚凹槽面上涂金属胶后，将钢板条镶入底脚凹槽中，用螺钉将两者固定（事先钢板打通孔，底脚对应位置打螺孔），最后加工多余平面和两端。如图 10-7b 和 c 所示。

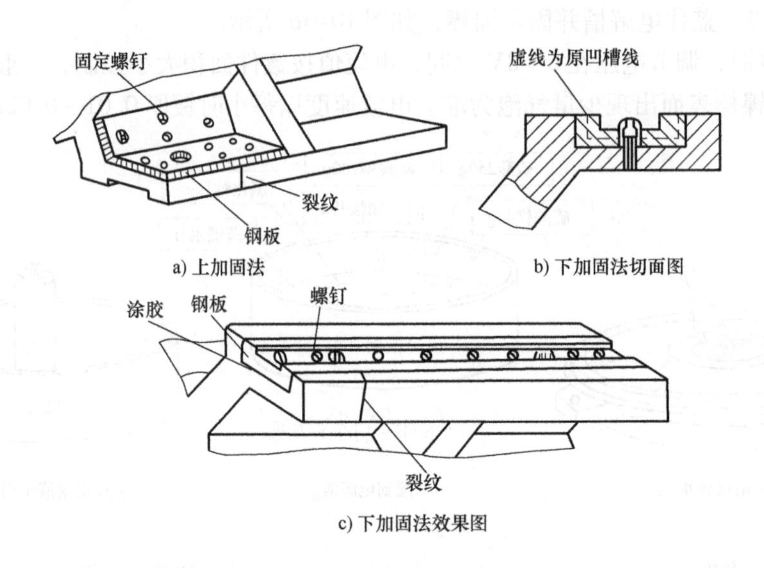

图 10-7　机座底脚断裂的钢板加固法

10.4　铸铁件的砂眼和气孔修补

端盖、机座等铸铁件有较小的砂眼和气孔时，可用专用修补剂进行粘补。目前，常用一种专业生产的“铸铁 KTRa 系列专用修补剂”和一种自配的“环氧粉末铸件粘补剂”，另外还可以利用金属焊料补焊的方法。

10.4.1　用“铸铁 KTRa 系列专用修补剂”修补的工艺

铸铁 KTRa 系列专用修补剂分三种，一种型号为 KTRa63，用于直径小于 2mm 的铸铁件气孔、砂眼粘补；第二种型号为 KTRa125，主要用于铸铁件精加工配合面上的气孔、砂眼、缩孔、裂纹等缺陷的粘补；第三种型号为 KTRa500，主要用于要求较高、形状复杂的铸铁件或其他金属部件缺陷（如部件磨损、轴承座研伤的粘补尺寸超差等）的修补。

该类粘补剂由两种材料组成一组，一种是主料，由环氧树脂、环氧铁粉、硅粉、炭黑等组成；另一种为固化剂。两者均呈胶泥状。

铸铁 KTRa 系列专用修补剂的使用方法如下（见图 10-8）：

1. 清理要粘补的砂眼、气孔

用钢质划针等工具清除砂眼或气孔中的锈蚀和污物，再用汽油或丙酮清洗干净，使其露出铸铁面。

2. 配制粘补剂

根据当时的环境温度和湿度，按使用说明书提示的配比和预计用量，取适量的主料和固化剂，放在一个容器中混合并搅拌均匀，使混合物颜色一致。例如在20℃左右时，主剂与固化剂的体积配比为4∶1（KTRa125 和 KTRa500）或3∶1（KTRa63），温度较低时，应适当提高固化剂的比例，反之，适当减少固化剂的比例。

3. 粘补

先取少量配制好的粘补剂涂敷于待修表面，压实，使之充分浸润。再将砂眼或气孔等用粘补剂填满，要填实，并略高出周围的平面，及留出加工余量。天气较冷时，可用喷灯或气焊对铸件加热。

4. 清洗

用丙酮或酒精清洗多余的粘补剂。

5. 固化

在温度为25～30℃、相对湿度小于65%的环境中，8h后可以进行机加工，24h后可以使用，三天后可达到最高强度。若温度较低，可提高温度或适当延长时间。

6. 修整

根据对粘补面光洁度的不同要求，用砂轮、锉刀、油石等工具将粘补面修整到要求的形状。

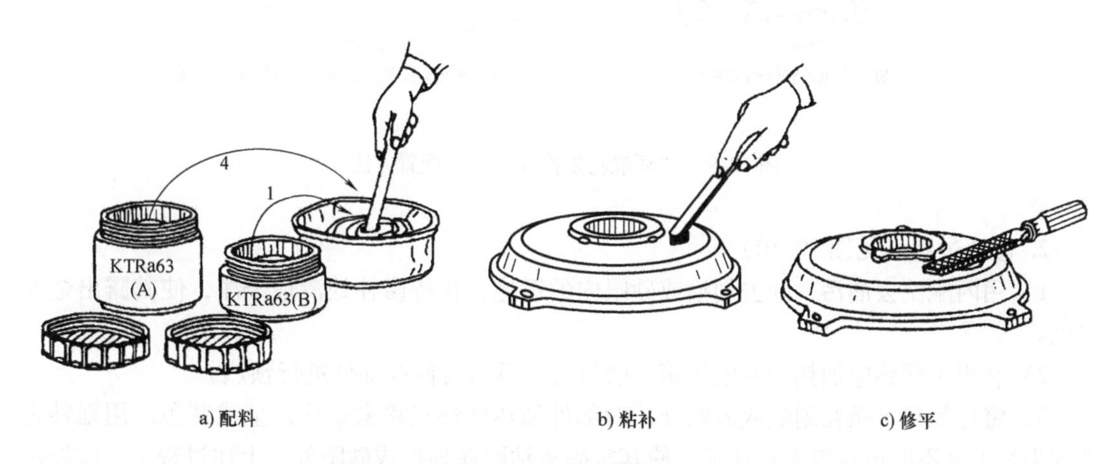

图10-8 铸铁KTRa系列专用修补剂使用方法

10.4.2 用"环氧粉末"修补的工艺

1. 配制环氧粉末铸件粘补剂（见图10-9）

首先视需修补面的大小，按610（E42）环氧树脂∶607号环氧树脂∶60～80目的石英粉∶二氰乙胺固化剂∶炭黑＝20∶30∶48∶1.5∶(0.5～0.75）重量比选择材料。

配制环氧粉末铸件粘补剂的过程如下：

1）将两种树脂倒入一个铁质的器皿中，加热至熔化状态。

2）当温度达到160℃左右时，加入石英粉进行充分调和。

3）待器皿内物料温度降至120～130℃时，加入炭黑，继续调和。

4）将器皿离开热源，降温至室温时，加入二氰乙胺，快速调和均匀，自然冷却成固化物料。

5）将上述固化的物料碾压成粉末，用60～80目的筛子过筛，所得细粉末即为将要使用的环氧粉末。

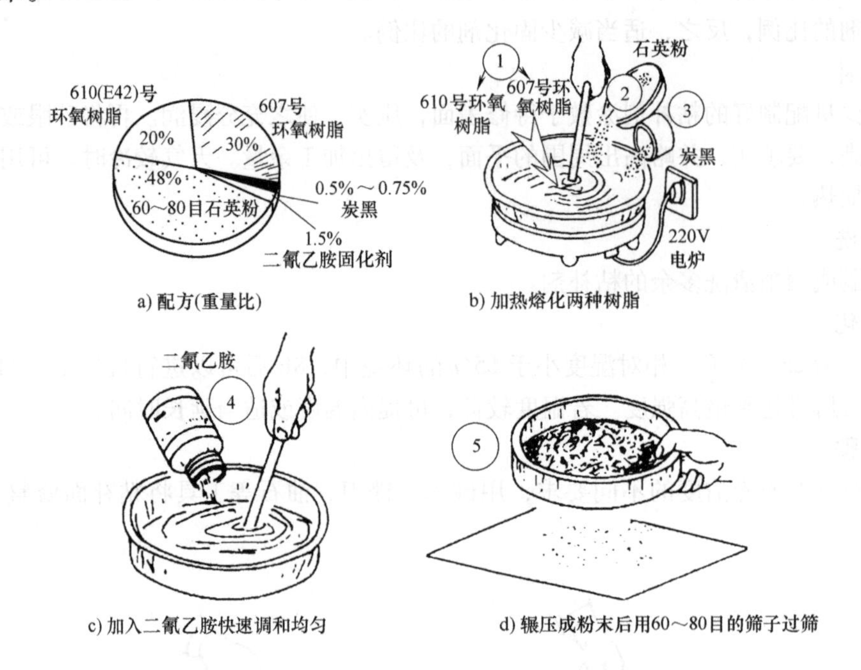

a) 配方(重量比)　b) 加热熔化两种树脂

c) 加入二氰乙胺快速调和均匀　d) 辗压成粉末后用60～80目的筛子过筛

图10-9　“环氧粉末修补剂”的配置方法

2. 修补过程（见图10-10）

1）用丙酮洗去油污，刮去划痕或砂眼内的锈迹，将待修补处清理干净，使其露出金属本色。

2）利用工频感应加热器或电烤箱、喷灯等工具对待修补部件进行预热。

3）将环氧粉末撒在划痕或砂眼处，对部件加热使环氧粉末熔化，呈浅黄色。用划针之类的尖细工具不断搅拌粉末并抹平，使其牢固地粘贴在划痕或砂眼处。上述过程中，应控制加热温度，不可过高，否则会将环氧粉末烧焦；用喷灯加热时，应注意其火焰不可直对环氧粉末，应喷烤外围。

4）停止加热后，待修补的部件冷却到室温时，用油石研磨或用磨床修磨修补处，使其平整。

5）再次用工频感应加热器或电烤箱等对部件进行低温加热，使粘贴住的环氧充分固化并产生光泽的表面。再次修磨，使其达到要求的平整度。

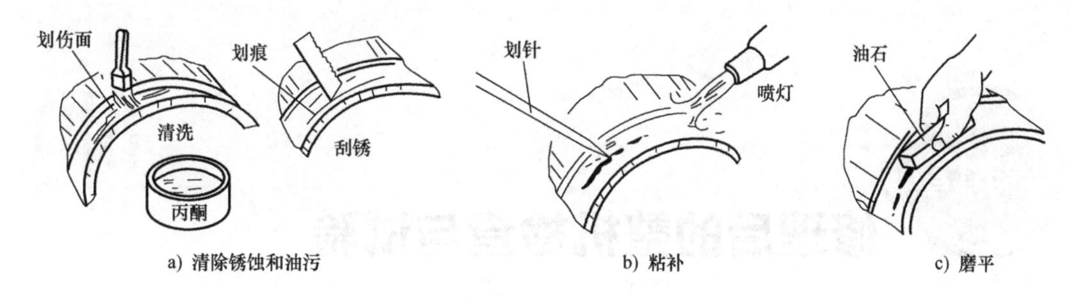

图 10-10 用“环氧粉末修补剂”进行修补的过程

10.4.3 用锡锌焊料补焊的工艺

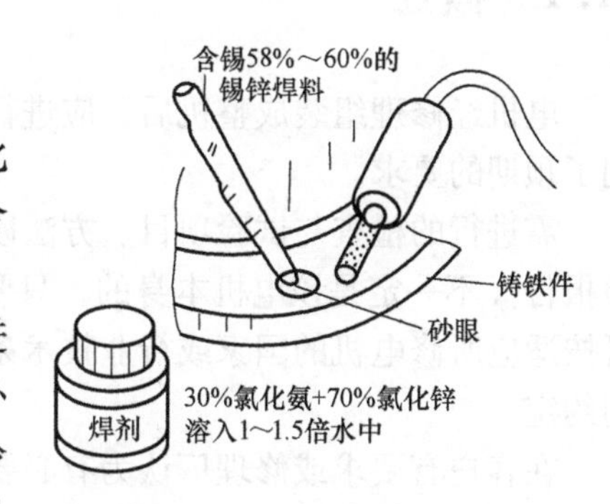

图 10-11 用“锡锌焊料”进行修补

选用含锡 58% ~60% 的锡锌焊料，用 30% 的氯化氨加 70% 的氯化锌并溶入 1 ~1.5 倍的水中制成的混合液作焊剂。

焊补前，要清理焊补处，对待焊补部件用喷灯进行预热。之后在要焊补处涂焊剂。将焊料抵在要焊补处，加热使其熔化并附着在金属部件上。部件完全冷却后，打磨焊补处，使其平整度达到要求，如图 10-11 所示。

第11章 修理后的整机检查与试验

11.1 概述

电机经修理组装成整机后，应进行一些必要的检查与试验，以确定修理后的电机是否达到了预期的要求。

需进行的检查与试验项目、方法以及考核标准，最好是参照所修电机原生产厂的出厂试验报告（不一定是该电机本身的，只要是同规格同时期生产的即可），若没有上述资料，则可按适应所修电机的国家或行业技术条件中给出的相关规定，也可根据承修单位与客户的合同约定。

在客户有要求或修理厂认为有必要时，可进行某些甚至全部型式试验项目。

本章给出的内容主要来自国家或行业有关电机方面的技术标准，以及我国电机行业惯用的方法和规定。

有些项目是各类电机通用的，或者说所有电机都要进行的，其中主要包括机械尺寸及形位公差检测、绝缘安全性能试验、噪声及振动测定试验、超速试验等。有些项目则是某一类电机专用的，例如绕线转子异步电动机的转子开路电压测定试验、直流电机电刷中性线调整试验、单相异步电动机离心开关（起动开关）的断开转速测定试验、制动电机的制动力矩测定试验等。

在讲述检查与试验方法的同时，还将介绍一些试验设备及仪器仪表的知识。

本章给出的内容供参考使用。

11.2 绝缘性能试验

电机的绝缘性能包括绝缘电阻、耐正弦波交流工频电压（简称耐电压）和匝间绝缘耐冲击电压能力。这些项目都需要专用的设备和仪器仪表。

11.2.1 绝缘电阻测定试验及合格标准

1. 用绝缘电阻表测量

（1）绝缘电阻表的类型和选用原则

绝缘电阻表用于测量电气元件的绝缘电阻数值，其显示数值单位为兆欧（MΩ），所以习惯称为“兆欧表”。传统的绝缘电阻表为指针式，用内装的手摇式发电机发电供给测量电压，所以俗称为“摇表”，测量绝缘电阻时也经常称作“摇绝缘”。新型的绝缘电阻表利用内部的电子电路将内装电池的直流电压（一般在9V及以下）提高到所需的高电压。测量数据显示方式有指针式和数字式两种。图 11-1 给出了部分产品外形。

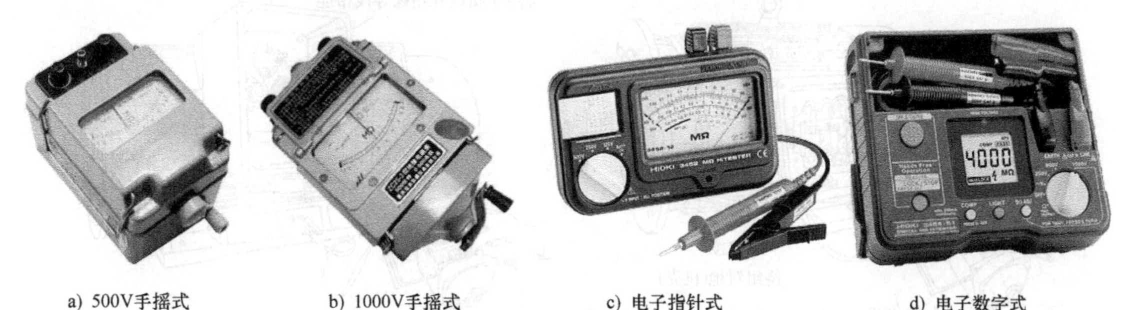

a) 500V手摇式　b) 1000V手摇式　c) 电子指针式　d) 电子数字式

图 11-1　绝缘电阻表外形示例

在测量时，需要输出一个规定的电压数值，该数值称为绝缘电阻表的额定电压，它是表征此类仪表规格的依据，例如额定电压为 500V 的则称为“500V 绝缘电阻表”。常用的规格有 250V、500V、1000V 和 2500V 等几种。手摇发电式的绝缘电阻表是一块仪表只具备一种电压规格。电子式则一般同时具备几个电压规格，通过转换开关或按钮进行设定。

进行电机绝缘电阻测定时，应根据被测电机的额定电压来选择绝缘电阻表的规格，具体规定见表 11-1（主要依据 GB/T 1032—2012《三相异步电动机试验方法》）。

表 11-1　绝缘电阻表选用规定

电机额定电压/V	≤36	>36～1000	>1000～2500	>2500～5000	>5000～12000
绝缘电阻表规格/V	250	500	1000	2500	5000

（2）绝缘电阻表的使用方法

为防止仪表的两条引线接触部位存在绝缘损伤造成对测量的影响，应使用单独的两条绝缘引线。在测量前，要进行开路和短路检查，具体做法是：将两条绝缘引线分开成开路状态，摇动发电机或按下电源开关，正常时，仪表指示应为无穷大（表盘上的符号为“∞”）；将两条绝缘引线点接短路，正常时，仪表指示应为 0MΩ，如图 11-2 所示。

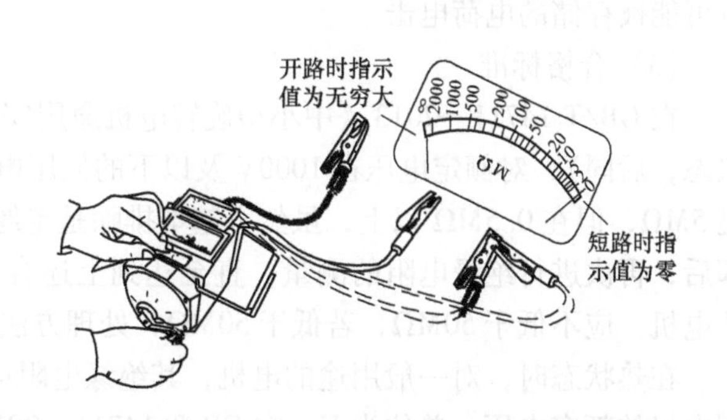

图 11-2　绝缘电阻表的开路试验和短路试验

绝缘电阻表常用的两个接线端子分别为 L 和 E。在测量绕组对金属机壳（习惯称为“对地”）的绝缘电阻时，其 L 端应与被测元件（例如电机绕组）相接，E 端应与金属机壳（简称为“机壳”）相接；测量绕组对绕组或机壳内其他电器元件之间的绝缘电阻时，可随意连接。测量三相异步电动机绝缘电阻的接线如图 11-3 所示。仪表还有一个标有“G”符号的接线端子，是在测量电缆等电器元件的绝缘电阻时，为了防止外层因污秽等原因造成电流泄漏影响测量结果而使用的一个端子。

对手摇式绝缘电阻表，测量时的手摇转速为 120r/min 左右，摇动的转速应尽可能均匀。待指针稳定到一个位置后，再读数确定测量结果，一般情况应摇动 1min 左右。

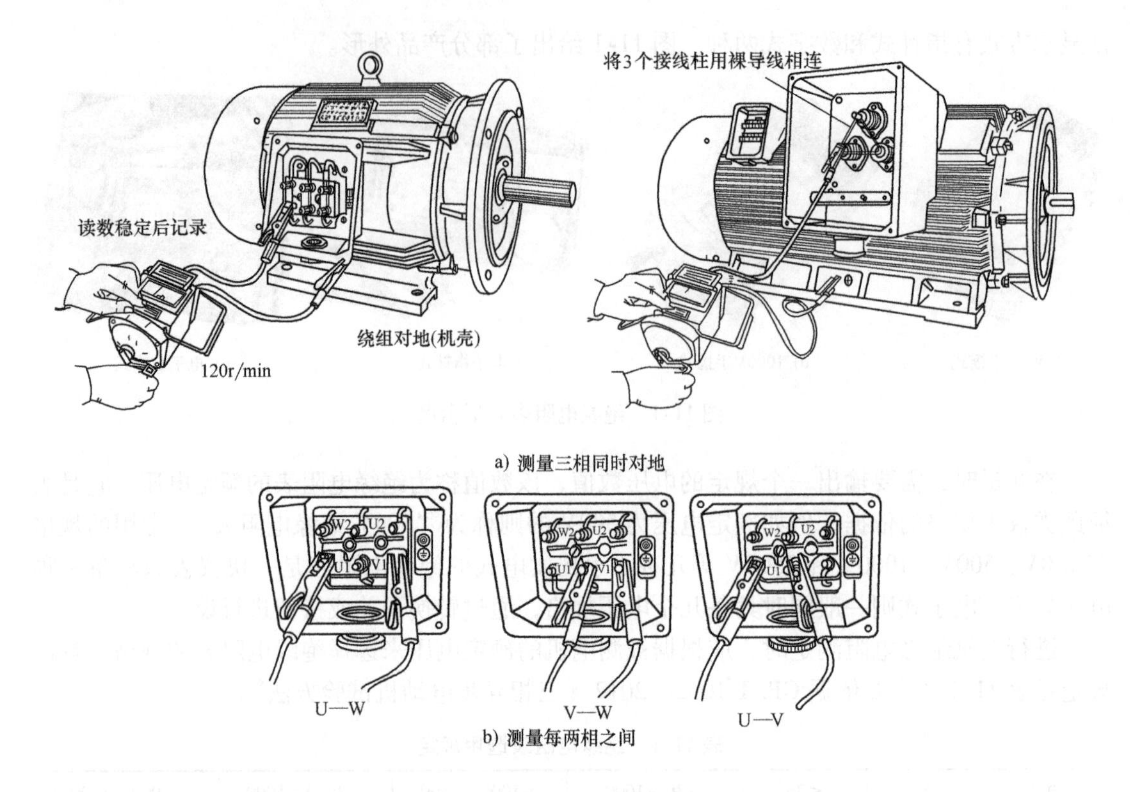

a) 测量三相同时对地

b) 测量每两相之间

图 11-3 测量三相异步电动机绕组对地和相互间的绝缘电阻

测量之后，用导体对被测元件（例如绕组）与机壳之间放电后拆下引接线。直接拆线有可能被存储的电荷电击。

（3）合格标准

在 GB/T 14711—2013《中小型旋转电机通用安全要求》中规定：在冷状态下（即常温状态，后同），对额定电压在1000V 及以下的低压电机，绝缘电阻≥5MΩ 为完全合格，若不足5MΩ，但在0.5MΩ 以上，虽然可基本排除是绝缘的问题，但应对该电机绕组进行烘干处理后，再次进行绝缘电阻的测量，直至达到上述合格标准为止；额定电压高于1000V 的高压电机，应不低于50MΩ，若低于50MΩ，处理方法同上述低压电机。

在热状态时，对一般用途的电机，其绝缘电阻应不低于（U_N/1000）MΩ，其中 U_N 为被测电机的额定电压，单位为 V。在 GB/T 14711—2013 中规定，若上式计算值低于0.38MΩ，则要按不低于0.38MΩ 考核。对特种用途的电机，需按照相关的技术要求中给出的规定，例如额定电压为380V 的变频调速电动机，则要求不低于0.69MΩ。

2. 用指示灯或漏电保护开关检查绕组对地和相间绝缘情况

（1）用指示灯检查绕组对地和相间绝缘情况

当手头没有绝缘电阻表时，可采用示灯法检查绕组的绝缘情况。灯泡可用25～40W、220V 的白炽灯，灯泡通过一个开关接交流220V 单相电源的相线，电源的中性线（零线）接机壳（或其他绕组），如图 11-4 所示。操作时应注意防止触电，试验人员应穿戴好绝缘鞋等劳保用具。应注意，此时需要将电机放在与地绝缘的地方，例如放在胶皮或干燥的木板上。

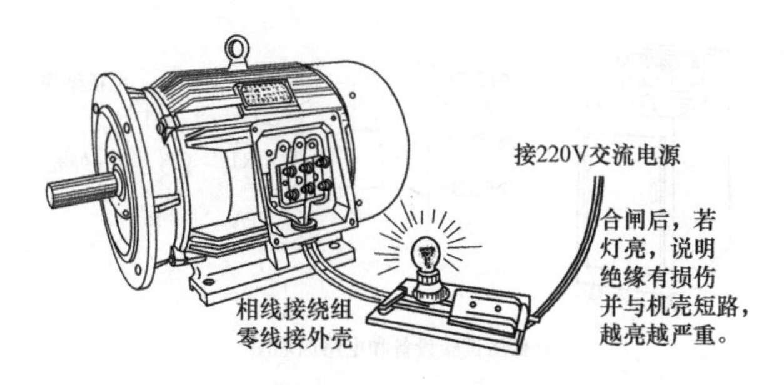

图 11-4　用指示灯法检查电机的绝缘情况

通电后，灯泡不亮说明绝缘良好；微亮说明绝缘已较差；亮度达到正常状态时则说明绝缘已经完全失效，即已出现了短路点。

（2）用漏电保护开关检查绕组对地和相间绝缘情况

将电机直接放在地上，为了加强其外壳与大地的连接，可用导线将其接地端子与附近的接地线连接。电机的三相绕组串联或并联，也可按正常运行连接的方法。用一个单相漏电保护开关输出端相线连接一个灯泡后接绕组的一端，漏电保护开关输出端零线连接绕组的另一端，如图 11-5 所示。开关闭合后，若不跳闸，灯泡有一定亮度，说明绝缘良好；若跳闸，则绝缘已出现损伤，或者说已有对地漏电故障。

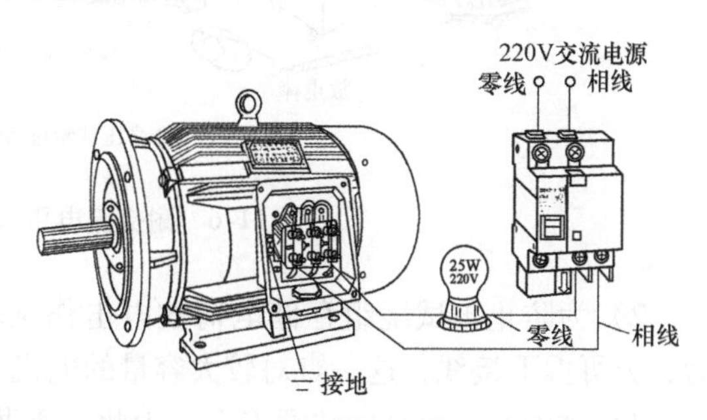

图 11-5　用漏电保护开关检查电机的绝缘情况

11.2.2　耐交流电压试验及合格标准

1. 对仪器设备的要求

耐电压试验应用专用的试验仪器设备进行，图 11-6 给出了低压和高压试验仪器设备的外形和电路原理图。在国家标准中，对该类仪器设备的要求如下：

1）输出电压应为正弦波，一般为交流 50Hz。

2）高压变压器的容量按输出电压计算，每 1kV 不少于 1kVA。例如对 380V 电机定子绕组接线后的耐电压试验值应为 2260V，则高压变压器的容量应不小于 2.3kVA，一般选用 3kVA。

3）试验电压应从高压侧取得。可使用如图 11-6a 所示的专用的测量线圈或如图 11-6b 所示的电压互感器（T3）。

4）应有击穿保护（跳闸）装置和高压泄漏电流显示装置，有明显的声光警示装置和可靠的接地系统。

2. 仪器设备使用方法和注意事项

1）试验时，加电压应从不超过试验电压的一半开始，然后均匀地或每步不超过全值的 5% 逐步升至全值，这一过程所用时间应不少于 10s。加压达到 1min 后，再逐渐将电压降至试验电压的一半以后才允许关断电源。

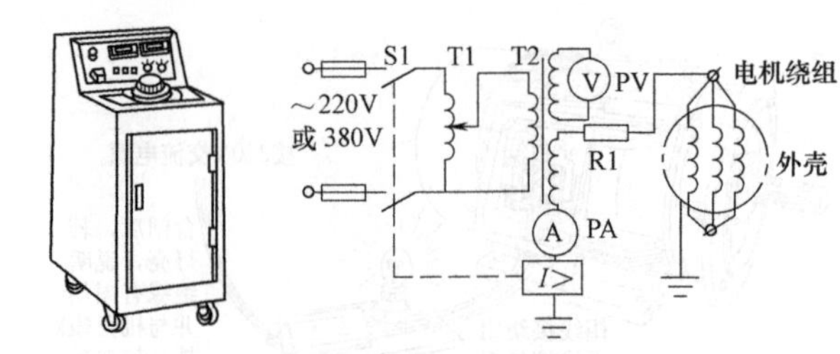

a) 低压试验设备和电路原理图

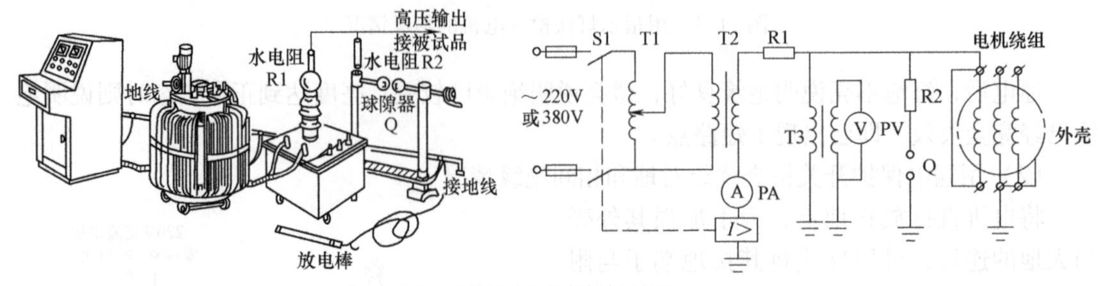

b) 高压试验设备和电路原理图

图 11-6 耐交流电压试验设备和电路原理图

2）为防止被试绕组存储电荷放电击伤试验人员，试验完毕，要将被试绕组对地放电后，方可拆下接线，这一点对较大容量的电机尤为必要。

3）试验时，要高度注意安全。为此，要做到非试验人员严禁进入试验区；试验人员应穿戴好防触电的绝缘鞋、绝缘手套等安全用品，要分工明确、统一指挥、精力高度集中，所有人员距被试品（整机或线圈等部件，后同）的距离都应在1m以上并面对试验品；除控制试验电压的试验人员能切断电源外，还应在其他位置设置可切断电源的装置（例如脚踏开关），并由另一个试验人员控制。

11.2.3 交流绕组匝间耐冲击电压试验

实践证明，电机在运行中所出现的绕组烧毁，特别是突发性的烧毁故障，大部分是由于绕组局部匝间绝缘失效所造成的，并且这种突然失效往往与出厂前已存在绝缘水平不足的先天性隐患有关。而这些隐患绝大部分可通过进行匝间耐冲击电压试验来发现。

绕组匝间耐冲击电压试验，是将一相绕组两端施加一个直流冲击电压，检查绕组线匝相互间绝缘耐电压水平的试验。同时也可检查绕组与相邻其他电器元件和铁心等导电器件之间的绝缘情况。

检查匝间绝缘情况最有效的手段是使用绕组匝间耐冲击电压试验仪（简称为“匝间仪”）。根据仪器显示曲线来判断匝间绝缘是否正常和故障类型。

不同类型电机绕组的试验方法及所加冲击电压值按不同的试验标准进行。

交流低压电机散嵌绕组试验方法的相关标准为 GB/T 22719.1—2008《交流低压电机散嵌绕组匝间绝缘 第1部分：试验方法》和 GB/T 22719.2—2008《交流低压电机散嵌绕组匝间绝缘 第2部分：试验限值》。这里所说的“交流低压电机”，是指额定电压为1140V及以下的单相和三相交流电动机。高压电动机嵌线后的定子绕组可参照上述标准进行。

本试验在电机生产的各个工序中均可进行，也可只选择其中某几个工序进行试验。试验所处工序和工序冲击试验电压峰值由企业自定。当整机试验有困难时，允许在装配前对压入机壳后的定子绕组和装配好的绕线转子绕组进行试验代替整机本项试验。

1. 绕组匝间耐冲击电压试验仪

（1）仪器的规格

绕组匝间耐冲击电压试验仪的规格按输出最高电压（直流峰值）划分，常用的有3kV、5kV、6kV、10kV、15kV、35kV等几种。应按被试产品所要求试验电压的高低选择仪器的规格。

图11-7是几种国产匝间仪的外形。输出引线有三相四线或三相三线两种。

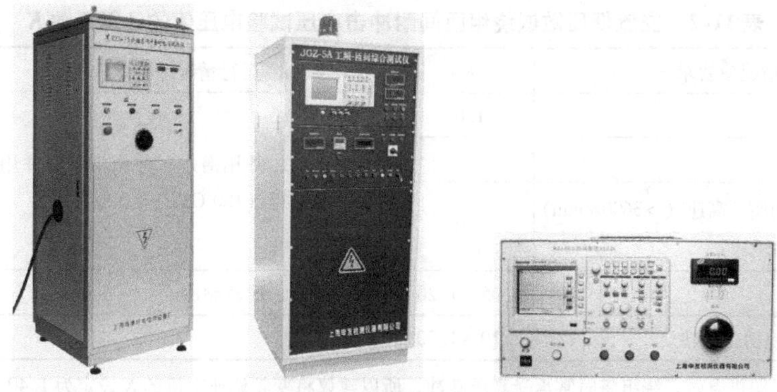

图11-7 几种国产匝间仪

（2）仪器的使用方法及注意事项

不同厂家或不同规格的仪器使用方法是有所不同的，但其主要操作过程是相同的。现简述如下。

1）将仪器可靠接地。被试品可接地，也可不接地（有特殊要求者除外）。但如采用接地方式，则必须连接可靠，不得虚接，否则在试验时可能出现杂乱波形，影响对试验结果的判断。

2）接通电源，打开仪器电源开关。

3）仪器预热一段时间（一般为5~10min）后，其内部时间继电器接通高压电路，此时高压指示灯亮。仪器需预热的原因是其使用了电子管式闸流管，其灯丝需要加热到一定温度后才能工作。若仪器是用晶闸管作为开关器件的，则无需预热。

预热完成后，则可对电机进行加压试验。

4）调整好示波器图像（未加电压前是一条水平直线）的位置和亮度、清晰度；按被试电机所需电压设定显示电压波形的比例（每格电压数）。用其自校功能键核定调出的电压波形和设定电压比例的一致性。

5）按电机或绕组类型选择接线方法，并接好线。

6）闭合高压开关，给被试绕组加冲击电压。观察示波器显示的波形。判断是否有匝间短路等故障。

7）关断高压开关。对被试绕组对地放电后，拆下引接线。

8）试验全部完成后，关断电源开关。

2. 试验电压和时间

（1）试验时所加的冲击电压

试验时所加的冲击电压（峰值）按式（11-1）计算，结果取到百位数。

$$U_Z = 11.4KU_G \tag{11-1}$$

式中 K——电机运行系数（见表11-2）；

U_G——电机成品耐交流电压试验值，$U_G = 2U_N + 1000\text{V}$（$U_N$为被试电机的额定电压，V）。

例如，对一般运行的电机，当 $U_N = 380\text{V}$ 时，$U_G = 2U_N + 1000\text{V} = 2 \times 380\text{V} + 1000\text{V} = 1760\text{V}$，则 $U_Z = 11.4 \times 1 \times 1760\text{V} = 2464\text{V}$，取到百位数后为2500V。

表11-2 交流低压散嵌绕组匝间耐冲击电压试验电压值的计算系数 K

运行情况或要求	K	运行情况或要求	K
一般运行	1.0	剧烈振动、井用潜水、井用潜油、井用潜卤、高温运行（180℃以上）、驱动磨头	1.20
浅水潜水	1.05		
湿热环境、化工防腐、高速（>3600r/min）运行、一般船用	1.10		
隔爆、增安	1.05～1.20	特殊船用、耐氟制冷	1.30
屏蔽运行；频繁起动或逆转	1.10～1.20	特殊运行	1.40

注：鉴于变频电源供电时，绕组将时常承受高压脉冲，所以建议将变频调速电机的 K 设定为1.40。

（2）试验时加冲击电压的时间

试验时加冲击电压的时间在标准中规定为“冲击5次左右”，但因该时间较难控制，所以一般规定为2s左右，或者以能确定曲线稳定为准。

3. 绕组试验接线方法

1）三相绕组。三相绕组6个线端都引出时，可按图11-8a所示方法接线，称为相接法，它较适用于无换相装置的老式两相三线匝间仪（现已很少使用），并需人工倒相。三相绕组已接成Y或△时，则可按图11-8b、c、d、e所示的方法接线。

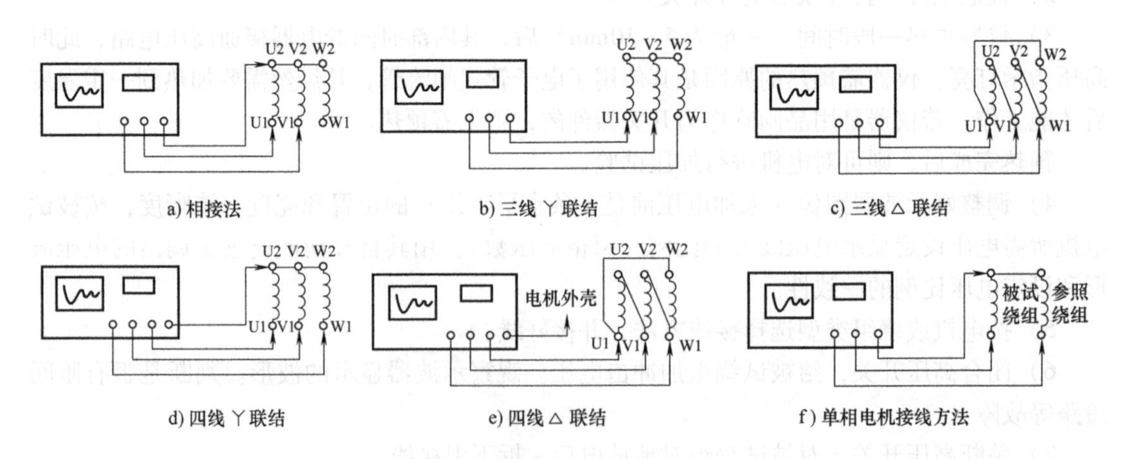

图11-8 交流电机绕组匝间耐冲击电压试验接线方法

2）单相绕组。单相电动机可采用两台相同工艺相同规格的电机，对于主、辅绕组完全相同的电机（例如洗衣机电机）可将两套绕组相互作为标准绕组，按图 11-8f 所示的接线方法进行试验。

4. 试验结果（显示波形）**的判定**

此种试验方法是根据示波器显示的波形曲线的状态，来判定绕组是正常还是可能有匝间、相间或对地短路故障。

1）若两个绕组都正常时，两条曲线将完全重合，即在屏幕上只看到一条曲线，如图 11-9a所示。

2）若两条曲线不完全重合（严格地讲是未达到“基本重合”），则有可能是被试的两个绕组存在匝间短路故障或电路、磁路参数等存在差异，也可能是仪器和接线方面的故障造成的。

下面给出几种典型的情况供参考。

① 两条曲线都很平稳，但有较小差异，如图 11-9b 所示，可能是由下述原因造成的：

a. 和总匝数相比而言，有极少量的匝间已完全短路（导体已直接相连，形成电的通路，也称为“金属短路”），这种故障一般在匝数较多的绕组中会出现。

b. 由原始设计缺陷、加工工具缺陷、所用材料性能参数或生产工艺波动等原因造成的，如定子铁心槽距不均、铁心导磁性能在各个方向不一致、绕组端部整形不规则等。

c. 对于有较多匝数的绕组，其中一相绕组匝数略多或略少于正常值。

d. 对于多股并绕的线圈，在连线时，有的线股没有接上或接点接触电阻较大，此时两个绕组的直流电阻也会有一定差异。

e. 由两个闸流管组成的匝间仪（现已较少使用），在使用较长时间后，会因两个闸流管或相关电路元件（如电容器的电容量及泄漏电流值等）参数的变化造成加载时输出电压有所不同或振荡周期不同，从而使两条曲线产生一个较小的差异，此时，对每次试验（如三相电机的 3 次试验）都将有相同的反应。但应注意，该反应对容量较大的电机会较大，对容量较小的电机可能不明显。

f. 仪器未调整好，造成未加电压时两条曲线就不重合。

g. 被试绕组与仪器之间的连线某些连接点接触不良，使相关电路直流电阻加大。

② 两条曲线都很平稳，但差异较大，如图 11-9c 所示。可能是由下述原因造成的：

a. 两个绕组匝数相差较多或其中一个绕组内部相距较远（从线圈匝与匝的排列顺序上来讲较远，例如总计 100 匝的绕组中的第 1 匝和第 80 匝）的两匝或几匝已完全短路，此时两个绕组的直流电阻会有较大差异。

b. 两个绕组匝数相同，但有一个绕组中的个别线圈存在头尾反接现象，此时两个绕组的直流电阻会基本相同，但交流电抗却会相差很多（有线圈头尾反接的绕组交流电抗要比正常的小很多）。

③ 一条曲线平稳并正常，另一条曲线出现杂乱的波形，如图 11-9d 所示。其原因如下：

a. 曲线出现杂乱波形的绕组内部存在似接非接的匝间短路，在高电压的作用下，短路点产生电火花，如发生在绕组端部，则可能看到蓝色的火花，并能听到“吱吱”的放电声。若将端盖拆下，可借助一段塑料管将较小的放电声音传到耳朵里，寻找短路放电部位，如图 11-10所示。

b. 仪器接线松动或虚接。此时在电机绕组处听不到任何异常声响。

④ 两条曲线都出现杂乱的波形，如图 11-9e 所示。原因有如下两个：

a. 被试的两个绕组都存在匝间短路故障。

b. 当铁心采用接地方式放置时，接地点松动不实。

⑤ 只有一条振荡衰减曲线，另一条还是原来的一条直线，如图 11-9f 所示，则是由一相绕组断路或仪器与绕组的引接线断开或一路无输出电压等原因造成的。

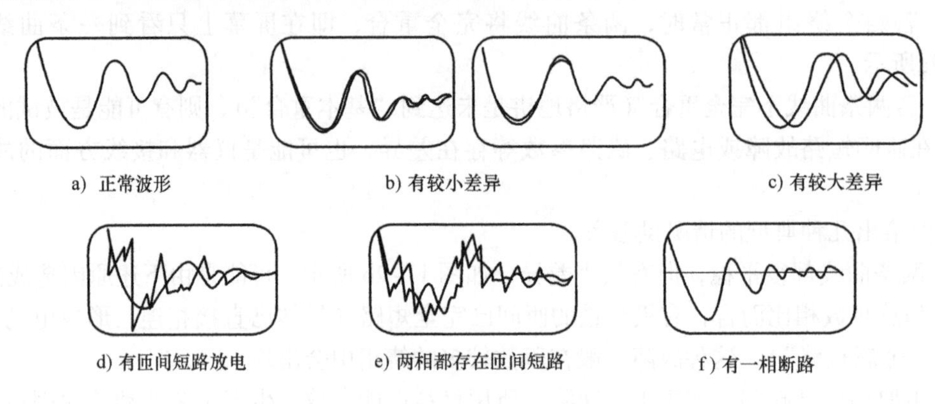

图 11-9 匝间耐电压试验波形曲线典型示例

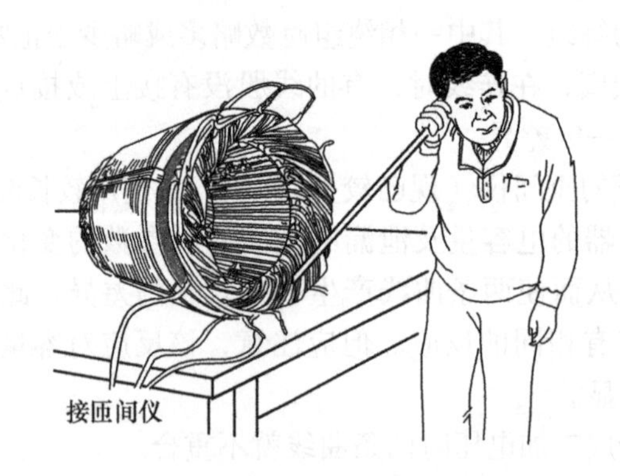

图 11-10 借助塑料管听较小的匝间短路放电声

11.2.4 用绕组短路（或断路）侦察器检查绕组匝间绝缘情况

1. 绕组短路（或断路）侦察器的制作

绕组短路（或断路）侦察器，简称为“绕组侦察器”，实际上是一个特殊的开口变压器。可用于定子绕组匝间短路检查，此时被称为“绕组匝间短路侦察器”；也可用于转子断条（断路）检查，此时被称为“转子断条侦察器”。是电机修理行业（特别是小型和个体修理单位）一种常用的简单实用的检查仪，一般为自制。图 11-11为其外形及尺寸图。

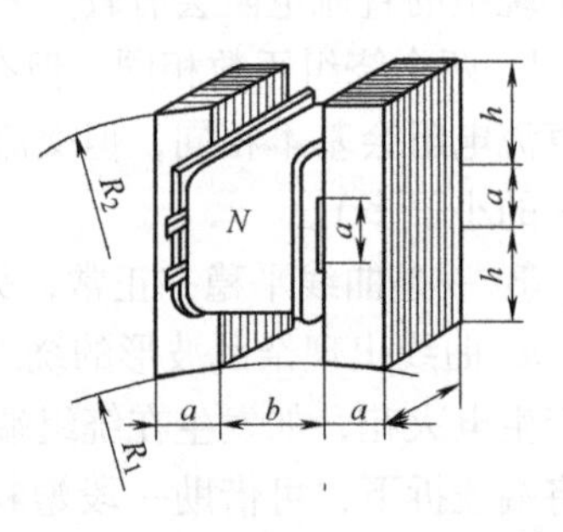

图 11-11 绕组侦察器的制作数据

其铁心为 H 形，用 0.35mm 或 0.5mm 厚的硅钢片制成。有关尺寸数据计算方法如下。

1）R_1为被测转子外圆半径，因一般要适用几个不同直径的转子，所以 R_1 可取其中间值。R_2为被测定子内圆半径，可与 R_1取同样的值，若另有用途可单独考虑。

2）铁心截面积（与转子铁心接触的面）应根据所测电机的功率来确定。电机功率大、铁心截面积也要大些。其中 a 尺寸应等于转子铁心齿宽；b 尺寸最好等于 1 个槽宽，槽宽过小时，可放到 2 个槽宽（含齿宽）。

50kW 以下电机，铁心截面积可为 6 ~ 12.5cm^2；50 ~ 500kW 电机，铁心截面积可为 13 ~ 40cm^2。

考虑到硅钢片的叠压系数为 0.9，则铁心净截面积 S_H（cm^2）与几何面积 S（cm^2）的关系是 $S_H = 0.9S$。

3）铁心叠厚 $c = 100S/a$（mm）。

4）励磁线圈匝数 N（匝）用下式计算（利用电源电压 $U = 220V$，磁通密度 B 取 11.35T）：

$$N = \frac{3600}{S_H} = \frac{4000}{S}$$

5）线圈导线直径 $d = 0.9\sqrt{I}$（mm）。其中，$I = 0.64S_H/U$（A），为励磁线圈电流。

6）铁心窗口面积 $S_0 = bh$（mm^2）。

7）铁心窗口高度 h(mm)应根据线圈厚度 h'（mm）来确定。可大于 h'20mm 左右。h' 应包括外层绝缘及包扎物。

应确保绝缘可靠以保证使用时的安全。为此，应进行浸漆等绝缘处理，并进行 1500V、1min 的耐电压试验后不击穿。

2. 用侦察器查找定子绕组匝间短路线圈的方法

用绕组短路侦察器查找定子绕组匝间短路点的方法步骤如下。

三相绕组之间的连线打开，即头尾均敞开。

将侦察器“骑”在一个定子槽口上，如图 11-12 所示。逐槽移动并观看电流表的示值，若示值较其他处大得较多，则侦察器所“骑”槽内的线圈有匝间短路故障。若不接电流表，可在侦察器所“骑”槽内线圈的另一条边所处槽的槽口上放一段铁片（可用废钢锯条），当该铁片产生较大振动和响声时，说明该线圈内有匝间短路故障。

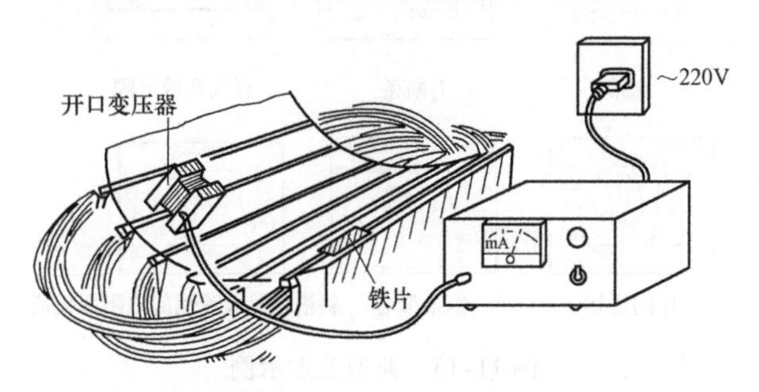

图 11-12 用绕组侦察器查找定子绕组的匝间短路故障

3. 用侦察器查找铸铝转子是否有断条的方法

用绕组侦察器检查转子是否有断条的方法步骤如图 11-13a 所示。将侦察器“骑”在槽口上，逐槽进行。每次观测电流表的指示值，电流小得多的槽是断条槽。

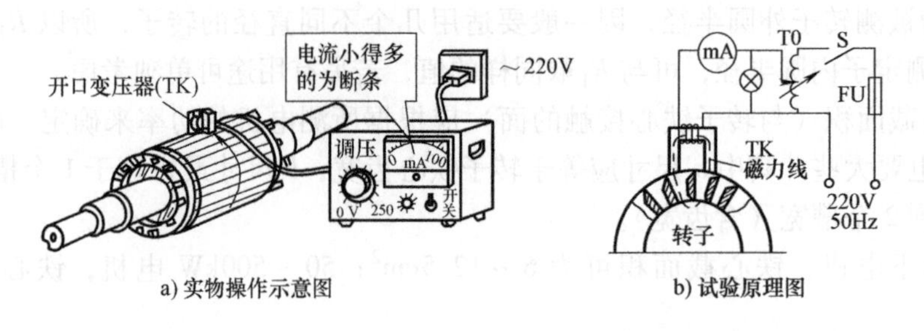

a) 实物操作示意图 b) 试验原理图

图 11-13 用绕组侦察器查找铸铝转子的断条

近几年研制并开始大量使用一种基于上述侦察器理论的微机型转子质量检测仪，可通过微机显示的波形准确地确定断条位置，并能发现比较严重的细条或端环中的气孔、砂眼等缺陷，在很大程度上减轻了劳动强度、提高了检测效率和准确度。图 11-14 给出了两种此类仪器的外形（微小型转子，自动就位）和一幅检测波形图，图 11-15 是几种典型的曲线，其中“笼条偏心”是指全部笼条形成的“笼”与轴线不同心。

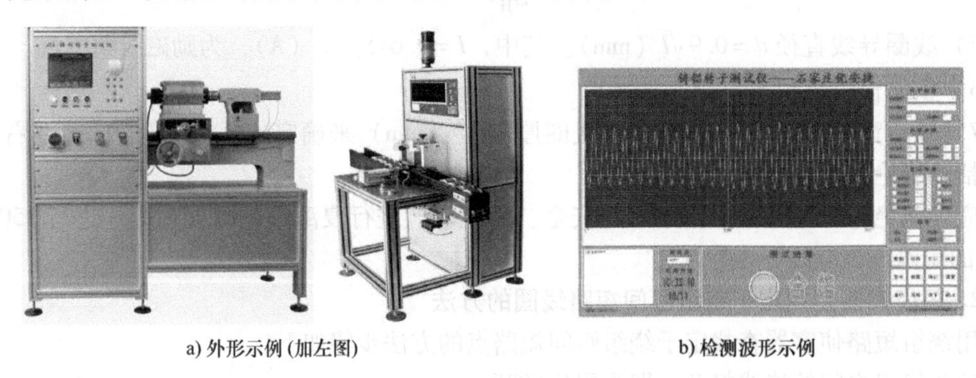
a) 外形示例 (加左图) b) 检测波形示例

图 11-14 微机型铸铝转子质量检测仪和波形示例

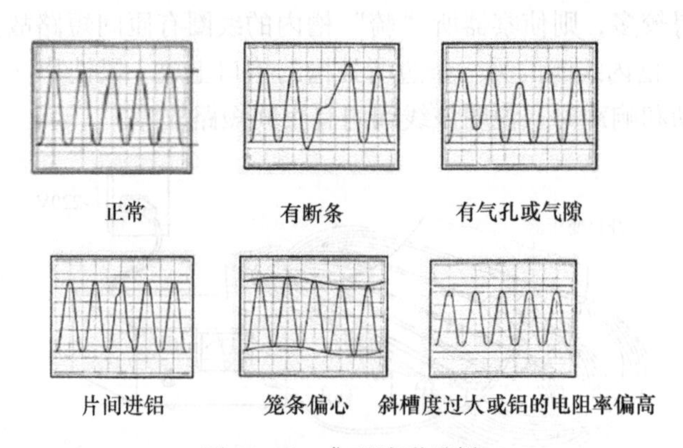

图 11-15 典型波形示例

11.2.5 直流电机电枢绕组匝间耐冲击电压试验

对直流电机电枢绕组的匝间耐冲击电压试验方法和限值在 GB/T 22716—2008《直流电

机电枢绕组的匝间绝缘试验规范》中规定。试验时，所加冲击电压（峰值）和时间的规定同前面介绍的交流电机试验。试验时，只有一条放电曲线。可存储一条相对正常的曲线，用试验时的曲线和它比较，通过两者的区别判定被试电枢绕组匝间绝缘是否正常。

试验时，电枢轴应接地。应根据绕组类型选择下述接线方法中的一种。将冲击电压直接施加于换向器片间。

（1）跨距法

将两条引线分别接于换向器相距一个跨距的两个换向片上。选取跨距内的换向片数目应根据绕组类型和试验设备具体确定，使片间冲击电压峰值符合规定，一般推荐5~7片，如图11-16a所示。

为了使每一片间都进行一个相同条件的电压试验，推荐逐片进行试验（可根据均压线的连接方式减少试验次数）。

（2）片间法

将两条引线分别接于换向器相邻的两个换向片上，依次进行试验。试验时，若未试线圈中产生高的感应电压，则应在被试换向片两侧的换向片上设置接地装置，并良好接地，如图11-16b所示。

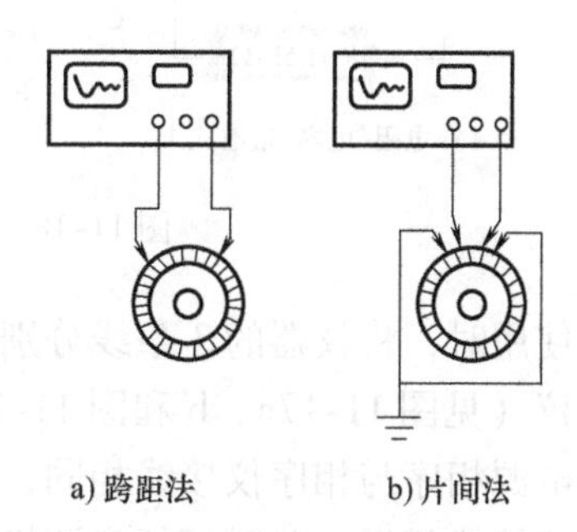

图11-16 直流电机电枢绕组匝间耐电压试验接线方法

11.3 三相交流电机出线相序的检查

三相异步电动机和同步电动机转向是否正确的判定与电源相序有关。这是因为，电机标准中规定的旋转方向是以在按电源相序与电机绕组相序相同为前提条件下提出的。

确定三相电源的相序可采用专用的相序检查仪，该仪器有出售的成品，有些数字式万用表和钳形表会具备此功能，如图11-17所示。也可按图11-18所示的电路实物图自制。

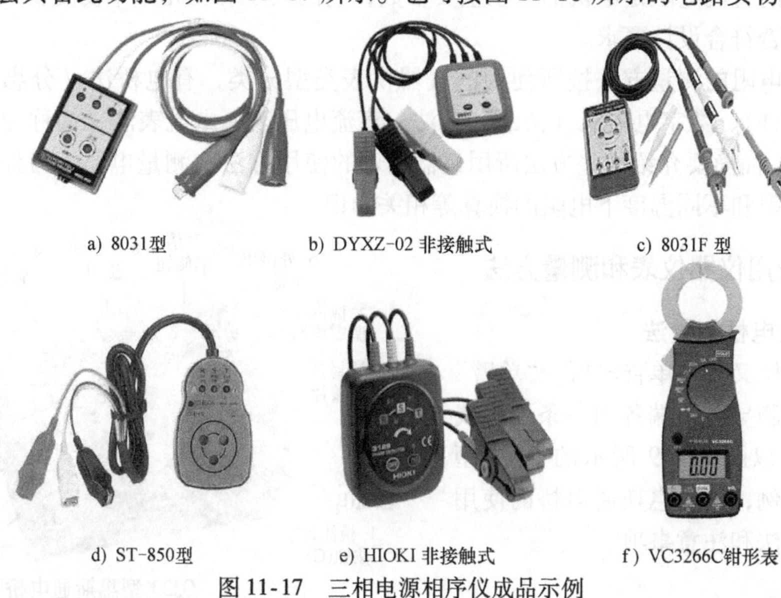

图11-17 三相电源相序仪成品示例

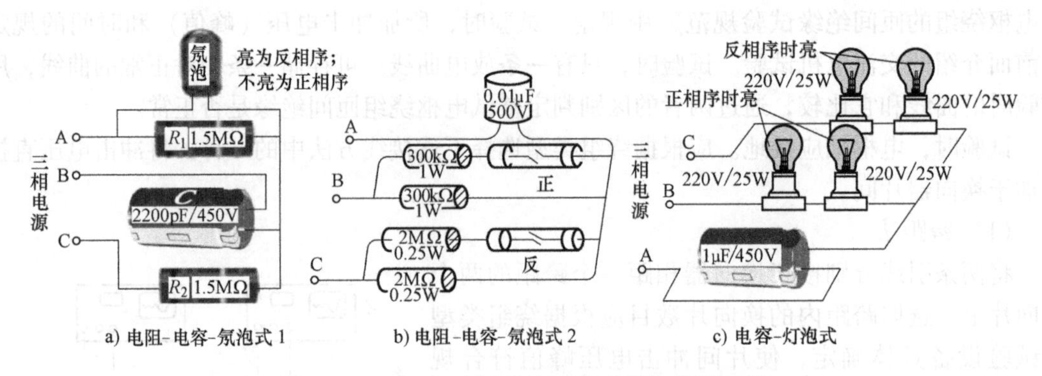

图 11-18 自制三相电源相序仪实物接线图示例

使用时，将仪器的 3 条线分别接电源 3 条相线，接通电源。对于常用的正、反指示灯式相序仪（见图 11-17a、b 和图 11-17b、c），此时，若标“正”的灯比标“反”的灯亮，则说明电源相序与相序仪接线相同；若标“反”的灯比标“正”的灯亮，则说明电源相序与相序仪接线相反。此时可任意调换一对接线后通电再试一次。

对于图 11-17c、d 所示的相序仪，在面板上有 A、B、C 三个指示灯以及铝盘旋转方向观察窗和一个电源开关。表的一侧引出 3 条测试线，用 3 种颜色来区别 A、B、C 三相。与三相通电的电源线连接后，按下相序表的按钮开关，观察铝盘转动的方向和灯泡的亮、灭情况。如果两个灯泡发亮且铝盘沿逆时针方向转动，说明假设相序不正确。调换一次接线后，再次检查，若 3 个灯泡都发亮且铝盘沿顺时针方向转动，说明假设相序正确。

电源相序确定后，用黄、绿、红 3 种颜色或 A、B、C，U、V、W，L1、L2、L3 等代号标在各线端上，标志应牢固清晰。

11.4 测量三相绕组直流电阻

电机绕组的直流电阻是电机的一项重要参数，它的大小和三相不平衡度反映了绕组材料和制造质量是否符合设计要求。

绕组直流电阻的测量方法按所使用的仪器仪表类型分类，有电桥法（分惠斯通电桥和开尔文电桥两种）、数字电阻仪（微欧计）法、直流电压表 - 电流表法（简称为“电压 - 电流法”）等。下面简要介绍这些方法所用仪器仪表的使用方法和测量电路。另外介绍不同材质导体的电阻率和不同温度下电阻的换算等相关知识。

11.4.1 测量用仪器仪表和测量方法

1. 惠斯通电桥测量法

惠斯通电桥又称为单臂电桥。“单臂”是指仪表与被测导体两端各用一条引接线相连接。下面以图 11-19 所示的 QJ23 型惠斯通电桥为例，说明惠斯通电桥的使用参数、使用方法和注意事项。

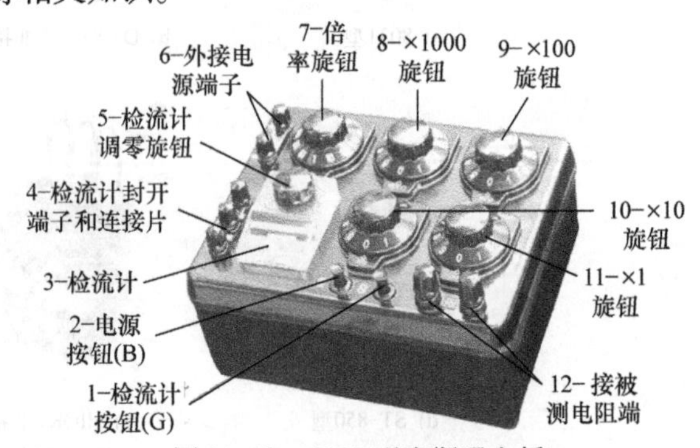

图 11-19 QJ23 型惠斯通电桥

（1）QJ23 型惠斯通电桥使用参数

1）测量范围：1～9999000Ω。

2）准确度等级：在 100～99990Ω 范围内为 0.2 级，在 10～99.99Ω 范围内为 0.5 级，在 1～9.999Ω 范围内为 1 级。由此可以看出，用于电机试验测量时，1～99.99Ω 范围内是不适宜的。

（2）QJ23 型惠斯通电桥的使用方法（见图 11-19）

1）在电桥内装好 3 节 2 号干电池。若用外接电池，则应将电池正、负极用引线分别接在表盘上端子 6（+、-）上。

2）将检流计封开端子连接片 4 连接到“外接”两个端子上，即打开检流计。

3）按下电源按钮 B（2），旋动旋钮 5，使检流计 3 的指针指到 0 位。

4）将被测电阻接于端子 12 上。两条引接线应尽可能短粗，并保证接点接触良好，否则将产生较大误差。

5）估计被测电阻的阻值，并按其选择倍率旋扭 7 所处倍数，选择方法见表 11-3。

6）进一步按被测电阻估计值选择旋钮 8（×1000）的数值（将所选数值对正盘底上的箭头，下同）。其余旋钮 9、10、11 置于 0 的位置。

表 11-3　QJ23 型惠斯通电桥倍率与测量范围对应表

被测电阻范围/Ω	1～9.999	10～99.99	100～999.9	1000～9999	10000～99990
应选倍率（×）	0.001	0.01	0.1	1	10

7）按下按钮 B（2）后，再按下检流计按钮 G（1）。观看检流计 3 指针的摆动方向。若很快摆到“+”方向，则调大旋钮 8（×1000）的数值，直到指针返回 0 位或向“-”方向摆去。

若摆向 0 位但未到 0，则固定旋钮 8，改旋旋钮 11、10 或 9（向数增大的方向），细心调节，使指针到 0 为止。松开按钮 G 后，再松开按钮 B（下同）。

此时，从旋钮 8 到 11 依次读出数值，再乘以旋钮 7 所指倍率，即为被测电阻的阻值（Ω）。设 ×1000、×100、×10、×1 旋钮位置分别为 5、1、6、8，倍率旋钮为 ×0.001，则被测电阻的阻值为 5168Ω×0.001＝5.168Ω。

若将旋钮 8、9、10、11 都旋到了最大数值（即 9），指针仍在“小”的最边缘，则先将 8（×1000）旋到 1 位，再旋动倍数钮 7，使其增大一个数量级，例如原为 ×0.1 改为 ×1。看指针是否摆向 0 或“-”方向。若仍未动，可再加大一级，直到摆向“-”为止。此时，依次旋动旋钮 8、9、10 和 11，使数值减少，到指针回到 0 为止。

总之，指针偏向“+”时，倍率和数值旋钮往大数方向调节，指针偏向“-”时，倍率和数值旋钮往小数方向调节。直到检流计指针指到 0 时为止。

（3）QJ23 型惠斯通电桥使用注意事项

1）若按下按钮 G 时，指针很快打到“+”或“-”的最边缘，则说明预调值与实际值偏差较大，此时应松开按钮 G，调整有关旋钮后，再按下按钮 G 观察调整情况。长时间让检流计指针偏在边缘处会对检流计造成损害。

2）B、G 两个按钮分别负责电源和检流计电路的合断。使用时应注意：先按下 B，再按下 G；先松开 G，再松开 B。否则有可能损坏检流计。

3）长时间不使用时，应将内装电池取出。

4）在携带或运输之前，应用检流计封开端子连接片4连接到“内接”两个端子上，即“封闭”检流计（检流计两接线端短路）。这样可以减小检流计指针因颠簸造成的摆动，有利于保护检流计。

2. 开尔文电桥测量法

开尔文电桥又称为双臂电桥。“双臂”是指与被测导体两端各用两条引接线相连接。

和惠斯通电桥相比，开尔文电桥的优点是可以基本消除引接线电阻产生的误差。

图11-20a和图11-20b给出了两种常用的开尔文电桥，QJ42准确度较低，用于常规检测，QJ44准确度较高，用于精密检测。

以下以QJ44型开尔文电桥为例，说明该类电桥的使用参数、使用方法和注意事项。

（1）QJ44型开尔文电桥的使用参数

1）有效量程：0.0001～11Ω。

2）准确度：0.01～11Ω时为0.2级，0.0001～0.0011Ω时准确度为1级。

3）内装2号干电池4节（并联）和9V叠层电池（6F22型）2节（并联），也可外接大容量电池。

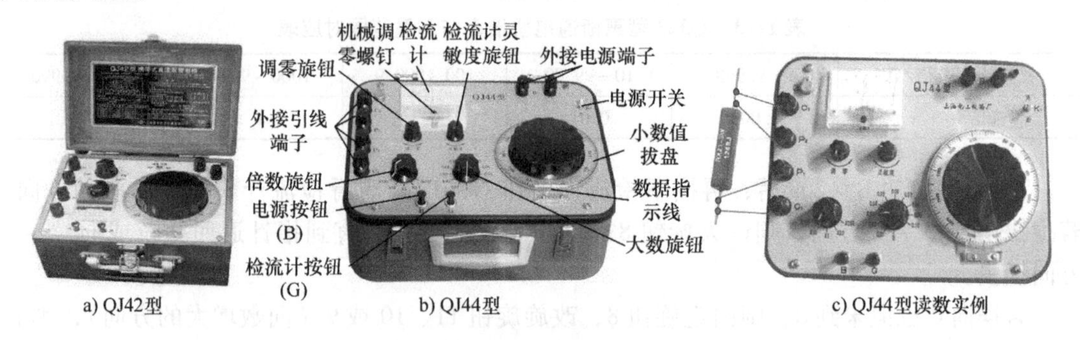

a) QJ42型　b) QJ44型　c) QJ44型读数实例

图11-20　QJ42型和QJ44型开尔文电桥

（2）QJ44型开尔文电桥的使用方法和注意事项

1）安装好电池，外接电池时应注意+、-极。

2）接好被测电阻R_x，应注意4条接线的位置应按图11-20c所示，即电位端P1、P2靠近被测电阻，电流端C1、C2在外，紧靠P1、P2。接线要牢固可靠，尽可能减少接触电阻。

3）检查检流计的指针是否和零位线对齐。若未对齐，旋动机械调零螺钉，使指针和零位线对齐。

4）将电源开关拨向“通”的方向，接通电源。

5）调整检流计调零旋钮，使检流计的指针指在零位。一般测量时，将灵敏度旋钮旋到较低的位置。

6）按估计的被测电阻值，旋动倍率旋钮设置倍率，旋动大数旋钮预选最高位数值。倍率与被测值的关系见表11-4。

表11-4　QJ44型开尔文电桥倍率与测量范围对应表

被测电阻范围/Ω	1～11	0.1～1.1	0.01～0.11	0.001～0.011	0.0001～0.0011
应选倍率（×）	100	10	1	0.1	0.01

7）先按下电源按钮 B，再按下检流计按钮 G。先调大数旋钮粗略调定数值范围，再调小数值拨盘（大转盘），细调确定最终数值，如图 11-21 所示。

检流计指针方向和调节各旋钮（转盘）的方向关系，原则上同 QJ23 中有关论述。

检流计指零后，先松开 G，再松开 B。测量结果为

（大数旋钮所指数 + 小数值转盘所指数）×倍率旋钮所指倍率

例如图 11-20c 所示，被测电阻 R_x 为

$$R_x = (0.03 + 0.0065)\Omega \times 10 = 0.0365\Omega \times 10 = 0.365\Omega$$

8）测量完毕，将电源开关拨向“断”，断开电源。

9）注意事项和 QJ23 型惠斯通电桥基本相同。

3. 电压－电流法测量法

用“电压－电流法”测取直流电阻的电路有图 11-22 所示的两种。它们的不同点在于电压表和电流表的相互位置，一般按电压表的接线位置来分，在电流表前面时称为“前接法”，较适用于电压表内阻与被测电阻之比大于 200 的场合；否则称为“后接法”，较适用于电压表内阻与被测电阻之比小于 200 的场合。

图 11-21　开尔文电桥操作方法

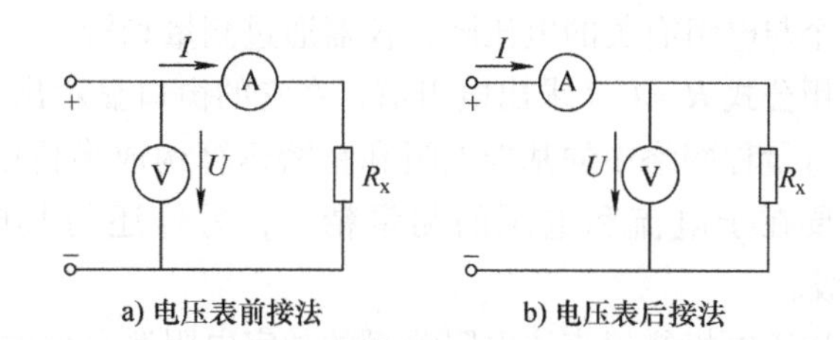

a) 电压表前接法　b) 电压表后接法

图 11-22　用“电压－电流法”测取直流电阻的试验线路

所用电压表和电流表的准确度都不应低于 0.2 级；电压表的内阻应尽可能大；电流表的内阻应尽可能小，建议使用高精度的数字式电压表和电流表。

仪表与被测电阻之间所用连接导线应尽可能短和粗，连接可靠。连接好线路后，通电（实际电流应不超过被测电阻所能承受额定电流的 1/10，以免过热而影响测量的准确性。为此，电路应设置调压装置），尽快（1min 以内）记录电流表和电压表的显示值 I（A）和 U（V）。

用此种方法测取直流电阻时，不管是前接法还是后接法，都会因仪表显示的电压（或电流）值略大于被测电阻的电压（或电流）而造成一定的偏差。被测电阻的数值 R_x（Ω）可根据要求用如下的方法进行计算获得。

被测电阻阻值较大，并对测量结果的精度要求不高时，可用欧姆定律的变换公式直接求出结果，即（见图 11-22）

$$R_x = \frac{U}{I} \tag{11-2}$$

若要求测量结果的精度较高，则需要对因仪表产生的测量误差进行修正。

对于电压表前接法，设电流表的内阻为 R_A，则被测电阻的实际值为

$$R_x = \frac{U - IR_A}{I} = \frac{U}{I} - R_A \tag{11-3}$$

对电压表后接法，设电压表的内阻为 R_V，则被测电阻的实际值为

$$R_x = \frac{UR_V}{IR_V - U} \tag{11-4}$$

若采用数字式电压表，因其输入阻抗远比指针式电压表高，一般不必进行此项修正。

4. 数字电阻测量仪

数字电阻测量仪常被称为数字微欧计，是分辨率可达到微欧级的直流电阻测量仪，图 11-23为几种国产品牌的外形示例。

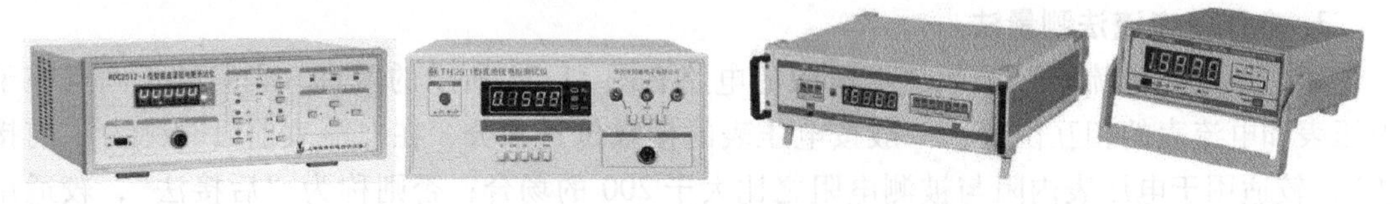

图 11-23　测量电机绕组直流电阻用的仪器仪表

数字电阻测量仪的工作原理，实际上就是前面第 3 项“电压 - 电流法”所讲述的内容。仪器给被测电阻通入一个适当数值的电流（一般由仪器的恒流源供给）后，电阻两端将形成一个与电阻有关的电压降，仪器通过测量和转换，将电压、电流变成数字信号，计算单元再利用公式 $R = U/I$ 求出电阻值，在它的窗口显示出来。对于微欧级的电阻测量仪表，则需要通过量程网络中的基准电阻和精密运算构成半桥电路，完成 R/V 变换。该类仪器的精确度主要在于电流和电压的测量精度，另外还与其电流源的容量大小有关，一般可达到 0.2 级。

用于电机绕组直流电阻测量的数字电阻测量仪的显示位数，应根据所测量的阻值大小来决定，但应不少于4 位半（有5 个数字）。测量阻值 1Ω 以下的电阻时，仪表应具有 mΩ 级的量程。

数字电阻测量仪一般采用与开尔文电桥相同的 4 条引接线（端子符号为 C1、P1 和 P2、C2）与被测电阻连接。测量时，应注意的事项与“电压 - 电流法”和开尔文电桥相同。另外，测量较小阻值（ $<0.01\Omega$）的电阻时，仪表输出的电流应适当增大（测量电机绕组时，不应超过被测电机额定电流的1/10），测量通电时间应尽可能短（不应超过 1min）。

数字电阻测量仪的耐外加电压冲击能力较低，应严格注意避免测量带电的导体电阻，包括虽然定子绕组已经断电，但转子还在转动的电动机绕组电阻。为此，可在测量前将被测电阻两端用导线或其他金属工具进行短路放电，微机控制自动测量时，可监测绕组两端的电压，当该电压完全为零时再连接电阻测量电路。

11.4.2　测量结果的温度换算

1. 电阻温度系数的定义和计算式

所有导体的电阻都会随着温度的变化而变化，只是变化的幅度有所不同，有大有小、有正有负。用于表述导体这一特性的参数被称为电阻温度系数，用符号 α 来表示，单位为 1/℃。

在精确计算导体的电阻或利用电阻的这一特性进行有关控制、间接地求取其他有关的数据（例如绕组的温度）时，都需要准确地了解所用导体的这一特性系数。

电阻温度系数 α 即导体温度变化1℃时，电阻变化的数值（或称为电阻值的变化量）和变化前阻值的比值。设前后温度分别为 t_1 和 t_2，电阻值分别为 R_1 和 R_2，单位分别为℃和Ω，则电阻温度系数 α 用式（11-5）求取：

$$\alpha = \frac{R_2 - R_1}{R_1(t_2 - t_1)} \tag{11-5}$$

实际上，在不同的温度范围内，电阻的温度系数是不完全相同的，但对于一般常用的导体，在0～100℃范围内的数值变化很小，可以认为是恒定的。表11-5中列出了温度在0～100℃范围内几种电机绕组常用导体材料的温度系数。

表11-5　几种常用导体材料的温度系数（0～100℃时）

材料名称	纯铜	黄铜	铝
温度系数 α/(1/℃)	3.9×10^{-3}	2.0×10^{-3}	4.0×10^{-3}

2. 电工计算实用公式

由式（11-5）可转化成下面的3个不同用途的公式：

1）已知某一温度 t_1 时的电阻 R_1，求取另一温度 t_2 时的电阻 R_2。

$$R_2 = R_1[1 + \alpha(t_2 - t_1)] \tag{11-6}$$

2）已知某一温度 t_1 时的电阻 R_1，求取达到另一电阻 R_2 时温度的变化量 $\Delta t = (t_2 - t_1)$。这是利用电阻法求取导体（一般为绕组）温升的基本公式。

$$\Delta t = t_2 - t_1 = \frac{R_2 - R_1}{\alpha R_1} \tag{11-7}$$

3）已知某一温度 t_1 时的电阻 R_1，求取达到另一电阻 R_2 时的温度 t_2。

$$t_2 = t_1 + \frac{R_2 - R_1}{\alpha R_1} \tag{11-8}$$

3. 电机计算实用公式

在电机试验中，已知某一温度 t_1 时的电阻 R_1，求取另一温度 t_2 时的电阻 R_2 的计算公式与前面的式（11-7）有所不同。不同点在于用被测导体0℃时电阻温度系数的倒数 K 来“替换”温度系数，实用公式如下：

$$R_2 = \frac{K + t_2}{K + t_1} R_1 \tag{11-9}$$

式中　R_1——温度为 t_1 时的直流电阻，Ω；

R_2——温度为 t_2 时的直流电阻，Ω；

K——系数（在0℃时，导体电阻温度系数的倒数），对电解铜（例如电机用铜绕组），$K=235$，对纯铝（例如普通电机用铸铝转子绕组），$K=225$。

对于绕组匝间耐冲击电压试验，在无该部分介绍的专用仪器时，可通过检查绕组直流电阻的大小和三相平衡情况来粗略地判定绕组是否有匝间短路故障。

书后附录10给出了我国某厂Y系列（IP44）三相异步电动机相电阻统计平均值（25℃时），供参考。

11.5 温度测量仪器

11.5.1 膨胀式温度计、点温计和红外线测温仪

测量电机外壳和轴承温度的仪器有简单的膨胀式温度计、半导体点温计或红外线测温仪等，后两种如图 11-24 和图 11-25 所示。有些数字式万用表和数字钳形表也具备点温计的功能。

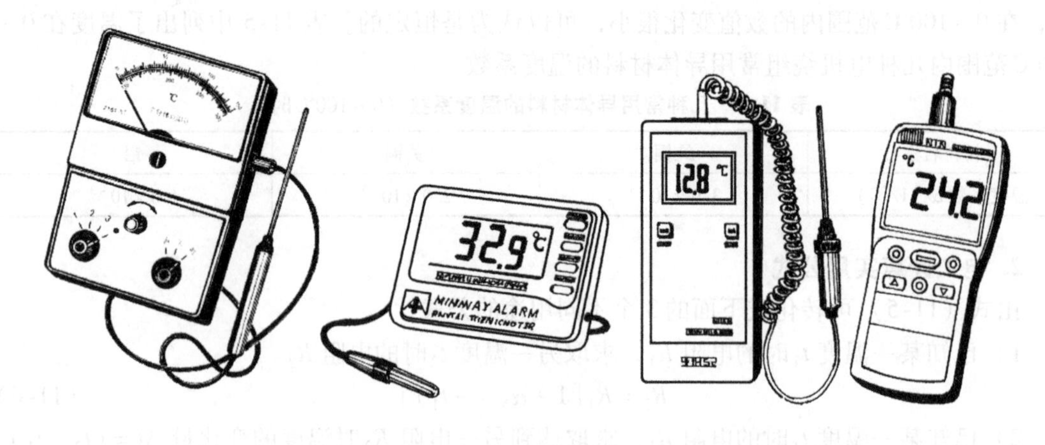

图 11-24 点温计

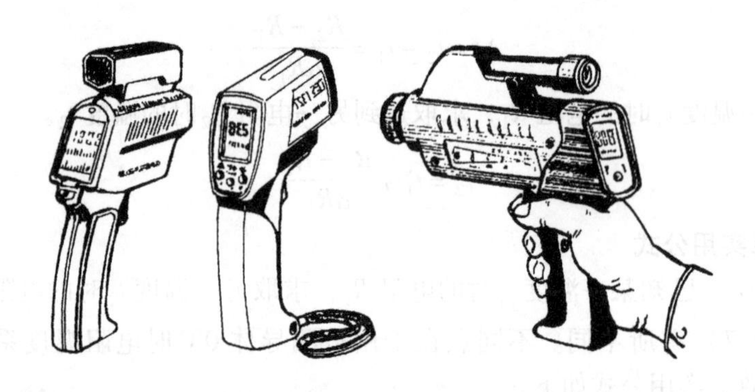

图 11-25 红外线测温仪

用上述测温仪器测量温度的方法和注意事项如下。

1）可将一只酒精温度计埋在电动机的吊环孔内，长期放置，随时可以读取电动机铁心的温度。这样得到的数值最接近电动机内部的温度值。“埋”温度计的材料可选用油腻子、中心打孔的软木塞等。如有条件，可用一段与吊环螺孔配套的螺栓，中心打一个可插入温度计的孔，将其旋入到吊环孔内。

2）用点温计等测温仪表测量轴承温度时，应在尽可能接近轴承外圈的部位进行测量。如图 11-26a 所示。

3）使用红外线测温仪时，应尽可能做到被测表面与仪器射出的光线垂直，并尽可能接近被测部位，如图 11-26b 所示。

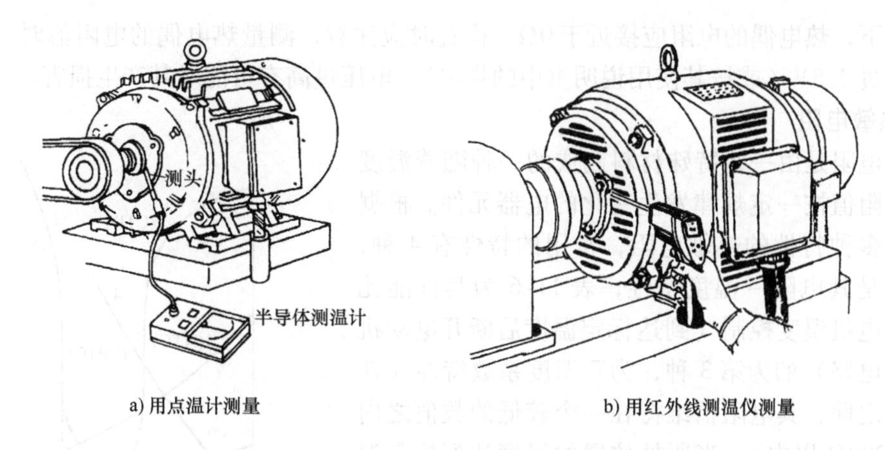

a) 用点温计测量　　b) 用红外线测温仪测量

图11-26　用点温计或红外线测温仪测量轴承温度

11.5.2　温度传感器配温度显示仪表

为了监测绕组和轴承等发热元件的运行温度，大容量和使用在特殊场合的电动机，需要在这些元件内（或附近）设置热传感元件。当温度达到预定的数值时，这些元件将直接切断电源控制电路或由和其连接的相关电路元件发出报警或断开电源电路的信号指令，以避免温度继续升高而造成过热损毁事故。这些元件有热敏开关、热敏电阻、热电阻和热电偶等。下面介绍其使用和检测方法。

1. 热电偶

用热电偶进行过热保护的工作原理，是利用热电偶所产生电动势的大小与温度成一定函数关系的特性。将热电偶放置在需要控制温度的发热元件上，热电偶引出线与电机电源控制系统相连接，控制系统根据热电偶所产生电动势的大小来决定对电源电路的保护。

根据需要，热电偶分多种类型，电机常用的为K型、T型和J型等。其外形根据放置位置的需要，有片状（放于绕组中）和防振型柱状（放于轴承室内）等多种，如图11-27所示。

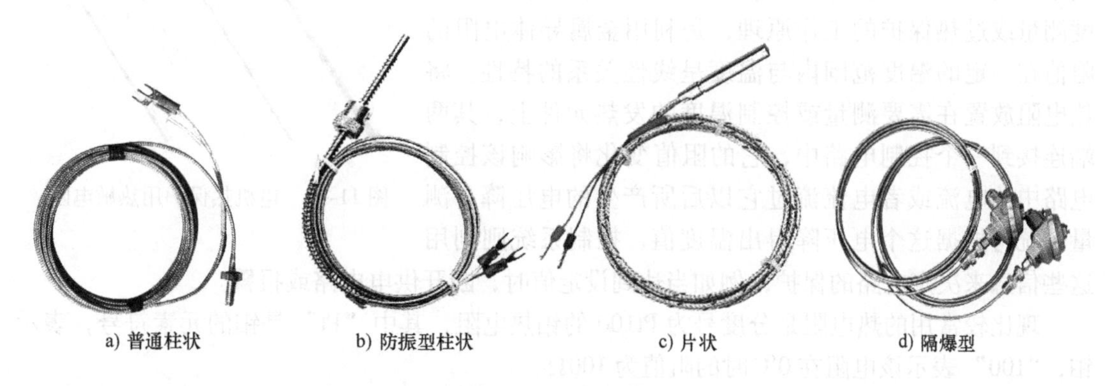

a) 普通柱状　　b) 防振型柱状　　c) 片状　　d) 隔爆型

图11-27　热电偶

K型热电偶是指“K分度镍铬-镍硅热电偶”。这种热电偶在0℃时产生的电动势为0V，0~200℃之间，每相差1℃，电动势相差约0.04mV。T型（铜-康铜）和K型热电偶分度表（温度和热电势的对应关系）详见附录5（0~200℃，冷端温度为0℃）。

常温下，热电偶的电阻应接近于0Ω。检查时应注意，测量热电偶的电阻值时，所加电压应不超过2.5V（或按其使用说明书中的规定），电压过高有可能对其产生损害。

2. 热敏电阻

热敏电阻是由一些特殊材料制成的一种随着温度变化其电阻值按一定规律发生变化的电器元件。根据需要，有多种特性的热敏电阻，常用的特性有4种，图11-28是其电阻–温度特性，表11-6为其性能比较。用于电机温度控制（到达标定温度后断开电动机电源控制电路）的为第3种，为正温度系数特性（在标定温度之前，其电阻值维持在一个较低的数值之内（一般在200Ω以内），当所处位置的温度达到标定温度后，其阻值会很快上升，达到几千欧以上），简称PTC或SPTC（开关型），电机常用的SPTC外形如图11-29所示，其中3个在使用时串联，每一个埋置在一相绕组中。用于做温度测量传感器的为第1种负温度系数型和第4种缓交变正温度系数型。

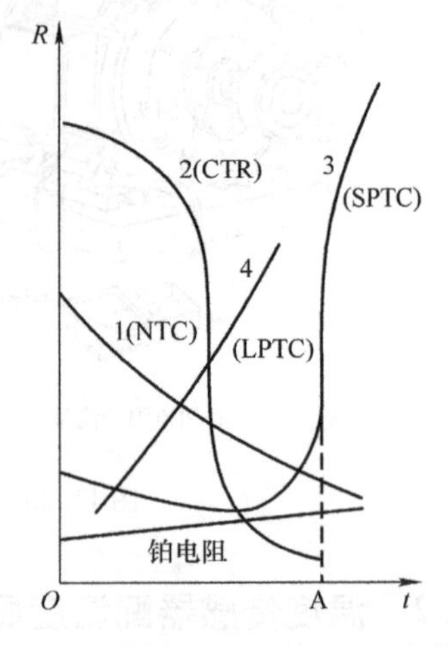

图11-28 热敏电阻的电阻–温度特性

表11-6 各类热敏电阻性能比较

序号	代号	特性类型	使用温度范围/℃	优点	缺点
1	NTC	负温度系数型	-252~900	负电阻温度系数大	工作温度区域宽
2	CTR	临界负温度型	55~62	负电阻温度系数大	准确度差
3	SPTC	开关型	-55~200	临界温度点变化大	工作温度区域窄
4	LPTC	缓交变正温度系数型	-20~120	线性变化	工作温度区域窄

3. 热电阻

热电阻是用一种金属材料制成的热传感元件，较常使用的金属材料为铜（Cu）或铂（Pt）。用热电阻进行温度测量或过热保护的工作原理，是利用金属导体电阻的阻值在一定的温度范围内与温度呈线性关系的特性。将热电阻放置在需要测量或控制温度的发热元件上，其两端连接到一个控制电路中，它的阻值变化将影响该控制电路中的电流或者电流流过它以后所产生的电压降，测量系统将根据这个电压降得出温度值，控制系统则利用这些信息来决定电路的保护，例如当达到设定值时，断开供电电路或报警。

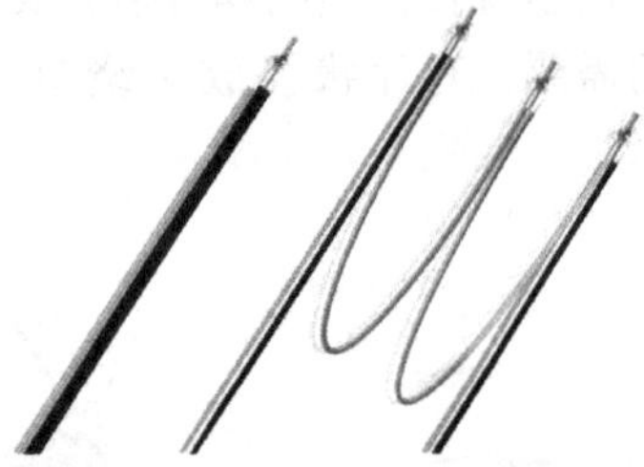

图11-29 电机热保护用热敏电阻

现比较常用的热电阻是分度号为Pt100的铂热电阻，其中“Pt”是铂的元素符号，表示铂，“100”表示该电阻在0℃时的阻值为100Ω。

在一定的温度范围之内，铂热电阻的阻值与温度呈线性关系。粗略的关系是温度每变化1℃，电阻值变化0.4Ω。Pt100型铂热电阻的详细分度值（电阻与温度的关系）详见附录6。

因为在0℃时的阻值为100Ω，所以其他温度t（℃）时的电阻值R_{Pt100}（Ω）计算式为

$$R_{\mathrm{Pt100}} \approx (100+0.4t)\Omega \tag{11-10}$$

例如实际温度 $t=20℃$ 时，热电阻的阻值 $R_{Pt100}\approx(100+0.4\times20)\Omega=108\Omega$（实际分度表给出的数值为 107.9Ω）；实际温度为 $t=-10℃$ 时，$R_{Pt100}\approx[100+0.4\times(-10)]\ \Omega=96\Omega$。

实际应用时，经常是用万用表测量其电阻值 R_{Pt100}，用来得到热电阻所处位置的温度 t，此时将上述关系反过来就可得到如下的关系式：

$$t=(R_{Pt100}-100\Omega)/(0.4\Omega/℃)=2.5(R_{Pt100}-100\Omega)℃/\Omega \tag{11-11}$$

例如实测电阻值 $R_{Pt100}=110\Omega$，则热电阻的温度 $t=(110\Omega-100\Omega)/(0.4\Omega/℃)=25℃$；实测电阻值 $R_{Pt100}=95\Omega$，热电阻的温度 $t=(95\Omega-100\Omega)/(0.4\Omega/℃)=-12.5℃$ 或 $t=2.5(95\Omega-100\Omega)℃/\Omega=-12.5℃$。

用下述口诀可便于记忆：

Pt100 铂热阻，零度整整一百欧。

其他温度粗略记，一度相差点四欧。

电阻数值减一百，除以点四得温度。

监测热电阻是否正常时，可用万用表 $R\times1$ 档测量其电阻值，然后用式（11-11）计算出温度值，再和实测的热电阻所处位置的温度相比较，若相差在 1～2℃（具体允许偏差与所用的产品精度有关）以内，则可认定为正常。

有些国产铂热电阻的代号为 WZP（W 代表温度，Z 代表电阻，P 代表铂）。

有些国产铜热电阻的代号为 WZC（W 代表温度，Z 代表电阻，C 代表铜）。

和热电偶一样，控制电路的动作与否，是由使用人员事先在控制装置中设定的，也就是说与热电阻或热电偶的变化无关，它们只是起一个传递热变化信号的作用，所以也被称为“温度传感器”。

根据需要，热电阻的外形有片状和柱状多种，图 11-30 是两种柱状热电阻外形。电机测温用热电阻一般引出 3 条线，其中 2 条为红色的引出线，实际上是由热电阻的一个端点引出的，也就是说这两条线是相通的。另外还有些品种引出 6 条线，但分成两组，这是因为其内部实际上是两套相同分度的热电阻，这样，若使用中一套损坏，可以在外面接线处更换成另一套即可继续使用。

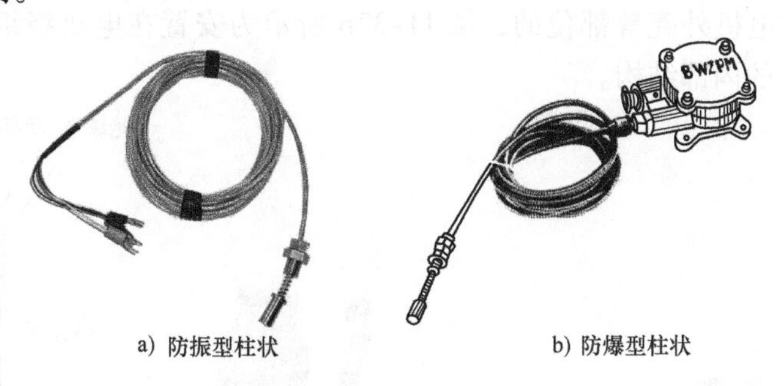

a) 防振型柱状　　b) 防爆型柱状

图 11-30　热电阻

4. 温度显示仪表和控制继电器

图 11-31 给出了部分与热电阻或热电偶配套的显示温度与控制电路动作的仪表和控制器。其控制温度可设置上下限，当实测温度超过设定数值时，继电器将直接切断电机的控制电路或发出报警信号。图 11-31b 所示仪表接线端子中的“out”为输出信号外接端子；“中”和“相”为单相交流电源（220V）中性线和相线接线端子（仪表电源输入端子）；

图 11-31c为与热敏电阻配套专用的 GRB 型电机过热保护继电器。

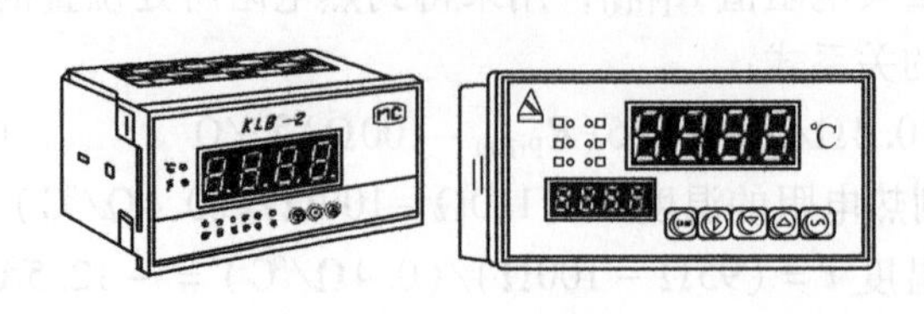
a) KLB型温度显示与控制仪表

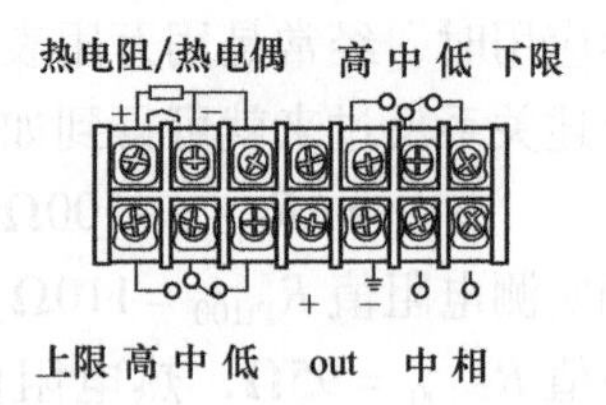

b) 仪表的接线端子

c) GRB型电机过热保护继电器(温度控制器)

图 11-31 热敏电阻、热电偶和热电阻温度显示及控制器

5. 热敏开关

热敏开关用于对电机的过热保护，在其他电器上，也用于温度控制设备的起、停运行等（例如，为节省用电和尽可能地降低环境噪声，控制一套设备风冷系统的起动或停止）。它的工作原理是利用黏和在一起的两种不同材质的金属片（称为双金属片）在同样温度变化的情况下，两个金属片伸长或收缩的程度不相同而使双金属片弯曲，之后触动邻近的触点机构动作（常开触点闭合，常闭触点打开。电机过热保护用的一般只有一对常闭触点）。可见，热敏开关与热继电器的工作原理完全相同。图 11-32 给出了常用的几种外形示例，其中图 11-32a 为安置在电机外壳等部位的，图 11-32b 所示为安置在电机绕组内的，图 11-32c 给出的是图 11-32b 的内部结构。

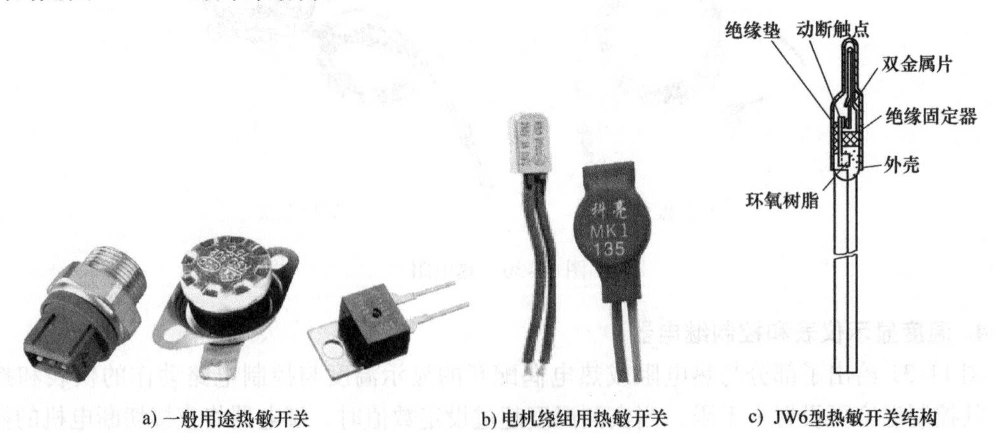

a) 一般用途热敏开关　b) 电机绕组用热敏开关　c) JW6型热敏开关结构

图 11-32 热敏开关

将热敏开关的常闭触点串联在电机的供电控制电路中，当放置点的温度超过热敏电阻的标定温度后，热敏电阻的常闭触点断开，即切断控制电路，进而断开电机电源供给电路开关（一般为接触器）。

常温下，常闭型热敏开关的电阻应为零或接近于零。

和常用的双金属片热继电器相比，热敏开关的最大特点是可安装在电机的任何部位、电路简单、成本低、耗电少，并且动作较快；不足之处是，若装置在电机内部，出现故障时，更换比较困难。

11.6　转速测量

测量电机的转速使用转速表。按在测量时是否与电动机旋转部分接触，转速表分为接触式和非接触式两种类型；按转速显示的方式，转速表分为指针式和数字式两种；另外还可分为机械离心式和电子反光式等。图 11-33 给出了部分便携式产品的外形示例。

图 11-33a 为接触离心式转速表，是比较传统的一种。它的最大特点是可观察转速连续变化的过程，这也是指针式仪表优于数字式仪表的共同特点。使用时，应事先旋动前端的量程范围调整圈，使其在要测量的转速范围。可根据要接触的旋转件的形状，选择不同的接触橡胶头。

图 11-33e 为用数字反光式转速表测量，一般在电动机的轴伸端或联轴器处进行，应事先在轴伸或联轴器上贴一片专用的反光片，测量时，按下测量按键，将转速表射出的光线打在反光片上，待数据稳定后读数；图 11-33f 为用接触式转速表测量，需要将转速表的橡胶头顶在轴伸端的中心孔中，用力要适当，并保持稳定。

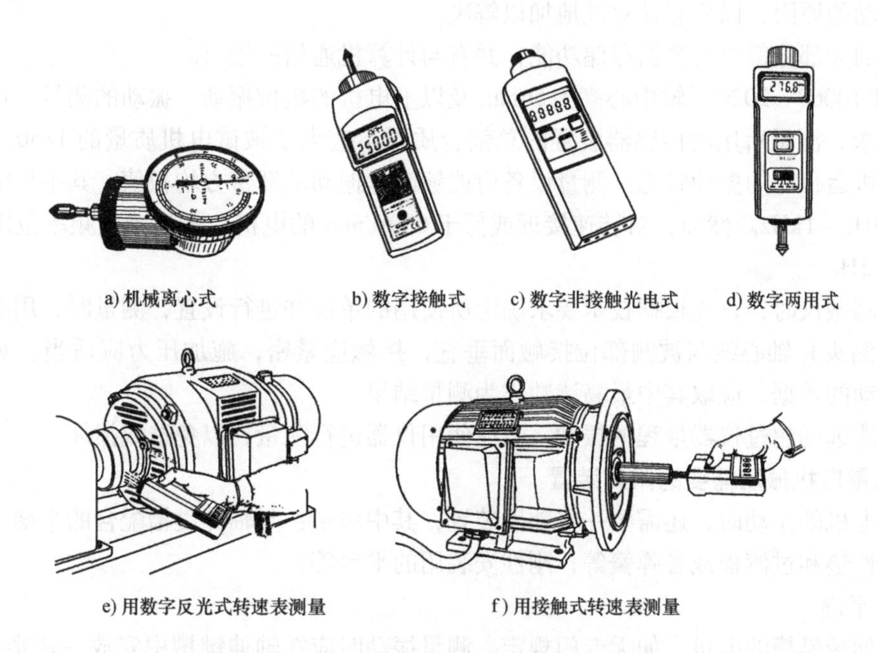

a) 机械离心式　b) 数字接触式　c) 数字非接触光电式　d) 数字两用式

e) 用数字反光式转速表测量　f) 用接触式转速表测量

图 11-33　便携式转速表和电动机的转速测量

11.7 电动机振动测量

11.7.1 测振仪及附属装置

1. 测振仪

用于测量电动机运行时所产生的振动值的仪器简称测振仪。就其所用的传感元件与被测部位的接触方式来分，有靠操作人员的手力接触和磁力吸盘吸引两种；另外有分体式传感器和组合式传感器两种；一般同时具有测量振动振幅（单振幅或双振幅，单位为mm或μm）、振动速度（有效值，单位为mm/s）和振动加速度（有效值，单位为m/s^2）3种单位振动量值的功能。图11-34给出了4种外形示例。

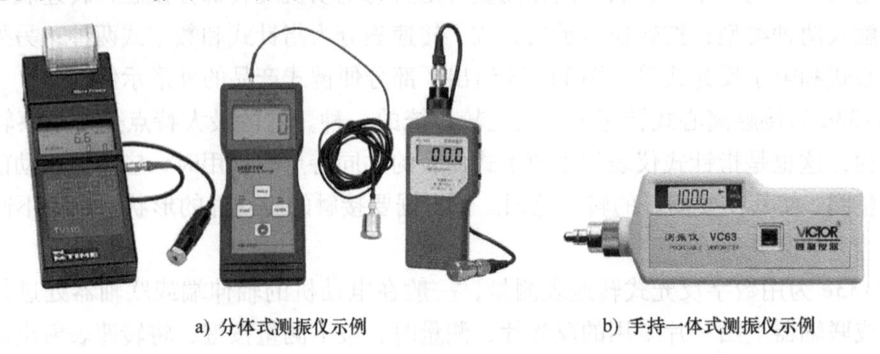

a) 分体式测振仪示例　　b) 手持一体式测振仪示例

图11-34 测振仪

有些类型具有频谱显示和分析功能，即能显示各段频率值范围内的振动值，用于分析产生较大振动的原因，以便有针对性地加以解决。

现用的大部分都具有数据存储功能，并有与计算机通信的接口。

GB/T 10068—2020《轴中心高为56mm及以上电机的机械振动 振动的测量、评定及限值》中要求，测量所用的传感器装置的总耦合质量不应大于被试电机质量的1/50，以免干扰被试电机运行时的振动状态。测量设备应能够测量振动的宽带方均根值，其平坦响应频率至少在10Hz～1kHz。然而，对转速接近或低于600r/min的电机，平坦响应频率范围的下限应不大于2Hz。

使用测振仪时，首先根据技术要求确定所使用的单位并进行设置，测量时，用手控制的传感器（测头）轴心线与被测部位接触面垂直，接触应紧密，施加压力应适当。对在一定范围内波动的数据，应取其中最高读数作为测量结果。

对可能远远超过仪器量程的振动，不应使用仪器进行测量，以免造成损坏。

2. 测量电机振动需要的附属装置

测量电机的振动时，还需要一些辅助装置，其中包括：与轴伸键槽配合的半键；弹性基础用的弹性垫和过渡板或者弹簧等；刚性安装用的平台等。

（1）半键

对轴伸带键槽的电机，如无专门规定，测量振动时应在轴伸键槽中安放一块半键。“半键”可理解成高度为标准键一半的键或长度等于标准键一半的键。前者简记为“全长半高键”，后者简记为“全高半长键”，如图 11-35a 所示。应当注意的是：配用这两种半键所测得的振动值是有差别的。因前者与调电机转子动平衡时所用的半键相同，所以，在无说明的情况下，一般应采用前一种，后一种只在某些特殊情况下使用，例如在用户现场需要测量振动，但没有加工第一种半键的能力时。

将合适的半键全部嵌入键槽内。当使用“全高半长”半键时，应将半键置于键槽轴向中间位置。然后，用特制的尼龙或铜质套管将半键套紧在轴上。无这些专用工具时，可用胶布等材料将半键绑紧在轴上，分别如图 11-35b 和图 11-35c 所示。固定时一定要绝对可靠，以免高速旋转时甩出，造成安全事故。

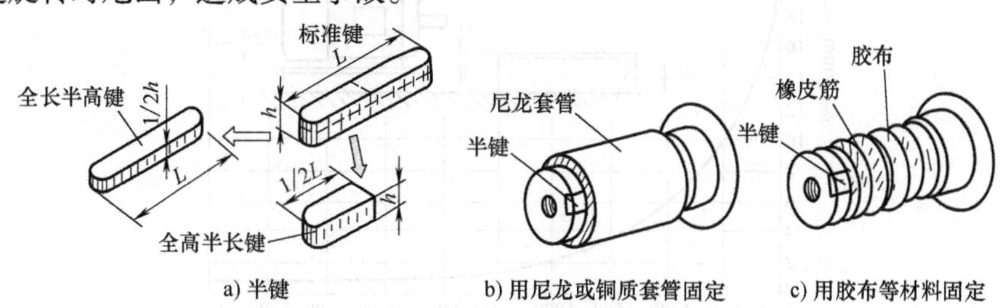

图 11-35　半键的形状及安装要求

（2）弹性安装装置

弹性安装是指用弹性悬挂或支撑装置将电机与地面隔离，标准 GB/T 10068—2020 中称其为“自由悬置”，比较常用也是相对简单的是用弹性垫安装，即将电机放置在一块具有适当弹性的垫子上，本书仅介绍这一种。

1）弹性支撑材料种类。弹性支撑可采用乳胶海绵、胶皮或弹簧等。为了电机安装稳定和压力均匀，弹性材料上可加放一块有一定刚度的平板。但应注意，该平板和弹性材料的总质量不应大于被试电机的 1/10。

2）弹性支撑材料尺寸。按被试电机投影面积的 1.2 倍裁制，或简单地按被试电机长 b（不含轴伸长）和宽 a（不含设在侧面的接线盒等）各增加 10%，作为它们的长与宽进行裁制，如图 11-36 所示。

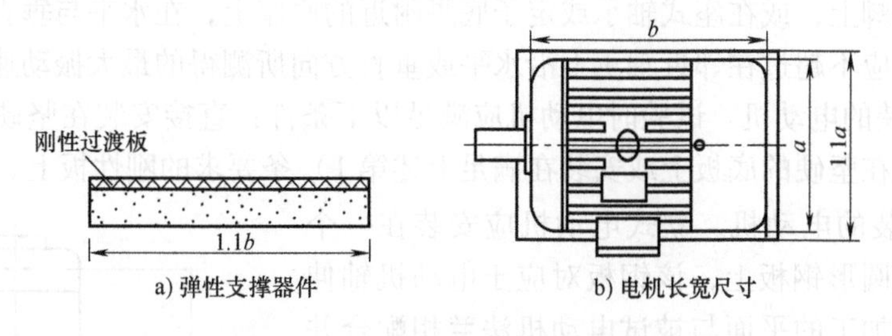

图 11-36　测振动用弹性支撑器件

3）弹性安装装置的压缩量。对于在弹性安装状态下测量电动机的振动值，与弹性安装装置的压缩量有直接的关系。若用符号 δ（mm）表示压缩量、n（r/min）表示被测电动机的额定转速，则应该达到的压缩量用式（11-12）求得：

$$\delta \geqslant 8.047 \times 10^{6} \frac{1}{n^{2}} \tag{11-12}$$

这就是当电动机安装之后，弹性悬挂或支撑装置的伸长量或压缩量的 δ（mm）与电动机转速 n（r/min）的关系。

GB/T 10068—2020 中给出了一张坐标图（见图 11-37），实际上就是按式（11-12）画出的。表 11-7 给出了不同同步转速时最小压缩量的对应关系。

最大压缩量的规定是：若使用乳胶海绵作弹性垫，则其最大压缩量为原厚度的 40%。

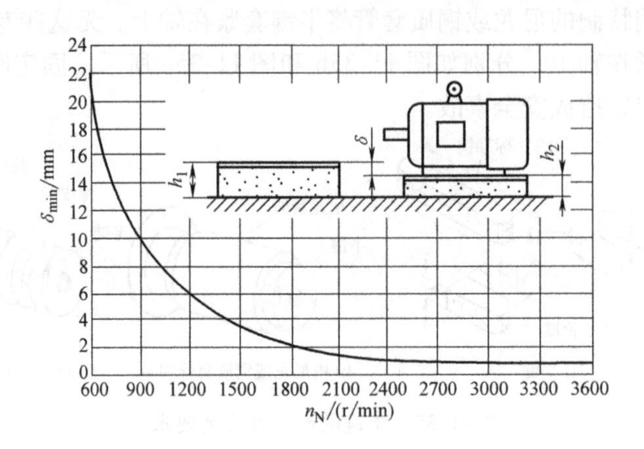

图 11-37 弹性悬挂或支撑装置的压缩量的最小值 δ_{min} 与电动机额定转速 n_N 的关系

表 11-7 测量振动时弹性安装装置的最小压缩量

电动机额定转速 n_N/(r/min)	600	720	750	900	1000
最小压缩量 δ_{min}/mm	22.4	15.5	14.5	10	8
电动机额定转速 n_N/(r/min)	1200	1500	1800	3000	3600
最小压缩量 δ_{min}/mm	5.5	3.5	2.5	0.9	0.6

（3）刚性安装装置

1）对安装基础的一般要求。刚性安装装置应具有一定的质量，一般应大于被试电动机质量的 2 倍，并应平稳、坚实。

在电动机底脚上，或在座式轴承或定子底脚附近的底座上，在水平与垂直两方向测得的最大振动速度，应不超过在邻近轴承上沿水平或垂直方向所测得的最大振动速度的 25%。

2）卧式安装的电动机。试验时电动机应满足以下条件：直接安装在坚硬的底板上或通过安装平板安装在坚硬的底板上或安装在满足上述第 1）条要求的刚性板上。

3）立式安装的电动机。立式电动机应安装在一个坚固的长方形或圆形钢板上，该钢板对应于电动机轴伸中心孔，带有精加工的平面与被试电动机法兰相配合并攻螺纹以联接法兰螺栓。钢板的厚度应至少为法兰厚度的 3～5 倍。钢板相对直径方向的边长应至少与顶部轴承距钢板的高度 L 相等，如图 11-38 所示。

安装基础应夹紧且牢固地安装在坚硬的基础上，以满足相应的要求。法兰联接应使用合适的数量和直径的紧固件。

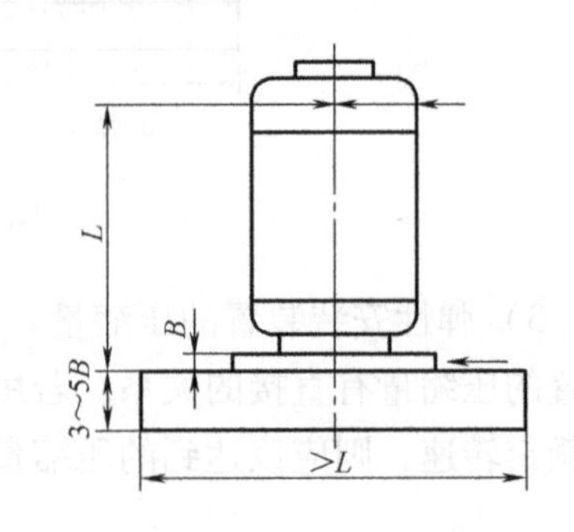

图 11-38 立式（V1 型）电动机的安装

11.7.2　振动测定方法和测量结果的确定

1. 电机运行状态

如无特殊规定，电机应在无输出的空载状态下运行。试验时所限定的条件见表 11-8 的规定。

表 11-8　电机振动测定试验时的运行条件

电机类型	振动测定试验时的运行条件
交流电动机	加额定频率的额定电压
直流电动机	加额定电枢电压和适当的励磁电流，使电动机达到额定转速。推荐使用纹波系数小的整流电源或纯直流电源
多速电动机	分别在每一个转速下运行和测量。检查试验时，允许在一个产生最大振动的转速下进行
变频调速电动机	在整个调速范围内进行测量或通过测试找到最大振动值的转速下进行测量 由变频器供电的电动机进行本项试验时，通常仅能确定由机械产生的振动。最好使用现场与电动机配套使用的变频器供电进行试验
发电机	可以电动机方式在额定转速下空载运行；若不能以电动机方式运行，则应在其他动力的拖动下，使转速达到额定值空载运行
双向旋转的电机	振动限值适用于任何一个旋转方向，但只需要对一个旋转方向进行测量

2. 测量点的位置

1）对带端盖式轴承的电机，以一台三相交流异步电动机为例，如图 11-39a 所示。

对于第⑥点，若因电机该端有风扇和风罩而无法测量，而该电机又允许反转时，可将第⑥点用反转后在第①点位置再测的数值代替。

2）对具有座式轴承的电机，如图 11-39b 所示。

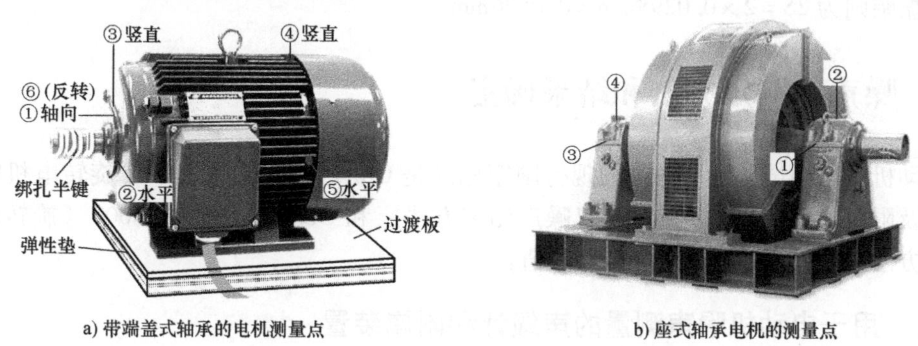

a) 带端盖式轴承的电机测量点　　b) 座式轴承电机的测量点

图 11-39　振动测点的布置示意图

3. 测量结果的确定

1）一般情况下，以所测所有数据中的最大的那个数值作为该电机的振动值。

2）交流异步电动机，特别是 2 极交流异步电动机，速度有效值 $v_{r.m.s}$ 可由式（11-13）确定：

$$v_{r.m.s}=\sqrt{\frac{1}{2}\left(V_{max}^2+V_{min}^2\right)} \tag{11-13}$$

式中 $V_{\max}$——最大振动速度有效值；

$V_{\min}$——最小振动速度有效值。

4. 振动限值

振动限值适用于在符合规定频率范围内所测得的振动位移和速度的宽带方均根值。

GB/T 10068—2020 中规定的轴中心高≥56mm 的直流和交流电机的振动强度限值见附录 12（振动等级划为 A 和 B，如未指明振动等级时，应符合等级 A 的要求），GB/T 5171.18—2014 规定的普通小功率电机振动限值见附录 13。

5. 轴振动振幅与速度有效值的关系

由于振动的振幅只与振动质点摆动的幅度大小有关，而振动速度不仅与振动质点摆动的幅度大小有关，还与振动质点摆动的频率有关，所以，两者之间很难用一个固定的关系式来相互转换。但当轴心以圆周轨迹振动时，据理论推算，两者之间有如下关系：

$$v_t = \frac{\sqrt{2}}{4}S\omega = \frac{\sqrt{2}}{4}S\frac{\pi n}{30} = \frac{\sqrt{2}}{120}\pi Sn \approx 0.037Sn \tag{11-14}$$

$$S = \frac{4v_t}{\sqrt{2}\omega} \approx 27.03\frac{v_t}{n} \tag{11-15}$$

式中 S——振动振幅（mm）；

n——转速（r/min）；

v_t——振动速度有效值（mm/s）；

ω——角频率（rad），$\omega = 2\pi n/60$。

例如：已知振动速度有效值 v_t 为 11.6mm/s，转速 n 为 1450r/min，则振动的振幅 S 为

$$S = \frac{4v_t}{\sqrt{2}\omega} \approx 27.03\frac{v_t}{n} = (27.03 \times 11.6 \div 1450)\ \mathrm{mm} = 0.0298\mathrm{mm}$$

双振幅则为 $2S = 2 \times 0.0298\mathrm{mm} = 0.0596\mathrm{mm}$。

11.8 噪声的测定方法和结果确定

电动机噪声测试方法及限值的现行国家标准是 GB/T 10069.1—2006《旋转电机噪声测定方法及限值 第1部分：旋转电机噪声测定方法》和 GB/T 10069.3—2008《旋转电机噪声测定方法及限值 第3部分：噪声限值》。

11.8.1 用于电动机噪声测量的声级计和附属装置

1. 声级计

声级计是用于测量声级的仪器，因常用于测量噪声声级，所以常被称为噪声仪。常用的声级计测量显示值为声压级值，具有 A、B、C 三种计权或只有 A 计权，用于电机噪声测量时，至少应有 A 计权。声级计的准确度分精密级和普通级，用于电机噪声测量时应选用精密级声级计。

从测量数值的显示方式来分，常用的声级计有指针式和数字式两大类，有的数字式声级计还具有频谱分析功能和与计算机通信接口。图 11-40 是几种声级计的外观示例。

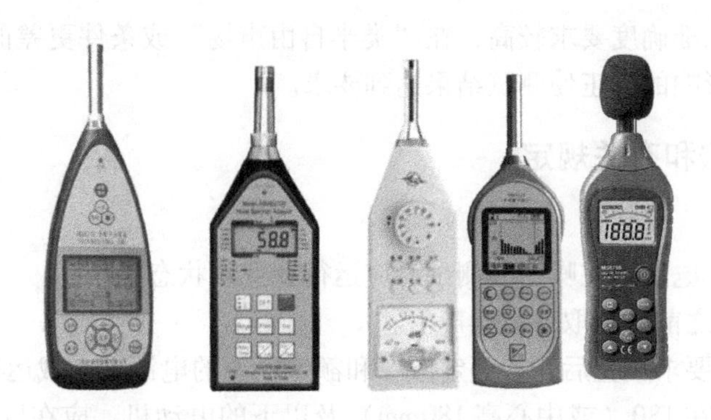

图 11-40　声级计示例

2. 用于电动机噪声测量的附属装置

电机进行噪声测试时，若为空载运行，则应根据被试电机的大小和相关要求决定采用弹性安装方式或刚性安装方式。其有关要求和电机振动试验设备基本相同，只是可不用半键。

对于弹性安装，弹性悬挂或支撑装置的最大（或最小）伸长量或弹性支撑最大（或最小）压缩量要求，在 GB/T 10069. 1—2006 中的规定，与电机振动测量安装设备的有关要求完全相同，但在同一套标准的第 3 部分 GB/T 10069. 3—2008 中有些变动，压缩量的最小值 $\delta_{\min}$（mm）与其额定转速 n_N（r/min）的关系为

$$\delta_{\min} \geqslant 14.31 \times 10^6 \frac{1}{n_N^2} \approx 15 \times 10^6 \frac{1}{n_N^2} \tag{11-16}$$

此时，几种常见的转速与最小压缩量的对应关系见表 11-9。

表 11-9　测量噪声时弹性安装装置的最小压缩量

电机额定转速 n_N/(r/min)	600	720	750	900	1000
最小压缩量 $\delta_{\min}$/mm	39.8	27.6	25.4	17.6	14.3
电机额定转速 n_N/(r/min)	1200	1500	1800	3000	3600
最小压缩量 $\delta_{\min}$/mm	9.9	6.4	4.4	1.6	1.1

实际使用时，为了方便，在既测定电机的振动，又要测定电机的噪声时，建议选用式（11-12）和式（11-16）其中的一种。

3. 测试场地

进行电机噪声测试时，应有一个符合要求的测试场地，声学中称为“声场”。按严格要求，应为“半自由声场”。

“半自由声场”是除地面为一个坚实的声音反射面外，在其他方向，声波均可无反射地向无限远处传播的场地。实际上这种理想的场地是没有的。但空旷的广场或有足够大的空房间可认为基本符合要求，特造的消声室（可由四壁和屋顶的特殊材料——包装着一种纤维的尖劈——将室内物体发出的绝大部分声能吸收而不反射的空间）是公认最符合要求的。

对于一般电机修理单位，建造标准的消声室是较困难的。除非要求特别严格，一般较空旷的场地或室内即可使用（安放电动机的地面应平整、结实。以电动机为圆心，半径为 10m 的范围内应无其他能反射声音的物体）。有的资料中将这类场地称为“类半自由声场”。但应注意，所用场地在测试时的环境的噪声要低于被测电动机噪声 4dB 以上。

如对测试结果的准确度要求较高，在“类半自由声场”或条件更差的场地进行测试时，还可通过有关反射影响的修正使测试结果达到要求。

11.8.2　测试方法和有关规定

1. 试验步骤

若无特殊规定，电动机在噪声级测试时应运行在空载状态。

1）电动机运转之前，测取环境噪声值。

2）将电动机按要求放置后，接额定频率和额定电压的电源，空载运行适当时间。

3）对于机座号在180（或中心高180mm）及以下的电动机，应在以电动机底面中心为球心，半径为$r=1\text{m}$的半球面（想象中的）上布点进行测量（如图11-41a所示）；对于机座号超过355的电动机，在距电动机表面为1m的平行六面体面（想象中的）上布点（如图11-41b所示）；上述两个中心高之间的电动机，可任用上述两种布点方法之一。对于中心高在225mm及以下的电动机，声级计测头距地面高度为0.25m；对于机座号超过225的电动机，声级计测头距地面高度为被测电动机的轴中心高（H），但不得低于0.25m。对于较大的电动机可适当增加测量点数目，如图11-42所示。

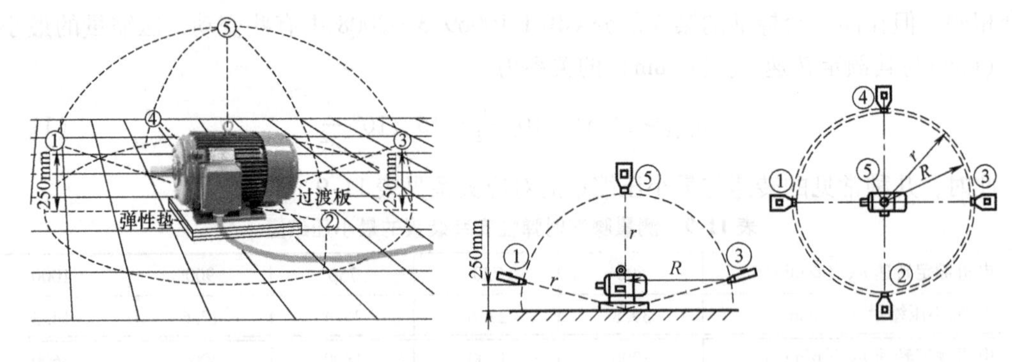

a) 半球面5点布置图

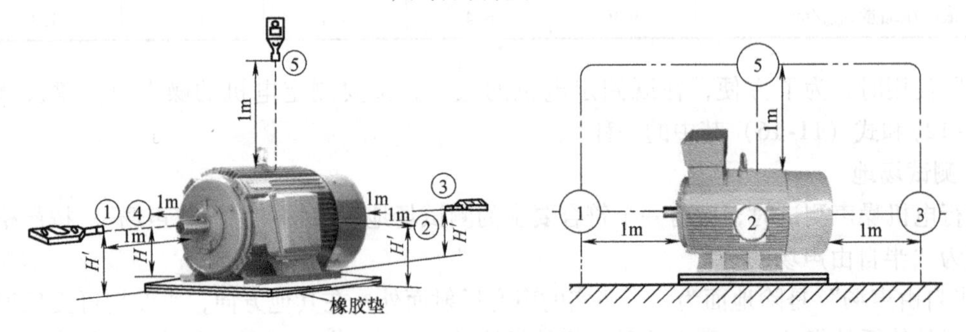

b) 平行六面体5点布置图

图11-41　电动机噪声级测点布置图

2. 确定试验结果

1）求出所测量点数值的平均值（声压级）L_{ps}。

2）若环境噪声低于实测电动机噪声10dB以上，则该值即为被测电动机的声压的数值L_P；若差值在4～10dB之间，则应减去一个修正值，修正值用式（11-17）计算得出

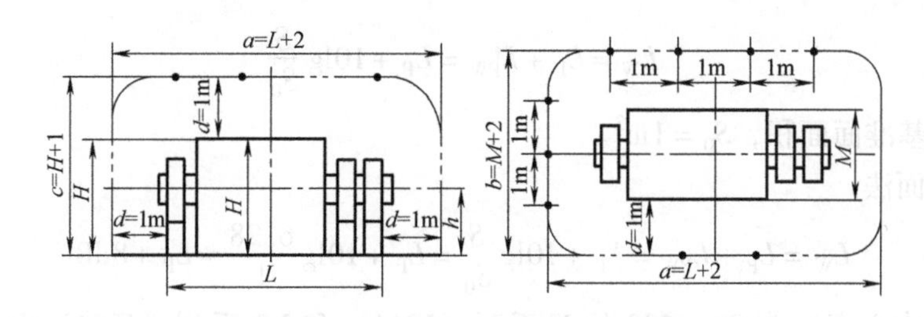

图 11-42　较大电动机平行六面体法多测点位置及相关尺寸标注

（表 11-10给出了一部分计算结果）。

$$K_1 = 10\lg\left(1 - \frac{1}{10^{0.1\Delta L}}\right) \tag{11-17}$$

式中　K_1——修正值（从测量值中减去的数值）(dB)；

ΔL——环境噪声（较低的一个声级值）低于实测值（合成的声级值）的数值（dB）。

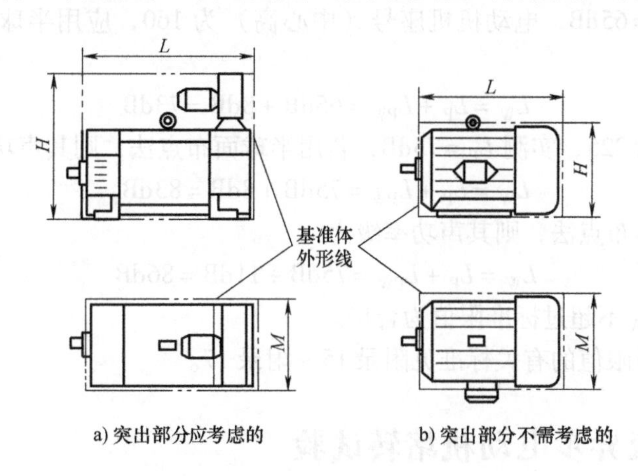

图 11-43　计算噪声时电机尺寸的确定实例

表 11-10　环境噪声修正值　　（单位：dB）

实测噪声级与环境噪声级之差	4	5	6	7	8	9	10
修正值	2.2	11.7	11.3	11.0	0.8	0.6	0.4

3）若要求转换成声功率级 L_W，则将 L_P再加上一个数值 L_{PW}。相关计算如下。

① 首先根据测量点包络面的形状和尺寸计算出测量点包络面的面积。

对于半球面法，因其半径为 1m，所以其面积为

$$S = 4\pi R^2/2 = 2\pi R^2 = 2\times3.14\times1^2\text{m}^2 = 6.28\text{m}^2 \tag{11-18}$$

对于平行六面体法，需要根据被测电动机的长宽高（L、M、H，见图 11-42 和图 11-43）和测量点距电动机表面的距离 d（一律为 1m），计算出平行六面体的长宽高（$a = L + 2d = L + 2\text{m}$、$b = M + 2d = M + 2\text{m}$、$c = H + d = H + 1\text{m}$，见图 11-42）。则其面积为

$$S = 2c(a+b) + ab = 2(H+1\text{m})(L+M+4\text{m}) + (L+2\text{m})(M+2\text{m}) \tag{11-19}$$

② 用下述公式计算出 L_W（dB）。

$$L_W = L_P + L_{PW} = L_P + 10\lg \frac{S}{S_0} \tag{11-20}$$

式中 S_0——基准面面积，$S_0 = 1\text{m}^2$。

对于半球面法

$$L_W = L_P + L_{PW} = L_P + 10\lg \frac{S}{S_0} = L_P + 10\lg \frac{6.28}{1} \approx L_P + 8\text{dB} \tag{11-21}$$

机座号（中心高）为 80～500 的 Y 系列（IP44）和 Y2 系列（IP54）电动机各档次的 L_{PW}值见表 11-11（每个机座号的平均值，供参考）。

表 11-11 Y 和 Y2 系列（IP44 和 IP54）电动机噪声声功率级与声压级的差值 L_{PW}

中心高/mm	≤355	200	225	280	315	355	400	450	500
布点方法	半球面法	平行六面体法							
L_{PW}/dB	8	10	12	12.2	12.7	13.3	13.7	14.5	16

例如，实测 L_P = 65dB，电动机机座号（中心高）为 160，应用半球面布点法，则其声功率级为

$$L_W = L_P + L_{PW} = 65\text{dB} + 8\text{dB} = 73\text{dB}$$

电动机机座号为 225，实测 L_P = 75dB，若用半球面布点法，则其声功率级为

$$L_W = L_P + L_{PW} = 75\text{dB} + 8\text{dB} = 83\text{dB}$$

若用平行六面体布点法，则其声功率级为

$$L_W = L_P + L_{PW} = 75\text{dB} + 11\text{dB} = 86\text{dB}$$

4）所得 L_P或 L_W不超过标准限值为合格。

电动机的噪声级限值的有关标准见附录 15～附录 17。

11.9 三相交流异步电动机堵转试验

11.9.1 概述

堵转试验即在转子堵住不转的情况下，给定子加额定频率、规定数值的三相交流电压，测取输入电流和轴转矩等相关数据的试验。该项试验被习惯称为“短路试验”。

通过堵转试验，可检查定子绕组数据和接线是否正确，而最重要的是可检查出转子的缺陷，如断笼等故障。

根据需要，堵转试验有检查性试验和测取堵转特性曲线的型式试验之分。对于电机修理行业，一般只进行检查性试验，即给定子绕组施加低电压的堵转试验；若想得到额定电压时的堵转电流和转矩值（这两个数据是考核电机起动性能的重要指标，也是使用时所需要的重要参数。本书附录 9 给出了普通 Y 系列电动机的标准值），则需要测取堵转特性曲线的型式试验，此时需要的电源容量会相当大，并且需要测量转矩的仪器设备，本书不做介绍。

11.9.2 检查性堵转试验所用设备和试验方法

1. 所用电源设备和仪器仪表

进行三相异步电动机检查性堵转试验所用设备和仪器仪表有：①三相调压设备（三相

调压器或其他可调压的电源设备），其输出电压和输出额定电流应满足被试验电动机的要求；② 3 块交流电流表和配套电流互感器；③交流电压表（3 块或 1 块配用 1 个三相转换开关）；④交流功率表；⑤堵住转子的器具。

三相电压、电流和功率的测量可采用一台多功能三相数字式仪表，显示值为电压和电流的有效值。

试验电路如图 11-44 所示（图中 T 为三相调压器，如图 11-45 给出的示例，也可使用其他可调电压的电源设备，例如试验专用变频器）。

当所用调压器的容量不足于满足被试电动机堵转试验要求时（包括下一项“空载试验”时电动机不能起动时），可根据被试电动机的容量大小，在调压电源的输出端并联不同容量的电容器进行无功功率补偿，其电路原理如图 11-46 所示。实践证明，在合适的电容量匹配下，起动电动机的容量可增大将近 1 倍。

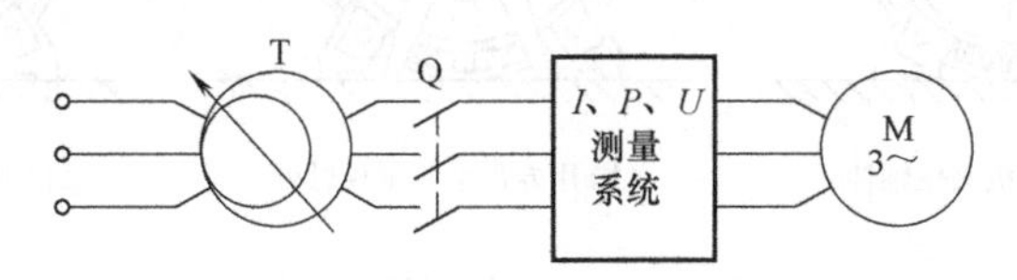

图 11-44 三相异步电动机堵转试验电路原理图

图 11-45 三相调压器示例

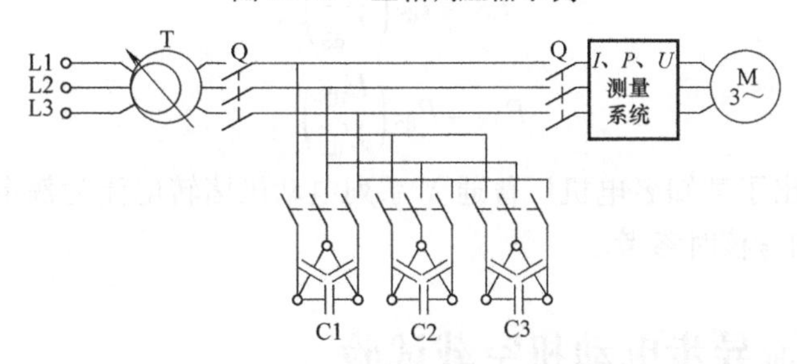

图 11-46 堵转试验用调压器并联电容器组接线图

2. 试验方法和注意事项

先将电动机的转子用器械堵住，堵住电动机转子的方法，对于几十千瓦以下较小容量的电动机，可采用图 11-47a 和图 11-47b 所示的自制夹具或卡具堵住转子轴伸，金属卡具的内套应采用铜或尼龙等材料，以避免损伤电动机的轴伸表面和键槽；对于容量较大的电动机，可用图 11-47b 和图 11-47c 所示的方法。图 11-47c 所示的方法是将转子“支”住，所用木板应选用较硬的木材。应注意：在安放卡具或支撑木板之前，应事先给该电动机通电，观察其转动方向，以便正确选择放置卡具或支撑木板的位置；通电后，要关注所用工具的强度是否有问题，发现有危险时应尽快断电。用专用卡具或木板支撑时，所有人员都应远离支撑转轴的位置，以避免这些器具受力损坏飞起时造成伤害。

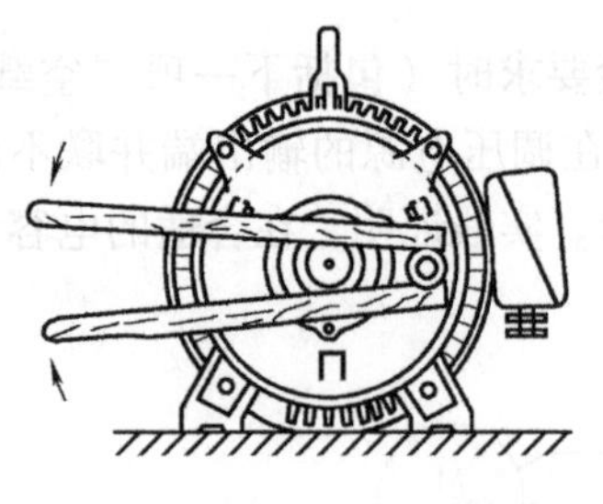

a) 用专用夹板夹住轴伸

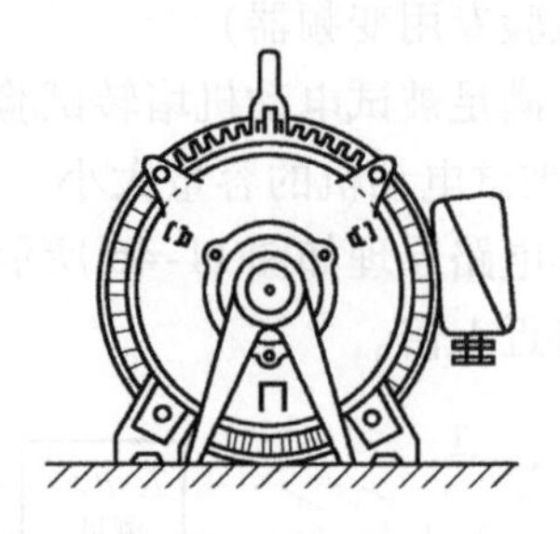

b) 用专用卡具卡住轴伸

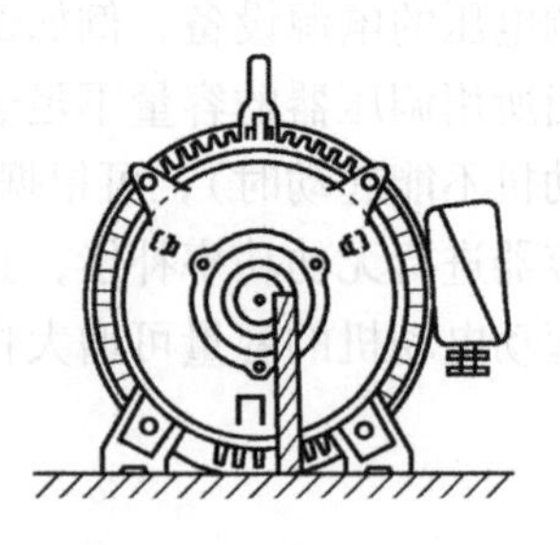

c) 用硬木板支撑轴伸键槽

图 11-47　将转子堵住的措施

按正常工作的接线方式接好电源线。

通过三相调压设备给电动机加额定频率的低电压。该电压值的大小有两种确定方法：①取额定电压的 1/4 左右，对 380V 电动机，在 70～110V 之间，极数较多的电动机取大值；②使电流等于额定电流时的电压值。

测取三相定子电压、电流和三相输入功率。

3. 结果的判定

1）计算三相电流的不平衡度，应在 ±3% 之内。

2）和同规格电动机或该电动机原出厂记录的相应值对比，堵转电流的偏差不应超过 ±5%；堵转损耗不应超过 ±10%。

3）若试验时的电压 U_{dS} 不等于规定的电压 U_{dN}，则可通过式（11-22）和式（11-23）将试验所得电流 I_{dS} 和堵转损耗 P_{dS} 修正到 U_{dN} 时的数值 I_{dN} 和 P_{dN}。然后和标准值去比较。

$$I_{dN}=I_{dS}\left(\frac{U_{dN}}{U_{dS}}\right) \tag{11-22}$$

$$P_{dN}=P_{dS}\left(\frac{U_{dN}}{U_{dS}}\right)^2 \tag{11-23}$$

本书附录 11 给出了某知名电机厂普通 Y 系列电动机堵转电流为额定值时的线电压统计平均值，可供试验和考核时参考。

11.10　三相交流异步电动机空载试验

11.10.1　概述

空载试验是电机加额定频率的额定电压，不带任何负载，测取其输入电流和输入功率的试验。和堵转试验一样，空载试验也可分为简单的检查性试验和测取空载特性的型式试验。在修理行业，一般只进行简单的检查性试验。

一台电机空载电流的大小和三相平衡情况可反映定子绕组的匝数及接线等参数是否正确、铁心质量是否良好及定、转子是否对齐和气隙是否均匀正确等；空载损耗的大小则在很大程度上能直观地反映出机械装配以及轴承的质量。

在进行空载试验的同时，还可以进行电机振动和噪声的初步检查。

11.10.2 检查性空载试验所用设备和试验方法

1. 所用电源设备和仪器仪表

检查性空载试验所用的电源设备和仪器仪表与进行堵转试验时所用的基本相同，但电源的容量要大一些（实际上，电机修理单位一般按能满足空载试验来选配电源配备，即空载和堵转试验共用一套电源和配电系统）。另外有一点要注意，要在电流互感器的一次和二次两端各设置一个开关，在电机起动时闭合，起动后断开，用于防止较大的起动电流对仪表的冲击，这两个开关称为“封表开关”。

2. 试验方法

1）根据电源设备的能力，采用可行的减压法（如简单的星-三角法）或直接满压法将电机起动起来。

2）对更换过轴承的电机，加电后要保持额定电压运行0.5~1h，使轴承等部件的摩擦达到稳定状态。但对于使用圆柱辊子轴承（例如NU轴承）的电机，无论能否满压起动，都要减压缓慢起动，并且空转时间不宜过长，原因是，这种轴承的辊子与内外环滚道是线接触的，摩擦系数相对较大，在快速起动时，因辊子与滑道之间还没有形成润滑脂油膜而存在较大的摩擦阻力，使辊子与滚道相互摩擦而造成损伤，降低了轴承的使用寿命。

在空载运行其间，要观测电流及输入功率的变化情况以及电机的振动与噪声是否正常。运转稳定后，记录三相输入电流及功率，若电压不等于额定值，还应记录试验电压。

3. 结果的判定

1）计算三相电流的不平衡度，应在±10%之内。

2）和同规格电动机或该电动机原出厂记录的相应值对比，空载电流的偏差不应超过±10%；空载损耗不应超过±20%。

3）若试验时的电压U_{0S}不等于规定的电压U_N，则可通过式（11-24）和式（11-25）将试验所得电流I_{0S}和堵转损耗P_{0S}修正到U_N时的数值I_{0N}和P_{0N}。然后和标准值去比较。

$$I_{0N}=I_{0S}\left(\frac{U_N}{U_{0S}}\right)^{1.5\sim2} \tag{11-24}$$

$$P_{0N}=P_{0S}\left(\frac{U_N}{U_{0S}}\right)^{3\sim4} \tag{11-25}$$

式（11-24）中给出的指数1.5~2，具体使用时应根据被试电动机或同规格电动机空载特性曲线$I_0=f(U_0)$在额定电压区域的“弯曲”程度（磁场饱和程度）来确定，弯曲较大的取大值。若没有上述可参考的资料，则建议用1.75。式（11-25）中给出的指数3~4实际选用情况与式（11-24）相同，若没有上述可参考的资料，则建议用3.5。

附录11给出了国内某知名电动机厂Y系列（IP44）和Y2系列（IP54）电动机空载电

流的统计值，可供参考。

11.11 绕线转子三相异步电动机的转子开路电压测试试验

绕线转子三相异步电动机的转子额定电压实际上是开路电压，用U_2表示，是指电动机定子接通额定频率的额定电压、转子三相外接引线开路时，在两个集电环间的电压。

试验时，事先将转子用工具堵住，以防止转子转动。给定子绕组加额定频率的额定电压。之后用电压表测量每两个集电环间的电压，即开路电压，如图 11-48 所示。

有时用电压比来表示，设电压比为K，定子电压为U_1，则

$$K=\frac{U_1}{U_2} \tag{11-26}$$

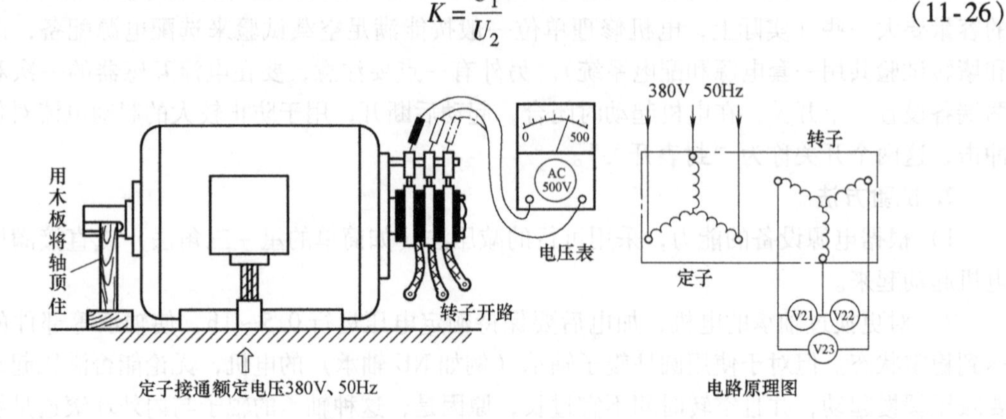

图 11-48 绕线转子电动机的转子电压测量示意图

11.12 三相异步电动机检查性试验检测报告

电动机经过上述各项检查和试验后，应将各项数据汇总成表，该表随被试电动机交给用户。推荐使用表 11-12（可根据具体试验项目进行取舍，例如笼型转子电动机去掉转子电压测试部分）。

表 11-12 三相异步电动机试验检测报告

型号：		电压： V	频率： Hz	电流： A	接法：		编号：		生产单位：		
直流电阻/Ω	R_U：	R_V：	R_W：	$R_{平均}$：	温度： ℃		绝缘电阻/MΩ		绕组对地：	绕组相间：	
耐电压试验	V，1min	匝间耐电压	V	转向	顺（ ），逆（ ）		其他绝缘/MΩ		对地：	对绕组：	
堵转试验	电压/V		堵转电流/A	I_{K1}：	I_{K2}：	I_{K3}：	$I_{K平均}$：	堵转功率/W		噪声	正常（ ），异常（ ）
空载试验	电压/V		空载电流/A	I_{01}：	I_{02}：	I_{03}：	$I_{0平均}$：	空载功率/W		振动	正常（ ），异常（ ）
转子电压/V	U_{KL}：	U_{LM}：	U_{MK}：	$U_{2平均}$：	定子电压/V			电压比			
备注和说明	1. 其他绝缘指埋置在绕组或其他位置的热传感元件、防潮加热器等 2. 噪声振动检查采用人工感官法			结论	合格（ ） 不合格（ ）（项目及原因）						

试验员：______ 记录员：______ 校核审查员：______ 试验日期：____年___月___日

11.13　制动电机制动力矩的测定试验

对制动电机的制动器，主要考核两个指标，一个是制动力矩（除非有规定，应指静态制动力矩），另一个是制动时间。

一般情况下，因制动时间很短，只有零点几秒，所以无专门仪器时很难测得准确。而制动力矩的测定则较容易。

测定制动力矩时，电机应处于制动状态。对于断电制动的电机，因电机不通电，所以可在任一环境中进行试验。测定方法有如下3种。

1. 弹簧秤拉绳法

将一段结实的布带按图11-49a所示压绕在电机轴伸上。其末端系在弹簧下端钩上。

拉弹簧秤，时刻关注其指示值，记下电机轴伸刚刚转动时的数值F(N)。

弹簧秤显示数值F(N)与轴伸半径$D/2$(m)之积，即为该电机的制动力矩M(N·m)，即

$$M=F\frac{D}{2} \tag{11-27}$$

因此方法的力臂（$D/2$）较短，所以需用的力F则较大。因此只能用于较小电机。

对于略大一些的电机，可安上联轴器，用拉绳挂在联轴器柱销上等方法加长力臂，如图11-49b所示。

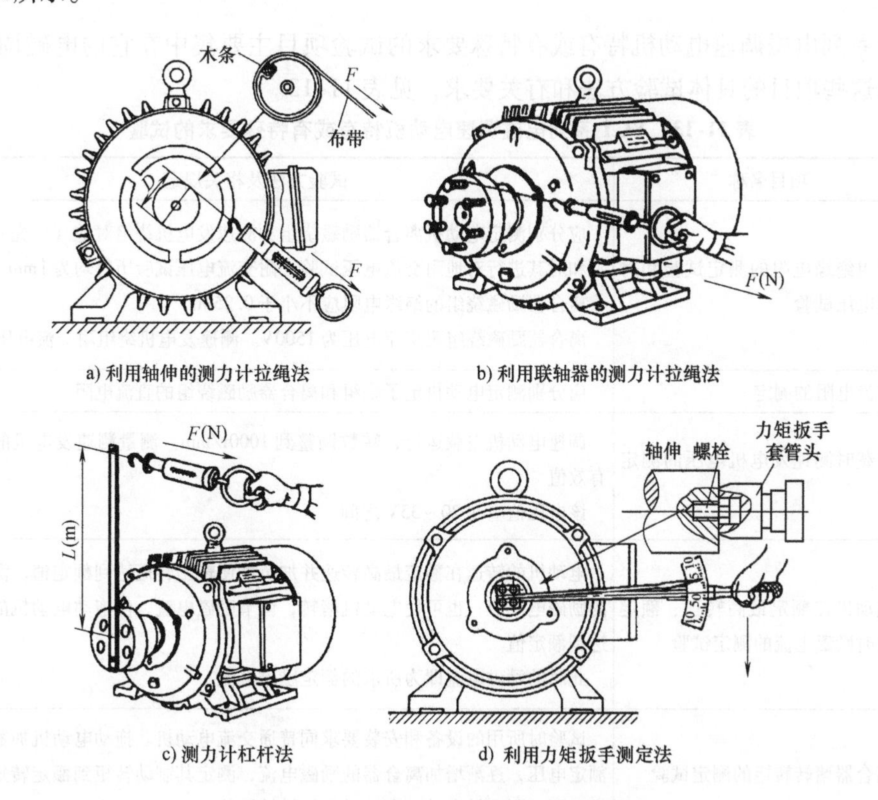

图11-49　制动器的制动力矩测定方法

2. 弹簧秤杠杆法

通过联轴器或在轴伸端面打两个孔（最好是螺孔）等方法，将一段扁铁等材料的一端固定在轴伸端，作为力臂。另一端挂弹簧秤。量出轴伸端面中心到挂弹簧秤点的长度L(m)，即力臂，如图 11-49c 所示。

通过制动器的手动释放机构使制动器处于释放状态后，将力臂拉到水平位置，记下此时弹簧秤的读数 F_0(N)，若力臂与地面垂直，则可不必测量 F_0。将制动器恢复到制动状态，用力向上拉弹簧秤，记下电机轴伸刚刚转动时弹簧秤的读数 F(N)，则制动力矩 M(N·m)为

$$M=(F-F_0)L \tag{11-28}$$

3. 用力矩扳手测定法

力矩扳手又称为测力扳手。图 11-49d 是一种传统的机械式类型。

使用力矩扳手测定制动力矩时，需将轴伸端面中心孔加大后加工出内螺纹（有的电机本身即为螺孔，称为 C 型中心孔）。然后，拧入一个螺栓，用扳手将其拧到不能再拧为止。

用力矩扳手朝紧的方向拧上述螺栓。注意观测其指示值，当电机轴刚刚被拧动时，记下扳手所指数值，此值即为该被试电机的制动力矩。

此方法因普通力矩扳手的精度较差，所以测量误差也较大。

11.14 YCT 系列电磁调速电动机特有或有特殊要求的试验

YCT 系列电磁调速电动机特有或有特殊要求的试验项目主要集中在它的电磁调速方面。下面介绍这些项目的具体试验方法和有关要求，见表 11-13。

表 11-13 YCT 系列电磁调速电动机特有或有特殊要求的试验

序号	项目名称	试验方法及相关规定
1	绕组绝缘电阻的测定试验和对地耐电压试验	应分别测定电动机离合器励磁绕组和测速发电机绕组对地（机壳）的绝缘电阻和对其进行对地耐交流电压试验。耐交流电压试验历时均为 1min 离合器励磁绕组的绝缘电阻应不小于 0.25MΩ 离合器励磁绕组耐交流电压为 1500V。测速发电机绕组耐交流电压为 700V
2	直流电阻的测定	应分别测定电动机定子绕组和离合器励磁绕组的直流电阻
3	空载时测速发电机电压的测定试验	调速电动机空载运行，转数调整到 1000r/min。测量测速发电机的输出电压有效值 该电压值应在 20～35V 之间
4	电动机在额定最高转速、额定转矩时励磁电流的测定试验	电动机的转速在额定最高转速并加负载使输出转矩达到额定值，测取离合器的励磁电流值；也可使电动机堵转，调节励磁电流，使拖动电动机的定子电流达到额定值 此时的励磁电流即为所求的额定励磁电流
5	离合器堵转转矩的测定试验	试验时所用的设备和安装要求同普通交流电动机。拖动电动机加额定频率的额定电压，逐渐增加离合器的励磁电流，测定其制动转矩到额定转矩的 2 倍为止，同时测定最高励磁电压时的堵转转矩值

（续）

序号	项目名称	试验方法及相关规定
6	转速调速范围检查	对 YCT 系列电磁调速电动机，应进行调速范围检查。按运行要求连接电源和控制器，如图 11-50 所示 先将转速表的指针调整到零位，检查控制器接线，应接触良好。在控制器接通电源后，旋动“转速调节旋钮”，用万用表直流电压档（DCV－250V）测量其输出插座 3 和 4 两孔之间的电压，若在 0～90V 之间连续变动，则认为开环时工作基本正常 起动原动机，待运转正常后，调节调速装置得到转速最低和最高值，两者之间的范围即为空载调速范围
7	空载振动和噪声的测定试验	有关试验设备和试验方法同普通电动机。但应按图 11-51 标注的测量点位置进行测量，并在规定的调速范围内（一般规定为 600r/min 至额定最高转速）产生最大振动或最大噪声的转速下进行测定试验

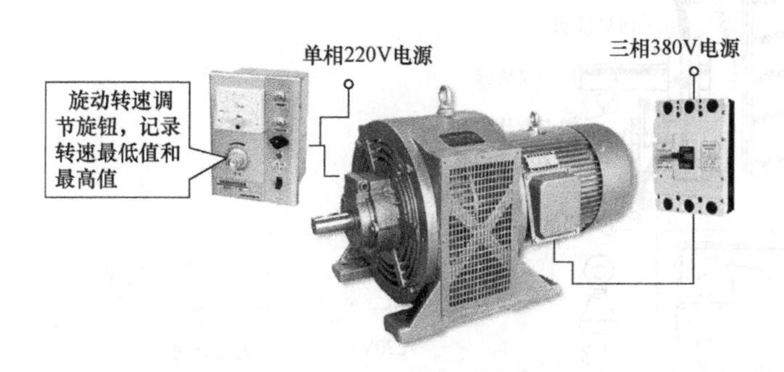

图 11-50　电磁调速电动机调速范围检查

图 11-51　电磁调速电动机振动测量点

11.15　单相交流异步电动机特有试验

11.15.1　离心开关断开转速测定试验

这里所提的“离心开关”泛指前面介绍的和没有介绍的所有用于可控制单相异步电动机起动电路通断的开关。对这些开关，在电动机起动过程中断开时的转速测量试验方法有如下两种：

1. 记录仪表或转矩测量仪法

用记录仪表或转矩测量仪录取被试电动机从开始加电压到达到额定转速的转矩－转速关系曲线。在“离心开关”断开的瞬间，曲线将出现一个较大的转矩下降过程，曲线开始下降时的转速即为起动过程中“离心开关”的断开转速，下降所到的最低转矩称为“离心开关断开转矩”（美国标准 IEEE 114 要求测试的数据），如图 11-52 所示。

2. 拖动测速法

在电动机装配后测定离心开关断开转速，一般采用拖动测速法。

如图 11-53 所示，断开离心开关与电动机主、辅绕组的连接，用一个 220V 的白炽灯

（也可用更低电压的指示灯，可用交流电，也可用直流电）作为指示灯与离心开关串联或在离心开关两端并联一个量程大于220V（或其他数值的电压）的电压表。

接通指示灯离心开关电路电源（交流220V），指示灯点亮，电压表无指示或显示很小的电压值。

用可调速（直流电动机、交流变频电动机或YCT系列电磁调速电动机等）的电动机拖动被试电动机运转。采用指针式转速表测量电动机的转速。

缓慢地调节拖动电动机的转速，由低速逐渐升高。注意观察点亮的指示灯、电压表和转速表，当指示灯突然熄灭或电压表很快指示出电源电压时，此瞬间的转速即为离心开关的断开转速。

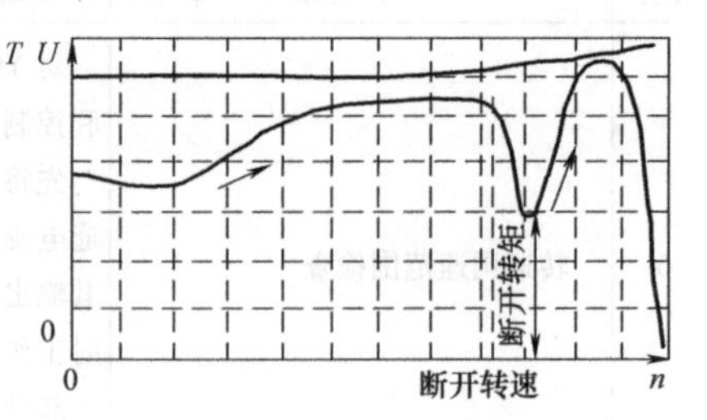

图11-52 起动开关断开转速和转矩

一般规定断开转速在被试电动机额定转速的75%～85%范围内为合格。

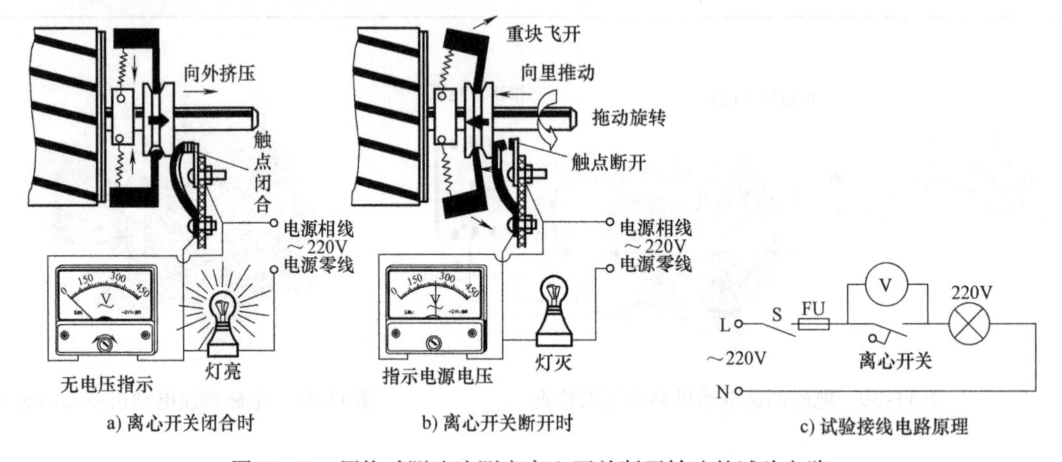

图11-53 用拖动测速法测定离心开关断开转速的试验电路

11.15.2 电容器两端电压的测定

电容运行（含单值电容和双值电容）的单相异步电动机，应在电动机额定运行（电压、频率、输出功率均为额定）时（对于修理后的检查性试验，可在空载下进行），测量辅绕组回路中电容器两端的电压值。

可单独使用电压表在试验过程中进行测量，也可在试验前将电压表并联在辅绕组回路中电容器两端（见图11-54）进行测量。

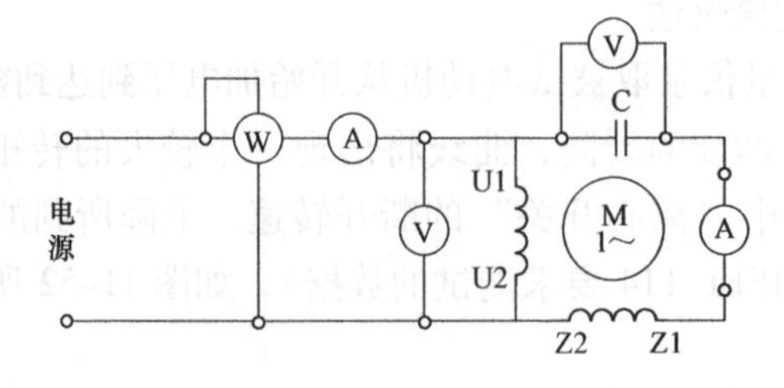

图11-54 双绕组运行单相电动机试验时的电气测量接线图

11.16 直流电机特有试验

GB/T 1311—2008《直流电机试验方法》中规定了直流电机整机出厂检查试验的项目和试验方法。

11.16.1 电枢绕组直流电阻的测量

测量时应将电刷提起或在两者之间用绝缘隔开，根据不同情况选择不同的测量方法。如将电刷提起或在两者之间用绝缘隔开有困难，只能将电刷放在换向器上进行测量时，应在位于两组相邻电刷的中心线下面，距离等于或接近于一个极距的两片换向片上进行测量。

1. 单波绕组

在等于或接近于奇数极距的两片换向片上进行测量，测得的电阻值即为该电枢绕组的直流电阻。

2. 无均压线的单叠绕组

在换向器直径两端的两片换向片上进行测量，并依式（11-29）进行计算，求得该电枢绕组电阻值 R_a（Ω）。

$$R_a=\frac{r}{p^2} \tag{11-29}$$

式中 r——实测的电枢绕组电阻值（Ω）；

p——被试电机的极对数。

3. 有均压线的单叠绕组

在相互间距离等于或最接近于奇数极距，并在装有均压线的两片换向片上进行测量，测得的电阻值即为被测电枢绕组的直流电阻。

4. 有均压线的复叠式或复波式绕组

在相互间距离最接近于一个极距，并在装有均压线的两片换向片上测量，测得的电阻值即为被测电枢绕组的直流电阻。

5. 蛙式绕组

应根据不同的形式选择不同的测量方法。

1）对单蛙式绕组，其直流电阻应在相隔一个极距的两片换向片上测量；

2）对双蛙式绕组，应在相邻的两片换向片上测量；

3）对三蛙式绕组，在相距一个极距的两片换向片上测量。

如果换向片数 K 与极数 $2p$ 的比值不是整数，应加上一个修正值 $\pm m/2$（m 为绕组的重路数）。此时，电枢绕组的直流电阻值 R_a（Ω）按式（11-30）计算。

$$R_a=\frac{r}{\left(\frac{\rho}{K}+1\right)m^2} \tag{11-30}$$

式中 r——实测的电枢绕组电阻值（Ω）；

ρ——被试电机蛙式绕组的电阻系数，见表11-14。

表 11-14 直流电机蛙式绕组的电阻系数

极数 $2p$	4	6	8	10	12	14	16	18	20	22
电阻系数 ρ	8.00	27.71	61.25	111.11	175.43	258.13	351.02	478.77	617.98	777.21

11.16.2 电枢绕组对地绝缘电阻的测定和耐电压试验

电枢绕组对地绝缘电阻的测定和耐电压试验的方法与相关规定同交流电机相同项目。耐电压试验时，所加电压值及试验时间见表 11-15。

表 11-15 直流电机电枢绕组对地耐交流电压试验所加电压值及试验时间

电机的额定电压/V	试验电压/V	试验时间/s
$U_N \leqslant 36$	700	60
$U_N > 36$	$2.5U_N + 1700$	

11.16.3 电刷中性线调整试验

电刷中性线是电枢绕组中电流正、负交替时刻电刷应处的位置，理论上应在磁极的径向中心线上。

电刷中性线位置的测定及调整试验属其他试验的前期工作。只有测定并调整达到要求后，方可进行其他运行试验。否则将会对其他试验造成不利的影响，甚至无法进行或产生某些性能不合格的严重后果。

电刷中性线位置的测定和调整有 3 种方法，即感应法、正反转发电机法和正反转电动机法。一般情况下应先在电机未接电源线时，用感应法测量并进行调整，使其基本符合要求后，再用另外两种方法之一进行复核和更细致的调整。下面介绍测定和调整方法的具体内容。

1. 感应法

感应法是一种比较常用的方法。此法所用设备很少、随处可用、操作简单、安全。

首先应保持电枢静止，励磁绕组接入一个可以通、断的直流电源，电压为 1/10 额定励磁电压以下（可用 4 节 1.5V 的一号干电池串联使用）。在任两个相邻的电刷上（也可为接线盒内电枢的两个引出线端），并接一块双向的直流毫伏表（表盘刻度线的中心为 0mV。若没有这种表，使用其他直流毫伏表或直流毫安表或指针式万用表也可以，但观察不如上述表方便。不可使用数字式仪表），如图 11-55 所示。

测试时，断续接通和断开励磁电源。此时，如果电刷不在中性线位置上，毫伏表指针则将随着励磁电源的通、断，以其零位为中心左右摆动。摆动幅度越大，说明电刷偏离中性线位置越远；毫伏表指针不摆动或摆动幅度很小时，说明电刷在（或相当接近）中性线位置。

当电刷偏离中性线位置时，应进行调整。调整的方法是：先将电刷架固定螺钉或压板松开少许，以使电刷架在一定力的作用下能沿圆周方向移动为准。向一个方向轻轻移动电刷架带动电刷在换向器外圆上移动，同时观看毫伏表指针摆动的情况，若摆动幅度变大，说明电刷移动后偏离中性线位置更远了，应改变移动方向，直至毫伏表指针的摆动幅度达到最小。

判断摆动幅度达到最小的方法是：毫伏表指针的摆动幅度达到某一较小范围后，又开始

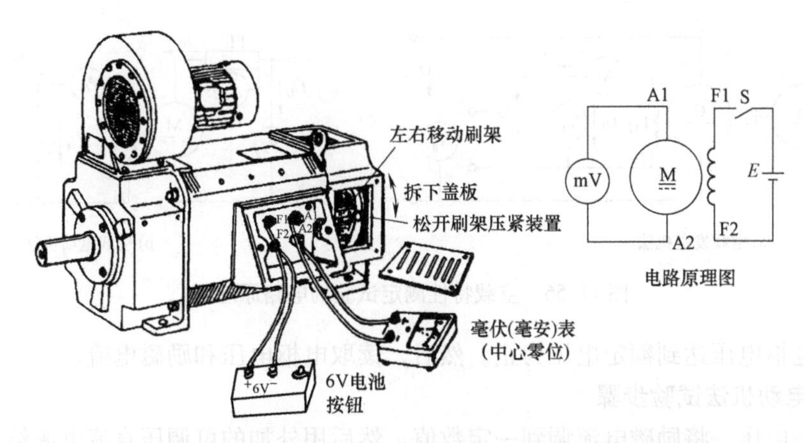

图 11-55　用感应法测试电刷中性线位置的实物接线图和电路原理图

变大，变大前的摆动幅度即达到了最小值。此点即为电刷应处的最佳位置，即中性线位置。

2. 正、反转发电机法

用他励方式给被试电机加励磁（不是他励的电机应改为他励），用另一台直流电动机拖动运转。试验中，应保持被试电机在转速、励磁电流和负载不变（可以空载）的情况下，使其进行一次正转和一次反转运行。若两次输出电压相等或接近相等，则说明该电机的电刷处在中性线位置；否则说明偏离了中性线位置，两次所测电压相差越多，偏离程度越大。

在运行中调整电刷位置，调整时，顺电枢旋转方向移动则电枢电压升高；反之则电枢电压降低。掌握这一规律有助于加快调整的速度。

3. 正、反转电动机法

只有允许逆转的电动机方可使用此法。试验时，被试电机应为他励，由其他直流电源供电。当被试电机拖动负载时，在保持输入电压、励磁电流和负载不变的情况下，使其正转和反转各运行一次。若两次运行时转速相等或很接近，则说明该电机的电刷处在中性线位置；否则说明偏离了中性线位置，两次所测转速相差越多，偏离程度越大。

在运行中调整电刷的位置，调整时，顺电枢旋转方向移动电刷时转速下降，反之则转速上升。

11.16.4　空载试验

直流电机的空载试验方法有两种，即空载发电机法和空载电动机法。一般采用前者，后者仅限于小型直流电动机使用。

1. 试验设备及试验电路

试验时，不论是空载发电机法还是空载电动机法，被试电机的励磁都要由单独的可调直流电源供电，即一律为他励，所以对原来不是他励励磁方式的电机，应改为他励。

采用发电机法进行试验时，用辅助电动机拖动被试电机，并调节被试电机转速使之保持在额定值不变，空载发电运行。试验电路接线原理如图 11-56a 所示。

采用空载电动机法进行试验时，用外加的可调直流电源给被试电机电枢通电空载运行。试验电路接线原理如图 11-56b 所示。

2. 空载发电机法试验步骤

起动拖动电机并逐渐达到被试电机的额定转速。给被试电机加励磁电流，从零开始逐步

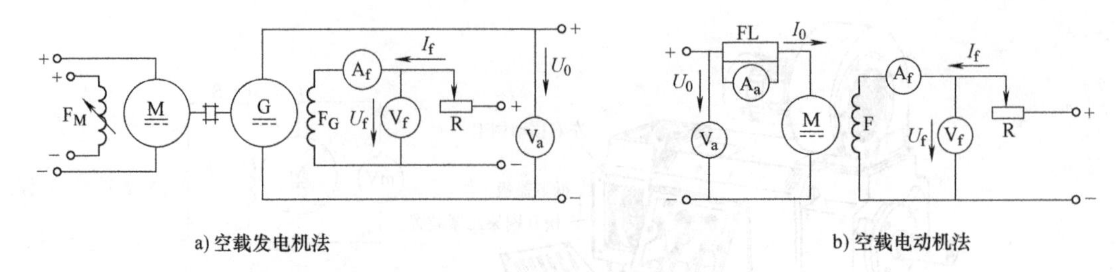

a) 空载发电机法　　b) 空载电动机法

图 11-56　空载特性测定试验的电路原理图

增加，直到电枢电压达到额定电压为止。然后，读取电枢电压和励磁电流。

3. 空载电动机法试验步骤

先加励磁电压，将励磁电流调到一定数值。然后用外加的可调压直流电源给被试电机电枢通电空载运行，保持转速为额定值。调节电枢电压为额定值，然后同时读取电枢电压和励磁电流的数值。

4. 空载电枢电压允许值和调整方法

在额定励磁电流时，空载电枢电压值与额定值相比，允许相差 ±5%。如果相差较多，则应通过增（或减）磁极铁心与机壳之间的垫片，对电机磁极与电枢间的气隙 δ 进行调整。当电枢电压偏高时，应减少垫片增大气隙 δ；反之，应增加垫片来减小气隙 δ。气隙大小的调整范围用式（11-31）进行计算。

$$\delta' = 2\Delta U_a \delta \qquad (11\text{-}31)$$

式中　δ'——需要调整的磁极与电枢之间的气隙（mm）；

δ——原磁极与电枢之间的气隙（mm）。

ΔU_a——允许的电压偏差值（电压偏差实际值与要求的电压值之比）。

11.16.5　负载试验和换向火花测定

对更换电枢绕组进行大修的直流电机，应进行负载试验和换向火花测定试验。

1. 试验电路

负载试验的试验电路有多种，但主要区别在于发电机发出的直流电是直接消耗掉还是回馈给电网。直接消耗掉的电路最简单，所以投资少，占地面积也小，但浪费电能，一般用于较小功率的电机，图 11-57即为一套用电阻消耗的电路。

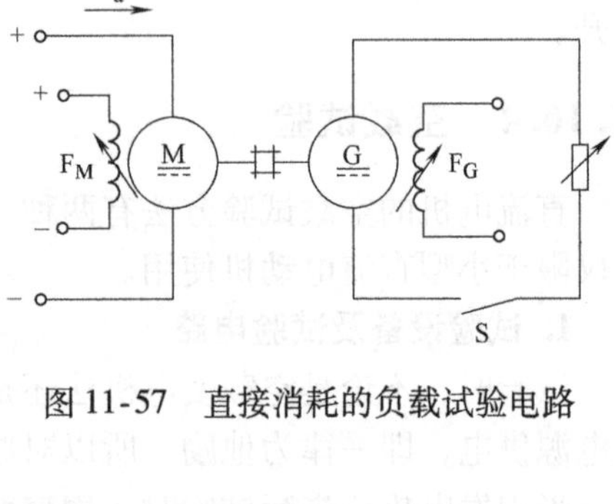

图 11-57　直接消耗的负载试验电路

2. 负载试验方法

以图 11-57 所示的试验电路为例，消耗电能的负载为适当容量的电阻，可用固体电阻或水电阻，应根据试验电机的容量进行调节，两台电机最好为同一种规格的直流电机，这样可方便地进行发电机或电动机负载试验。

试验时，调节负载电阻（粗调）和发电机的励磁（细调）达到调节电动机或发电机输出功率的目的。

做发电机试验时，保持转速为额定值，调节励磁电流和负载，使其输出电压和电流为额定值，记录此时的励磁电流。

做电动机试验时，保持电枢电压、输出转矩、励磁电压为额定值，记录此时的电枢电流和输出转速。

调速电动机在进行本项试验时，应分别在最低额定转速和最高额定转速下进行。

电机额定运行的持续时间一般为0.5 ~1h。

3. 换向火花的测定

额定负载时换向火花的测定在额定负载试验时附带着进行。调节被试电机的负载，自空载或1/4额定负载（对不允许空载的电机，如某些串励电机）到满载。在此过程中，用专用仪器或人眼观察加一定辅助手段的方法确定电刷与换向器之间发出的火花的等级。

直流电机换向火花等级的确定标准如附录18所列。

11.16.6 固有转速调整率和固有电压调整率的测定试验

对更换电枢绕组进行大修的直流电机，应进行固有转速调整率或固有电压调整率的试验。

1. 电动机固有转速调整率的测定试验

试验时，对于他励或并励电动机，应保持励磁电流不变；对于复励电动机，应保持励磁调节不变。逐步减少或增加负载电流，反复进行若干次，直到额定电流下转速相近为止。

直流电动机的固有转速调整率Δn_N（%）是电动机保持所加电枢电压为额定值，在额定负载时，调整励磁电流，将转速调整到额定值n_N，然后保持励磁电流不变（对于复励电动机，应保持励磁调节不变），将负载减少到零（即空载。对不允许空载的电机，应减少到1/4额定负载），此时的转速n_0与额定转速之差占额定转速n_N的百分数，即

$$\Delta n_N = \frac{n_0 - n_N}{n_N} \times 100\% \qquad (11\text{-}32)$$

在满载和空载（对不允许空载的电机，应减少到1/4额定负载）时测取两点数值。

允许逆转的电动机，应分别测取两个转向的固有转速调整率。

对调速电动机，应分别测取最低额定转速和最高额定转速两种情况下的固有转速调整率。

2. 发电机的固有电压调整率的测定试验

直流发电机的固有电压调整率ΔU_N（%）是发电机保持转速为额定值，在额定负载时，调整励磁电流将电枢电压调整到额定值U_N，然后保持励磁电流不变，将负载减少到零（即空载），此时的电枢电压U_0与额定电压U_N之差占额定电压U_N的百分数，即

$$\Delta U_N = \frac{U_0 - U_N}{U_N} \times 100\% \qquad (11\text{-}33)$$

试验时，保持额定转速和励磁调节不变（对于他励发电机，应保持励磁电流不变）。逐步减少或增加负载电流，反复进行若干次，直到额定电流下电压相近为止。在满载和空载时测取两点数值，数据包括：电枢电压、电枢电流（负载电流）、励磁电流和转速。用式（11-33）计算电压调整率ΔU_N（%）。

11.17 交流电机铁心损耗的测定试验

在各种交流电机的试验方法中，一般都是利用空载试验来求取电机的铁心损耗[1]，这种方法因其包含着空载杂散损耗而不能真实地反映铁心损耗的数值，给分析电机的性能造成了一些难度。本节介绍一种单独测定交流电机铁心损耗的方法，供使用时参考。

11.17.1 试验设备及电路

试验的电机铁心应为无绕组铁心。试验设备包括绕在被试电机铁心上的绝缘励磁绕组、测量绕组及一些仪表，试验电路如图 11-58 所示。

两套绕组的有关数据如下：

1. 励磁绕组

（1）励磁绕组的匝数 N_1 用式（11-34）和式（11-35）计算求得：

$$N_1 = \frac{45U_1}{A_{\mathrm{Fe}}} \tag{11-34}$$

$$A_{\mathrm{Fe}} = (l - nb_{\mathrm{v}})h_{\mathrm{j}}K_{\mathrm{e}} \tag{11-35}$$

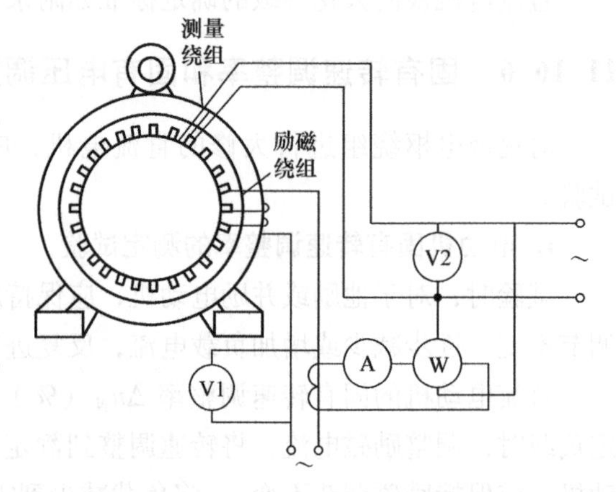

图 11-58 交流电机铁心损耗试验接线图

式中 U_1——试验时励磁绕组所加的电压，为交流 50Hz、220V 或 380V；

A_{Fe}——铁心轴向截面面积（cm^2）；

l——铁心长度（cm）；

n——铁心轴向通风槽数目（较小容量的电机无此项）；

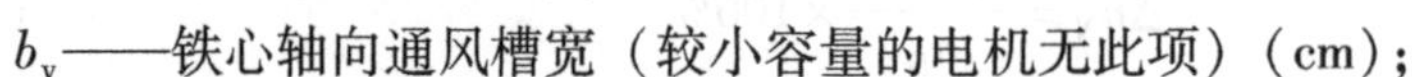
b_{v}——铁心轴向通风槽宽（较小容量的电机无此项）（cm）；

h_{j}——铁心轭部长度（槽底到铁心外缘的距离）（cm）；

K_{e}——铁心叠压系数。

（2）励磁绕组中流过的电流 I_1（A）用式（11-36）计算：

$$I_1 = 0.033F\frac{D - h_{\mathrm{j}}}{N_1} \tag{11-36}$$

式中 F——单位长度上的磁动势（A/m）对于 DR610－50 和 DR530－50 牌号的硅钢片，取 $F = 200 \sim 250\mathrm{A/m}$，对于 DR510－50 和 DR490－50 牌号的硅钢片，取 $F = 450 \sim 500\mathrm{A/m}$；

D——铁心外径（cm）。

励磁绕组所用导线的截面积与励磁电流的对应关系见表 11-16 所示。

表 11-16 励磁绕组所用导线的截面积与励磁电流的对应关系

导线的截面积/mm²	6	10	16	25	35	50
励磁电流/A	30	45	60	85	105	130

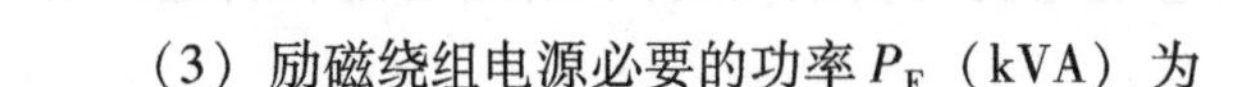
（3）励磁绕组电源必要的功率 P_{F}（kVA）为

$$P_F = I_1 U_1 / 1000 \tag{11-37}$$

式中　I_1——电源输出电流（A）；

U_1——电源输出电压（V）。

2. 测量绕组

测量绕组的匝数N_2用式（11-38）求取：

$$N_2 = N_1 \frac{U_2}{U_1} \tag{11-38}$$

式中　U_2——测量绕组的端电压（V）。

测量绕组的端电压U_2与铁心中的磁密B（T）成正比。若此电压与计算值不符，说明铁心磁密不是1T，试验时的铁心磁密为

$$B = kU_2 = \frac{45U_2}{A_{Fe}N_2} \tag{11-39}$$

11.17.2　试验方法

1）给励磁绕组加电压通电，10min后停电，用手摸定子内膛，选择温度最低的齿放置热电偶或温度计。再给励磁绕组加电压通电，10min后停电，用手摸定子内膛，选择温度最高的齿放置热电偶或温度计。

2）在定子内膛的其他地方再均匀地放置一些热电偶或温度计。

3）正式加电压进行试验90min左右。试验中每10min记录一次各点的温度。试验中，若发现任何一点的温度超过100℃或出现冒烟现象，应立即断电停止试验。

11.17.3　试验结果的确定

对于DR610－50和DR530－50牌号的硅钢片铁心，比损耗$P_{10.50}$不超过2.5W/kg；对于DR510－50和DR490－50牌号的硅钢片铁心，比损耗$P_{10.50}$不超过5.5W/kg；而且经过90min试验后，最热处的温升不超过45K；各部位的温差不超过25K，则认为铁心正常，可以使用。试验时的比损耗P_0（W/kg）用式（11-40）求取：

$$P_0 = \frac{40k_i P_W}{A_{Fe}(D-h_j)} \cdot \frac{N_1}{N_2} \tag{11-40}$$

式中　k_i——电流互感器的比数；

P_W——功率表显示的功率值（W）。

若轭部磁密为10kGs（$1Gs = 10^{-4}T$）时，U_2不等于计算值，则实际的比损耗P_1用式（11-41）求取：

$$P_1 = P_0 \left(\frac{U_{2P}}{U_2}\right)^2 \tag{11-41}$$

式中　P_0——试验时的比损耗（W/kg）；

U_{2P}和U_2——测量绕组的计算电压和实际电压（V）。

11.18　电机轴伸、集电环、换向器、凸缘端盖等圆跳动的测量

电机经修理组装成整机后，应对电机轴伸和绕线转子电机的集电环、直流电机的换向

器、凸缘端盖止口对轴线的径向圆跳动，以及凸缘端盖止口平面的轴向跳动进行测量，判定其是否符合要求。

11.18.1 测量用量具和辅助装置

上述项目的测量需用百分表（或千分表）和相关辅助器具。百分表和千分表分机械式和数显式两大类，如图 11-59 和图 11-60 所示。百分表的分度值为 0.01mm，即百分之一毫米，这也是其名称“百分表”的由来；千分表的分度值为 0.001mm，即千分之一毫米。除上述量具外，对于跳动较小的尺寸（最大 0.4mm、0.5mm 和 1mm，根据量具的规格确定），还可使用一种如图 11-61 所示称为杠杆百分表的量具（该量具比较精密，使用时应格外小心）。

百分表和千分表的使用方法相同，其有关技能请参看参考文献［4］。

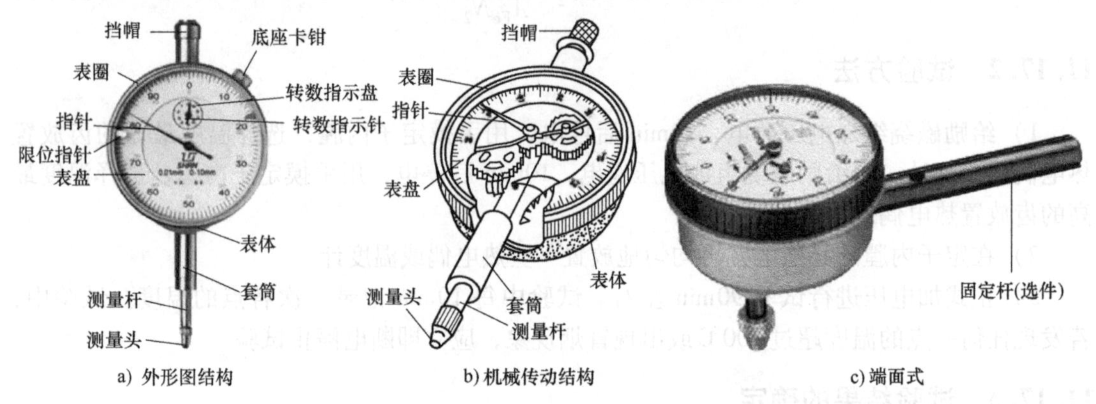

图 11-59 机械式百分表的外形和结构

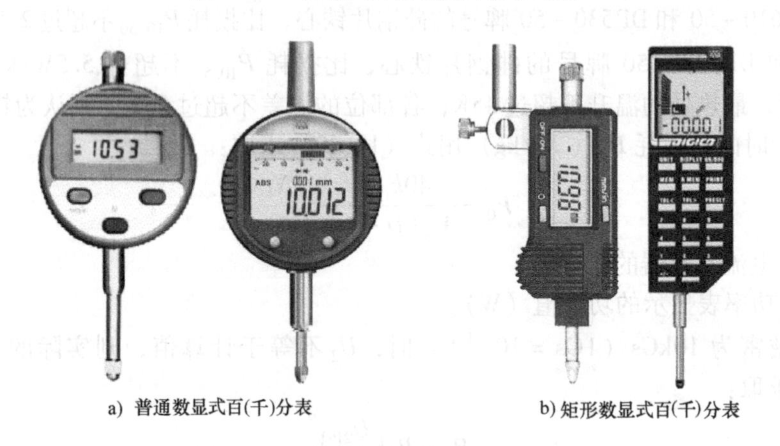

图 11-60 数显式百分表和千分表示例

测量时需要将百分表安装在如图 11-62 所示的万能表架上和磁力底座表架上；测量轴伸圆跳动并使用杠杆百分表时，可利用高度尺做支架。

11.18.2 测量电机轴伸对轴线的径向圆跳动

电机轴伸对轴线的径向圆跳动的大小是轴伸偏离理论轴中心线的程度。一些采用刚性安

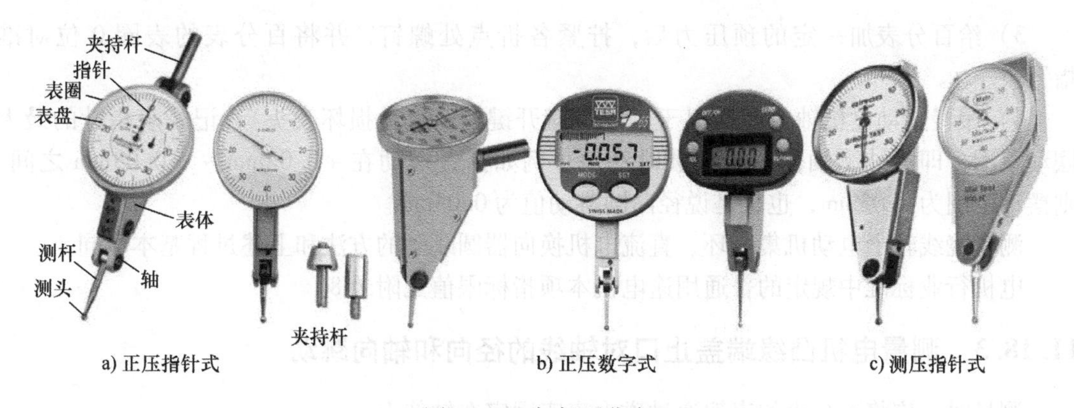

图 11-61　杠杆百分表

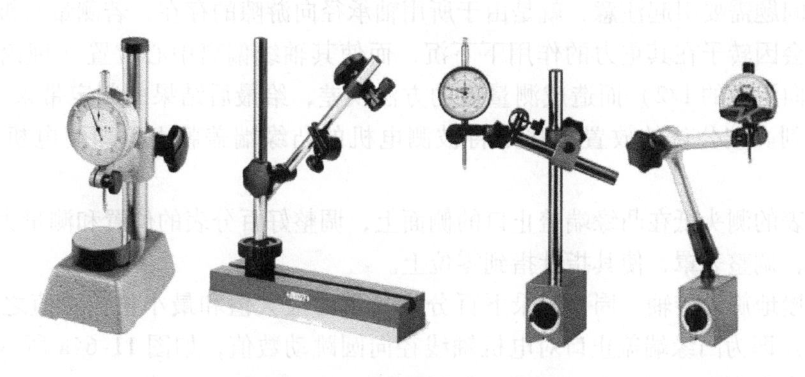

图 11-62　用表架安装百分表

装的机械对其要求较高。若达不到要求，就会造成设备的较大振动，有时甚至不能工作。

测量这项数据一般使用百分表。测量方法和注意事项如下：

1）将百分表安装在带磁力座的表架上。将磁力座吸附在靠近被测量点铁质平台或铁质电机端盖上。

2）调整百分表支杆，使表的测量杆头接触到测量点。对于轴伸和集电环，测量点应位于其轴向长度或宽度的中点处，如图 11-63 所示。

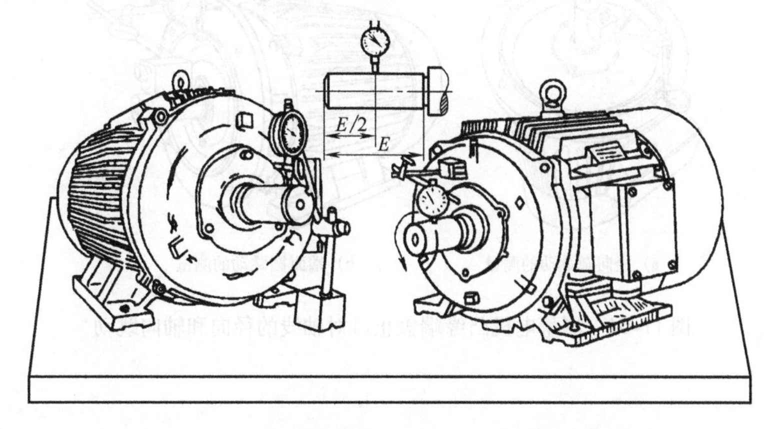

图 11-63　用百分表测量电机轴伸对轴线的圆跳动

3）给百分表加一定的预压力后，拧紧各折点处螺钉，并将百分表的表圈0位对准指针。

4）缓慢盘动电机轴一周（对于轴伸应避开键槽，以免损坏表头），记录表指针的最大摆动范围，即为被测轴伸的径向圆跳动值。例如指针摆动在+0.02mm～-0.03mm之间，则摆动范围为0.05mm，也就是说径向圆跳动值为0.05mm。

测量绕线转子电动机集电环、直流电机换向器圆跳动的方法和上述过程基本相同。

电机行业标准中规定的普通用途电机本项指标限值见附录8。

11.18.3 测量电机凸缘端盖止口对轴线的径向和轴向跳动

测量时，应将百分表的表架通过磁力表座固定在轴伸上。

1. 凸缘端盖止口对电机轴线径向圆跳动的测量

有一个问题需要引起注意，就是由于所用轴承径向游隙的存在，若测量时被测电机卧式放置时，将会因转子在其重力的作用下下沉，而使其轴线偏离中心位置（理论偏离值即为所用轴承径向游隙的1/2）而造成测量值的方法误差，给最后结果的判定带来一定的困难，甚至产生误判。较公认的放置方法是将被测电机的凸缘端盖朝上，即使电机轴线与地面垂直。

将百分表的测头抵在凸缘端盖止口的侧面上，调整好百分表的位置和测量力后将其固定在一个位置，调整表罩，使其指针指到零位上。

用手缓慢地旋动转轴一周，记录下百分表指示的最大值和最小值，两值之差（即指针摆动的范围）即为凸缘端盖止口对电机轴线径向圆跳动数值，如图11-64a所示。例如：径向圆跳动值为0.06mm-(-0.03mm)=0.09mm。

2. 凸缘端盖止口对电机轴线端面圆跳动的测量

测量凸缘端盖止口对电机轴线端面圆跳动方法与测量径向的方法基本相同，不同点只在于千分表的测头应放置在止口的端面上，如图11-64b所示。

例如：端面圆跳动值为0.04mm-(-0.03mm)=0.07mm。

普通用途电机的这两项指标限值见附录8。

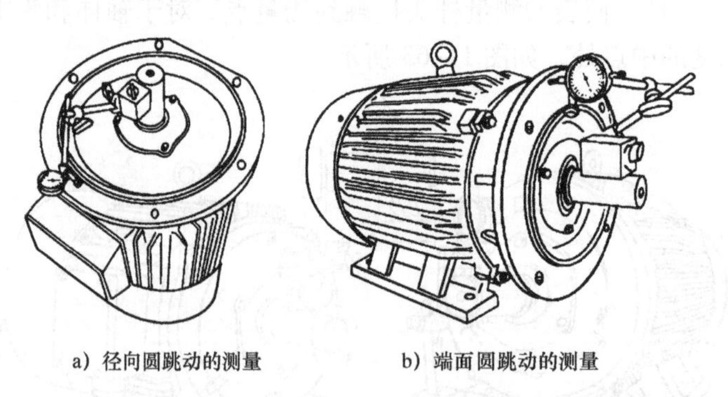

a）径向圆跳动的测量　　b）端面圆跳动的测量

图11-64　测量电机凸缘端盖止口对轴线的径向和轴向跳动

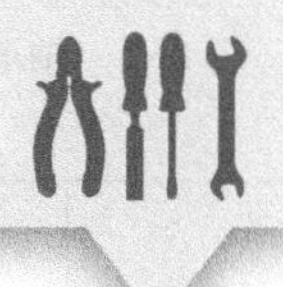

附录

附录1　深沟球轴承的径向游隙（GB/T 4604—2006）

内径范围/mm	游隙组别（代号）				
	2组（C2）	0组	3组（C3）	4组（C4）	5组（C5）
	游隙范围/μm				
>6～10	0～7	2～13	8～23	14～29	20～37
>10～18	0～9	3～18	11～25	18～33	25～45
>18～24	0～10	5～20	13～28	20～36	28～48
>24～30	1～11	5～20	13～23	23～41	30～53
>30～40	1～11	6～20	15～33	28～46	40～64
>40～50	1～11	6～23	18～36	30～51	45～73
>50～65	1～15	8～28	23～43	38～61	55～90
>65～80	1～15	10～30	25～51	46～71	65～105
>80～100	1～18	12～36	30～58	53～84	75～120
>100～120	2～20	15～41	36～66	61～97	90～140
>120～140	2～23	18～48	41～81	71～114	105～160
>140～160	2～23	18～53	46～91	81～130	120～180
>160～180	2～25	20～61	53～102	91～147	135～200
>180～200	2～30	25～71	63～117	107～163	150～230
>200～225	2～35	25～85	75～140	125～195	175～265
>225～250	2～40	30～95	85～160	145～225	205～300

附录2　我国和国外主要轴承生产厂电机常用滚动轴承型号对比表（内径10mm及以上）

轴承名称		型号				
		中国		日本NSK	日本NTN	瑞典SKF
		新	旧			
向心深沟球轴承	开启式	61800	1000800	6800	6800	61800
		6200	200	6200	6200	6200
	一面带防尘盖	61800-Z	106008	6800Z	6800Z	—
	两面带防尘盖	61800-2Z	1080800	6800ZZ	6800ZZ	—
		6200-2Z	80200	6200ZZ	6200ZZ	6200-2Z
	一面带密封圈	61800-RS	1160800	6800D	6800LU	61800-RS1
		6200-RS	160200	6200DU	6200LU	6200-RS1
		61800-RZ	1160800K	6800V	6800LB	61800-RZ
		6200-RZ	160200K	6200V	6200LB	6200-RZ

（续）

轴承名称		型号				
		中国		日本 NSK	日本 NTN	瑞典 SKF
		新	旧			
向心深沟球轴承	两面带防尘盖	61800-2RS	1180800	6800DD	6800LLU	61800-2RS1
		6200-2RS	180200	6200DDU	6200LLU	6200-2RS1
		61800-2RZ	1180800K	6800VV	6800LLB	61800-2RZ
		6200-2RZ	180200K	6200VV	6200LLB	6200-2RZ
内圈无挡边圆柱滚子轴承		NU1000	32100	NU1000	NU1000	NU1000
		NU200	32200	NU200	NU200	—
		NU200E	32200E	NU200ET	NU200E	NU200EC
推力球轴承		51100	8100	51100	51100	51100
推力圆柱滚子轴承		81100	9100	—	81100	81100

注：NSK——日本精工公司。
NTN——日本东洋轴承公司。
SKF——瑞典滚珠轴承制造公司。

附录3 Y（IP44）系列三相异步电动机现用和曾用轴承牌号

机座号	轴承牌号			
	主轴伸端		非主轴伸端	
	2极	4、6、8、10极	2极	4、6、8、10极
80	6204-2R/Z2（180204K-Z2）			
90	6205-2R/Z2（180205K-Z2）			
100	6206-2R/Z2（180206K-Z2）			
112	6206-2R/Z2（180306K-Z2）			
132	6208-2R/Z2（180308K-Z2）			
160	6209/Z2（309-Z2）			
180	6311/Z2（311-Z2）			
200	6312/Z2（312-Z2）			
225	6313/Z2（313-Z2）			
250	6314/Z2（314-Z2）			
280	6314/Z2（314-Z2）	6317/Z2（317-Z2）	6314/Z2（314-Z2）	6317/Z2（317-Z2）
315	6316/Z2（316-Z2）	NU319（2319）	6316/Z2（316-Z2）	6319/Z2（319-Z2）
355	6317/Z2（317-Z2）	NU322（2322）	6317/Z2（316-Z2）	6322/Z2（322-Z2）

注：括号内的为以前曾用过的轴承行业标准 ZBJ 11027—1989 中规定的轴承牌号。实际上轴承的尺寸系列是相同的，只是因为我国对滚动轴承的牌号组成规定进行了修改，因此牌号进行了变动。

附录4 Y2（IP54）系列三相异步电动机现用和曾用轴承牌号

机座号	轴承牌号			
	主轴伸端		非主轴伸端	
	2极	4、6、8、10极	2极	4、6、8、10极
80～100	同Y（IP44）系列			
112	6206-2Z（180206K-Z2）			

（续）

机座号	轴承牌号			
	主轴伸端		非主轴伸端	
	2 极	4、6、8、10 极	2 极	4、6、8、10 极
132	6208-2Z(180208K-Z2)			
160	6209-2Z(180209K-Z2)	6309-2Z(180309K-Z2)	6209-2Z(180209K-Z2)	
180	6211(211-ZV2)	6311-2Z(311-ZV2)	6211(211-ZV2)	
200	6212(212-ZV2)	6212(312-ZV2)	6212(212-ZV2)	
225	6312(312-ZV2)	6313(313-ZV2)	6312(312-ZV2)	
250	6313(313-ZV2)	6314(314-ZV2)	6313(313-ZV2)	
280	6314(314-ZV2)	6317(316-ZV2)	6314(314-ZV2)	
315	6317(317-ZV2)	NU319(2319-ZV2)	6317(317-ZV2)	6319(319-ZV2)
355	6319(319-ZV2)	NU322(2322-ZV2)	6319(319-ZV2)	6322(322-ZV2)

注：同附录3。

附录5　T分度铜—康铜和K分度镍铬—镍硅热电偶分度表

温度/℃	电动势/mV		温度/℃	电动势/mV		温度/℃	电动势/mV	
	T分度	K分度		T分度	K分度		T分度	K分度
0	0.000	0.000	70	2.908	2.851	140	6.204	5.735
10	0.391	0.397	80	3.357	3.267	150	6.702	6.145
20	0.789	0.798	90	3.813	3.682	160	7.207	6.540
30	1.196	1.203	100	4.277	4.096	170	7.718	6.949
40	1.611	1.612	110	4.749	4.367	180	8.235	7.340
50	2.035	2.023	120	5.227	4.920	190	8.757	7.748
60	2.467	2.436	130	5.712	5.330	200	9.286	8.138

附录6　Pt50和Pt100铂热电阻分度表

温度/℃	电阻/Ω		温度/℃	电阻/Ω		温度/℃	电阻/Ω	
	Pt50	Pt100		Pt50	Pt100		Pt50	Pt100
-100	27.44	59.65	40	53.26	115.78	180	77.99	196.54
-90	29.33	63.75	50	55.06	119.70	190	79.71	173.29
-80	31.21	67.84	60	56.86	123.60	200	81.43	177.03
-70	33.08	71.91	70	58.65	127.49	210	83.15	180.76
-60	34.94	75.96	80	60.43	131.37	220	84.86	184.48
-50	36.80	80.00	90	62.21	135.24	230	85.56	188.18
-40	38.65	84.03	100	63.99	139.10	240	88.26	191.88
-30	40.50	88.04	110	65.76	142.95	250	89.96	195.56
-20	42.34	92.04	120	67.52	146.78	260	91.64	199.23
-10	44.17	96.03	130	69.28	150.60	270	93.33	202.89
0	46.00	100.00	140	71.03	154.41	280	95.00	206.53
10	47.82	103.96	150	72.78	158.21	290	96.68	210.17
20	49.64	107.91	160	74.52	162.00	300	98.34	213.79
30	51.54	111.85	170	76.26	165.78	310	100.01	217.40

附录7 Y（IP44）和Y2（IP54）系列三相异步电动机轴伸尺寸及圆跳动公差

（单位：mm）

机座号	极数	轴伸直径及公差	轴伸圆跳动限值	键、键槽宽度及公差	键高及公差
63M	2,4	$11^{+0.008}_{-0.003}$	≤0.04	$4^{+0}_{-0.030}$	$4^{+0}_{-0.075}$（$^{+0}_{-0.030}$）
71M	2~6	$14^{+0.008}_{-0.003}$		$5^{+0}_{-0.030}$	$5^{+0}_{-0.075}$（$^{+0}_{-0.030}$）
80	2~8	$19^{+0.009}_{-0.004}$		$6^{+0}_{-0.030}$	$6^{+0}_{-0.075}$（$^{+0}_{-0.030}$）
90S		$24^{+0.009}_{-0.004}$		$8^{+0}_{-0.036}$	$7^{+0}_{-0.09}$
90L					
100L		$28^{+0.009}_{-0.004}$			
112M					
132S		$38^{+0.018}_{+0.002}$	≤0.05	$10^{+0}_{-0.036}$	$8^{+0}_{-0.09}$
132M					
160M		$42^{+0.018}_{+0.002}$		$12^{+0}_{-0.043}$	
160L					
180M		$48^{+0.018}_{+0.002}$		$14^{+0}_{-0.043}$	$9^{+0}_{-0.09}$
180L					
200L		$55^{+0.030}_{+0.011}$	≤0.06	$16^{+0}_{-0.043}$	$10^{+0}_{-0.09}$
225S	4,8	$60^{+0.030}_{+0.011}$		$18^{+0}_{-0.043}$	$11^{+0}_{-0.11}$
225M	2	$65^{+0.030}_{+0.011}$		$16^{+0}_{-0.043}$	$10^{+0}_{-0.09}$
	4~8	$75^{+0.030}_{+0.011}$		$18^{+0}_{-0.043}$	$11^{+0}_{-0.11}$
250M	2	$65^{+0.030}_{+0.011}$			
	4~8	$80^{+0.030}_{+0.011}$			
280S	2	$65^{+0.030}_{+0.011}$			
280M	4~8	$80^{+0.030}_{+0.011}$		$20^{+0}_{-0.052}$	$12^{+0}_{-0.11}$
315S	2	$65^{+0.030}_{+0.011}$		$18^{+0}_{-0.043}$	$11^{+0}_{-0.11}$
315M 315L	4~10	$80^{+0.030}_{+0.011}$		$22^{+0}_{-0.052}$	$14^{+0}_{-0.11}$
355M	2	$75^{+0.030}_{+0.011}$		$22^{+0}_{-0.052}$	$12^{+0}_{-0.11}$
355L	4~10	$95^{+0.035}_{+0.013}$	≤0.07	$25^{+0}_{-0.052}$	$14^{+0}_{-0.11}$

注：括号“（）”内的公差值适用平头普通平键。

附录 8　凸缘端盖止口对电机轴线的径向和轴向圆跳动公差

<table>
<tr><th colspan="2">止口直径 N/mm</th><th rowspan="2">圆跳动公差
/mm</th><th colspan="2">止口直径 N/mm</th><th rowspan="2">圆跳动公差
/mm</th></tr>
<tr><th>公称尺寸</th><th>公差带</th><th>公称尺寸</th><th>公差带</th></tr>
<tr><td>60</td><td rowspan="3">+0.012
−0.007</td><td rowspan="4">0.080</td><td>230</td><td rowspan="2">+0.016
−0.013</td><td>0.100</td></tr>
<tr><td>70</td><td>250</td><td rowspan="4">0.125</td></tr>
<tr><td>80</td><td>300</td><td>±0.016</td></tr>
<tr><td>95</td><td rowspan="2">+0.013
−0.009</td><td>350</td><td>±0.018</td></tr>
<tr><td>110</td><td rowspan="3">0.100</td><td>450</td><td>±0.020</td></tr>
<tr><td>130</td><td rowspan="2">+0.014
−0.011</td><td>550</td><td>±0.022</td><td rowspan="2">0.16</td></tr>
<tr><td>180</td><td>680</td><td>±0.025</td></tr>
</table>

附录 9　Y 系列（IP44）三相异步电动机堵转转矩 T_K^*（倍数）、堵转电流 I_K^*（倍数）限值

<table>
<tr><th rowspan="3">功率
/kW</th><th colspan="10">电动机极数</th></tr>
<tr><th colspan="2">2</th><th colspan="2">4</th><th colspan="2">6</th><th colspan="2">8</th><th colspan="2">10</th></tr>
<tr><th>T_K^*</th><th>I_K^*</th><th>T_K^*</th><th>I_K^*</th><th>T_K^*</th><th>I_K^*</th><th>T_K^*</th><th>I_K^*</th><th>T_K^*</th><th>I_K^*</th></tr>
<tr><td>0.55</td><td>—</td><td>—</td><td rowspan="2">2.4</td><td rowspan="2">6.0</td><td>—</td><td>—</td><td rowspan="4">—</td><td rowspan="4">—</td><td rowspan="15">—</td><td rowspan="15">—</td></tr>
<tr><td>0.75</td><td rowspan="6">2.2</td><td>6.5</td><td rowspan="9">2.0</td><td rowspan="2">5.5</td></tr>
<tr><td>1.1</td><td rowspan="17">7.0</td><td rowspan="2">2.3</td><td rowspan="2">6.5</td></tr>
<tr><td>1.5</td><td rowspan="2">6.0</td></tr>
<tr><td>2.2</td><td rowspan="7">2.2</td><td rowspan="15">7.0</td><td rowspan="5">2.0</td><td rowspan="2">5.5</td></tr>
<tr><td>3</td><td rowspan="16">6.5</td></tr>
<tr><td>4</td><td rowspan="2">6.0</td></tr>
<tr><td>5.5</td><td rowspan="12">2.0</td></tr>
<tr><td>7.5</td><td>5.5</td></tr>
<tr><td>11</td><td>1.7</td><td rowspan="7">6.0</td></tr>
<tr><td>15</td><td rowspan="3">1.8</td><td>1.8</td></tr>
<tr><td>18.5</td><td rowspan="3">2.0</td><td>1.7</td></tr>
<tr><td>22</td><td rowspan="4">1.8</td></tr>
<tr><td>30</td><td>1.7</td></tr>
<tr><td>37</td><td rowspan="2">1.9</td><td rowspan="3">1.8</td></tr>
<tr><td>45</td><td rowspan="3">1.4</td><td rowspan="3">6.0</td></tr>
<tr><td>55</td><td>2.0</td><td rowspan="5">1.6</td><td rowspan="3">6.5</td></tr>
<tr><td>75</td><td rowspan="2">1.9</td><td rowspan="4">1.6</td></tr>
<tr><td>90</td><td rowspan="5">—</td><td rowspan="5">—</td></tr>
<tr><td>110</td><td rowspan="4">1.8</td><td rowspan="4">6.8</td><td rowspan="4">1.8</td><td rowspan="4">6.8</td><td rowspan="2">6.3</td></tr>
<tr><td>132</td></tr>
<tr><td>160</td><td rowspan="2">—</td><td rowspan="2">—</td><td rowspan="2">—</td><td rowspan="2">—</td></tr>
<tr><td>200</td></tr>
</table>

注：T_K^* = 堵转转矩/额定转矩；I_K^* = 堵转电流/额定电流。摘自 JB/T 10391—2008。

附录10 某厂Y（IP44）系列三相异步电动机相电阻统计平均值（25℃时）

机座号	功率/kW	相电阻/Ω	机座号	功率/kW	相电阻/Ω	机座号	功率/kW	相电阻/Ω
801-2	0.75	8.22	160L-4	15	0.503	355M2-6	185	0.01783
802-2	1.1	5.62	180M-4	18.5	0.419	355M3-6	200	0.01560
90S-2	1.5	3.9	180L-4	22	0.1677	355L1-6	220	0.01411
90L-2	2.2	2.35	200L-4	30	0.1300	355L2-6	250	0.01010
100L-2	3	1.51	225S-4	37	0.0881	400L1-6	315	0.00761
112M-2	4	3.06	225M-4	45	0.0738	400L2-6	355	0.00609
132S1-2	5.5	2.39	250M-4	55	0.0478	400L3-6	400	0.00531
132S2-2	7.5	1.47	280S-4	75	0.01774	132S-8	2.2	2.22
160M1-2	11	0.63	280M-4	90	0.02550	132M-8	3	1.51
160M2-2	15	0.45	315S-4	110	0.01828	160M1-8	4	2.52
160L-2	18.5	0.33	315M1-4	132	0.01468	160M2-8	5.5	1.80
180M-2	22	0.28	315M2-4	160	0.01397	160L-8	7.5	1.27
200L1-2	30	0.185	315L1-4	160	0.01189	180L-8	11	0.94
200L2-2	37	0.138	315L2-4	200	0.00981	200L-8	15	0.604
225M-2	45	0.107	355M1-4	220	0.00839	225S-8	18.5	0.0411
250M-2	55	0.070	355M2-4	250	0.00728	225M-8	22	0.2935
280S-2	75	0.050	355L1-4	280	0.00676	250M-8	30	0.2382
280M-2	90	0.042	355L2-4	315	8.60	280S-8	37	0.1761
315S-2	110	0.0226	400L1-4	355	5.95	280M-8	45	0.1300
315M1-2	132	0.0176	90S-6	0.75	3.77	315S-8	55	0.0805
315M2-2	160	0.0127	90L-6	1.1	2.26	315M1-8	75	0.0523
315L1-2	160	0.0109	100L-6	1.5	1.510	315M2-8	90	0.0361
315L2-2	200	0.0108	112M-6	2.2	2.26	315M3-8	110	0.03187
355M1-2	220	0.0111	132S-6	3	1.53	355M1-8	132	0.02347
355M2-2	250	0.0108	132M1-6	4	3.19	355M2-8	160	0.01931
355L1-2	280	0.00847	132M2-6	5.5	2.15	355L1-8	185	0.01634
355L2-2	315	0.00817	160M-6	7.5	0.587	355L2-8	200	0.01434
801-4	0.55	12.16	180L-6	15	0.486	400L1-8	250	0.01006
802-4	0.75	8.471	200L1-6	18.5	0.361	400L2-8	315	0.00780
90S-4	1.1	5.452	200L2-6	22	0.218	315S-10	45	0.09645
90L-4	1.5	3.858	225M-6	30	0.193	315M1-10	55	0.07213
100L1-4	2.2	2.474	250M-6	37	0.143	315M2-10	75	0.04781
100L2-4	3	1.665	280S-6	45	0.107	355M1-10	90	0.03194
112M-4	4	2.935	280M-6	55	0.06072	355M2-10	110	0.02050
132S-4	5.5	2.013	315M2-6	110	0.03355	355L1-10	132	0.02491
132M-4	7.5	1.342	315M3-6	132	0.02516	400L2-12	200	0.01510
160M-4	11	0.772	355M1-6	160	0.02021			

附录 11 Y（IP44）和 Y2（IP54）系列三相异步电动机额定电压时的空载电流和额定电流时的堵转电压统计平均值

机座号	$U_d=U_N$ 时的 I_0/I_N（%）	$I_d=I_N$ 时的堵转电压/V	机座号	$U_d=U_N$ 时的 I_0/I_N（%）	$I_d=I_N$ 时的堵转电压/V	机座号	$U_d=U_N$ 时的 I_0/I_N（%）	$I_d=I_N$ 时的堵转电压/V
801－2	50	90	132M－4	43	80	315S－6	32	90
802－2	42		160M－4	37	90	315M1－6	32	80
90S－2	47	80	160L－4	38	80	315M2－6	32	
90L－2	40		180M－4	35	70	315M3－6	34	
100L－2	40		180L－4	35	60	355M1－6	35	
112M－2	36	70	200L－4	34	70	355M2－6	35	
132S1－2	31	80	225S－4	30		355M3－6	36	70
132S2－2	30		225M－4	29		355L1－6	33	
160M1－2	30	70	250M－4	28		355L2－6	34	
160M2－2	30	80	280S－4	28		132S－8	65	90
160L－2	29		280M－4	30		132M－8	66	
180M－2	30	70	315S－4	35		160M1－8	55	100
200L1－2	29	60	315M1－4	34		160M2－8	57	
200L2－2	30	70	315M2－4	30		160L－8	56	
225M－2	24		315L1－4	30	60	180L－8	52	90
250M－2	28		315L2－4	32		200L－8	48	
280S－2	26		355M1－4	30	80	225S－8	48	110
280M－2	27		355M2－4	27	70	225M－8	46	100
315S－2	30	60	355L1－4	30		250M－8	43	90
315M1－2	27		355L2－4	31		280S－8	45	
315M2－2	28		90S－6	70	100	280M－8	45	
315L1－2	28		90L－6	70	110	315S－8	38	
315L－2	27		100L－6	67	100	315M1－8	42	
315L2－2	25		112M－6	64		315M2－8	41	
355M1－2	26	50	132S－6	55	90	315M3－8	41	
355M2－2	23		132M1－6	54		355M1－8	41	
355L1－2	22		132M2－6	56	100	355M2－8	40	
355L2－2	22		160M－6	48		355L1－8	39	80
801－4	66	110	160L－6	50		355L2－8	40	
802－4	65	100	180L－6	45	80	315S－10	53	90
90S－4	60		200L1－6	42		315M1－10	53	80
90L－4	55	90	200L2－6	43		315M2－10	58	90
100L1－4	55	70	225M－6	33	90	355M1－10	50	
100L2－4	53		250M－6	26	80	355M2－10	44	
112M－4	50		280S－6	30		355L1－10	50	
132S－4	43	80	280M－6	31		355L2－10	46	

附录 12　电机振动限值（有效值，摘自 GB/T 10068—2020）

等级	安装方式	56≤机座号≤132		机座号>132	
		位移/μm	速度/（mm/s）	位移/μm	速度/（mm/s）
A	自由悬挂	45	2.8	45	2.8
	刚性安装	—	—	37	2.3
B	自由悬挂	18	1.1	29	1.8 2.8①
	刚性安装	—	—	24	1.5 1.8①

注：1. 等级 A 适用于对振动无特殊要求的电机。
　　2. 等级 B 适用于对振动有特殊要求的电机。机座号≤132 的电机，不考虑刚性安装。
　　3. 应考虑到检测仪器可能有 ±10% 的测量误差。
　　4. 一台电机，自身平衡较好且振动强度等级符合本表的要求，但安装在现场中因受各种因素，如地基不平、负载机械的反作用以及电源中的纹波电流影响等，也会显示较大的振动。另外，由于所驱动的诸单元的固有频率与电机旋转体微小残余不平衡极为接近也会引起振动，在这些情况下，不仅只是对电机，而且对装置中的每一单元都要检验。

① 适用于 2 极电动机。

附录 13　普通小功率交流电动机振动限值（摘自 GB/T 5171.1—2014）

电动机类型	三相异步和同步电动机	单相异步和同步电动机
振动速度有效值/(mm/s)	1.8	2.8

注：对于三相和单相异步电动机，应为铁壳和铝壳结构。

附录 14　小功率交流换向器电动机额定转速空载运行振动限值（摘自 GB/T 5171.1—2014）

额定转速/(r/min)	定子铁心外径/mm	
	≤90	>90
	振动速度有效值/(mm/s)	
≤4000	1.8	2.8
>4000～8000	2.8	4.5
>8000～12000	4.5	7.1
>12000～18000	11.2	11.2
>18000	在相应标准中规定	

附录 15　旋转电机（附录 16 规定的除外）空载 A 计权声功率级限值（摘自 GB/T 10069.3—2008）

额定转速 n/(r/min)	$n \leqslant 960$		$960 < n \leqslant 1320$		$1320 < n \leqslant 1900$		$1900 < n \leqslant 2360$		$2360 < n \leqslant 3150$		$3150 < n \leqslant 3750$	
冷却方式类型	A	B	A	B	A	B	A	B	A	B	A	B
防护型式类型	C	D	C	D	C	D	C	D	C	D	C	D
输出功率 P_N/kW	A 计权声功率级限值/dB											
$1 \leqslant P_N \leqslant 1.1$	73	73	76	76	77	78	79	81	81	84	82	88
$1.1 < P_N \leqslant 2.2$	74	74	78	78	81	82	83	85	85	88	86	91
$2.2 < P_N \leqslant 5.5$	77	78	81	82	85	86	86	90	89	93	93	95
$5.5 < P_N \leqslant 11$	81	82	85	85	88	90	90	93	93	97	97	98
$11 < P_N \leqslant 22$	84	86	88	88	91	94	93	97	96	100	97	100
$22 < P_N \leqslant 37$	87	90	91	91	94	98	96	100	99	102	101	102
$37 < P_N \leqslant 55$	90	93	94	94	97	100	98	102	101	104	103	104
$55 < P_N \leqslant 110$	93	96	97	98	100	103	101	104	103	106	105	106
$110 < P_N \leqslant 220$	97	99	100	102	103	106	103	107	105	109	107	110
$220 < P_N \leqslant 550$	99	102	103	105	106	108	106	109	107	111	110	113

注：1. 表中冷却方式类型一栏的“A”代表 IC01、IC11、IC21 三种方式；“B”代表 IC411、IC511、IC611 三种方式。
　　2. 表中防护型式类型一栏的“C”代表 IP22、IP23 两种方式；“D”代表 IP44、IP55 两种方式。

附录 16 冷却方式为 IC411、IC511、IC611 三种方式的单速三相笼型异步电动机空载 A 计权声功率级限值（摘自 GB/T 10069.3—2008）

中心高/mm	A 计权声功率级限值/[dB(A)]			
	2 极	4 极	6 极	8 极
90	78	66	63	63
100	82	70	64	64
112	83	72	70	70
132	85	75	73	71
160	87	77	73	72
180	88	80	77	76
200	90	83	80	79
225	92	84	80	79
250	92	85	82	80
280	94	88	85	82
315	98	94	89	88
355	100	95	94	92
400	100	96	95	94
450	100	98	98	96
500	103	99	98	97
560	105	100	99	98

注：1. 冷却方式为 IC01、IC11、IC21 的电动机声功率级将提高如下：2 极和 4 极电动机，+7dB（A）；6 极和 8 极电动机，+4dB（A）。

2. 中心高 315mm 以上的 2 极和 4 极电动机声功率级值指风扇结构为单向旋转的，其他值为双向旋转的风扇结构。

3. 60Hz 电动机声功率级值增加：2 极电动机，+5dB（A）；4 极、6 极和 8 极电动机，+3dB（A）。

附录 17 Y（IP44）和 Y2（IP54）系列三相异步电动机噪声声功率级限值

[单位：dB（A）]

功率/kW	电机极数									
	2		4		6		8		10	
	Y	Y2	Y	Y2	Y	Y2	Y	Y2	Y	Y2
0.18	—	—	—	—	—	—	—	52	—	—
0.25	—	—	—	—	—	—	—	52	—	—
0.37	—	—	—	—	—	54	—	56	—	—
0.55	—	—	67	58	—	54	—	56	—	—
0.75	71	67	67	58	65	57	—	59	—	—
1.1	71	67	67	61	65	57	—	59	—	—
1.5	75	72	67	61	67	61	—	61	—	—
2.2	75	72	70	64	67	64	66	64	—	—
3	79	76	70	64	71	69	66	64	—	—

（续）

功率/kW	电机极数									
	2		4		6		8		10	
	Y	Y2	Y	Y2	Y	Y2	Y	Y2	Y	Y2
4	79	77	74	65	71	69	69	68		
5.5	83	80	78	71	71	69	69	68		
7.5	83	80	78	71	75	73	72	68		
11	87	86	82	75	75	73	72	70		
15	87	86	82	75	78	73	75	73	—	—
18.5	87	86	82	76	78	76	75	73		
22	92	89	82	76	78	76	75	73		
30	95	92	84	79	81	76	78	75		
37	95	92	84	81	81	78	78	76		
45	97	92	84	81	84	80	78	76	8	82
55	97	93	86	83	84	80	87	82	87	82
75	99	94	90	86	92	85	87	82	87	82
90	99	94	90	86	92	85	87	82		82
110	104	96	98	93	92	85	87	82		90
132	104	96	101	93	92	85		90		90
160	104	99	101	97		92		90	—	90
200	104	99	101	97		92	—	90		
250		103		101	—	92				—
315	—	103	—	101		—		—	—	

注：1. Y系列电动机的标准摘自JB/T 10391—2008，该技术条件中的噪声级标准分两个级别，即1级和2级，1级比2级要求高（限值低5dB左右），本表所列为2级。

2. Y2系列电动机的标准摘自JB/T 8680—2008，该技术条件中的噪声级标准分空载和负载量部分，本表所列为空载部分。

附录18　电机换向火花等级的确定标准

火花等级	电刷下的火花程度	换向器及电刷的状态
1	无火花	换向器上没有黑痕，电刷上没有灼痕
$1\frac{1}{4}$	电刷边缘仅有小部分（1/5 ~ 1/4 刷边长）有断续的几点点状火花	
$1\frac{1}{2}$	电刷边缘有大部分（约1/2电刷边长）有连续的、较稀的颗粒状火花	换向器上有黑痕，但不发展，用汽油能擦除；同时在电刷上有轻微的灼痕
2	电刷边缘有大部分或全部有连续的、较密的颗粒状火花，开始有断续的舌状火花	换向器上有黑痕，用汽油不能擦除；同时在电刷上有灼痕。若短时出现这一级火花，换向器上不会出现灼痕，电刷不会烧焦或损坏
3	电刷整个边缘有强烈的火花，并伴有爆裂声响	换向器上黑痕相当严重，用汽油不能擦除；同时在电刷上有灼痕。若在这一级火花下短时运行，换向器上就会出现灼痕，电刷将被烧焦或损坏

附录19　电磁线型号的含义

绝缘层材料				导体	
绝缘漆	绝缘纤维	其他绝缘层	绝缘特征	材料	特性
Q—油性漆 QA—聚氨酯漆 QG—硅有机漆 QH—环氧漆 QQ—缩醛漆 QXY—聚酰胺酰亚胺漆 QY—聚酰亚胺漆 QZ—聚酯漆 QZY—聚酯亚胺漆	M—棉纱 SB—玻璃丝 SR—人造丝 ST—天然丝 Z—纸	V—聚氯乙烯 YM—氧化膜	B—编制 C—醇酸胶粘漆浸渍 E—双层 G—硅有机胶粘漆浸渍 J—加厚 N—自黏性 F—耐制冷性 S—彩色 S—三层	L—铝线 TWC—无磁性铜	B—扁线 D—带箔 J—绞制 R—柔软

注：当型号字母后加“—1”时，表示薄漆层，加“—2”时，表示厚漆层。例如，QZL—1为薄漆层聚酯漆包铝线。

附录20　QZ-1、QZ-2型高强度漆包圆铜线规格

铜线直径 /mm	标称截面积 /mm²	最大外径		单位质量 /(kg/km)	单位电阻(20℃) /(Ω/km)
		QZ-1 /mm	QZ-2 /mm		
0.10	0.00785	0.125	0.13	0.076	2270
0.11	0.00950	0.135	0.14	0.092	1813
0.12	0.01131	0.145	0.15	0.108	1523
0.13	0.01325	0.155	0.16	0.126	1296
0.14	0.01537	0.165	0.17	0.145	1118
0.15	0.01767	0.175	0.18	0.167	974
0.16	0.02011	0.19	0.20	0.19	856
0.17	0.0227	0.20	0.21	0.213	758
0.18	0.02545	0.20	0.22	0.237	672
0.19	0.02835	0.22	0.23	0.264	606
0.20	0.03142	0.23	0.24	0.292	548
0.21	0.03464	0.24	0.25	0.321	497
0.23	0.04155	0.265	0.28	0.386	415
0.25	0.0491	0.29	0.30	0.454	351
0.27	0.0573	0.31	0.32	0.509	300
0.28	0.0616	0.32	0.33	0.514	280
0.29	0.0661	0.33	0.34	0.608	260
0.31	0.0755	0.35	0.36	0.693	228
0.33	0.0855	0.37	0.39	0.784	201
0.35	0.0962	0.39	0.41	0.884	178.8
0.38	0.1134	0.42	0.44	1.04	151.8
0.40	0.1257	0.44	0.46	1.202	136
0.41	0.132	0.45	0.47	1.208	130.3

（续）

铜线直径/mm	标称截面积/mm^2	最大外径		单位质量/(kg/km)	单位电阻(20℃)/(Ω/km)
		QZ-1/mm	QZ-2/mm		
0.42	0.1385	0.46	0.48	1.254	124
0.44	0.1521	0.47	0.50	1.39	113.2
0.45	0.1602	0.49	0.51	1.438	110.3
0.47	0.1735	0.51	0.53	1.58	99.12
0.49	0.1886	0.52	0.54	1.626	90.3
0.50	0.1964	0.54	0.56	1.776	91.8
0.51	0.204	0.55	0.57	1.88	84.4
0.53	0.221	0.58	0.60	2.03	77.1
0.55	0.238	0.59	0.62	2.20	72.3
1.00	0.785	1.07	1.11	6.80	21.9
1.03	0.8332	—	—	7.22	20.63
1.04	0.849	1.11	1.15	7.60	20.3
1.06	0.883	1.14	1.17	7.73	19.7
1.08	0.916	1.16	1.19	8.14	18.79
1.12	0.985	1.2	1.23	8.9	17.47
1.13	1.002	—	—	9.05	17.17
1.16	1.057	1.23	1.25	9.4	16.28
1.18	1.093	1.26	1.29	9.9	15.73
1.20	1.131	1.28	1.31	10.5	15.22
1.25	1.227	1.33	1.36	10.9	14.02
1.30	1.327	1.38	1.41	11.8	12.96
1.33	1.389	—	—	12.35	12.38
1.35	1.431	1.43	1.46	12.7	12.01
1.37	1.4741	—	—	13.08	11.66
1.40	1.539	1.48	1.51	13.7	11.18
1.45	1.651	1.53	1.56	14.7	10.41
1.50	1.767	1.58	1.61	15.7	9.74
1.56	1.911	1.64	1.67	17.3	9.0
1.60	2.011	1.69	1.72	18.1	8.53
1.62	2.06	1.71	1.72	18.32	8.36
1.68	2.22	1.76	1.79	19.7	7.75
1.70	2.271	1.79	1.82	20.43	7.0
1.74	2.38	1.82	1.85	21	7.23
1.80	2.545	1.89	1.92	23	6.9
1.81	2.57	1.9	1.94	23.5	6.7

（续）

铜线直径 /mm	标称截面积 /mm^2	最大外径		单位质量 /(kg/km)	单位电阻(20℃) /(Ω/km)
		QZ-1 /mm	QZ-2 /mm		
1.88	2.78	1.96	2.0	24.7	6.19
1.90	2.834	1.99	2.02	25.4	6.0
1.95	2.99	—	2.07	26.5	5.76
2.02	3.2	—	2.14	28.5	5.38
2.10	3.4	—	2.39	30.8	4.97
2.26	4.01	—	2.57	35.7	4.29
2.34	4.3	—	2.61	38.0	4.0

附录21 扁铜线和漆包扁铜线规格

扁铜线尺寸 厚/mm×宽/mm	漆包扁铜线最大尺寸厚/mm×宽/mm	漆包线单位质量 /(kg/km)	扁铜线尺寸 厚/mm×宽/mm	漆包扁铜线最大尺寸厚/mm×宽/mm	漆包线单位质量 /(kg/km)
0.9×2.5	1.04×2.66	18.9	1.0×3.0	1.14×3.17	25.3
0.9×2.65	1.04×2.81	20.12	1.0×3.15	1.14×3.32	26.65
0.9×2.8	1.04×2.96	21.34	1.0×3.35	1.14×3.52	28.46
0.9×3.0	1.04×3.17	22.99	1.0×3.55	1.14×3.72	30.27
0.9×3.15	1.04×3.32	24.21	1.0×3.75	1.14×3.92	32.08
0.9×3.35	1.04×3.52	25.84	1.0×4.0	1.14×4.17	34.34
0.9×3.55	1.04×3.72	27.47	1.0×4.25	1.14×4.42	36.6
0.9×3.75	1.04×3.92	29.1	1.0×4.5	1.14×4.67	38.86
0.9×4.0	1.04×4.17	31.14	1.0×4.75	1.14×4.93	41.13
0.9×4.25	1.04×4.42	33.17	1.0×5.0	1.15×5.19	43.47
0.9×4.5	1.04×4.67	35.21	1.0×5.3	1.15×5.49	46.19
0.9×4.75	1.04×4.93	37.26	1.0×5.6	1.15×5.79	48.91
0.95×3.15	1.09×3.32	44.28	1.0×6.0	1.15×6.19	52.53
0.95×3.35	1.09×3.72	19.84	1.0×6.3	1.15×6.5	55.27
0.95×4.0	1.09×4.17	22.42	1.06×2.5	1.2×2.66	22.11
0.95×4.5	1.09×4.67	25.44	1.06×2.8	1.2×2.96	24.98
0.95×5.0	1.09×5.19	28.87	1.06×3.15	1.2×3.32	28.34
0.95×5.6	1.09×4.17	32.74	1.06×3.55	1.2×3.72	32.17
0.95×4.5	1.09×4.67	37.04	1.06×4.0	1.2×4.17	36.48
0.95×5.0	1.10×5.19	41.43	1.06×4.5	1.2×4.67	41.27
0.95×5.6	1.10×5.79	46.6	1.06×5.0	1.21×5.19	45.15
1.0×2.5	1.14×2.66	20.77	1.06×5.6	1.21×5.79	51.9
1.0×2.65	1.14×2.79	22.12	1.06×6.3	1.21×6.5	58.64
1.0×2.8	1.14×2.96	23.48	1.12×2.5	1.26×2.66	23.45

（续）

扁铜线尺寸厚/mm×宽/mm	漆包扁铜线最大尺寸厚/mm×宽/mm	漆包线单位质量/(kg/km)	扁铜线尺寸厚/mm×宽/mm	漆包扁铜线最大尺寸厚/mm×宽/mm	漆包线单位质量/(kg/km)
1.12×2.65	1.26×2.81	24.97	1.25×3.75	1.4×3.92	40.46
1.12×2.8	1.26×2.96	26.48	1.25×4.0	1.4×4.17	43.28
1.12×3.75	1.26×3.92	36.1	1.25×4.25	1.4×4.42	46.1
1.12×4.0	1.26×4.17	38.62	1.25×4.5	1.4×4.67	48.91
1.12×4.25	1.26×4.42	41.15	1.25×4.75	1.4×4.93	51.75
1.12×4.5	1.26×4.67	43.67	1.25×5.0	1.4×5.19	54.15
1.12×3.0	1.26×3.17	28.52	1.25×5.3	1.4×5.49	58.03
1.12×3.15	1.26×3.32	30.03	1.25×5.6	1.41×5.79	61.42
1.12×3.35	1.26×3.52	32.05	1.25×6.0	1.41×6.19	65.93
1.12×3.55	1.26×3.72	34.07	1.25×6.3	1.41×6.5	69.34
1.12×4.75	1.26×4.93	46.22	1.25×6.7	1.41×6.9	73.85
1.12×5.0	1.27×5.19	48.83	1.25×7.1	1.41×7.3	78.36
1.12×5.3	1.27×5.49	51.86	1.25×7.5	1.41×7.7	82.88
1.12×5.6	1.27×5.79	54.9	1.25×8.0	1.41×8.2	88.52
1.12×6.0	1.27×6.19	58.95	1.32×2.5	1.47×2.66	27.94
1.12×6.3	1.27×6.5	62.01	1.32×2.8	1.47×2.96	31.50
1.12×6.7	1.27×6.9	66.05	1.32×3.15	1.47×3.32	35.68
1.12×7.1	1.27×7.3	70.11	1.32×3.55	1.47×3.72	40.43
1.18×2.5	1.32×2.66	24.8	1.32×4.0	1.47×4.17	45.78
1.18×2.8	1.32×2.96	27.99	1.32×4.5	1.47×4.67	51.72
1.18×3.15	1.32×3.32	31.72	1.32×5.0	1.48×5.19	57.77
1.18×3.55	1.32×3.72	35.98	1.32×5.6	1.48×5.79	64.91
1.18×4.0	1.32×4.17	40.76	1.32×6.3	1.48×6.5	73.27
1.18×4.5	1.32×4.67	46.08	1.32×7.0	1.48×7.3	82.79
1.18×5.0	1.32×5.19	51.5	1.32×8.0	1.48×8.2	93.51
1.18×5.6	1.32×5.79	57.9	1.4×2.5	1.55×2.66	29.73
1.18×6.3	1.33×6.5	65.38	1.4×2.65	1.55×2.81	31.62
1.18×7.1	1.39×7.3	73.91	1.4×2.8	1.55×2.96	33.51
1.25×2.5	1.40×2.66	26.37	1.4×3.0	1.55×3.17	36.04
1.25×2.65	1.40×2.81	28.06	1.4×3.15	1.55×3.32	37.93
1.25×2.8	1.4×2.96	29.75	1.4×3.35	1.55×3.52	40.45
1.25×3.0	1.4×3.17	32.02	1.4×3.55	1.55×3.72	42.97
1.25×3.15	1.4×3.32	33.71	1.4×3.75	1.55×3.92	45.49
1.25×3.35	1.4×3.52	35.96	1.4×4.0	1.55×4.17	48.64
1.25×3.55	1.4×3.72	38.21	1.4×4.25	1.55×4.42	51.79

（续）

扁铜线尺寸厚/mm×宽/mm	漆包扁铜线最大尺寸厚/mm×宽/mm	漆包线单位质量/(kg/km)	扁铜线尺寸厚/mm×宽/mm	漆包扁铜线最大尺寸厚/mm×宽/mm	漆包线单位质量/(kg/km)
1.4×4.5	1.55×4.67	54.94	1.6×4.5	1.75×4.67	62.97
1.4×4.75	1.55×4.93	58.11	1.6×4.75	1.75×4.93	66.58
1.4×5.0	1.56×5.19	61.34	1.6×5.0	1.76×5.19	70.26
1.4×5.3	1.56×5.49	65.13	1.6×5.3	1.76×5.49	74.58
1.4×5.6	1.56×5.79	68.91	1.6×5.6	1.76×5.79	78.90
1.4×6.0	1.56×6.19	73.96	1.6×6.0	1.76×6.19	84.66
1.4×6.3	1.56×6.5	77.76	1.6×6.3	1.76×6.5	89.00
1.4×6.7	1.56×6.9	82.81	1.6×6.7	1.76×6.9	94.76
1.4×7.1	1.56×7.3	87.86	1.6×7.1	1.76×7.3	100.52
1.4×7.5	1.56×7.7	92.91	1.6×7.5	1.76×7.7	106.27
1.4×8.0	1.56×8.2	99.21	1.6×8.0	1.76×8.2	113.47
1.4×8.5	1.56×8.7	105.52	1.6×8.5	1.76×8.7	120.67
1.4×9.0	1.56×9.2	111.83	1.6×9.0	1.76×9.2	127.87
1.5×2.5	1.65×2.66	31.87	1.6×9.5	1.76×9.7	135.07
1.5×2.8	1.65×2.96	36.01	1.6×10.0	1.76×10.23	142.26
1.5×3.15	1.65×3.32	40.74	1.7×2.5	1.85×2.66	35.11
1.5×3.55	1.65×3.72	46.14	1.7×2.8	1.85×2.96	39.68
1.5×4.0	1.65×4.17	52.21	1.7×3.15	1.85×3.32	45.04
1.5×4.5	1.65×4.67	58.35	1.7×3.55	1.85×3.72	51.15
1.5×5.0	1.65×5.19	65.80	1.7×4.0	1.85×4.17	58.04
1.5×5.6	1.66×5.79	73.91	1.7×4.5	1.85×4.67	65.65
1.5×6.3	1.66×6.5	83.38	1.7×5.0	1.86×5.19	73.39
1.5×7.1	1.66×7.3	94.19	1.7×5.6	1.86×5.79	82.56
1.5×8.0	1.66×8.2	106.34	1.7×6.3	1.86×6.5	93.28
1.5×9.0	1.66×9.2	119.85	1.7×7.1	1.86×7.3	105.51
1.6×2.5	1.75×2.66	34.20	1.7×8.0	1.86×8.2	119.26
1.6×2.65	1.75×2.81	36.36	1.7×9.0	1.86×9.2	134.55
1.6×2.8	1.75×2.96	38.52	1.7×10.0	1.86×10.23	149.95
1.6×3.0	1.75×3.17	41.40	1.8×2.5	1.95×2.66	37.34
1.6×3.15	1.75×3.32	43.56	1.8×2.65	1.95×2.81	39.77
1.6×3.35	1.75×3.52	46.44	1.8×2.8	1.95×2.96	42.19
1.6×3.55	1.75×3.72	49.31	1.8×3.0	1.95×3.17	45.39
1.6×3.75	1.75×3.92	52.19	1.8×3.15	1.95×3.32	47.86
1.6×4.0	1.75×4.17	55.78	1.8×3.35	1.95×3.52	51.09
1.6×4.25	1.75×4.42	59.37	1.8×3.55	1.95×3.72	54.32

（续）

扁铜线尺寸厚/mm×宽/mm	漆包扁铜线最大尺寸厚/mm×宽/mm	漆包线单位质量/(kg/km)	扁铜线尺寸厚/mm×宽/mm	漆包扁铜线最大尺寸厚/mm×宽/mm	漆包线单位质量/(kg/km)
1.8×3.75	1.95×3.92	57.55	2.0×3.75	2.16×3.92	64.26
1.8×4.0	1.95×4.17	61.59	2.0×4.0	2.16×4.17	68.75
1.8×4.25	1.95×4.42	65.62	2.0×4.25	2.16×4.42	73.37
1.8×4.5	1.95×4.67	69.66	2.0×4.5	2.16×4.67	77.72
1.8×4.7	1.95×4.93	73.72	2.0×4.75	2.16×4.93	82.22
1.8×5.0	1.96×5.19	77.85	2.0×5.0	2.17×5.19	86.77
1.8×5.3	1.96×5.49	82.70	2.0×5.3	2.17×5.49	92.16
1.8×5.6	1.96×5.79	87.55	2.0×5.6	2.17×5.79	97.54
1.8×6.0	1.96×6.19	94.02	2.0×6.0	2.17×6.19	104.72
1.8×6.3	1.96×6.5	98.90	2.0×6.3	2.17×6.5	110.13
1.8×6.7	1.96×6.9	105.37	2.0×6.7	2.17×6.9	117.31
1.8×7.1	1.96×7.3	111.84	2.0×7.1	2.17×7.3	124.29
1.8×7.5	1.96×7.7	118.31	2.0×7.5	2.17×7.7	131.68
1.8×8.0	1.96×8.2	126.39	2.0×8.0	2.17×8.2	140.65
1.8×8.5	1.96×8.7	134.48	2.0×8.5	2.17×8.7	149.63
1.8×9.0	1.96×9.2	142.57	2.0×9.0	2.17×9.2	158.60
1.8×9.5	1.96×9.7	150.65	2.0×9.5	2.17×9.7	167.58
1.8×10.0	1.96×10.23	158.86	2.0×10.0	2.17×10.23	176.68
1.9×2.8	2.05×2.96	44.69	2.12×3.15	2.28×3.32	56.88
1.9×3.15	2.05×3.32	50.67	2.12×3.55	2.28×3.72	64.48
1.9×3.55	2.05×3.72	57.49	2.12×4.0	2.28×4.17	73.03
1.9×4.0	2.05×4.17	65.16	2.12×4.5	2.28×4.67	82.54
1.9×4.5	2.05×4.67	73.68	2.12×5.0	2.29×5.19	92.13
1.9×5.0	2.06×5.19	82.31	2.12×5.6	2.29×5.79	103.54
1.9×5.6	2.06×5.79	92.55	2.12×6.3	2.29×6.5	116.87
1.9×6.3	2.06×6.5	104.52	2.12×7.1	2.29×7.3	132.09
1.9×7.1	2.06×7.3	118.70	2.12×8.0	2.29×8.2	149.21
1.9×8.0	2.06×8.2	133.52	2.12×9.0	2.29×9.2	168.23
1.9×9.0	2.06×9.2	150.59	2.12×10.0	2.29×10.23	187.37
1.9×10.0	2.06×10.23	167.77	2.24×3.15	2.4×3.32	60.26
2.0×2.8	2.16×2.96	47.21	2.24×3.35	2.4×3.52	64.28
2.0×3.0	2.16×3.17	50.81	2.24×3.55	2.4×3.72	68.29
2.0×3.15	2.16×3.32	53.50	2.24×3.75	2.4×3.92	72.3
2.0×3.35	2.16×3.52	57.00	2.24×4.0	2.4×4.17	77.32
2.0×3.55	2.16×3.72	60.68	2.24×4.25	2.4×4.42	82.32

（续）

扁铜线尺寸 厚/mm×宽/mm	漆包扁铜线最大尺寸厚/mm×宽/mm	漆包线单位质量/(kg/km)	扁铜线尺寸 厚/mm×宽/mm	漆包扁铜线最大尺寸厚/mm×宽/mm	漆包线单位质量/(kg/km)
2.24×4.5	2.4×4.67	87.85	2.5×6.3	2.67×6.5	136.54
2.24×4.75	2.4×4.93	92.39	2.5×6.7	2.67×6.9	145.50
2.24×5.0	2.41×5.19	92.48	2.5×7.1	2.67×7.3	154.46
2.24×5.3	2.41×5.49	103.51	2.5×7.5	2.67×7.7	163.42
2.24×5.6	2.41×5.79	109.53	2.5×8.0	2.67×8.2	174.62
2.24×6.0	2.41×6.19	117.57	2.5×8.5	2.67×8.7	185.81
2.24×6.3	2.41×6.5	123.62	2.5×9.0	2.67×9.2	197.01
2.24×6.7	2.41×6.9	131.65	2.5×9.5	2.67×9.7	208.21
2.24×7.1	2.41×7.3	139.68	2.5×10	2.67×10.23	219.54
2.24×7.5	2.41×7.7	147.72	2.65×4.0	2.81×4.17	90.28
2.24×8.0	2.41×8.2	157.76	2.65×4.5	2.81×4.67	102.14
2.24×8.5	2.41×8.7	167.8	2.65×5.0	2.82×5.19	114.10
2.24×9.0	2.41×9.2	177.85	2.65×5.6	2.82×5.79	128.33
2.24×9.5	2.41×9.7	187.89	2.65×6.3	2.82×6.5	144.97
2.24×10	2.41×10.23	198.06	2.65×7.1	2.82×7.3	163.95
2.36×3.55	2.52×3.72	70.42	2.65×8.0	2.82×8.2	185.31
2.36×4.0	2.52×4.17	79.93	2.65×9.0	2.82×9.2	209.04
2.36×4.5	2.52×4.67	94.9	2.65×10.0	2.82×10.23	232.9
2.36×5.0	2.53×5.19	101.16	2.8×4.0	2.96×4.17	95.64
2.36×5.6	2.53×5.79	113.85	2.8×4.25	2.96×4.42	101.9
2.36×6.3	2.53×6.5	128.68	2.8×4.5	2.96×4.67	108.17
2.36×7.1	2.53×7.3	145.60	2.8×4.75	2.96×4.93	114.45
2.36×8.0	2.53×8.2	164.64	2.8×5.0	2.97×5.19	120.79
2.36×9.0	2.53×9.2	185.7	2.8×5.3	2.97×5.49	128.31
2.36×10	2.53×10.23	207.07	2.8×5.6	2.97×5.79	135.83
2.5×3.55	2.66×3.72	74.86	2.8×6.0	2.97×6.19	145.85
2.5×3.75	2.66×3.92	79.33	2.8×6.3	2.97×6.5	153.4
2.5×4.0	2.66×4.17	84.93	2.8×6.7	2.97×6.9	163.42
2.5×4.25	2.66×4.42	90.52	2.8×7.1	2.97×7.3	173.45
2.5×4.5	2.66×4.97	96.12	2.8×7.5	2.97×7.7	183.47
2.5×4.75	2.66×7.93	101.74	2.8×8.0	2.97×8.2	196.00
2.5×5.0	2.67×5.19	107.40	2.8×8.5	2.97×8.7	208.54
2.5×5.3	2.67×5.49	114.12	2.8×9.0	2.97×9.2	221.07
2.5×5.6	2.67×5.79	120.84	2.8×9.5	2.97×9.7	233.6
2.5×6.0	2.67×6.19	129.80	2.8×10.0	2.97×10.23	246.26

附录22 Y系列（IP44，380V，50Hz）三相异步电动机定、转子数据

极数	功率/kW	定子铁心			定子槽数	转子槽数	定子绕组							电磁线质量/kg
		外径/mm	内径/mm	长度/mm			每槽匝数	并联支路数	绕组型式	绕组跨距	线规			
											并绕根数	线径/mm	截面积/mm^2	
2	0.75	120	67	65	18	16	111	1Y		单1—8 双1—9	1	0.62	0.302	1.68
	1.1	120	67	80	18	16	90	1Y	单层交叉	单1—8 双1—9	1	0.71	0.396	1.70
	1.5	130	72	80	18	16	77	1Y		单1—8 双1—9	1	0.83	0.503	1.78
	2.2	130	72	110	18	16	58	1Y		单1—8 双1—9	1	0.96	0.724	1.95
	3	155	84	100	24	20	40	1Y		大1—12 小2—11	1	1.16	1.057	2.45
	4	175	98	105	30	26	48	1△		大1—16 中2—15 小3—14 双 1—14 2—13	1	1.06	0.882	3.07
	5.5	210	116	105	30	26	44	1△		大1—16 中2—15 小3—14 双 1—14 2—13	1 1	0.95 0.90	1.356	5.76
	7.5	210	116	125	30	26	34	1△	单层同心	大1—16 中2—15 小3—14 双 1—14 2—13	1 1	1.00 1.06	1.640	6.80
	11	260	150	125	30	26	28	1△		大1—16 中2—15 小3—14 双 1—14 2—13	2 1	1.18 1.25	3.350	10.4
	15	260	150	155	30	26	23	1△		大1—16 中2—15 小3—14 双 1—14 2—13	2 2	1.12 1.18	4.090	11.65
	18.5	260	150	195	30	26	19	1△		大1—16 中2—15 小3—14 双 1—14 2—13	3 2	1.12 1.18	5.080	13.90
	22	290	160	175	36	28	16	1△		1—14	2 2	1.30 1.40	5.732	14.90
	30	327	182	180	36	28	28	2△		1—14	2 2	1.12 1.18	4.094	20.50
	37	327	182	210	36	28	24	2△	双层叠绕	1—14	1 2	1.40 1.50	5.073	23.50
	45	368	210	210	36	28	22	2△		1—14	3 1	1.40 1.50	6.384	30.50
	55	400	225	195	36	28	20	2△		1—14	6	1.40	9.234	38.70
	75	445	255	225	42	34	14	2△		1—16	7	1.50	12.369	42.70
	90	445	255	260	42	34	12	2△		1—16	8	1.50	14.136	46.90

（续）

极数	功率/kW	定子铁心			定子槽数	转子槽数	定子绕组							电磁线质量/kg
		外径/mm	内径/mm	长度/mm			每槽匝数	并联支路数	绕组型式	绕组跨距	线规			
											并绕根数	线径/mm	截面积/mm²	
4	0.55	120	75	65	24	22	128	1Y	单层链式	1—6	1	0.56	0.245	1.22
	0.75	120	75	80	24	22	103	1Y		1—6	1	0.63	0.312	1.52
	1.1	130	80	90	24	22	81	1Y		1—6	1	0.71	0.396	1.59
	1.5	130	80	120	24	22	63	1Y		1—6	1	0.80	0.503	1.78
	2.2	155	98	105	36	32	41	1Y	单层交叉	双1—9 单1—8	2	0.71	0.792	2.5
	3	155	98	135	36	32	31	1Y		双1—9 单1—8	1	1.18	1.093	2.85
	4	175	110	135	36	32	46	1△		双1—9 单1—8	1	1.06	0.882	3.68
	5.5	210	136	115	36	32	47	1△		双1—9 单1—8	1 1	0.90 0.95	1.356	5.70
	7.5	210	136	165	36	32	35	1△		双1—9 单1—8	2	1.06	1.764	6.70
	11	260	170	155	36	26	28	1△		双1—9 单1—8	2	1.30	2.654	8.40
	15	260	170	195	36	26	22	1△		双1—9 单1—8	2 1	1.25 1.18	3.516	9.80
	18.5	290	187	190	48	44	32	2△	双层叠绕	1—11	2	1.18	2.124	12.50
	22	290	187	220	48	44	28	2△		1—11	2	1.30	2.654	14.50
	30	327	210	230	48	44	24	2△		1—11	2 2	1.06 1.12	3.734	18.40
	37	368	245	200	48	44	46	4△		1—12	2	1.25	2.454	24.10
	45	368	245	235	48	44	40	4△		1—12	1 1	1.30 1.40	2.866	26.30
	55	400	260	240	48	44	36	4△		1—12	3	1.30	3.981	34.60
	75	445	300	240	60	50	26	4△		1—14	2 2	1.25 1.30	5.110	42.10
	90	445	300	325	60	50	20	4△		1—14	5	1.30	6.635	48.40
6	0.75	132	86	100	36	33	77	1Y	单层链式	1—6	1	0.67	0.353	1.7
	1.1	132	86	120	36	33	60	1Y		1—6	1	0.75	0.442	1.9
	1.5	155	106	100	36	33	53	1Y		1—6	1	0.85	0.574	2.0
	2.2	175	120	110	36	33	44	1Y		1—6	1	1.06	0.882	2.8
	3	210	148	110	36	33	38	1Y		1—6	1 1	0.85 0.90	1.210	3.5
	4	210	148	140	36	33	52	1△		1—6	1	1.06	0.882	4.0
	5.5	210	148	180	36	33	42	1△		1—6	1	1.25	1.227	5.2
	7.5	260	180	145	36	33	38	1△		1—6	2	1.12	1.97	7.1
	11	260	180	195	36	33	28	1△		1—6	4	0.95	2.88	8.9

（续）

极数	功率/kW	定子铁心			定子槽数	转子槽数	定子绕组							电磁线质量/kg
		外径/mm	内径/mm	长度/mm			每槽匝数	并联支路数	绕组型式	绕组跨距	线规			
											并绕根数	线径/mm	截面积/mm²	
6	15	290	205	200	54	44	34	2△	双层叠绕	1—9	1	1.5	1.767	11.1
	18.5	327	230	190	54	44	32	2△		1—9	1 1	1.12 1.18	2.047	12.3
	22	327	230	220	54	44	28	2△		1—9	2	1.25	2.454	13.8
	30	368	260	210	54	44	28	2△		1—9	2 1	1.3 1.4	4.193	23.8
	37	400	285	225	72	58	28	3△		1—12	1 2	1.12 1.18	3.109	27.2
	45	445	325	215	72	58	26	3△		1—12	2 1	1.3 1.4	4.193	34.4
	55	445	325	260	72	58	22	3△		1—12	1 2	1.4 1.5	5.073	38.6
8	2.2	210	148	110	48	44	39	1Y	单层链式	1—6	1	1.12	0.985	3.6
	3	210	148	140	48	44	31	1Y		1—6	1	1.3	1.327	4.4
	4	260	180	110	48	44	50	1△		1—6	1	1.25	1.227	6.3
	5.5	260	180	145	48	44	39	1△		1—6	2	1.0	1.570	7.2

附录23 Y2系列（IP54，380V，50Hz）三相异步电动机定、转子数据

序号	规格	额定功率/kW	铁心长度/mm	定子外径/mm	定子内径/mm	绕组线规/(根-mm)	每绕组匝数	绕组型式	节距	定子槽数	转子槽数	并联支路数
1	801-2	0.75	60	120	67	1-ϕ0.60	109	单层交叉	1-9,2-10,18-11	18	16	
2	802-2	1.1	75			1-ϕ0.67	87					
3	801-4	0.55	60		75	1-ϕ0.53	129	单层链式	1-6	24	22	
4	802-4	0.75	70			1-ϕ0.60	110					
5	801-6	0.37	65			1-ϕ0.45	127			36	28	
6	802-6	0.55	85		78	1-ϕ0.53	98					
7	801-8	0.18	75			1-ϕ0.40	86	双层叠式	1-5			
8	802-8	0.25	90			1-ϕ0.45	69					
9	90S-2	1.5	80	130	72	1-ϕ0.80	77	单层交叉	1-9,2-10,18-11	18	16	
10	90L-2	2.2	105			1-ϕ0.95	59					
11	90S-4	1.1	75		80	1-ϕ0.67	90	单层链式	1-6	24	22	1
12	90L-4	1.5	105			1-ϕ0.80	67					
13	90S-6	0.75	85		86	1-ϕ0.63	84			36	28	
14	90L-6	1.1	115			1-ϕ0.75	63					
15	90S-8	0.37	100			1-ϕ0.50	55	双层叠式	1-5			
16	90L-8	0.55	125			1-ϕ0.63	42					
17	100L-2	3.0	90	155	84	2-ϕ0.80	43	单层同心	1-12 2-11	24	20	
18	100L1-4	2.2	90		98	1-ϕ0.67 1-ϕ0.71	44	单层交叉	1-9,2-10,18-11	36	28	
19	100L2-4	3.0	120			1-ϕ1.12	34					
20	100L-6	1.5	85		106	1-ϕ0.85	61	单层链式	1-6			
21	100L1-8	0.75	70			1-ϕ0.71	79			48	48	
22	100L2-8	1.1	90			1-ϕ0.80	62					

（续）

序号	规格	额定功率/kW	铁心长度/mm	定子外径/mm	定子内径/mm	绕组线规/(根-mm)	每绕组匝数	绕组型式	节距	定子槽数	转子槽数	并联支路数
23	112M-2	4.0	90	175	98	1-ϕ0.95	54	单层同心	1-16,2-15,3-14,17-30,18-29	30	26	1
24	112M-4	4.0	120		110	1-ϕ1.0	52	单层交叉	1-9,2-10,18-11	36	28	
25	112M-6	2.2	95		120	1-ϕ1.0	50	单层链式	1-6			
26	112M-8	1.5	95			1-ϕ0.95	51			48	44	
27	132S1-2	5.5	90	210	116	2-ϕ0.90	44	单层同心	1-16,2-15,3-14 17-30,18-29	30	26	
28	132S2-2	7.5	105			1-ϕ0.95 1-ϕ0.1	38					
29	132S-4	5.5	105		136	1-ϕ1.18	47	单层交叉	1-9,2-10,18-11	36	28	
30	132M-4	7.5	145			2-ϕ0.95	35					
31	132S-6	3.0	85		148	1-ϕ1.18	43	单层链式	1-6		42	
32	132M1-6	4.0	115			1-ϕ0.71	56					
33	132M2-6	5.5	155			1-ϕ1.18	43					
34	132S-8	2.2	85			1-ϕ1.0	42			48	44	
35	132M-8	3.0	115			2-ϕ0.80	33					
36	160M1-2	11	115	170	150	3-ϕ1.06	28	单层同心	1-16,2-15,3-14,17-30,18-29	30	26	
37	160M2-2	15	140			3-ϕ1.18	23					
38	160L-2	18.5	175			2-ϕ0.90 4-ϕ0.95	19					
39	160M-4	11	135			1-ϕ1.18 1-ϕ1.25	29	单层交叉	1-9,2-10,18-11	36	28	
40	160L-4	15	180			1-ϕ1.12 1-ϕ1.18	22					
41	160M-6	7.5	120	260	180	1-ϕ1.0 1-ϕ1.06	40	单层链式	1-6			
42	160L-6	11	170			2-ϕ1.25	29					
43	160M1-8	4.0	85			1-ϕ1.06	56			44	48	
44	160M2-8	5.5	120			1-ϕ0.85 1-ϕ0.9	41					
45	160L-8	7.5	170			2-ϕ1.0	30					
46	180M-2	22	165	290	165	2-ϕ1.25	17	双层叠式	1-14	36	28	2
47	180M-4	18.5	170		187	1-ϕ1.06 1-ϕ1.12	17		1-11	48	38	
48	180L-4	22	190			2-ϕ1.18	15					
49	180L-6	15	170		205	1-ϕ0.95 1ϕ-1.0	19		1-9	54	44	
50	180L-8	11	165			1-ϕ1.3	28		1-6	48	44	
51	200L1-2	30	160	327	187	1-ϕ1.18 2-ϕ1.25	15/16		1-14	36	28	
52	200L2-2	37	195			2-ϕ1.12 2-ϕ1.18	13					
53	200L-4	30	195		210	3-ϕ1.18	13		1-11	48	38	
54	200L1-6	18.5	160		230	2-ϕ1.06	17		1-9	54	44	
55	200L2-6	22	185			1-ϕ1.12 1-ϕ1.18	15					
56	200L-8	15	175			1-ϕ1.06 1-ϕ1.12	23		1-6	48	44	
57	225M-2	45	175	368	210	3-ϕ1.5	12		1-14	36	28	
58	225S-4	37	180		245	3-ϕ0.95	25		1-12	48	38	
59	225M-4	45	220			3-ϕ1.3	21/20					
60	225M-6	30	180		260	2-ϕ1.3	22		1-9	54	44	
61	225S-8	18.5	160			2-ϕ1.25	22		1-6	48	44	
62	225M-8	22	190			4-ϕ0.951	19					
63	250M-2	55	190	400	225	1-ϕ1.3 4-ϕ1.4	10		1-14	36	28	
64	250M-4	55	205		260	1-ϕ1.4 3-ϕ1.5	10		1-11	48	38	
65	250M-6	37	190		285	3-ϕ1.06	15		1-12	72	60	3
66	250M-8	30	200			3-ϕ1.25	11		1-9	72	58	2

（续）

序号	规格	额定功率/kW	铁心长度/mm	定子外径/mm	定子内径/mm	绕组线规/(根-mm)	每绕组匝数	绕组型式	节距	定子槽数	转子槽数	并联支路数
67	280S-2	75	185	445	255	6-φ1.3 1-φ1.4	8	双层叠式	1-16	42	34	2
68	280M-2	90	215			6-φ1.3 2-φ1.4	7					
69	280S-4	75	215		300	3-φ1.4	14		1-14	60	50	4
70	280M-4	90	270			1-φ1.3 3-φ1.4	11					
71	280S-6	45	180		325	3-φ1.18	13		1-12	72	58	3
72	280M-6	55	215			3-φ1.3	11					
73	280S-8	37	190			1-φ1.12 1-φ1.18	21		1-9			4
74	280M-8	45	235			2-φ1.25	17					
75	315S-2	110	260	520	300	12-φ1.4 3-φ1.5	5		1-18	48	40	2
76	315M-2	132	300			8-φ1.4 8-φ1.5	4/5					
77	315L1-2	160	340			10-φ1.4 8-φ1.5	4					
78	315L2-2	200	385			15-φ1.4 6-φ1.5	3/4					
79	315S-4	110	265		350	5-φ1.4 1-φ1.5	9		1-16	72	64	4
80	315M-4	132	325			4-φ1.4 3-φ1.5	7/8					
81	315L1-4	160	370			4-φ1.4 4-φ1.56	6/7					
82	315L2-4	200	450			9-φ1.4 1-φ1.5	5/6					
83	315S-6	75	245		375	3-φ1.4	20		1-11	72	58	6
84	315M-6	90	290			3-φ1.3 1-φ1.4	17					
85	315L1-6	110	360			1-φ1.4 3-φ1.5	14					
86	315L2-6	132	415			4-φ1.4 1-φ1.5	12					
87	315S-8	55	230		390	2-φ1.25	32		1-9			8
88	315M-8	75	315			1-φ1.4 1-φ1.5	24					
89	315L1-8	90	375			1-φ1.25 2-φ1.3	20					
90	315L2-8	110	440			3-φ1.4	17					
91	315S-10	45	230			2-φ1.5	21		1-9	90	72	5
92	315M-10	55	280			1-φ1.3 2-φ1.4	17					
93	315L1-10	75	375			2-φ1.3 2-φ1.4	13					
94	315L2-10	90	440			4-φ1.5	11					
95	355M-2	250	410	590	350	20-φ1.5 11-φ1.4	3		1-18	48	40	2
96	355L-2	315	530			30-φ1.5 11-φ1.4	3/2					
97	355M-4	250	410		400	13-φ1.5	6/5		1-16	72	64	4
98	355L-4	315	510			14-φ1.5 2-φ1.4	5/4					
99	355M1-6	160	350		425	3-φ1.3 3-φ1.4	12		1-11			6
100	355M2-6	200	450			7-φ1.4	10/9					
101	355L-6	250	550			9-φ1.4	8/7		1-12			
102	355M1-8	132	350			2-φ1.4 2-φ1.3	18		1-9			8
103	355M2-8	160	430			3-φ1.5 1-φ1.4	15					
104	355L-8	200	550			3-φ1.4 3-φ1.3	12					
105	355M1-10	110	380			2-φ1.4 1-φ1.3	23					
106	355M2-10	132	450			3-φ1.5	19			90	72	10
107	355L-10	160	550			2-φ1.4 2-φ1.5	16					

附录 24　YR 系列绕线转子电动机定、转子绕组技术数据

型号	功率/kW	定子铁心			定子绕组								转子绕组								
		外径/mm	内径/mm	长度/mm	槽数	每槽匝数	绕组跨距	额定电流/A	线规		并联支路数	平均半匝长度/mm	槽数	每槽匝数	线规		绕组跨距	并联支路数	电流/A	电压/V	平均半匝长度/mm
									线径/mm	并绕根数					线径*/mm	并绕根数					
YR132M1-4	4	210	136	115	36	102	1—9	9.3	0.8	1	2	280	24	28	1.03	3	1—6	1	11.5	230	237
YR132M2-4	5.5	210	136	155	36	74	1—9	12.6	0.95	1	2	320	24	24	1.12 1.18	2 1	1—6	1	13	272	297
YR160M-4	7.5	260	170	130	36	74	1—9	15.7	1.12	1	2	321	24	44	1.03 1.06	2 1	1—6	2	19.5	250	262
YR160L-4	11	260	170	185	36	52	1—9	22.5	0.95	2	2	376	24	34	1.18	3	1—6	2	25	276	317
YR180L-4	15	290	187	205	48	32	1—11	30	1.06	2	2	403	36	18	1.3	3	1—9	2	34	278	369
YR200L1-4	18.5	327	210	175	48	64	1—11	36.7	1.18	1	4	395	36	16	1.4	4	1—9	2	47.5	247	355
YR200L1-4	18.5	327	210	175	48	64	1—11	36.7	1.18	1	4	395	36	8	2×5.6	1	1—9	1	47.5	247	412
YR200L2-4	22	327	210	205	48	54	1—11	43.2	1.3	1	4	425	36	16	1.4	4	1—9	2	47	293	385
YR200L2-4	22	327	210	205	48	54	1—11	43.2	1.3	1	4	425	36	8	2×5.6	1	1—9	1	47	293	442
YR225M-4	30	368	245	215	48	22	1—11	57.6	1.25	3	2	458	36	16	1.25	6	1—9	2	51.5	360	416
YR225M-4	30	368	245	215	48	22	1—11	57.6	1.25	3	2	458	36	8	2.5×5.6	1	1—9	1	51.5	360	477
YR250M1-4	37	400	260	220	48	40	1—12	71.4	1.25	2	4	506	36	12	1.4	8	1—9	2	79	289	437
YR250M1-4	37	400	260	220	48	40	1—12	71.4	1.25	2	4	506	36	6	2×5.6	2	1—9	1	79	289	501
YR250M2-4	45	400	260	260	48	34	1—12	85.9	1.12	3	4	546	36	12	1.4	8	1—9	2	81	340	477
YR250M2-4	45	400	260	260	48	34	1—12	85.9	1.12	3	4	546	36	6	2×5.6	2	1—9	1	81	340	541
YR280S-4	55	445	300	240	60	26	1—14	103.8	1.5	2	4	544	48	12	1.4	7	1—12	2	70	485	499
YR280S-4	55	445	300	240	60	26	1—14	103.8	1.5	2	4	544	48	6	2×5	2	1—12	1	70	485	562
YR280M-4	75	445	300	340	60	18	1—14	140	1.4 1.5	1 2	4	644	48	12	1.4	7	1—12	4	128	354	599
YR280M-4	75	445	300	340	60	18	1—14	140	1.4 1.5	1 2	4	644	48	6	2×5	2	1—12	4	128	354	662

（续）

型号	功率/kW	定子铁心				定子绕组							转子绕组								
		外径/mm	内径/mm	长度/mm	槽数	每槽匝数	绕组跨距	额定电流/A	线规		并联支路数	平均半匝长度/mm	槽数	每槽匝数	线规		绕组跨距	并联支路数	电流/A	电压/V	平均半匝长度/mm
									线径/mm	并绕根数					线径*/mm	并绕根数					
YR132M1-6	3	210	148	125	48	40	1—8	8.2	1.0	1	1	248	36	20	1.0	3	1—6	1	9.5	206	223
YR132M2-6	4	210	148	165	48	70	1—8	10.7	0.8	1	2	288	36	34	0.95	2	1—6	2	11	230	263
YR160M-6	5.5	260	180	140	48	66	1—8	13.4	1.0	1	2	278	36	34	1.06	2	1—6	2	14.5	244	245
YR160L-6	7.5	260	180	185	48	50	1—8	17.9	1.18	1	2	323	36	28	1.18	2	1—6	2	18	266	290
YR180L-6	11	290	205	205	54	38	1—9	23.6	1.25	1	2	366	36	28	1.0	4	1—6	2	22.5	310	329
YR200L-6	15	327	230	190	54	34	1—9	31.8	1.06 1.12	1 1	2	365	36	16	1.18 1.25	2 4	1—6	2	48	198	325
YR200L-6	15	327	230	190	54	34	1—9	31.8	1.16 1.12	1 1	2	365	36	8	2.24×5.6	1	1—6	1	48	198	388
YR225M1-6	18.5	368	260	160	54	36	1—9	38.3	1.18 1.25	1 1	2	351	36	16	1.25	8	1—6	2	62.5	187	325
YR225M1-6	18.5	368	260	160	54	36	1—9	38.3	1.18 1.25	1 1	2	351	36	8	2.8×6.3	1	1—6	1	62.5	187	371
YR225M2-6	22	368	260	190	54	30	1—9	45	1.3 1.4	1 1	2	381	36	16	1.25	8	1—6	2	61	224	335
YR225M2-6	22	368	260	190	54	30	1—9	45	1.3 1.4	1 1	2	381	36	8	2.8×6.3	1	1—6	1	61	224	401
YR250M1-6	30	400	285	230	72	18	1—12	60.3	1.12 1.18	3 1	2	453	48	12	1.4	7	1—8	2	66	282	407
YR250M1-6	30	400	285	230	72	18	1—12	60.3	1.18 1.12	1 3	2	453	48	6	2.24×5	2	1—8	1	66	282	476
YR250M2-6	37	400	285	260	72	16	1—12	73.9	1.4	3	2	483	48	12	1.3 1.4	5 3	1—8	2	69	331	437
YR250M2-6	37	400	285	260	72	16	1—12	73.9	1.4	3	2	483	48	6	2.24×5	2	1—8	1	69	331	506
YR280S-6	45	445	325	250	12	14	1—12	87.9	1.4 1.5	3 1	2	493	48	12	1.3 1.4	3 6	1—8	2	76	362	448

YR280S-6	45	445	325	250	72	14	1—12	87.9	1.4 1.5	3 1	2	493	48	6	2.5×5.6	2	1—8	1	76	362	514
YR280M-6	55	445	325	290	72	12	1—12	106.9	1.5 1.6	3 1	2	533	48	12	1.4	9	1—8	2	80	423	499
YR280M-6	55	445	325	290	72	12	1—12	106.9	1.5 1.6	3 1	2	533	48	6	2.5×5.6	2	1—8	1	80	423	554
YR160M-8	4	260	180	140	48	92	1—6	10.7	0.9	1	2	247	36	42	0.95	2	1—5	2	12	216	230
YR160L-8	5.5	260	180	185	48	70	1—6	14.2	1.0	1	2	292	36	34	1.06	2	1—5	2	15.5	230	275
YR180L-8	7.5	290	205	180	54	28	1—7	18.4	1.06 1.12	1 1	1	310	36	34	1.30 1.25	1 1	1—5	2	19	255	287
YR200L-8	11	327	230	190	54	44	1—7	26.6	0.95	2	2	332	36	16	1.18 1.25	2 4	1—5	2	46	152	313
YR200L-8	11	327	230	190	54	44	1—7	26.6	0.95	2	2	332	36	8	2.2×5.6	1	1—5	1	46	152	373
YR225M1-8	15	368	260	190	54	40	1—7	34.5	1.12	2	2	344	36	16	1.25	8	1—5	1	56	169	314
YR225M1-8	15	368	260	190	54	40	1—7	34.5	1.12	2	2	344	36	8	2.8×6.3	1	1—5	2	56	169	381
YR225M2-8	18.5	368	260	235	54	32	1—7	42.1	1.3	2	2	389	36	16	1.25	8	1—5	2	54	211	359
YR225M2-8	18.5	368	260	235	54	32	1—7	42.1	1.3	2	2	389	36	8	2.8×6.3	1	1—5	1	54	211	426
YR250M1-8	22	400	285	230	72	48	1—9	48.1	1.4	1	4	406	48	12	1.4	7	1—6	2	65.5	210	370
YR250M1-8	22	400	285	230	72	48	1—9	48.1	1.4	1	4	406	48	6	2.24×5	2	1—6	1	65.5	210	443
YR250M2-8	30	400	285	280	72	74	1—9	66.1	1.12	1	8	456	48	12	1.4	7	1—6	2	69	270	430
YR250M2-8	30	400	285	280	72	74	1—9	66.1	1.12	1	8	456	48	6	2.24×5	2	1—6	1	69	270	493
YR280S-8	37	445	325	250	72	36	1—9	78.2	1.0	3	4	440	48	12	1.4	9	1—6	2	81.5	281	414
YR280S-8	37	445	325	250	72	36	1—9	78.2	1.0	3	4	440	48	6	2.5×5.6	2	1—6	1	81.5	281	476
YR280M-8	45	445	325	340	72	28	1—9	92.9	1.4	2	4	530	48	12	1.3 1.4	3 6	1—6	2	76	359	494
YR280M-8	45	445	325	340	72	28	1—9	92.9	1.4	2	4	530	48	6	2.5×5.6	2	1—6	1	76	359	566
YR160M-4	7.5	290	187	85	48	34	1—11	16.1	1.5	1	1	283	36	18	1.12	3	1—9	1	19	260	245

（续）

型号	功率/kW	定子铁心				定子绕组							转子绕组								
		外径/mm	内径/mm	长度/mm	槽数	每槽匝数	绕组跨距	额定电流/A	线规		并联支路数	平均半匝长度/mm	槽数	每槽匝数	线规		绕组跨距	并联支路数	电流/A	电压/V	平均半匝长度/mm
									线径/mm	并绕根数					线径*/mm	并绕根数					
YR160L1-4	11	290	187	115	48	50	1—11	22.7	0.85	2	2	313	36	14	1.12	4	1—9	1	26	275	275
YR160L2-4	15	290	187	150	48	38	1—11	30.8	1.0	2	2	348	36	10	1.3 1.4	3 1	1—9	1	37	260	310
YR180M-4	18.5	327	210	135	48	40	1—11	36.7	1.12	2	2	354	36	8	1.8×5	1	1—9	1	61	197	373
YR180L-4	22	327	210	155	48	34	1—11	43.2	1.18 1.25	1 1	2	374	36	8	1.8×5	1	1—9	1	61	232	393
YR200M-4	30	368	245	145	48	62	1—11	58.2	0.95	2	4	383	36	8	2×5.6	1	1—9	1	76	255	401
YR200L-4	37	368	245	175	48	50	1—11	71.8	1.0	2	4	418	36	8	2×5.6	1	1—9	1	74	316	436
YR225M1-4	45	400	260	155	48	24	1—12	87.3	1.12 1.18	1 3	2	440	36	6	1.8×4.5	2	1—9	1	120	240	439
YR225M2-4	55	400	260	185	48	40	1—12	105.5	1.25 1.30	1 1	4	470	36	6	1.8×4.5	2	1—9	1	121	288	469
YR250S-4	75	445	300	185	60	14	1—14	141.5	1.25 1.30	2 3	2	489	48	6	1.6×4.5	2	1—12	1	105	449	504
YR250M-4	90	445	300	215	60	12	1—14	168.8	1.25 1.30	4 2	2	519	48	6	1.6×4.5	2	1—12	1	107	524	534
YR280S-4	110	493	330	200	60	24	1—14	205.2	1.25	4	4	533	48	4	2.24×6.3	2	1—12	1	196	349	557
YR280M-4	132	493	330	240	60	20	1—14	243.6	1.4	4	4	573	48	4	2.24×6.3	2	1—12	1	194	419	597
YR160M-6	5.5	290	205	95	54	36	1—9	13.2	0.95	2	1	256	36	24	1.18×1.25	1 1	1—6	1	13	279	217
YR160L-6	7.5	290	205	115	54	58	1—9	175	1.06	1	2	276	36	18	1.12	3	1—6	1	19	260	237
YR180M-6	11	327	230	125	54	46	1—9	25.4	1.4	1	2	300	36	8	1.8×4	1	1—6	1	50	146	325
YR180L-6	15	327	230	155	54	36	1—9	33.7	1.06	2	2	330	36	8	1.8×4	1	1—6	1	53	187	355
YR200M-6	18.5	368	260	135	54	36	1—9	40.1	1.18	2	2	326	36	8	1.8×5	1	1—6	1	65	187	346
YR200L-6	22	368	260	165	54	30	1—9	46.6	1.3 1.4	1 1	2	356	36	8	1.8×5	1	1—6	1	63	224	376
YR225M1-6	30	400	285	145	72	38	1—12	61.3	1.12	2	3	368	54	6	1.6×4.5	2	1—9	1	86	227	390

YR225M2-6	37	400	285	175	72	30	1—12	74.3	1.25 1.18	1 1	3	398	54	6	1.6×4.5	2	1—9	1	82	287	420
YR250S-6	45	445	325	165	72	28	1—12	90.4	1.4	2	3	408	54	6	1.8×4.5	2	1—9	1	93	307	428
YR250M-6	55	445	325	195	72	24	1—12	108.6	1.06	4	3	438	54	6	1.8×4.5	2	1—9	1	97	359	458
YR280S-6	75	493	360	185	72	22	1—12	143.1	1.4	3	3	448	54	6	2×5	2	1—9	1	121	392	474
YR280M-6	90	493	360	240	72	18	1—12	168.8	1.5	3	3	503	54	6	2×5	2	1—9	1	118	481	529
YR160M-8	4	290	205	95	54	48	1—7	10.9	1.18	1	1	226	36	30	1.06 1.12	1 1	1—5	1			201
YR160L-8	5.5	290	205	115	54	38	1—7	14.4	0.95	2	1	246	36	22	1.25	2	1—5	1	15	243	221
YR180M-8	7.5	327	230	125	54	64	1—7	19	1.18	1	2	267	36	8	1.8×4	1	1—5	1	49	105	307
YR180L-8	11	327	230	155	54	48	1—7	27.6	1.3	1	2	296	36	8	1.8×4	1	1—5	1	53	140	337
YR200M-8	15	368	260	135	54	44	1—7	36.7	1.6	1	2	288	36	8	1.8×5	1	1—5	1	64	153	326
YR200L-8	18.5	368	260	165	54	36	1—7	44.8	1.25	2	2	318	36	8	1.8×5	1	1—5	1	64	187	356
YR225M1-8	22	400	285	145	72	62	1—9	49.8	1.25	1	4	321	48	6	1.6×4.5	2	1—6	1	90	161	352
YR225M2-8	30	400	285	200	72	46	1—9	66.3	1.0	2	4	376	48	6	1.6×4.5	2	1—6	1	97	200	403
YR225M2-8	30	400	285	175	72	50	1—9	66.3	1.4	1	4	351	48	6	1.6×4.5	2	1—6	1	97	200	382
YR250-8	37	445	325	165	72	46	1—9	81.3	1.06 1.12	1 1	4	355	48	6	1.8×4.5	2	1—6	1	110	218	385
YR250M-8	45	445	325	195	72	38	1—9	97.8	1.18 1.25	1 1	4	385	48	6	1.8×4.5	2	1—6	1	109	264	415
YR280-8	55	493	360	185	72	36	1—9	114.5	1.3 1.4	1 1	4	390	48	6	2×5	2	1—6	1	125	279	426
YR280M-8	75	493	360	240	72	28	1—9	154.4	1.5 1.6	1 1	4	445	48	6	2×5	2	1—6	1	131	359	481

注：1. *此栏中凡是数据带有乘号“×”的，均指扁铜线，下同。

2. 定子绕组均为△联结，转子绕组均为丫联结。

3. 定子绕组均采用双层叠绕形式。

附录25　中小型三相异步电动机能源效率等级（GB 18613—2020）

额定功率/kW	效率（%）											
	1级				2级				3级			
	2极	4极	6极	8极	2极	4极	6极	8极	2极	4极	6极	8极
0.12	71.4	74.3	69.8	67.4	66.5	69.8	64.9	62.3	60.8	64.8	57.7	50.7
0.18	75.2	78.7	74.6	71.9	70.8	74.7	70.1	67.2	65.9	69.9	63.9	58.7
0.20	76.2	79.6	75.7	73.0	71.9	75.8	71.4	68.4	67.2	71.1	65.4	60.6
0.25	78.3	81.5	78.1	75.2	74.3	77.9	74.1	70.8	69.7	73.6	68.6	64.1
0.37	81.7	84.3	81.6	78.4	78.1	81.1	78.0	74.3	73.8	77.3	73.5	69.3
0.40	82.3	84.8	82.2	78.9	78.9	81.7	78.7	74.9	74.6	78.0	74.4	70.1
0.55	84.6	86.7	84.2	80.6	81.5	83.9	80.9	77.0	77.8	80.8	77.2	73.0
0.75	86.3	88.2	85.7	82.0	83.5	85.7	82.7	78.4	80.7	82.5	78.9	75.0
1.1	87.8	89.5	87.2	84.0	85.2	87.2	84.5	80.8	82.7	84.1	81.0	77.7
1.6	88.9	90.4	88.4	85.5	86.5	88.2	85.9	82.6	84.2	85.3	82.5	79.7
2.2	90.2	91.4	89.7	87.2	88.0	89.5	87.4	84.5	85.9	86.7	84.3	81.9
3	91.1	92.1	90.6	88.4	89.1	90.4	88.6	85.9	87.1	87.7	85.6	83.5
4	91.8	92.8	91.4	89.4	90.0	91.1	89.5	87.1	88.1	88.6	86.8	84.8
5.5	92.6	93.4	92.2	90.4	90.9	91.9	90.5	88.3	89.2	89.6	88.0	86.2
7.5	93.3	94.0	92.9	91.3	91.7	92.6	91.3	89.3	90.1	90.4	89.1	87.3
11	94.0	94.6	93.7	92.2	92.6	93.3	92.3	90.4	91.2	91.4	90.3	88.6
15	94.5	95.1	94.3	92.9	93.3	93.9	92.9	91.2	91.9	92.1	91.2	89.6
18.5	94.9	95.3	94.6	93.3	93.7	94.2	93.4	91.7	92.4	92.6	91.7	90.1
22	95.1	95.5	94.9	93.6	94.0	94.5	93.7	92.1	92.7	93.0	92.2	90.6
30	95.5	95.9	95.3	94.1	94.5	94.9	94.2	92.7	93.3	93.6	92.9	91.3
37	95.8	96.1	95.6	94.4	94.8	95.2	94.5	93.1	93.7	93.9	93.3	91.8
45	96.0	96.3	95.8	94.7	95.0	95.4	94.8	93.4	94.0	94.2	93.7	92.2
55	96.2	96.5	96.0	94.9	95.3	95.7	95.1	93.7	94.3	94.6	94.1	92.5
75	96.5	96.7	96.3	95.3	95.6	96.0	95.4	94.2	94.7	95.0	94.6	93.1
90	96.6	96.9	96.5	95.5	95.8	96.1	95.6	94.4	95.0	95.2	94.9	93.4
110	96.8	97.0	96.6	95.7	96.0	96.3	95.8	94.7	95.2	95.4	95.1	93.7
132	96.9	97.1	96.8	95.9	96.2	96.4	96.0	94.9	95.4	95.6	95.4	94.0
160	97.0	97.2	96.9	96.1	96.3	96.6	96.2	95.1	95.6	95.8	95.6	94.3
200	97.2	97.4	97.0	96.3	96.5	96.7	96.3	95.4	95.8	96.0	95.8	94.6
250	97.2	97.4	97.0	96.3	96.5	96.7	96.5	95.4	95.8	96.0	95.8	94.6
315～1000	97.2	97.4	97.0	96.3	96.5	96.7	96.6	95.4	95.8	96.0	95.8	94.6

注：1. 适用于额定电压1000V以下、50Hz三相交流电源供电，额定功率在120W～1000kW范围内，极数为2～8极，单速封闭自扇冷式、N设计、连续工作制的一般用途电动机或一般用途防爆电动机。

2. 效率的试验方法：按照GB/T 1032—2012中规定的测量输入和输出功率的损耗分析法（B法）。

附录 26　高压笼型转子异步电动机能效限定值及能效等级（GB 30254—2013）

（6kV，IC01、IC11、IC21、IC31、IC81W）

附录 26～29 电动机效率的试验方法按 GB/T 1032—2012 中 11.5 规定的 E 法或 E1 法（测量输入功率的损耗分析法）确定。对于额定功率为 1000kW 及以上的电动机，应按 GB/T 1032—2012 中 11.8 规定的 H 法（圆图法）确定，其中杂散损耗按推荐值计算。

额定功率 /kW	效率（%）																	
	2 极			4 极			6 极			8 极			10 极			12 极		
	1 级	2 级	3 级	1 级	2 级	3 级	1 级	2 级	3 级	1 级	2 级	3 级	1 级	2 级	3 级	1 级	2 级	3 级
220	94.4	93.3	92.0	94.7	93.7	92.5	94.6	93.5	92.2	94.5	93.4	92.1	94.0	92.8	91.3	93.5	92.2	90.6
250	94.5	93.4	92.1	94.8	93.8	92.6	94.8	93.7	92.5	94.6	93.5	92.2	94.1	92.9	91.5	93.7	92.4	90.9
280	94.7	93.6	92.3	94.9	93.9	92.7	94.9	93.9	92.7	94.8	93.7	92.4	94.3	93.1	91.7	94.4	93.3	91.9
315	94.9	93.9	92.7	95.0	94.1	92.9	95.1	94.2	93.0	94.9	93.9	92.7	94.4	93.3	91.9	94.6	93.5	92.1
355	95.1	94.1	93.0	95.2	94.3	93.1	95.3	94.4	93.2	95.0	94.0	92.8	94.6	93.5	92.1	94.7	93.6	92.3
400	95.4	94.5	93.4	95.3	94.4	93.3	95.3	94.4	93.3	95.2	94.2	93.0	94.9	93.9	92.6	94.9	93.9	92.6
450	95.6	94.7	93.7	95.5	94.6	93.5	95.6	94.7	93.6	95.3	94.3	93.1	95.0	93.9	92.7	95.0	93.9	92.7
500	95.8	95.0	94.0	95.6	94.8	93.7	95.8	95.0	93.9	95.6	94.8	93.7	95.1	94.2	93.0	95.2	94.3	93.1
560	95.9	95.1	94.1	95.8	95.0	93.9	95.9	95.1	94.1	95.7	94.9	93.8	95.2	94.3	93.1	95.3	94.4	93.2
630	96.0	95.2	94.3	96.0	95.2	94.2	96.0	95.2	94.2	95.8	95.0	93.9	95.4	94.4	93.2	95.4	94.5	93.3
710	96.1	95.3	94.4	96.2	95.4	94.4	96.2	95.4	94.4	95.9	95.0	94.0	95.5	94.5	93.4	95.5	94.5	93.4
800	96.3	95.6	94.7	96.2	95.5	94.6	96.2	95.5	94.6	96.0	95.2	94.2	95.7	94.8	93.7	95.7	94.8	93.7
900	96.4	95.7	94.8	96.3	95.6	94.7	96.3	95.6	94.7	96.1	95.3	94.3	95.8	94.9	93.8	95.8	94.9	93.8
1000	96.5	95.8	94.9	96.4	95.7	94.8	96.4	95.7	94.8	96.2	95.4	94.4	95.9	95.0	93.9	95.9	95.0	93.9
1120	96.6	95.9	95.0	96.5	95.8	94.9	96.5	95.8	94.9	96.3	95.5	94.5	96.0	95.1	94.1	95.9	95.0	94.0
1250	96.7	96.1	95.2	96.6	96.0	95.1	96.6	96.0	95.1	96.3	95.6	94.7	96.2	95.4	94.4	96.0	95.2	94.2
1400	96.8	96.2	95.3	96.7	96.0	95.2	96.7	96.0	95.2	96.4	95.7	94.8	96.3	95.5	94.5	96.1	95.3	94.3
1600	96.9	96.3	95.4	96.8	96.1	95.3	96.8	96.1	95.3	96.5	95.8	94.9	96.3	95.5	94.6	96.1	95.3	94.3
1800	97.0	96.3	95.5	96.9	96.2	95.4	96.9	96.2	95.4	96.6	95.8	95.0	96.4	95.6	94.7	96.2	95.4	94.4
2000	97.1	96.5	95.7	97.0	96.4	95.6	97.0	96.4	95.6	96.7	96.0	95.2	96.5	95.8	94.9	96.3	95.6	94.6
2240	97.2	96.6	95.8	97.1	96.5	95.7	97.0	96.4	95.7	96.8	96.1	95.3	96.6	95.9	95.0	96.5	95.7	94.7
2500	97.2	96.6	95.9	97.2	96.6	95.8	97.1	96.5	95.7	96.9	96.2	95.4	96.7	96.0	95.1	96.6	95.8	94.9
2800	97.3	96.7	96.0	97.2	96.6	95.9	97.2	96.6	95.8	97.0	96.3	95.5	96.8	96.1	95.2	96.7	95.9	95.0
3150	97.3	96.8	96.1	97.3	96.8	96.1	97.3	96.7	96.0	97.0	96.4	95.6	96.8	96.2	95.4	96.8	96.1	95.2
3550	—	—	—	97.4	96.8	96.1	97.3	96.7	96.0	97.1	96.5	95.7	97.0	96.3	95.5	96.9	96.2	95.3
4000	—	—	—	97.5	96.9	96.2	97.4	96.8	96.1	97.2	96.6	95.8	97.1	96.4	95.6	96.9	96.2	95.4
4500	—	—	—	97.5	96.9	96.2	97.4	96.8	96.1	97.3	96.7	95.9	97.1	96.4	95.6	96.9	96.2	95.4
5000	—	—	—	97.6	97.1	96.4	97.5	97.0	96.3	97.4	96.8	96.1	97.2	96.6	95.8	97.0	96.4	95.6
5600	—	—	—	97.6	97.1	96.4	97.5	97.0	96.3	97.4	96.8	96.1	97.2	96.6	95.8	97.1	96.4	95.6
6300	—	—	—	97.7	97.2	96.5	97.6	97.1	96.4	97.5	96.9	96.2	97.3	96.7	95.9	—	—	—
7100	—	—	—	97.8	97.2	96.6	97.8	97.2	96.5	97.6	97.0	96.3	97.4	96.7	95.9	—	—	—
8000	—	—	—	97.9	97.4	96.8	97.8	97.3	96.7	97.7	97.2	96.5	97.5	96.9	96.1	—	—	—

（续）

额定功率/kW	效率(%)																	
	2极			4极			6极			8极			10极			12极		
	1级	2级	3级	1级	2级	3级	1级	2级	3级	1级	2级	3级	1级	2级	3级	1级	2级	3级
9000	—	—	—	98.0	97.5	96.9	97.9	97.4	96.8	97.8	97.3	96.6	—	—	—	—	—	—
10000	—	—	—	98.1	97.6	97.0	98.0	97.5	96.9	97.8	97.3	96.7	—	—	—	—	—	—
11200	—	—	—	98.2	97.7	97.1	98.1	97.6	97.0	97.9	97.4	96.8	—	—	—	—	—	—
12500	—	—	—	98.2	97.7	97.2	98.2	97.7	97.1	98.0	97.5	96.9	—	—	—	—	—	—
14000	—	—	—	98.2	97.8	97.3	98.2	97.7	97.2	98.1	97.6	97.0	—	—	—	—	—	—
16000	—	—	—	98.3	97.9	97.4	98.2	97.8	97.3	98.2	97.7	97.1	—	—	—	—	—	—
18000	—	—	—	98.4	98.0	97.5	98.3	97.9	97.4	—	—	—	—	—	—	—	—	—
20000	—	—	—	98.4	98.0	97.5	98.4	98.0	97.5	—	—	—	—	—	—	—	—	—
22400	—	—	—	98.4	98.0	97.5	—	—	—	—	—	—	—	—	—	—	—	—
25000	—	—	—	98.4	98.0	97.5	—	—	—	—	—	—	—	—	—	—	—	—

附录27 高压笼型转子异步电动机能效限定值及能效等级（GB 30254—2013）

（10kV，IC01、IC11、IC21、IC31、IC81W）

额定功率/kW	效率（%）																	
	2极			4极			6极			8极			10极			12极		
	1级	2级	3级	1级	2级	3级	1级	2级	3级	1级	2级	3级	1级	2级	3级	1级	2级	3级
220	94.4	93.3	91.9	94.4	93.3	91.9	94.1	92.9	91.4	93.8	92.6	91.1	93.7	92.5	91.0	93.7	92.4	90.9
250	94.5	93.4	92.1	94.5	93.4	92.1	94.2	93.0	91.6	94.0	92.8	91.3	93.9	92.7	91.2	93.8	92.6	91.1
280	94.7	93.6	92.3	94.6	93.5	92.2	94.4	93.2	91.8	94.2	93.0	91.6	94.3	93.1	91.6	94.0	92.8	91.3
315	94.9	93.9	92.7	94.8	93.8	92.5	94.6	93.5	92.1	94.6	93.5	92.1	94.5	93.4	91.9	94.2	93.1	91.6
355	95.2	94.3	93.1	94.9	93.9	92.6	94.7	93.7	92.4	94.7	93.7	92.4	94.6	93.5	92.1	94.3	93.2	91.8
400	95.4	94.5	93.4	95.0	94.0	92.8	94.9	93.9	92.6	94.9	93.8	92.5	94.7	93.6	92.3	94.5	93.4	92.0
450	95.6	94.7	93.6	95.4	94.4	93.2	95.0	94.0	92.8	95.0	93.9	92.7	94.9	93.8	92.5	94.6	93.5	92.2
500	95.7	94.9	93.8	95.4	94.5	93.4	95.4	94.5	93.3	95.3	94.4	93.2	95.0	94.0	92.8	94.9	93.9	92.6
560	95.8	95.0	93.9	95.6	94.7	93.6	95.5	94.6	93.5	95.4	94.5	93.3	95.1	94.1	92.9	95.1	94.1	92.9
630	95.8	95.0	94.0	95.8	94.9	93.8	95.8	94.9	93.8	95.8	94.9	93.8	95.3	94.3	93.1	95.3	94.3	93.1
710	96.0	95.1	94.1	96.2	95.4	94.4	95.9	95.0	94.0	95.9	95.0	94.0	95.5	94.5	93.3	95.5	94.5	93.3
800	96.1	95.3	94.3	96.2	95.5	94.6	96.0	95.2	94.2	96.0	95.2	94.2	95.7	94.9	93.8	95.7	94.8	93.8
900	96.2	95.4	94.4	96.3	95.6	94.7	96.2	95.4	94.4	96.1	95.3	94.3	95.9	95.1	94.0	95.7	94.8	93.8
1000	96.3	95.5	94.5	96.4	95.7	94.8	96.3	95.5	94.6	96.3	95.5	94.5	95.9	95.1	94.1	95.7	94.8	93.8
1120	96.4	95.6	94.7	96.5	95.8	94.9	96.5	95.7	94.8	96.4	95.6	94.7	96.1	95.2	94.2	95.7	94.8	93.8
1250	96.6	95.9	95.0	96.6	96.0	95.1	96.6	95.9	95.0	96.5	95.8	94.9	96.1	95.3	94.3	95.8	94.9	93.8
1400	96.7	96.0	95.1	96.8	96.1	95.3	96.8	96.1	95.3	96.5	95.8	94.9	96.1	95.3	94.3	95.9	95.0	93.9
1600	96.7	96.0	95.2	96.9	96.2	95.4	96.9	96.2	95.4	96.5	95.8	94.9	96.1	95.3	94.3	96.0	95.1	94.0
1800	96.8	96.1	95.3	97.0	96.3	95.5	96.9	96.2	95.5	96.6	95.8	94.9	96.2	95.4	94.4	96.1	95.2	94.1
2000	96.9	96.3	95.5	97.1	96.5	95.7	96.9	96.3	95.6	96.6	95.9	94.9	96.3	95.6	94.6	96.1	95.3	94.3
2240	97.1	96.5	95.7	97.2	96.6	95.8	96.9	96.3	95.6	96.6	95.9	95.0	96.5	95.7	94.7	96.2	95.4	94.4

（续）

额定功率/kW	效率(%)																	
	2极			4极			6极			8极			10极			12极		
	1级	2级	3级	1级	2级	3级	1级	2级	3级	1级	2级	3级	1级	2级	3级	1级	2级	3级
2500	—	—	—	97.2	96.6	95.8	97.0	96.3	95.6	96.7	96.0	95.1	96.5	95.7	94.8	96.3	95.5	94.5
2800	—	—	—	97.2	96.6	95.8	97.1	96.4	95.5	96.8	96.1	95.2	96.6	95.8	94.9	96.4	95.6	94.6
3150	—	—	—	97.3	96.7	95.9	97.1	96.5	95.7	96.8	96.2	95.4	96.7	96.0	95.1	96.5	95.8	94.8
3550	—	—	—	97.3	96.7	95.9	97.2	96.6	95.8	97.0	96.3	95.5	96.8	96.1	95.2	96.6	95.8	94.9
4000	—	—	—	97.3	96.7	96.0	97.3	96.7	95.9	97.1	96.4	95.6	96.9	96.2	95.3	96.7	95.9	95.0
4500	—	—	—	97.3	96.7	96.0	97.3	96.7	95.9	97.2	95.5	95.7	96.9	96.2	95.4	96.8	96.0	95.1
5000	—	—	—	97.4	96.9	96.2	97.4	96.8	96.1	97.3	96.7	95.9	97.0	96.4	95.6	96.9	96.2	95.3
5600	—	—	—	97.5	96.9	96.2	97.4	96.8	96.1	97.4	96.8	96.0	97.1	96.5	95.7	—	—	—
6300	—	—	—	97.6	97.0	96.3	97.5	96.9	96.2	97.4	96.8	96.1	97.2	96.6	95.8	—	—	—
7100	—	—	—	97.7	97.1	96.4	97.6	97.0	96.3	97.5	96.9	96.2	97.4	96.7	95.9	—	—	—
8000	—	—	—	97.8	97.3	96.6	97.7	97.2	96.5	97.6	97.1	96.4	—	—	—	—	—	—
9000	—	—	—	97.8	97.3	96.7	97.8	97.3	96.6	97.7	97.2	96.5	—	—	—	—	—	—
10000	—	—	—	97.9	97.4	96.8	97.8	97.3	96.7	97.8	97.3	96.6	—	—	—	—	—	—
11200	—	—	—	98.0	97.5	96.9	97.9	97.4	96.8	97.8	97.3	96.7	—	—	—	—	—	—
12500	—	—	—	98.1	97.6	97.0	98.0	97.5	96.9	97.9	97.4	96.8	—	—	—	—	—	—
14000	—	—	—	98.2	97.7	97.1	98.1	97.6	97.0	98.0	97.5	96.9	—	—	—	—	—	—
16000	—	—	—	98.2	97.7	97.2	98.2	97.7	97.1	—	—	—	—	—	—	—	—	—
18000	—	—	—	98.2	97.8	97.3	98.2	97.7	97.2	—	—	—	—	—	—	—	—	—
20000	—	—	—	98.3	97.9	97.4	—	—	—	—	—	—	—	—	—	—	—	—
22400	—	—	—	98.4	98.0	97.5	—	—	—	—	—	—	—	—	—	—	—	—

附录28　高压笼型转子异步电动机能效限定值及能效等级（GB 30254—2013）

（6kV，IC611、IC616、IC511、IC516）

额定功率/kW	效率（%）																	
	2极			4极			6极			8极			10极			12极		
	1级	2级	3级	1级	2级	3级	1级	2级	3级	1级	2级	3级	1级	2级	3级	1级	2级	3级
185	—	—	—	94.4	93.3	91.9	94.1	93.0	91.5	94.2	93.0	91.6	93.7	92.4	90.8	93.7	92.5	90.9
200	—	—	—	94.5	93.4	92.1	94.3	93.1	91.8	94.4	93.2	91.9	93.8	92.6	91.1	93.9	92.6	91.2
220	94.2	93.1	91.7	94.6	93.5	92.2	94.4	93.3	92.0	94.5	93.4	92.1	94.0	92.7	91.3	94.0	92.8	91.4
250	94.3	93.2	91.8	94.7	93.6	92.3	94.6	93.5	92.2	94.6	93.5	92.2	94.1	92.9	91.5	94.3	93.1	91.7
280	94.5	93.4	92.0	94.8	93.7	92.4	94.8	93.8	92.5	94.8	93.7	92.4	94.3	93.1	91.7	94.4	93.3	91.9
315	94.7	93.7	92.4	94.9	93.8	92.6	95.0	94.0	92.8	94.9	93.9	92.7	94.5	93.4	92.1	94.5	93.4	92.1
355	94.9	93.9	92.7	95.0	94.0	92.8	95.2	94.2	93.0	95.0	94.0	92.8	94.7	93.6	92.3	94.7	93.6	92.3
400	95.2	94.2	93.0	95.2	94.2	93.0	95.3	94.3	93.1	95.2	94.2	93.0	94.9	93.8	92.6	94.9	93.8	92.6
450	95.4	94.4	93.3	95.4	94.4	93.2	95.5	94.5	93.4	95.3	94.3	93.1	95.0	93.9	92.7	95.0	93.9	92.7
500	95.6	94.7	93.6	95.4	94.5	93.4	95.6	94.8	93.7	95.6	94.7	93.6	95.1	94.2	93.0	95.1	94.2	93.1
560	95.7	94.9	93.8	95.6	94.7	93.6	95.7	94.9	93.8	95.7	94.9	93.8	95.2	94.3	93.1	95.2	94.3	93.2
630	95.8	95.0	94.0	95.8	94.9	93.8	95.8	95.0	93.9	95.8	95.0	93.9	95.4	94.4	93.2	95.4	94.4	93.3

（续）

额定功率/kW	效率(%)																	
	2极			4极			6极			8极			10极			12极		
	1级	2级	3级	1级	2级	3级	1级	2级	3级	1级	2级	3级	1级	2级	3级	1级	2级	3级
710	96.0	95.1	94.1	95.9	95.0	94.0	96.0	95.2	94.2	95.9	95.0	94.0	95.5	94.5	93.4	95.5	94.5	93.4
800	96.1	95.3	94.3	96.1	95.3	94.3	96.1	95.4	94.4	96.0	95.2	94.2	95.7	94.8	93.7	95.7	94.8	93.7
900	96.3	95.5	94.5	96.2	95.4	94.4	96.3	95.5	94.5	96.1	95.3	94.3	95.8	94.9	93.8	—	—	—
1000	96.3	95.5	94.6	96.3	95.5	94.5	96.3	95.5	94.6	96.2	95.4	94.4	95.9	95.0	93.9	—	—	—
1120	96.4	95.6	94.7	96.3	95.5	94.6	96.4	95.6	94.7	96.3	95.5	94.5	96.0	95.1	94.1	—	—	—
1250	96.5	96.8	94.9	96.4	95.7	94.8	96.5	95.8	94.9	96.3	95.6	94.7	—	—	—	—	—	—
1400	96.6	95.9	95.0	96.5	95.8	94.9	96.6	95.9	95.0	—	—	—	—	—	—	—	—	—
1600	96.7	96.0	95.1	96.6	95.9	95.0	96.7	96.0	95.1	—	—	—	—	—	—	—	—	—
1800	96.7	96.0	95.2	96.7	96.0	95.1	—	—	—	—	—	—	—	—	—	—	—	—
2000	96.8	96.2	95.4	96.7	96.1	95.3	—	—	—	—	—	—	—	—	—	—	—	—
2240	96.9	96.3	95.5	96.9	96.2	95.4	—	—	—	—	—	—	—	—	—	—	—	—
2500	97.0	96.4	95.6	—	—	—	—	—	—	—	—	—	—	—	—	—	—	—

注：IC616和IC516冷却方式的电动机只适用于表中2极的效率值。

附录29　高压笼型转子异步电动机能效限定值及能效等级（GB 30254—2013）（6kV，IC411）

额定功率/kW	效率（%）											
	2极			4极			6极			8极		
	1级	2级	3级	1级	2级	3级	1级	2级	3级	1级	2级	3级
160	—	—	—	—	—	—	94.2	93.0	92.2	94.1	92.9	92.1
185	94.2	93.0	92.2	94.5	93.4	92.6	94.4	93.2	92.4	94.3	93.1	92.3
200	94.3	93.2	92.4	94.6	93.6	92.9	94.5	93.4	92.6	94.4	93.3	92.5
220	94.4	93.3	92.5	94.7	93.7	93.0	94.6	93.5	92.8	94.5	93.4	92.6
250	94.5	93.4	92.6	94.8	93.8	93.1	94.8	93.7	93.0	94.6	93.5	92.8
280	94.7	93.6	92.9	94.9	93.9	93.2	94.9	93.9	93.2	94.8	93.7	93.0
315	94.9	93.9	93.2	95.0	94.1	93.4	95.1	94.2	93.5	94.9	93.9	93.2
355	95.1	94.1	93.4	95.2	94.3	93.6	95.3	94.4	93.7	95.0	94.0	93.3
400	95.4	94.5	93.9	95.3	94.4	93.7	95.3	94.4	93.7	95.2	94.2	93.5
450	95.6	94.7	94.1	95.5	94.6	94.0	95.6	94.7	94.0	95.3	94.3	93.6
500	95.8	95.0	94.4	95.6	94.8	94.2	95.8	95.0	94.3	95.6	94.8	94.2
560	95.9	95.1	94.5	95.8	95.0	94.4	95.9	95.1	94.5	95.7	94.9	94.3
630	96.0	95.2	94.6	96.0	95.2	94.6	96.0	95.2	94.6	95.8	95.0	94.4
710	96.1	95.3	94.7	96.2	95.4	94.8	96.2	95.4	94.7	95.9	95.0	94.4
800	96.3	95.6	95.1	96.2	95.5	95.0	96.2	95.5	94.9	96.0	95.2	94.6
900	96.4	95.7	95.2	96.3	95.6	95.1	96.3	95.6	95.1	96.1	95.3	94.7
1000	96.5	95.8	95.3	96.4	95.7	95.2	96.4	95.7	95.2	—	—	—
1120	96.6	95.9	95.4	96.5	95.8	95.3	96.5	95.8	95.3	—	—	—
1250	96.7	96.1	95.6	96.6	96.0	95.5	96.6	96.0	95.5	—	—	—
1400	96.8	96.2	95.7	96.7	96.0	95.5	—	—	—	—	—	—
1600	96.9	96.3	95.8	96.8	96.1	95.6	—	—	—	—	—	—

附录30　异步起动永磁同步电动机效能限值及能效等级（GB 30253—2013）

额定功率/kW	效率（%）																				
	1级							2级							3级						
	2极	4极	6极	8极	10极	12极	16极	2极	4极	6极	8极	10极	12极	16极	2极	4极	6极	8极	10极	12极	16极
0.55	83.9	84.5	82.4	—	—	—	—	79.0	80.7	76.1	—	—	—	—	76.2	77.9	74.9	—	—	—	—
0.75	84.9	85.6	86.8	—	—	—	—	80.7	82.5	82.3	—	—	—	—	77.4	79.6	75.6	—	—	—	—
1.1	86.7	87.4	88.2	—	—	—	—	82.7	84.4	83.9	—	—	—	—	79.6	81.4	78.1	—	—	—	—
1.5	87.5	88.1	89.4	—	—	—	—	84.2	85.3	85.4	—	—	—	—	81.3	82.8	79.8	—	—	—	—
2.2	89.1	89.7	90.5	90.0	—	—	—	85.9	86.7	86.8	87.1	—	—	—	83.2	84.3	81.8	81.2	—	—	—
3	89.7	90.3	91.5	91.0	—	—	—	87.1	87.7	88.0	88.2	—	—	—	84.6	85.5	83.3	83.1	—	—	—
4	90.3	90.9	92.4	91.8	91.8	—	—	88.1	88.6	89.1	89.1	89.6	—	—	85.8	86.6	84.6	84	83.9	—	—
5.5	91.5	92.1	93.1	92.6	92.6	—	—	89.2	89.6	90.1	90.0	90.5	—	—	87.0	87.7	86.0	85	84.9	—	—
7.5	92.1	92.6	93.7	93.2	93.2	93.2		90.1	90.4	91.0	90.8	91.2	91.2	—	88.1	88.7	87.2	87.3	87.2	87.1	—
11	93.0	93.6	94.3	93.7	93.7	93.7	93.7	91.2	91.4	91.8	91.4	91.9	91.8	91.5	89.4	89.8	88.7	88.2	88.1	88	87.9
15	93.4	94.0	94.7	94.2	94.2	94.2	94.2	91.9	92.1	92.5	92.0	92.5	92.4	92.1	90.3	90.6	89.7	88.8	88.7	88.6	88.4
18.5	93.8	94.3	95.1	94.6	94.6	94.6	94.6	92.4	92.6	93.1	92.5	93.0	92.9	92.6	90.9	91.2	90.4	89.7	89.6	89.5	89.3
22	94.4	94.7	95.4	94.9	94.9	94.9	94.9	92.7	93.0	93.6	93.0	93.4	93.4	93.0	91.3	91.6	90.9	90.1	90	89.9	89.8
30	94.5	95.0	95.7	95.1	95.1	95.1	95.1	93.3	93.6	94.0	93.4	93.8	93.8	93.4	92.0	92.3	91.7	90.6	90.5	90.4	90.3
37	94.8	95.3	95.9	95.3	95.3	95.3	95.3	93.7	93.9	94.4	93.7	94.1	94.1	93.7	92.5	92.7	92.2	91.5	91.4	91.3	91.2
45	95.1	95.6	96.0	95.5	95.5	95.5	—	94.0	94.2	94.7	93.9	94.4	94.3	—	92.9	93.1	92.7	92.1	92	91.9	—
55	95.4	95.8	96.1	95.6	95.6	—	—	94.3	94.6	95.0	94.2	94.6	—	—	93.2	93.5	93.1	92.4	92.2	—	—
75	95.6	96.0	96.2	95.7	95.7	—	—	94.7	95.0	95.2	94.3	94.8	—	—	93.8	94.0	93.7	92.7	92.4	—	—
90	95.8	96.2	96.2	95.7	95.7	—	—	95.0	95.2	95.3	94.5	94.9	—	—	94.1	94.2	94.0	93.1	92.9	—	—
110	96.0	96.4	96.3	95.7	95.7	—	—	95.2	95.4	95.5	94.6	95.1	—	—	94.3	94.5	94.3	93.4	93.1	—	—
132	96.0	96.5	96.3	95.8	95.8	—	—	95.4	95.6	95.4	94.7	95.2	—	—	94.6	94.7	94.6	93.6	93.4	—	—
160	96.2	96.5	96.3	95.8	95.8	—	—	95.6	95.8	95.6	94.8	95.3	—	—	94.8	94.9	94.8	93.8	93.6	—	—
200	96.3	96.6	96.4	95.8	—	—	—	95.8	96.0	95.8	94.9	—	—	—	95.0	95.1	95.0	93.8	—	—	—
250	96.4	96.7	96.4	—	—	—	—	95.8	96.0	95.8	—	—	—	—	95.0	95.1	95.0	—	—	—	—
315	96.5	96.8	96.4	—	—	—	—	95.8	96.0	95.8	—	—	—	—	95.0	95.1	95.0	—	—	—	—
375	96.5	96.8	96.4	—	—	—	—	95.8	96.0	95.8	—	—	—	—	95.0	95.1	95.0	—	—	—	—

注：1. 适用于1140V及以下的电压，50Hz三相交流电源供电，额定功率为0.55～375kW，极数为2～16，单速封闭自扇冷式，连续工作的异步起动三相永磁同步电动机。

2. 电动机效率的试验方法按GB/T 22669—2008中10.2.2规定的测量输入－输出功率的损耗分析法（B）确定。

附录 31 电梯用变频永磁同步电动机效能限值及能效等级（GB 30253—2013）

额定功率/kW	效率（%）																				
	1级							2级							3级						
	额定转速/（r/min）																				
	>750	>400~750	>250~400	>180~250	>140~180	>100~140	≤100	>750	>400~750	>250~400	>180~250	>140~180	>100~140	≤100	>750	>400~750	>250~400	>180~250	>140~180	>100~140	≤100
0.55	78.9	78.1	76.8	76.4	75.8	75.4	74.6	76.1	75.2	73.8	73.3	72.7	72.3	71.4	73.0	72.0	70.5	70.0	69.4	68.9	68.0
0.75	83.6	82.7	81.7	82.3	81.0	80.4	80.0	80.8	79.4	78.5	77.8	77.1	76.5	76.0	76.0	75.0	73.5	72.9	72.3	71.8	70.6
1.1	85.2	84.4	83.5	84.0	82.8	82.2	81.9	82.5	81.2	80.3	79.6	78.9	78.4	77.9	78.0	77.0	75.5	75.0	74.4	73.9	72.7
1.5	86.7	86.0	85.0	85.6	84.4	83.9	83.5	84.1	82.8	81.9	81.2	80.6	80.1	79.6	80.0	79.0	77.5	77.0	76.4	75.9	74.0
2.2	88.0	87.4	86.5	87.0	85.9	85.4	85.0	85.5	84.2	83.4	82.7	82.1	81.7	81.1	82.2	81.2	79.7	79.0	78.4	78.0	76.8
3	89.2	88.6	87.8	88.3	87.2	86.7	86.4	86.7	85.6	84.7	84.0	83.5	83.1	82.6	82.8	81.8	80.3	79.7	79.0	78.5	77.0
4	90.3	89.7	88.9	89.4	88.4	88.0	87.6	87.8	86.8	85.9	85.3	84.7	84.3	83.8	84.0	83.0	81.5	80.9	80.3	79.8	78.6
5.5	91.2	90.7	89.9	90.4	89.5	89.0	88.7	88.9	87.8	87.0	86.4	85.8	85.5	85.0	84.5	83.5	82.0	81.4	80.8	80.0	79.0
7.5	92.0	91.6	90.8	91.3	90.4	90.0	89.7	89.8	88.8	88.0	87.4	86.9	86.5	86.0	85.5	84.5	83.0	82.4	81.8	81.3	80.0
11	92.8	92.3	91.6	92.0	91.3	90.8	90.6	90.5	89.6	88.8	88.3	87.8	87.4	87.0	87.2	86.2	84.7	84.0	83.4	83.0	81.8
15	93.4	93.0	92.3	92.7	92.0	91.6	91.3	91.2	90.4	89.6	89.0	88.6	88.2	87.8	89.0	88.0	86.5	85.9	85.3	84.8	83.6
18.5	93.9	93.5	92.9	93.2	92.6	92.2	91.9	91.8	91.0	90.3	89.7	89.3	88.9	88.5	89.4	88.4	86.9	86.3	85.7	85.2	84.0
25	94.4	94.0	93.4	93.7	93.1	92.7	92.5	92.3	91.6	90.9	90.3	89.9	89.5	89.2	89.8	88.8	87.3	86.7	86.0	85.5	84.3
30	94.7	94.4	93.8	94.1	93.5	93.2	92.9	92.8	92.0	91.4	90.9	90.5	90.1	89.7	90.5	89.5	88.0	87.4	86.8	86.3	85.0
37	95.0	94.7	94.1	94.4	93.9	93.6	93.3	93.1	92.4	91.8	91.3	91.0	90.5	90.2	91.0	90.0	88.5	87.9	87.3	86.8	85.6
45	95.3	94.9	94.4	94.6	94.2	93.9	93.6	93.4	92.8	92.2	91.8	91.4	91.0	90.7	91.5	90.5	89.0	88.4	87.8	87.3	86.0
55	95.4	95.1	94.6	94.8	94.4	94.1	93.9	93.6	93.1	92.5	92.1	91.7	91.3	91.0	92.0	91.0	89.5	88.9	88.3	87.8	86.6
75	95.5	95.2	94.8	95.0	94.5	94.3	94.1	93.8	93.3	92.8	92.4	92.0	91.6	91.3	92.2	91.2	89.7	89.0	88.4	87.9	86.7
90	95.6	95.3	94.9	95.0	94.7	94.4	94.2	93.9	93.5	93.0	92.7	92.3	91.9	91.6	92.5	91.5	90.0	89.4	88.8	88.3	87.0
110	95.6	95.4	94.9	95.1	94.7	94.5	94.3	94.0	93.6	93.2	92.9	92.5	92.2	91.8	93.0	92.0	90.5	90.0	89.4	89.0	87.0

注：1. 适用于1000V及以下的电压，变频电源供电，额定功率为0.55～110kW，电梯用永磁同步电动机。

2. 电动机效率的试验方法参照GB/T 22670－2008中10.2.1规定的直接法——输入－输出法（A）确定。

附录 32　变频驱动永磁同步电动机效能限值及能效等级（GB 30253—2013）

额定功率/kW	效率（%）																	
	1级						2级						3级					
	额定转速/（r/min）																	
	3000	2500	2000	1500	1000	500	3000	2500	2000	1500	1000	500	3000	2500	2000	1500	1000	500
0.55	87.3	87.3	87.3	86.2	85.9	83.6	79.8	79.8	81.7	81.5	80.3	78.2	76.2	76.8	77.3	77.9	75.9	72.3
0.75	88.6	88.6	88.6	87.6	87.4	84.9	81.5	81.3	83.3	82.1	82.1	79.7	77.4	78.1	78.9	79.6	75.6	73.2
1.1	89.8	89.8	89.8	88.9	88.7	86.2	83.0	83.2	84.7	84.1	83.7	81.1	79.6	80.2	80.8	81.4	78.1	76.4
1.5	90.9	90.9	90.8	90.1	89.9	87.5	84.5	84.6	86.1	85.3	85.1	82.5	81.3	81.8	82.3	82.8	79.8	77.8
2.2	91.8	91.8	91.8	91.1	90.9	88.6	85.7	86.2	87.2	86.7	86.5	83.8	83.2	83.6	83.9	84.3	81.8	79.9
3	92.6	92.6	92.6	92.0	91.8	89.7	86.9	87.3	88.3	87.7	87.7	85.0	84.6	84.9	85.2	85.5	83.3	81.4
4	93.3	93.3	93.3	92.8	92.7	90.6	88.0	88.3	89.3	88.6	88.8	86.1	85.8	86.1	86.3	86.6	84.6	82.5
5.5	94.0	94	93.9	93.5	93.4	91.5	88.9	89.3	90.1	89.6	89.7	87.2	87.0	87.2	87.5	87.7	86.0	84.1
7.5	94.5	94.5	94.4	94.1	94.0	92.4	89.8	90.2	90.9	90.4	90.6	88.2	88.1	88.3	88.5	88.7	87.2	85.6
11	95.0	95	94.9	94.6	94.5	93.1	90.6	91.3	91.6	91.4	91.4	89.2	89.4	89.5	89.7	89.8	88.7	86.9
15	95.3	95.3	95.3	95.0	94.9	93.8	91.3	92	92.2	92.1	92.0	90.1	90.3	90.4	90.5	90.6	89.7	87.8
18.5	95.6	95.6	95.6	95.4	95.3	94.3	92.0	92.5	92.8	92.6	92.6	90.9	90.9	91	91.1	91.2	90.4	88.6
22	95.9	95.9	95.8	95.7	95.6	94.8	92.5	92.8	93.2	93.0	93.2	91.7	91.3	91.4	91.5	91.6	90.9	89.2
30	96.1	96.1	96.0	95.9	95.8	95.3	93.1	93.4	93.7	93.6	93.6	92.3	92.0	92.1	92.2	92.3	91.7	90.1
37	96.3	96.3	96.2	96.1	96.0	95.6	93.6	93.8	94.1	93.9	94.0	93.0	92.5	92.6	92.6	92.7	92.2	90.6
45	96.4	96.4	96.3	96.2	96.2	95.9	94.0	94.1	94.4	94.2	94.4	93.5	92.9	93	93	93.1	92.7	91.2
55	96.5	96.5	96.4	96.3	96.3	96.0	94.4	94.4	94.7	94.6	94.7	94.0	93.2	93.3	93.4	93.5	93.1	91.7
75	96.6	96.6	96.5	96.4	96.4	96.1	94.8	94.8	95.0	95.0	95.0	94.4	93.8	93.9	93.9	94.0	93.7	92.6
90	96.7	96.7	96.6	96.5	96.5	96.2	95.2	95.1	95.3	95.2	95.2	94.7	94.1	94.1	94.2	94.2	94.0	93.0

注：1. 适用于1000V及以下的电压，变频电源供电，额定功率为0.55～90kW变频驱动永磁同步电动机。

2. 电动机效率的试验方法参照GB/T 22670—2008中10.2.1规定的直接法——输入-输出法（A）确定。

附录 33　电容起动单相异步电动机能效等级（GB 18613—2020）

额定功率/W	效率（%）								
	1级			2级			3级		
	2极	4极	6极	2极	4极	6极	2极	4极	6极
120	—	58.1	—	—	54.1	—	—	50.0	—
180	67.5	60.9	—	63.8	57.0	—	60.0	53.0	—
250	71.1	65.7	61.9	67.7	61.9	58.0	64.0	58.0	54.0
370	72.0	69.3	65.7	68.6	65.7	61.9	65.0	62.0	58.0
550	74.6	72.9	67.5	71.4	69.5	63.8	68.0	66.0	60.0
750	76.4	74.6	68.4	73.3	71.4	64.8	70.0	68.0	61.0
1100	78.1	77.2	70.2	75.2	74.2	66.7	72.0	71.0	63.0
1500	79.8	78.9	74.6	77.0	76.1	71.4	74.0	73.0	68.0
2200	80.6	79.8	76.4	77.9	77.0	73.3	75.0	74.0	70.0
3000	81.4	80.6	—	78.8	77.9	—	76.0	75.0	—
3700	82.2	81.4	—	79.8	78.8	—	77.0	76.0	—

附录 34 电容运行单相异步电动机能效等级（GB 18613—2020）

额定功率/W	效率（%）								
	1级			2级			3级		
	2极	4极	6极	2极	4极	6极	2极	4极	6极
120	67.5	64.8	60.9	63.8	60.9	57.0	60.0	57.0	53.0
180	72.0	69.9	63.9	68.6	64.7	59.0	65.0	59.0	55.0
250	72.9	73.5	68.6	69.5	68.5	61.6	66.0	61.5	57.0
370	73.8	77.3	73.5	70.5	72.7	67.6	67.0	66.0	59.7
550	77.8	80.8	77.2	74.1	77.1	72.4	70.0	70.0	65.8
750	80.7	82.5	78.9	77.4	79.6	76.9	72.1	72.1	72.0
1100	82.7	84.1	—	79.6	81.4	—	75.0	75.0	—
1500	84.2	85.3	—	81.3	82.8	—	77.2	77.2	—
2200	85.9	—	—	83.2	—	—	79.7	—	—

附录 35 双值电容单相异步电动机能效等级（GB 18613—2020）

额定功率/kW	效率（%）					
	1级		2级		3级	
	2极	4极	2极	4极	2极	4极
250	—	73.5	—	68.5	—	62.0
370	73.8	77.3	70.5	72.7	67.9	66.0
550	77.8	80.8	74.1	77.1	70.0	70.0
750	80.7	82.5	77.4	79.6	72.1	72.1
1100	82.7	84.1	79.6	81.4	75.0	75.0
1500	84.2	85.3	81.3	82.8	77.2	77.2
2200	85.9	86.7	83.2	84.3	79.7	79.7
3000	87.1	87.7	84.6	85.5	81.5	81.5
3700	87.8	88.3	85.4	86.3	82.6	82.6

附录 36 环境温度及海拔对电动机输出功率的影响

环境温度/℃	海拔/m				
	1000	1500	2000	2500	3000
	允许输出功率占额定功率的百分数（%）				
30	100	100	100	98	95
35	100	100	97	94	91
40	100	97	93	90	87
45	95	92	88	85	83
50	90	87	84	81	—
55	85	82	—	—	—
60	80	—	—	—	—

参考文献

[1] 才家刚. 电机试验技术及设备手册 [M], 4版. 北京：机械工业出版社，2021.
[2] 才家刚，王勇. 电机轴承应用技术 [M]. 北京：机械工业出版社，2021.
[3] 才家刚. 电机组装工艺及常规检测 [M]. 北京：化学工业出版社，2008.
[4] 才家刚. 电机机械测量与考核实例 [M]. 北京：机械工业出版社，2008.
[5] 才家刚. 图解电机选、用、修现代技术问答 [M]. 北京：机械工业出版社，2012.
[6] 才家刚. 零起步看图学电机使用与维护 [M]. 北京：化学工业出版社，2010.